浙江省普通高校“十三五”新形态教材

BIM 技术原理与应用

主　编　贺成龙　乔梦甜

参　编　项雪萍　刘文莉　博　洋　曹鹏程　张伶俐
蒋晓丹　娄周军　陈　业　邹少军　盛　黎
王　瑶　王泽烽

机 械 工 业 出 版 社

本书为浙江省普通高校“十三五”新形态教材。

本书基于新工科成果导向教育理念，以具体实施的BIM应用工程为案例，结合1+X（BIM）职业技能等级证书的考核要求，详细阐述了BIM技术的含义、原理及其在工程中的应用，主要内容包括BIM实施的组织管理、建筑信息模型设计交付标准、Revit基础、BIM模型的构建、BIM模型的后期应用等。本书每章章前给出学习目标，章后编有丰富的练习题并配有参考答案。同时本书还针对课程学习重点制作了授课视频，作为辅助教学资源，读者扫描书中二维码即可学习，为相关教学提供了便利。

本书配有辅助教学资源包，包括案例工程的系列工程图、族、BIM模型等素材，以及本书配套课件、课后练习题BIM模型答案等，读者可登录机械工业出版社教育服务网（www.cmpedu.com）查阅或下载。

本书主要作为高等院校工程管理、智能建造、工程造价、土木工程等土建类相关专业的本科教材，也可作为建设工程的建设单位、勘察设计单位、施工单位、工程咨询单位相关技术人员或管理人员的学习参考书。

图书在版编目（CIP）数据

BIM技术原理与应用/贺成龙，乔梦甜主编. —北京：机械工业出版社，2021.9（2024.2重印）
浙江省普通高校“十三五”新形态教材
ISBN 978-7-111-69115-0

Ⅰ.①B… Ⅱ.①贺… ②乔… Ⅲ.①建筑设计-计算机辅助设计-应用软件-高等学校-教材 Ⅳ.①TU201.4

中国版本图书馆CIP数据核字（2021）第183924号

机械工业出版社（北京市百万庄大街22号 邮政编码100037）
策划编辑：冷 彬 责任编辑：冷 彬 舒 宜
责任校对：张 征 封面设计：王 旭
责任印制：单爱军
北京虎彩文化传播有限公司印刷
2024年2月第1版第4次印刷
184mm×260mm · 19.75印张 · 448千字
标准书号：ISBN 978-7-111-69115-0
定价：59.00元

电话服务
客服电话：010-88361066
010-88379833
010-68326294

网络服务
机 工 官 网：www.cmpbook.com
机 工 官 博：weibo.com/cmp1952
金 书 网：www.golden-book.com
机工教育服务网：www.cmpedu.com

前 言

建筑信息模型（Building Information Modeling，BIM）技术是在计算机辅助设计（CAD）等技术基础上发展起来的多维建筑模型信息集成管理技术，是从传统的二维设计建造方式向三维数字化设计建造方式转变的革命性技术，是促进绿色建筑发展、提高建筑产业信息化水平、推进智慧城市建设和实现建筑业转型升级的基础性技术。

住房和城乡建设部发布的《2016—2020年建筑业信息化发展纲要》要求全面提高建筑业信息化水平，着力增强包括BIM技术在内的信息技术集成应用能力，加快推动信息技术与建筑业发展深度融合，充分发挥信息化的引领和支撑作用，塑造建筑业新业态。2019年，教育部印发《关于做好首批1+X证书制度试点工作的通知》，首批启动建筑信息模型（BIM）等6个职业技能等级证书试点，开启了应用型本科高校新工科建设的新路径。

"BIM技术原理与应用"是BIM技术进入土建类专业人才培养方案的基础课。通过学习本课程，学生可以掌握BIM实施模式、组织架构和实施流程，掌握BIM建模和BIM应用的基本方法，为从事BIM相关工作奠定基础，具备1+X（BIM）初级技能。本书作为该课程的配套教材，主要的编写思想是将基础理论联系工程实践，基于新工科成果导向教育（Outcome Based Education，OBE）理念，以具体实施的BIM应用工程为案例，阐述相关BIM技术理论，培养学生的BIM应用基本技能。

为适应当前教学需求，达到通俗易懂、学以致用的目的，本书的编写强调实用性和可读性，除了在各章配有学习目标和丰富的练习题，作者还制作了学习重点和难点的授课视频，学生扫描书中二维码即可进行深入学习。本书配有辅助教学资源包，包括案例工程的系列工程图、族、BIM模型等素材，以及本书配套课件、课后练习题BIM模型答案等，读者可登录机械工业出版社教育服务网（www. cmpedu. com）查阅或下载。

本书由嘉兴学院贺成龙教授和浙江利恩工程设计咨询有限公司BIM应用中心主任乔梦甜担任主编，贺成龙教授负责全书统稿。参与编写的其他人员有嘉兴学院的博洋、刘文莉，浙江利恩工程设计咨询有限公司的蒋晓丹、娄周军、张伶俐、陈业、邹少军、王泽烽，嘉兴南湖学院的项雪萍、曹鹏程，杭州品茗安控信息技术股份有限公司的盛黎，广联达科技股份有限公司的王瑶。各章编写分工如下：第1章由贺成龙、刘文莉、盛黎、王瑶编写；第2章由贺成龙、乔梦甜、蒋晓丹、陈业、曹鹏程、刘文莉编写；第3章由贺成龙、项雪萍、乔梦甜、娄周军、曹鹏程、博洋编写；第4章由贺成龙、项雪萍、乔梦甜、张伶俐、博洋编写；第5章由贺成龙、项雪萍、乔梦甜、邹少军编写；第6章由贺成龙、项雪萍、乔梦甜、蒋晓丹、博洋、王泽烽编写；第7章由贺成龙、刘文莉编写。

在编写本书过程中，编者参考了国内外专家学者的专著，也借鉴了一些工程资料，在此谨对相关文献的作者表示深深的谢意！限于编者水平，书中难免有疏漏之处，敬请各位读者批评指正！

编　者

重点授课视频二维码清单

二维码名称	二维码图形	页码	二维码名称	二维码图形	页码
2.3.4　常用修改命令		64	3.3.4　三桩承台绘制		122
3.1.1　标高创建		101	4.2.1　首层柱布置		136
3.2.1　轴网绘制		108	4.2.2　T形和L形剪力墙族		138
3.2.2　项目基点		113	4.2.2　Z形剪力墙族		138
3.3.2　方柱族创建		116	4.2.2　创建剪力墙族类型		138
3.3.3　绘制桩		119	4.2.2　首层剪力墙布置		138
3.3.4　承台族创建		122	4.3.1　二层剪力墙、柱布置		149
3.3.4　矩形桩承台绘制		122	4.3.2　三层及以上剪力墙柱创建		150

（续）

二维码名称	二维码图形	页码	二维码名称	二维码图形	页码
5.1.1　基础梁布置		156	5.3.4　砌体墙圈梁布置		189
5.1.1　基础结构布置		156	5.3.7　二层构造柱		198
5.1.2　降板区翻边布置		160	5.3.7　三层及以上构造柱		198
5.1.3　基础底板布置		163	5.4.2　布置梯柱		202
5.1.4　布置垫层		168	5.4.3　布置梯梁		203
5.2.1　一层结构梁布置		172	5.4.4　布置一至八层楼梯		204
5.2.2　地垄墙圈梁布置		173	5.4.4　布置九层楼梯		204
5.2.3　底层阳台翻边		174	6.1.3　墙体绘制		216
5.2.5　一层楼板布置		178	6.3.2　幕墙布置		237
5.3.1　结构平面视图创建		180	7.1.2　漫游动画		271

目 录

第1章 BIM概论

■ 学习目标

了解BIM的含义、发展历程，理解BIM的价值、应用现状、常用软件的选择、BIM实施各参与方的职责和BIM技术应用点，掌握BIM实施模式、组织架构和实施流程。

1.1 BIM的含义及应用价值

1.1.1 BIM的含义

建筑信息模型（Building Information Modeling，BIM）是在计算机辅助设计（CAD）等技术基础上发展起来的多维模型信息集成技术，是对建筑工程物理特征和功能特性信息的数字化承载和可视化表达。其基本理念是，以基于三维几何模型、包含其他信息和支持开放式标准的建筑信息为基础，提供更加强有力的软件，提高建筑工程的规划、设计、施工管理以及运行和维护的效率和水平；实现建筑全生命期信息共享，从而实现建筑全生命期成本等关键方面的优化。BIM的概念原型最早于20世纪70年代提出，当时称为“产品模型（Product Model）”，该模型既包含建筑的三维几何信息，也包含建筑的其他信息。随着CAD技术的发展，特别是三维CAD技术的发展，产品模型的概念得以发展，于2002年由美国Autodesk公司改名为BIM，BIM技术开始在建筑工程中得到应用。经过多年的发展，BIM技术取得很大进步，并已发展成为继CAD技术之后建筑行业信息化最重要的新技术，目前已经获得工程建设行业的普遍认可，被称作建筑业变革的革命性力量。

BIM以建筑工程项目的各项相关信息数据作为基础，建立建筑模型，通过数字信息仿真模拟建筑物所具有的真实信息。BIM在建筑的全生命周期内，通过参数化建模进行建筑模型的数字化和信息化管理，从而实现各个专业在设计、建造、运营维护阶段的协同工作。

国际智慧建造组织（Building SMART International，BSI）对BIM的定义包括以下三个层次：

第一个层次是Building Information Model，中文称为建筑信息模型，BSI对这一层次的解释为：建筑信息模型是一个工程项目物理特征和功能特性的数字化表达，可以作为该项目相关信息的共享知识资源，为项目全生命期内的所有决策提供可靠的信息支持。

第二个层次是 Building Information Modeling，中文称为建筑信息模型化，即“建筑信息模型应用”，BSI 对这一层次的解释为：建筑信息模型应用是创建和利用项目数据在其全生命期内进行设计、施工和运营的业务过程，允许所有项目相关方通过不同技术平台之间的数据互用在同一时间利用相同的信息。

第三个层次是 Building Information Management，中文称为建筑信息管理，BSI 对这一层次的解释为：建筑信息管理是指通过使用建筑信息模型内的信息支持项目全生命期信息共享的业务流程组织和控制过程，建筑信息管理的效益包括集中和可视化沟通、更早进行多方案比较、可持续分析、高效设计、多专业集成、施工现场控制、竣工资料记录等。

不难理解，上述三个层次的含义是有递进关系的，也就是说，首先要有建筑信息模型，才能把模型应用到工程项目建设和运维过程中，有了前面的模型和模型应用，建筑信息管理才会成为有源之水、有本之木。

美国智慧建造协会主席史密斯先生在其专著中提出了一种对 BIM 的通俗解释，他将“数据（Data）-信息（Information）-知识（Knowledge）-智慧（Wisdom）”放在一个链条上，认为 BIM 本质上就是这样一个机制：把数据转化成信息，从而获得知识，让人们智慧地行动。理解这个链条是理解 BIM 价值以及有效使用建筑信息的基础。

从内涵层面来讲，建筑信息模型以计算机三维数字技术为基础结构框架，用数字化形式完整表达建设项目的实体和功能，能够系统准确地集成工程项目所有的信息和数据。建筑信息模型是对工程项目完整的、全过程的描述，贯通了工程项目生命期内各个时期的数据、过程和资源，可方便工程项目的各参与方普遍应用。BIM 技术能够支持工程项目生命期中实时动态的信息创建、修改、管理和共享，因为其具有统一的工程数据源，可实现工程项目中分布式、异构数据间的协调和共享。建筑信息模型是一切 BIM 应用实施的前提和基础，也是承载一切项目信息的载体。

BIM 具有可视化、参数化、数字化、协同化、可优化、可模拟等特点。

（1）可视化

可视化即“所见所得”的形式，对于建筑行业来说，可视化真正运用于建筑业的作用是非常大的。例如，各个构件的信息在施工图上采用线条绘制表达，而其真正的构造形式就需要建筑业参与人员自行想象了。对于一般简单的构造来说，这种想象也未尝不可；但对于现代越来越多的形式各异、造型复杂的建筑物，光靠人脑想象就容易出错。BIM 的可视化能力让项目各参与方对项目的理解以及在建设过程中的沟通更加快速准确，减少误解，因为 BIM 技术将以往用线条表达的工程平面图转变成三维的立体图形，逼真地展示在项目各参与方面前。

建筑信息模型的可视化不单是工程实体静态的立体展示，而且可以多维、形象地展示工程建设全过程。在建筑信息模型里，整个过程都是可视化的，所以可视化的结果可以用于效果图的展示及报表的生成；更重要的是，在项目的设计、施工、竣工以及投入使用乃至项目生命期结束的过程中，各参与方都可在模型可视化的状态下开展项目的沟通、讨论、决策等工作。

（2）参数化

BIM 最重要的特征是构件及模型的参数化。BIM 技术是直接利用参数化信息进行智能设计和建模，例如进行承重柱设计时，设计人员在 BIM 软件中根据相关标准和本项目情况输入相关荷载参数，就可完成智能化的三维立体设计，软件会自动将柱的荷载参数和与之连接的梁、板等的荷载参数进行关联，当有关荷载发生更改时，BIM 软件将自行完成柱、梁、板结构参数的匹配和位置调整。相比较而言，传统的 CAD 软件，其构件参数是相对孤立的，难以自动进行参数匹配和调整。

对于建筑信息模型的参数化，从宏观角度上看，各个专业对象的参数化具有自身特征，如土建、机电安装、精装修等，而且各个细分行业的参数化也自有特点，如民用综合楼工程、市政道路桥梁工程、轨道工程、矿山工程等，在每个专业、行业里，BIM 参数化的程度决定着智能化的程度。从微观角度看，用户应用 BIM 技术设计时，根据标准规范录入或修改参数值和参数关系来创建建筑信息模型，同时软件根据参数范围标准对设计对象和构件自动进行约束，防止设计错误。

（3）数字化

利用 BIM 技术可以将工程项目信息化，从而实现项目管理过程中海量数据的有效存储、快速准确计算和分析。例如，通过 BIM 快速精确地进行工程量计算、对量等。基于 BIM 高效的计算、准确的数据和科学的分析能力，可以使依靠经验、依靠个人能力的管理现状得到很大改观，逐步实现项目精细化和企业集约化的管控。

（4）协同化

在项目进行过程中，协调不畅往往会造成沟通不畅、工期延迟和成本上升等问题。因此，沟通协同显得十分重要。不管是业主、设计单位、造价咨询单位还是施工单位，在项目进行过程中，随时都在做着协调及相互合作的工作，BIM 技术的“协同化”可以为项目各参与方提供一个更好的沟通协调平台，对于项目实施过程中的问题，各方不必组织相关人员召开现场协调会，而是通过网络在 BIM 平台及其数据库商讨问题原因，确定解决办法，然后向相关人员发出变更和补救措施的指令，协同解决问题。

首先，BIM 技术改变了传统低价值、点对点的协同模式，形成新的基于 BIM 的一对多协同模式，实时、准确、跨地域完整信息的工程协同，大幅提升了项目协同效率，降低错误率。其次，在工程设计时，由于各专业设计图是由相对独立的专业设计师设计的，经常会造成由于协同不畅而发生专业之间的碰撞问题，如管线布置的位置被结构梁阻挡。为了避免造成施工障碍，碰撞问题必须在施工前解决，这就需要各专业的设计师在设计时进行良好的协同工作。BIM 技术可以在项目设计过程和施工前期对给水排水、暖通、消防等专业设备与柱、梁等结构构件进行碰撞检测，发现和提示碰撞位置，生成综合协同数据，提供给相关专业设计师进行协同修改。BIM 的协调作用并不是只能解决各专业间的碰撞问题，它还可以解决如电梯井布置与其他设计布置及净空要求的协调、防火分区与其他设计布置的协调、地下排水布置与其他设计布置的协调等。

（5）可优化

建设项目的设计、施工、运营的过程就是一个不断优化的过程，BIM 技术尽管不是项目优化的必备技术，但是 BIM 技术模型具有丰富的参数，在 BIM 的基础上可以更好地进行优化。项目优化主要受三个因素的制约：信息准确度、项目复杂程度和项目实施时间。BIM 模型完整提供了项目的实际存在的准确信息，如几何属性、物理属性、规则信息以及实施过程中的变更信息等，高度准确的信息有利于技术人员做出科学合理的优化方案，减少优化工程的时间。现在建设项目的造型和工程体量越来越复杂，加上时间和技术人员自身能力的限制，优化工作的难度越来越大，也难以取得理想的优化结果，而 BIM 技术及其配套的各类优化工具为复杂大型项目的优化工作提供了便利的条件。

在项目全生命期中，BIM 模型不是“静止”的，而是“动态”生成的。从概念上理解，BIM 模型应该是统一的，它可以不断迭代和集成项目生命期内各阶段的信息，并能被各参与方使用。单从应用模式来看，BIM 模型是动态生成的，每个阶段都会产生各阶段的模型，承载着各个阶段的信息，产生不同版本的模型，并被参建各方使用。各阶段的模型通过统一的标准和平台实现数据的交换与共享。由于各个阶段的工作内容不同，就会产生和使用不同阶段的模型。设计模型是开始，招投标阶段会以设计模型为基础，进行修改和增加，形成算量模型。同样，施工阶段可以以设计模型和算量模型为基础，进行修改和增加，形成施工模型，最终形成运营维护阶段的模型。

（6）可模拟

BIM 并不是只能模拟设计出建筑物模型，还可以模拟不能够在真实世界中进行操作的事物。在设计阶段，BIM 可以对设计上需要进行模拟的一些东西进行模拟试验，例如节能模拟、紧急疏散模拟、日照模拟、热能传导模拟等；在招投投标阶段和施工阶段可以进行 4D 模拟（3D 模型+时间），也就是根据施工的组织设计模拟实际施工，从而确定合理的施工方案来指导施工。同时 BIM 可以进行 5D 模拟（3D 模型+时间+造价），从而实现成本控制；后期运营阶段可以模拟日常紧急情况的处理方式，例如地震发生时人员逃生的模拟及火灾人员安全疏散的模拟等。

BIM 的灵魂是信息，结果是模型，工具是软件，重点是协作，BIM 技术的运用，颠覆了传统单一的线性沟通方式，实现以模型、信息为中心，多元化沟通方式（图 1-1），产生了革命性的飞跃。

1.1.2 BIM 的应用价值

BIM 能够应用于工程项目规划、勘察、设计、施工、运营维护等各阶段，实现建筑全生命期各参与方在同一多维建筑信息模型基础上的数据共享，为产业链贯通、工业化建造和建筑创作繁荣提供技术保障；支持对工程环境、能耗、经济、质量、安全等方面的分析、检查和模拟，为项目全过程的方案优化和科学决策提供依据；支持各专业协同工作、项目的虚拟建造和精细化管理，为建筑业的提质增效、节能环保创造条件。信息化是建筑产业现代化的主要特征之一，BIM 应用作为建筑业信息化的重要组成部分，必将极大地促进建筑领域生产

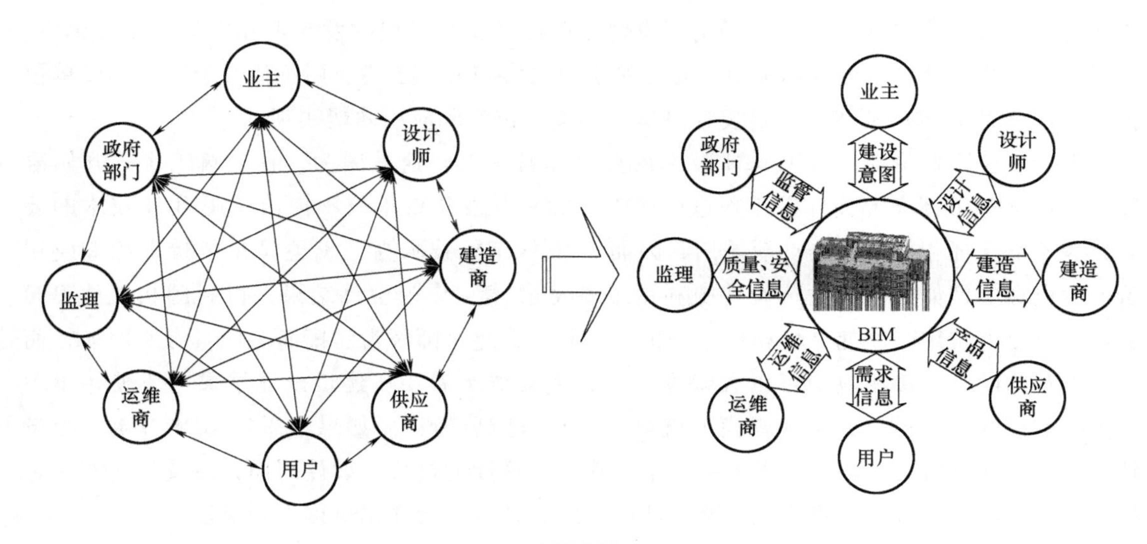

图 1-1

方式的变革。

当前，BIM 技术已被国际工程界公认为建筑业发展的革命性技术，其全面推广应用，将对建筑行业的科技进步产生不可估量的影响，大幅提高建设领域的集成化程度和参建各方的工作效率，也为建筑行业的发展带来巨大的效益，使工程项目规划、设计、施工乃至项目全生命期的质量和效益显著提高。

1. 对开发建设单位的价值

按照是否是建筑工程的业主来区分，开发建设单位可以分为直接开发建设单位和非直接开发建设单位。无论是哪种开发建设单位，都有尽快地完成项目建设、准确把握并控制建设成本、保证工程建设质量、有效地进行资产管理的需求。特别是对非直接开发建设单位，尽快完成项目建设，意味着可以缩短上市时间，尽早地实现投资变现。

当前，随着全社会对可持续发展的认识的提高，建筑工程可持续发展逐步成为共识，对建筑工程的设计、施工和运营维护提出了进一步要求。特别是近年来，政府部门推行绿色建筑，要求建筑工程项目全生命期做到“四节一环保”，即节能、节水、节地、节材、环境友好。建设绿色建筑逐步成为开发建设单位的必需。另外，随着建筑工程的大型化和复杂化，也随着政府部门对施工安全的重视，为保证建筑工程按预期完成以及工程项目安全，开发建设单位需要更好地对工程项目进行把握，包括详细了解施工方案、施工安全措施，精确地进行投资控制等。

BIM 技术在上述几个方面都可以发挥关键的作用，有其重要的应用价值。以在建筑工程建设进度方面的作用为例，由于 BIM 技术支持快速形成直观的设计方案，可以使开发建设单位和设计单位用于确定设计方案的时间缩短；由于可以提高设计效率，从而可以使设计单位的设计周期缩短；由于可以通过应用管理软件提高进度管理水平，从而可以使施工周期缩短，可助于投资方及早实现投资回报。

值得说明的是，对开发建设单位来说，上述应用价值的实现，需要设计单位、施工单位等相关单位共同使用 BIM 技术。因为开发建设单位是建筑工程的发起者和主体，设计单位、施工单位、物业管理单位等相关单位是建筑工程的实施者，上述应用价值源于开发建设单位提出应用 BIM 技术的要求，但需要通过这些相关单位实际应用才能实现。

由开发建设单位提出应用 BIM 技术的要求非常重要。这是因为，在建筑工程的开始阶段，应用 BIM 技术甚至意味着工作量的增加，如果开发建设单位不提出应用 BIM 技术的要求，并不能保证相关单位会自动采用，因而会丧失 BIM 技术为开发建设单位带来相应应用价值的机会。例如，若在建筑设计中利用了 BIM 技术，作为设计结果，得到的相关的 BIM 数据就可以直接用于能耗分析和日照分析等。其中，建筑师因为建模而工作量有所增加，而节能工程师的工作量相应地可以大幅度减少，因为他不需要在建筑设计结果（不使用 BIM 技术时的设计图）的基础上建立模型就可以进行节能分析；而如果不采用 BIM 技术，当设计方案发生改变时，节能工程师就需要重新建模，这样就拉长了设计周期；在设计周期一定的情形下，相关的分析就可能被省略，从而导致设计方案的优化也得不到保证。

2. 对设计单位的价值

设计阶段是一个至关重要的阶段。设计方案的优劣决定了建筑全生命期后续阶段的成败。例如，如果设计方案存在瑕疵，有可能增加施工阶段的技术难度并导致较高的工程成本，同时有可能造成运营维护阶段的费用提高。因此，开发建设单位对施工阶段的关注度一般都很高。设计单位应用相关的信息技术，可以提高设计效率和质量，降低设计成本，提高设计水平。

20 世纪 80 年代以来，计算机辅助设计（CAD）技术已经逐步被我国设计单位所接受，至 2000 年，绝大多数设计单位已经“甩掉图板”。BIM 技术的采用，将进一步提高设计单位的设计水平。BIM 技术给设计单位带来的应用价值主要有如下几个方面：

1）有效支持方案设计和初步分析。设计阶段是建筑项目全生命期中非常重要的阶段，而设计阶段中，最重要的环节是方案设计初步分析，因为方案设计的质量直接影响最终建筑设计的质量。在大型建筑工程的设计过程中往往需要形成多个设计方案，并进行初步分析，在此基础上进行外观、功能、性能等多方面的比较，从中确定最优方案作为最终设计方案，或在最优方案的基础上进一步调整形成最终设计方案。

BIM 技术对方案设计和初步分析的支持主要体现在两方面：一方面，利用基于 BIM 技术的方案设计软件，在设计的同时就建立基于三维几何模型的方案模型，从而可以在软件中立即以三维模型的形式直观地展示出来，设计者可以将模型展示给设计委托单位的代表进行设计方案的讨论，如果后者提出调整意见，设计者当场就可以进行修改，并进行直观的展示，从而可以加快设计方案的确定；另一方面，支持设计者快速进行各种分析，得到所需的设计指标，例如能耗、交通状况、全生命期成本等。如果没有 BIM 技术，这些工作往往需要设计人员在不同的计算机软件中分别建立不同的模型，然后进行分析。BIM 技术的使用，使得这项极其烦琐的工作变得不再必要，而只要直接利用方案设计过程中建立的模型就可以了。

2）有效支持详细设计及其分析和模拟。详细设计是对方案设计的深入，通过它形成最终设计结果。与方案设计环节类似，通过使用基于 BIM 技术的详细设计软件，可以高效地形成设计结果；然后，通过使用基于 BIM 技术的分析和模拟软件，可以高效地进行各种建筑功能和性能分析及模拟，包括日照分析、能耗分析、室内外风环境分析、环境光污染分析、环境噪声分析、环境温度分析、碰撞分析、成本预算、垂直交通模拟、应急模拟等。通过多方面的定量分析和模拟，设计者可以更好地把握设计结果，并可以对设计结果进行调整，从而得到优化后的设计结果。而所有这些分析和模拟工作，由于采用 BIM 技术以及基于 BIM 技术的相应的应用软件，相对于传统的设计方法，即使设计工期很紧，也可以从容地完成，对设计质量的提高起到很大的推动作用。

3）有效支持施工图绘制。从理论上讲，一旦获得了建筑工程基于三维几何模型的 BIM 数据，可以通过基于 BIM 技术的 BIM 工具软件，自动地生成二维设计图。多年来，绘制施工图是设计工作中最为繁重的一部分，现在，使用基于 BIM 技术的设计软件，可以大大节省人力，从而使得设计人员更好地将精力集中在设计本身上。

值得一提的是，在传统的设计中，如果发生了设计变更，设计人员需要找出设计图中所有涉及的部分并逐个进行修改。如果利用基于 BIM 技术的设计软件，只需对设计模型进行修改，相关的修改都可以自动地进行，这就避免了修改的疏漏，从而可以提高设计质量。

4）有效支持设计评审。在设计单位中进行的设计评审主要包括设计校核、设计审核、设计成果会签等环节。传统的设计评审是使用二维设计图完成的。如果利用 BIM 技术进行设计，设计评审可以在三维模型的基础上进行，评审者可以一边直观地观察设计结果，一边进行评审。特别是进行设计成果会签前，可以利用基于 BIM 技术的碰撞检查软件，自动地进行不同专业设计结果之间的冲突检查。相对于传统的人工审核利用碰撞检查软件不仅可以成倍提高工作效率，而且可以大幅度提升工作质量。

3. 对施工单位的价值

施工单位通过利用 BIM 技术可实现的价值同样是显著的。施工单位利用 BIM 技术的价值主要体现在如下几个方面：

1）有效支持减少返工。在施工过程中，施工单位需要将建筑、结构、水、暖、电、消防等各专业设计系统地加以实现。若设计结果存在瑕疵，或者各专业施工协调不充分，往往出现不同专业管线碰撞、专业管线与主体结构部件碰撞等情况，以至于施工单位不得不拆除已施工的部分，进行返工。应用 BIM 技术，可将建筑、结构、机电等专业模型整合，再根据各专业要求及净高要求将综合模型导入相关软件进行碰撞检查，根据碰撞报告结果对管线进行调整、避让，对设备和管线进行综合布置，从而在实际工程开始前发现问题。

利用 BIM 技术对钢结构构件空间立体布置进行可视化模拟，通过提前碰撞校核，可对方案进行优化，有效解决施工图中的设计缺陷，提升施工质量，减少后期修改和变更，避免人力、物力浪费，实现降本增效。具体表现为：利用钢结构 BIM 模型，在钢结构加工前对具体钢构件、节点的构造方式、工艺做法和工序安排进行优化调整，有效指导制造厂工人采取合理有效的工艺加工，提高施工质量和效率，降低施工难度和风险。另外在钢构件施工现场安装过程中，通过钢结构 BIM 模型数据，对每个钢构件的起重量、安装操作空间进行精确校核和定位，为在复杂及特殊环境下的吊装施工创造实用价值。

2）多专业协调。各专业分包之间的组织协调是建筑工程施工顺利实施的关键，是加快施工进度的保障，其重要性毋庸置疑。目前，暖通、给水排水、消防、强电、弱电等各专业由于受施工现场、专业协调、技术差异等因素的影响，缺乏协调配合，不可避免地存在很多局部的、隐性的、难以预见的问题，容易造成各专业在建筑某些平面、立面位置上产生交叉、重叠，无法按施工图作业。利用 BIM 技术的可视化、参数化、智能化特性进行多专业碰撞检查、净高控制检查和精确预留、预埋，或者利用基于 BIM 技术的 4D 施工管理对施工过程进行模拟，根据问题进行各专业的事先协调等措施，可以减少因技术错误和沟通错误带来的协调问题，大大减少返工，有效降低施工成本。

3）现场布置优化。随着建筑业的发展，对项目的组织协调要求越来越高，项目周边环境的复杂往往会带来场地狭小、基坑深度大、周边建筑物距离近、绿色施工和安全文明施工要求高等问题，加上有时施工现场作业面大，各个分区施工存在高低差，现场复杂多变，容易造成现场平面布置不断变化，且变化的频率越来越高，给项目现场的合理布置带来困难。BIM 技术的出现为平面布置提供了很好的工作方式，通过应用工程现场设备设施族资源，在创建好工程场地模型与建筑模型后，将工程周边及现场的实际环境以数据信息的方式挂接到模型中，建立三维的现场场地平面布置，并通过参照工程进度计划，可以形象直观地模拟各个阶段的现场情况，灵活地进行现场平面布置，使现场平面布置更加合理、高效。

4）进度优化比选。进度管理在建筑工程项目管理中占有重要地位，而进度优化是进度控制的关键。基于 BIM 技术可实现进度计划与工程构件的动态链接，可通过横道图、网络图及三维动画等多种形式直观表达进度计划和施工过程，为工程项目的施工方、监理方与业主等不同参与方直观了解工程项目情况提供便捷的工具。形象直观、动态模拟施工阶段过程和重要环节施工工艺，将多种施工及工艺方案的可实施性进行比较，为最终方案优选决策提供支持。通过基于 BIM 技术的工程算量软件很容易得到每个计划单元的工程量，在此基础上，可根据资源、均衡等原则，制订实际施工计划。基于 BIM 技术对施工进度可实现精确计划、跟踪和控制，动态地分配各种施工资源和场地，实时跟踪工程项目的实际进度，并通过计划进度与实际进度的比较，及时分析偏差对工期的影响程度以及产生的原因，采取有效措施，实现对项目进度的控制，保证项目能按时竣工。

5）工作面管理。在施工现场，不同专业在同一区域、同一楼层交叉施工的情况难以避免，对于一些超高层建筑项目，分包单位众多、专业间频繁交叉工作多，不同专业、资源、分包之间的协同和合理工作搭接显得尤为重要。基于 BIM 技术以工作面为关联对象，自动统计任意时间点各专业在同一工作面的所有施工作业，并依据逻辑规则或时间先后，规范项目每天各专业各部门的工作内容，工作出现超期可及时预警。流水段管理可以结合工作面的概念，将整个工程按照施工工艺或工序要求划分为一个可管理的工作面单元，在工作面之间合理安排施工顺序，在这些工作面内部合理划分进度计划、资源供给、施工流水等，使得工作面内外的工作协调一致。BIM 技术可提高施工组织协调的有效性，BIM 是具有参数化的模型，可以集成工程资源、进度、成本等信息，在进行施工过程的模拟中，实现合理的施工流水划分，并基于模型完成施工的分包管理，为各专业施工方建立良好的工作面及协调管理提供支持和依据；将施工流程以三维模型的形式直观、动态地展现出来，便于设计人员对施工人员进行技术交底，也便于对工人进行培训，使其在施工开始前就了解施工内容及施工顺序。

6）现场质量管理。在施工过程中，现场出现错误不可避免，如果能够将错误尽早发现并整改，对减少返工、降低成本具有非常大的意义和价值。在现场将 BIM 模型与施工作业结果进行比对验证，可以有效、及时地避免错误的发生。传统方式的现场质量检查，质量人员一般采用目测、实测等方法进行，针对那些需要与设计数据校核的内容，要经常查阅相关的设计图或文档资料等，为现场工作带来很多不便。同时，质量检查记录一般以表格或文字的方式存在，这也为后续的审核、归档、查找等管理过程带来很大的不便。BIM 技术的出现丰富了项目质量检查和管理方式，将质量信息挂接到 BIM 模型上，通过模型浏览，让质量管理能在各个层面上实现高效流转。这种方式相比传统的文档记录，可以摆脱抽象的文字，促进质量问题协调工作的顺利开展。同时，将 BIM 技术与现代化新技术相结合，可以进一步优化质量检查和控制手段。

7）图档管理。在项目管理中，基于 BIM 技术的图档协同平台是图档管理的基础。不同专业的模型通过 BIM 集成技术进行多专业整合，并把不同专业设计图、二次深化设计、设计变更、合同、文档资料等信息与专业模型构件进行关联，能够查询或自动汇总任意时间点的模型状态、模型中各构件对应的设计施工图和变更信息以及各个施工阶段的文档资料。结合云技术和移动技术，项目人员可将建筑信息模型及相关图档文件同步保存至云端，通过精细的权限控制及多种协作功能，确保工程文档快速、安全、便捷、受控地在项目中流通和共享，同时能够通过浏览器和移动设备随时随地浏览工程模型，进行相关图档的查询、审批、标记及沟通，从而为现场办公和跨专业协作提供极大的便利。

8）安全文明管理。传统的安全管理、危险源的判断和防护设施的布置都比较依赖管理人员的经验来进行，而 BIM 技术在这些方面具有其独特的优势作用，主要包括：

① 在安全管理方面，可以从场容场貌、安全防护、安全措施、外脚手架、机械设备等方面建立文明管理方案，指导安全文明施工。

② 在项目中利用 BIM 建立三维模型，可使各分包管理人员提前对施工面的危险源进行判断，在危险源附近快速地进行防护设施模型的布置，比较直观地将安全死角进行提前排查。将防护设施模型的布置给项目管理人员进行模型和仿真模拟交底，确保现场按照布置模型执行。

③ 利用 BIM 及相应灾害分析模拟软件，提前对灾害发生过程进行模拟，分析灾害发生的原因，制定相应措施避免灾害的发生，并编制灾害时人员疏散、救援的应急预案。

④ 基于 BIM 技术将智能芯片植入项目现场劳务人员安全帽中，对其进出场控制、工作面布置等进行动态查询和调整，有利于安全文明管理。

总之，安全文明施工是项目管理的重中之重，结合 BIM 技术可发挥其更大的作用。

9）资源计划及成本管理。资源计划及成本管理是项目管理中的重要部分，基于 BIM 技术的成本控制的基础是建立 5D 建筑信息模型，将进度信息和成本信息与三维模型进行关联整合。通过该模型计算、模拟和优化对应于项目各施工阶段的劳务、材料、设备等的需用量，以此建立劳动力计划、材料需求计划和机械计划等，在此基础上形成项目成本计划，其中材料需求计划的准确性、及时性对于实现精细化成本管理至关重要，它可通过 5D 模型自动提取需求计划，并以此为依据指导采购，避免材料资源堆积和超支。根据形象进度，利用 5D 模型自动计算完成的工程量并向业主报量，分包核算，提高计量工作效率，方便根据总包收入控制支出进行。在施工过程中，及时将分包结算、材料消耗、机械结算在施工过程中定期地对施工实际支出进行统计，将实际成本及时统计和归集，与预算成本、合同收入进行三算对比分析，获得项目超支和盈亏情况，对于超支的成本找出原因，采取针对性的成本控制措施将成本控制在计划成本内，有效实现成本动态分析控制。

10）企业工作库建立及应用。建立企业工作库可以为投标报价、成本管理提供计算依据，客观反映企业的技术、管理水平与核心竞争力。打造具有自身特点的企业工作库，是施工企业取得管理改革成果的重要体现。工作库的建立思路是适当选取工程样本，再针对样本工程实地测定或测算相应工作库的数据，逐步累积形成庞大的数据集，并通过科学的统计计算，最终形成符合自身特色的企业工作库。

4. 对其他参与单位的价值

在工程项目建设及运营维护过程中，除开发建设单位、设计单位以及施工单位外，还有监理单位、招标代理单位、物业管理单位等参与单位。BIM 技术无疑给这些类型的参与单位也带来应用价值。以物业管理为例，可以在以下几个方面充分利用 BIM 技术，实现附加价值：

1）利用竣工 BIM 数据，迅速建立物业管理数据库。目前，很多物业管理单位已经采用信息系统，实现了物业管理信息化。但是，使用这样的系统时，首先需要建立对应于作为管理对象的物业部件的数据库。这涉及大量数据的录入。传统的方法是，管理人员首先识读竣工图，然后抽取出有用的数据，逐个录入信息系统中。在设计阶段和施工阶段利用 BIM 技术的前提下，如果利用基于 BIM 技术的设施管理软件，计算机可以从竣工 BIM 数据中自动识别并提取必要的数据，填入物业管理信息系统中。

2）支持物业管理用户对物业进行直观化、定量化管理，减少出错，提高工作效率。相对于传统的物业管理软件，基于 BIM 技术的设施管理软件不仅可以显示物业的三维几何模型，而且可以支持基于三维几何模型的管理操作（例如打开设备开关），物业管理者可实现对物业设备的远程操作，从而避免出错。另外，当需要制定设施的维护方案时，通过应用基于 BIM 技术的设施管理软件，物业管理用户可以迅速查询物业区域的面积等参量，以及设备个数等数量，在做出维护决策时能够做到胸中有“数”。

1.2 BIM 的发展历程及应用现状

1.2.1 BIM 的发展历程

过去的 20 年里，BIM 是设计和建筑领域无处不在的术语，但它从何而来？

说起 BIM，它的起源甚至可以追溯到 1962 年，当时鼠标的发明者、研究人工智能的美国专家 Douglas C. Englehart 在论文《增强人工智能》（*Augmenting Human Intellect*）一文中，提出了建筑师可以在计算机中创建建筑三维模型的设想，并提出了基于对象的设计、实体参数建模和关系型数据库等概念，可以说是现代 BIM 技术的雏形。

1975 年，美国佐治亚理工大学 Eastman 教授在 PDP-10 计算机上研发了第一个可记录建筑参数数据的软件 BDS（Building Description System），提出了很多在建筑设计中参数建模需要解决的基本问题。

1977 年，Eastman 在卡耐基梅隆大学创建了下一个项目 GLID（Graphical Language for Interactive Design），展示了现代 BIM 平台最主要的特征。

20 世纪 80 年代初期，英国开发了几个应用于建设项目的系统，成果颇丰，包括 GDS、Cedar、RUCAPS、Sonata 和 Reflex。RUCAPS 于 1986 年由 GMW Computers 开发，是使用了建筑建造进程中时间定相概念的第一个程序，协助完成了希思罗机场 3 号航站楼的设计。1988 年，斯坦福大学综合设施工程中心的成立标志着 BIM 技术发展的另一个里程碑。此后的研究是进一步发展的有时间属性的“四维”建筑模型，标志着 BIM 技术发展的两种趋势将分离，并在未来继续壮大：一方面，BIM 服务于建筑业，可提升建造效率的、跨学科的专业工具将得到发展；另一方面，BIM 能用于测试和模拟建筑性能表现。

1984 年，物理学家 Gabor Bojar 在匈牙利布达佩斯创立了 ArchiCAD 私营公司。之后，苹果公司发布了利用类似于 Building Description System 技术的 Radar CH 软件，这最终促使 ArchiCAD 成为第一个能在 PC 上使用的 BIM 软件。但由于商业环境的不友好和 PC 的限制，ArchiCAD 最初的发展极为缓慢，很久之后才开始被运用在大项目上。

1993 年，劳伦斯伯克利实验室开发了 Building Design Adviser，这是基于模型给予反馈并提出解决方案的著名模拟工具。这个软件使用建筑及其周围环境的对象模型来执行模拟，是第一个使用综合图形分析和模拟来展示建筑如何在特定条件下（朝向、几何特征、材料特征、构件系统）表现的项目。程序中，还有一个基础优化助手，能基于储存于“解决方案”中的标准做出决策。

BIM 技术在美国迅速发展的同时，两个公司所做的开发与研究为 BIM 市场化打下了坚实基础，他们分别是 Revit 和 ArchiCAD。

1997 年，美国的两名工程师创建了软件公司 Charlies River，公司后来改名为 Revit。这两个工程师均来自于一家机械三维设计软件公司 Parametric 技术公司。他们的设想是把机械领域的参数化建模方法和成功经验带到建筑行业，并制造出比 ArchiCAD 功能更强大的建筑参数化建模软件。在获得了风险投资之后，该公司开始在 Windows 平台上用 C++开发 Revit 软件。

Revit 通过创立利用可视化编程环境产生参数组，允许为组件添加时间属性，建立建筑四维模型的平台，彻底改变了 BIM 的世界。Revit 建筑承包商使用 Revit 可在 BIM 模型的基础上生成施工时间表，模拟项目进程。曼哈顿的自由塔项目是最早运用 Revit 的项目之一。该项目使用了一系列分离却相互联系，具备提供实时成本评估和材料属性明细表的 BIM 模型。

2002 年，Autodesk 收购了 Revit 软件，将 Revit 从建筑扩展到更多领域，并广泛宣传和推广 BIM 技术。Revit 软件是 BIM 技术的重大革命，是目前 BIM 软件市场占有率最高的平台。

由于建筑师和工程师使用各种各样不同的程序，因此协同设计存在一些困难。不一样的文件格式在各平台中运行时，精度会有一定程度的损失。为了解决这个问题，IFC 文件格式在 1995 年诞生了。IFC 是工业基础类的英文（Industry Foundation Classes）缩写，是国际协同联盟组织（the International Alliance for Interoperability，IAI）建立的标准名称。该标准的目的是促成建筑业中不同专业以及同一专业中的不同软件共享同一数据源，从而达到数据的共享及交互。IFC 标准（IFC 2x platform）已被 ISO 组织接纳为 ISO 标准（ISO/PAS 16739），成为建筑、工程、施工、设备管理（AEC/FM）领域中的数据统一标准。最新的 IFC 标准包含了以下 9 个领域：建筑领域、结构分析领域、结构构件领域、电气领域、施工管理领域、物业管理领域、供热通风与空气调节领域、建筑控制领域、管道以及消防领域。IFC 下一代标准正扩充到施工图审批系统、GIS 系统等。

IFC 标准为全球的建筑专业与设备专业中的流程提升与信息共享建立一个普遍意义的基准。如今，越来越多的建筑行业相关产品提供 IFC 标准的数据交换接口，使得多专业的设计、管理的一体化整合成为现实。通过 IFC 这个统一的标准，实现了 BIM 模型在不同软件中的运行，Navisworks 等专为协调不同文件格式而设计的软件也逐渐出现。Navisworks 允许数据收集、施工模拟和冲突检测，美国的大多数建筑承包商现在都在使用 Navisworks。

BIM 诞生已有几十年，建筑信息模型的应用还在发展中。目前正是建筑数字化的时代，建筑领域的发展以及人机交互、云计算、衍生式设计、虚拟设计和建造的持续快速发展都深深影响着 BIM 的发展和未来。

1.2.2 BIM 的应用现状

1. 国外 BIM 技术应用现状

1）美国。美国作为最早启动 BIM 研究的国家之一，其技术与应用都走在世界前列。与其他国家相比，美国从政府到公立大学都在积极推动 BIM 的应用，并制定了各自目标及计划。2003 年，美国总务管理局（General Services Administration，GSA）通过其下属的公共建筑服务部（Public Building Service，PBS）设计管理处（Office of Chief Architect，OCA）创立并推进 3D-4D-BIM 计划，致力于将此计划提升为美国 BIM 应用政策。从创立到现在，GSA 在美国各地已经协助 200 个以上项目实施 BIM。

美国陆军工程兵总部在 2006 年开始全面应用 BIM 技术，制定了到 2020 年的发展计划，以四步走的方式实现 BIM 应用目标：①第一步，到 2008 年初步具备 BIM 操作能力，建立 8 个标准化中心，开展 BIM 能力培训和推广；②第二步，到 2010 年建立全生命期数据互用能力，项目全面采用 BIM 标准；③第三步，到 2012 年具备全面的 BIM 操作能力，按照美国 BIM 标准管理项目的所有合同、公告、分包和交付；④第四步，到 2020 年实现 BIM 数据在管理中的全面应用，利用 BIM 数据大大降低建设项目成本，缩短项目建设周期。

2）英国。2011 年 3 月，英国政府主导，并与英国政府建设局（UK Government Construction Client Group）共同发布推行 BIM 战略报告书（Building Information Modeling Working Party Strategy Paper）。

2011 年 5 月，由英国内阁办公室发布的政府建设战略（Government Construction Strategy）中正式包含 BIM 的推行。此政策分为“Push”与“Pull”，由建筑业（Industry Push）与政府（Client Pull）为主导发展。

“Push”的主要内容：由建筑业主导建立 BIM 文化、技术与流程；通过实际项目建立 BIM 数据库；加大 BIM 培训机会。

“Pull”的主要内容：政府站在客户的立场，为使用 BIM 的业主及项目提供资金上的补助；当项目使用 BIM 时，鼓励将重点放在收集可以持续沿用的 BIM 信息上，以促进 BIM 的推行。

英国政府表明，从 2011 年开始，对所有公共建筑项目强制性使用 BIM。为了实现上述目标，英国政府专门成立 BIM 任务小组（BIM Task Group）主导一系列 BIM 简介会，并且发布 BIM 学习构架。2013 年末，BIM 任务小组发布一份关于 BIM 设施资产信息交换标准（COBie）要求的报告，以处理基础设施项目信息交换问题。

英国是世界上首个由政府组织制定 BIM 技术应用发展具体目标的国家。政府组织成立 BIM 工作组，期望通过 BIM 应用降低政府投资项目的成本。英国规定政府投资项目必须采用 BIM 技术，通过 BIM 技术促进施工企业早期参与项目设计，提高业主管理能力，同时为建筑业提供更多的共享信息，支持中小企业创新发展等。英国政府希望到 2025 年通过 BIM 技术革新实现政府投资项目成本降低 30%，项目交付周期缩短 50%。

3）新加坡。早在 1995 年，新加坡启动房地产建造网络（Construction Real Estate Net work，CORENET）以推广及要求 AEC 行业 IT 与 BIM 的应用。之后，建设局（Building and Construction Authority，BCA）等新加坡政府机构开始使用以 BIM 与 IFC 为基础的网络提交系统（E-submission System）。在 2010 年，新加坡建设局发布 BIM 发展策略，要求在 2015 年建筑面积大于 $5000m^2$ 的新建建筑项目中，BIM 和网络提交系统使用率达到 80%。同时，新加坡政府希望在后 10 年内利用 BIM 技术为建筑业的生产力带来 25%的性能提升。2010 年，新加坡建设局建立建设 IT 中心（Center for Construction IT，CCIT）以帮助顾问及建设公司开始使用 BIM，并在 2011 年开发多个试点项目。同时，建设局建立 BIM 基金以鼓励更多的公司将 BIM 应用到实际项目上，并多次在全球或全国范围内举办 BIM 竞赛大会以鼓励 BIM 创新。

4）日本。2010 年，日本国土交通省声明对政府新建与改造项目的 BIM 试点计划，此为日本政府首次公布采用 BIM 技术。除了日本政府机构，一些行业协会也开始将注意力放到 BIM 应用上。2010 年，日本建设业联合会（Japan Federation of Construction Contractors，JFCC）在其建筑施工委员会（Building Construction Committee）旗下建立了 BIM 专业组，通过标准化 BIM 的规范与使用方法提高施工阶段 BIM 所带来的利益。

5）韩国。2012 年，韩国国土海洋部（Korean Ministry of Land，Transport & Maritime Affairs，MLTM）发布 BIM 应用发展策略，表明 2012 年—2015 年对重要项目实施四维 BIM 应

用，并从 2016 年起对所有公共建筑项目使用 BIM。韩国公共采购服务中心（Public Procurement Service，PPS）在 2011 年发布 BIM 计划，对在 2013—2015 年总承包费用大于 5000 万美元的项目使用 BIM，并从 2016 年起对所有政府项目强制性应用 BIM 技术。

6）澳大利亚。2012 年，澳大利亚政府通过发布国家 BIM 行动方案（National BIM Initiative）报告，制定多项 BIM 应用目标。这份报告由澳大利亚智慧建造协会主导，并由建筑环境创新委员会（Built Environment Industry Innovation Council，BEIIC）授权发布。此方案主要提出如下观点：2016 年 7 月 1 日起，所有的政府采购项目强制性使用全三维协同 BIM 技术；鼓励澳大利亚州及地区政府采用全三维协同 Open BIM 技术；实施国家 BIM 行动方案。

在一些国家，BIM 技术应用已经进入较为成熟的阶段。在政府、行业和企业的推动下，欧美发达国家的 BIM 商业发展迅速。BIM 技术在工程项目中的应用数量和应用深度都在迅速发展。据统计，2012 年北美市场中 BIM 涉足的项目占项目总数的 71%，在中大型项目中的应用更高达 90%。BIM 应用由设计方逐步扩大到施工承包商和业主，而且 2012 年承包商的 BIM 技术采用率达 74%，首次超过了工程设计咨询公司的采用率。

2. 国内 BIM 技术应用现状

2011 年，住房和城乡建设部发布《2011—2015 年建筑业信息化发展纲要》，这一年被业界普遍认为是中国的 BIM 元年。

2012 年 1 月，住房和城乡建设部启动了《建筑工程信息模型应用统一标准》《建筑信息模型分类和编码标准》《建筑工程信息模型存储标准》《建筑工程设计信息模型交付标准》《制造工业工程设计信息模型应用标准》5 部国家标准的编制工作。

2014 年，住房和城乡建设部发布了《关于推进建筑业发展和改革的若干意见》，再次明确推进 BIM 等信息技术在工程设计、施工和运营维护全生命期应用等工作。

2015 年，住房和城乡建设部发布了《关于推进建筑信息模型应用的指导意见》，要求到 2020 年末，建筑行业甲级勘察、设计单位以及特级、一级房屋建筑工程施工企业应掌握并实现 BIM 技术与企业管理系统和其他信息技术的一体化集成应用。

2016 年，住房和城乡建设部发布了《关于印发 2016—2020 年建筑业信息化发展纲要的通知》，要求在“十三五”时期，全面提高建筑业信息化水平，着力增强 BIM、大数据、智能化、移动通信、云计算、物联网等信息技术集成应用能力。

2017 年，国务院办公厅发布《关于促进建筑业持续健康发展的意见》，要求加快推进建筑信息模型（BIM）技术在规划、勘察、设计、施工和运营维护全过程的集成应用，实现工程建设项目全生命期数据共享和信息化管理，为项目方案优化和科学决策提供依据，促进建筑业提质增效。

2018 年，交通运输部发布《关于推进公路水运工程 BIM 技术应用的指导意见》，要求到 2020 年，相关标准体系初步建立，示范项目取得明显成果，公路水运行业 BIM 技术应用的深度、广度明显提升。

上海市是我国较早应用 BIM 技术的城市之一。近几年，BIM 技术在上海市获得了快速发展，实现了由点到线、由线到面的跨越。上海现代建筑设计（集团）有限公司、上海科学研究院有限公司、上海建工集团、上海城建集团、中建八局等部分设计施工企业组建了BIM 研发中心，BIM 技术在项目中的应用比例不断增长。在上海中心大厦、上海迪士尼乐园等大型项目中广泛应用 BIM 技术，不断提高建设管理的效益和质量。上海浦东机场利用BIM 技术改进机场运营管理的实践探索，其效果得到行业和社会的高度评价。目前，BIM 技术在上海多条轨道交通线路、上海北横通道、周家嘴路越江隧道工程项目中都有广泛应用。

根据上海市建立具有全球影响力创新中心的要求，政府管理部门在上海市建设领域大力推行 BIM 技术。2014 年，上海市市政府办公厅发布了《关于在本市推进建筑信息模型技术应用指导意见》，按照该指导意见的要求，建立了以上海市建筑信息模型技术应用推广联席会议为核心的推进组织架构，先后出台了《上海市推进建筑信息模型技术应用三年行动计划（2015—2017 年）》《上海市建筑信息模型技术应用指南（2015 版）》《上海市建筑信息模型技术应用指南（2017 版）》《关于在本市开展建筑信息模型技术应用试点工作的通知》和《关于进一步加强上海市建筑信息模型技术推广应用的通知》等一系列的配套政策和技术文件，并积极开展 BIM 技术应用试点、关键技术研究和宣传推广工作，为上海市 BIM 技术应用创造了良好的发展环境。

在政府、行业协会、企业对 BIM 技术高度重视和关注下，我国 BIM 技术应用与实践成效初显，BIM 技术的推广与发展速度较快，市场对于 BIM 软件研发和推广的积极性提高，适应于不同专业领域的本土化软件健康成长。

在我国，BIM 技术在工程建设领域发展迅猛，BIM 技术的研究、BIM 标准的制定以及BIM 工程实践不断增多，BIM 技术经历从概念到发展和应用的过程。总体上，我国 BIM 技术的应用仍然处于发展之中，还远远没有达到普及应用的程度。无论是 BIM 相关标准，还是 BIM 人才储备，或者是 BIM 应用模式都有很多问题需要不断完善。现阶段，BIM 技术的应用主要呈现从聚焦设计阶段向施工阶段深化应用转变、从单点技术应用向项目管理应用转变、从单机应用向基于网络的多方协同应用转变的趋势。施工过程中的业务种类多、参与者多、专业范围广，远比设计阶段复杂，要保证施工阶段各工作环节的顺利进行，需要对 BIM 技术进行更深入的研究和应用。

3. 当前存在的主要问题

在取得阶段性成果的同时，必须认识到推广 BIM 技术的艰巨性和复杂性，目前存在不少瓶颈和问题。

1）企业对 BIM 技术认识不足。当前，BIM 技术在政府推动下快速增加，但较多企业，尤其是企业决策层并未意识到 BIM 将给企业和项目管理带来质量和效率的提高，在实施BIM 技术应用的企业中有相当一部分只是被动完成应用，或因政策的规定而应用 BIM 技术。虽然这也是技术培育期一种常见的现象，但是若认识问题不尽快解决，将使得 BIM 技术应用流于形式，不能真正实现 BIM 技术的应用价值，不利于 BIM 技术的良性发展。

2）BIM 技术和应用环境不成熟。BIM 技术的应用存在一定难度和门槛，虽然近几年建模和相关应用软件研发已有较大的发展，培训范围也在不断扩大，但仍有技术和管理方式的障碍，各类软件的信息不能很好地交换和共享，管理上不基于 BIM 技术开展协同，导致基于建筑信息模型的虚拟设计与施工管理不能实现，形成信息孤岛和分散低效应用，制约 BIM 价值的体现。

3）政府传统管理方式尚未转变。政府管理部门通过政策扶持和调整监管方式，适应 BIM 技术应用，促进 BIM 技术应用推广。但目前，扶持政策仍不到位，基于传统的二维图纸的管理方式，管理程序上设计和施工等环节割裂，各审批部门之间分散审批，有效的标准缺乏等制约 BIM 技术推广应用。

4）管理技术人员 BIM 应用能力欠缺。特别是目前在设计施工一线的管理技术人员 BIM 应用能力缺乏，导致目前的 BIM 应用还主要停留在建模加碰撞的初级阶段，未能和项目设计施工真正融合，BIM 技术应用主要是咨询团队锦上添花的试验性应用，没有转化为生产性应用。

4. BIM 在国内的发展路径与相关政策

2016 年，住房和城乡建设部发布《2016—2020 年建筑业信息化发展纲要》，要求全面提高建筑业信息化水平，着力增强 BIM、大数据、智能化、移动通信、云计算、物联网等信息技术集成应用能力，建筑业数字化、网络化、智能化取得突破性进展，初步建成一体化行业监管和服务平台，数据资源利用水平和信息服务能力明显提升，形成一批具有较强信息技术创新能力和信息化应用达到国际先进水平的建筑企业及具有关键自主知识产权的建筑业信息技术企业。

此外，住房和城乡建设部在 2013 年到 2016 年期间，先后发布若干 BIM 相关指导意见：

1）2016 年以前政府投资的 2 万 m^2 以上大型公共建筑以及省报绿色建筑项目的设计、施工采用 BIM 技术。

2）截至 2020 年，完善 BIM 技术应用标准、实施指南，形成 BIM 技术应用标准和政策体系；在有关奖项，如全国优秀工程勘察设计奖、鲁班奖及各行业、各地区勘察设计奖和工程质量最高的评审中，设计应用 BIM 技术的条件。

3）推进建筑信息模型（BIM）等信息技术在工程设计、施工和运行维护全过程的应用，提高综合效益，推广建筑工程减隔振技术，探索开展白图代替蓝图、数字化审图等工作。

4）到 2020 年末，建筑行业甲级勘察、设计单位以及特级、一级房屋建筑工程施工企业应掌握并实现 BIM 与企业管理系统和其他信息技术的一体化集成应用。

5）到 2020 年末，以下新立项项目勘察设计、施工、运营维护中，集成应用 BIM 的项目比率达到 90%：以国有资金投资为主的大中型建筑、申报绿色建筑的公共建筑和绿色生态示范小区。

同时，随着 BIM 发展进步，各地方政府按照国家规划指导意见也陆续发布地方 BIM 相关政策，鼓励当地工程建设企业全面学习并使用 BIM 技术，促进企业、行业转型升级，以适应社会发展的需要。

2017 年，上海在《关于进一步加强上海市建筑信息模型技术推广应用的通知》进一步明确 BIM 推广应用要求：

1）在土地出让环节，建设单位应当按照国有建设用地出让合同中 BIM 技术应用相关合同条款的要求，组织开展实施 BIM 技术。

2）在项目立项或者工程可行性研究环节，建设单位应当自行或者委托 BIM 咨询企业编制项目 BIM 技术应用方案，明确应用阶段、内容、技术方案、目标和成效。对实施 BIM 技术应用的项目，建设单位应当在工程报建时，按要求填写 BIM 技术应用的基本信息，并开展后续设计、施工、验收和运营阶段的 BIM 技术应用。

3）在工程招标或者发包环节，建设单位应当在设计、施工、监理（工程咨询）等招标文件或者承发包合同中明确设计、施工、监理（工程咨询）单位实施 BIM 技术应用的要求，抽取 BIM 技术专家参加评标。采用设计施工一体化或者工程总承包的建设工程，建设单位应当在招标文件或者承发包合同中一并明确设计和施工 BIM 技术应用要求。

4）在方案设计、初步设计和施工图设计环节，建设单位应当建立 BIM 模型，根据项目实际和审批部门的要求，提供 BIM 设计模型，辅助方案设计和施工图审查审批。其中，设计单位在建立 BIM 模型时，构件和设备的 BIM 模型应当采用类似实际产品的 BIM 模型。

5）在竣工验收环节，建设单位应当组织编制 BIM 竣工模型和相关资料进行交付验收，验收报告应当增加 BIM 技术应用方面的验收意见，并在竣工验收备案中，填写 BIM 技术应用成果信息。

6）在运营环节，重点针对公共建筑和城市基础设施，建设单位可利用 BIM 竣工模型信息，建立基于 BIM 模型的运营管理平台，实施智慧高效管理，提高运营管理水平。

建设、设计、施工、监理、咨询等各参建单位应当按照 BIM 技术应用方案和有关合同约定开展各自 BIM 技术应用，鼓励设计、施工单位自行开展 BIM 技术应用。各参建单位应用 BIM 技术的内容和深度要求按照《上海市建筑信息模型应用标准》（DG/TJ 08-2201—2016）和《上海市建筑信息模型技术应用指南》相关标准规定执行。

同时，上海各有关部门制定基于 BIM 技术的审批和监管制度，简化行政审批流程，提高行政审批和监管效率，转变政府监管方式，探索建立与 BIM 技术应用匹配的数字化监管模式。以下有益的探索可供借鉴。

1）对于纳入建筑师负责制试点且同时应用 BIM 技术进行协同设计并建立施工图模型的建设工程项目，按照告知承诺方式审批，规划国土资源部门在批复规划设计方案时同步核发工程规划许可证，建设行政管理部门在建设单位免于提供施工图审查合格证书的前提下先行核发施工许可。建设单位应当自领取施工许可证之日起四个月内完成施工图设计文件审查，取得合格证书并向项目受监的建设行政管理部门提交材料，办理施工图设计文件审查各项手续。

2）上海市建设工程 BIM 技术应用在做到全面合理、科学严谨的基础上，在工程质量、造价和进度等管控中成效显著的，相关企业及个人经评选可以列入全市年度立功竞赛表彰范围。

3）上海市保障性住房项目的 BIM 技术应用费用，根据应用阶段、内容和规模不同，按本市有关规定标准计入成本。

4）按规定应当采用 BIM 技术的，招标人采用综合评估法招标的项目，投标人或者其技术负责人具有 BIM 试点项目业绩的或者经专家认定具有 BIM 项目经验的，该投标人的技术标方可评优。

5）上海市规划、消防、交通、住房建设等管理部门应当编制基于 BIM 模型审批或者验收的报审报验要求和程序，简化审批管理流程或者工程验收手续。市建设行政管理部门应当制定设计、施工、监理应用 BIM 技术的项目招标和合同的配套示范条款；市质量安全监督部门应当建立基于 BIM 技术质量安全监管要求和监管手册，提高工程质量和安全监管的水平和效率。

6）申请优秀工程勘察设计奖、三星级绿色建筑设计评价标识、上海市建筑节能和绿色建筑示范项目、白玉兰奖等荣誉的建设工程项目，采用 BIM 技术的，应当在评审中给予加分或者优先考虑。

7）上海市各区政府、特定区域管委会应当加强对本区域 BIM 技术的应用推广工作，根据市政府下达的年度实施计划，明确落实机构和推进要求，同时，结合智慧城市建设，研究开展基于 BIM 技术的智慧城区管理试点。市建设行政管理部门每年度应当组织对各区政府和特定区域管委会 BIM 技术应用实施计划及落实要求的执行情况进行检查。对推进力度大、推进成效显著的相关区域予以表彰。

8）相关管理部门应当加大对 BIM 技术应用的政策扶持和行业引导，在科研立项、项目费用等方面加大支持力度，鼓励行业、企业开展 BIM 技术的研究和应用。

为了更好地实现 BIM 技术的应用，国家相关部门和各省市陆续发布有关指导意见和实施办法，国家及部分省市 BIM 实施政策见表 1-1。

表 1-1　国家及部分省市 BIM 技术实施政策

发表部门	文件名称	发布时间	政策要点
住房和城乡建设部	《2011—2015 年建筑业信息化发展纲要》（建质〔2011〕67 号）	2011 年 5 月 10 日	“十二五”期间，基本实现建筑企业信息系统的普及应用，加快建筑信息模型（BIM）、基于网络的协同工作等新技术在工程中的应用，推动信息化标准建设，促进具有自主知识产权软件的产业化，形成一批信息技术应用达到国际先进水平的建筑企业
住房和城乡建设部	《关于推进建筑业发展和改革的若干意见》（建市〔2014〕92 号）	2014 年 7 月 1 日	推进建筑信息模型（BIM）技术在工程设计、施工和运行维护全过程的应用，提高综合效益
住房和城乡建设部	《关于推进建筑信息模型应用的指导意见》（建质函〔2015〕159 号）	2015 年 6 月 16 日	到 2020 年末，建筑行业甲级勘察、设计单位以及特级、一级房屋建筑工程施工企业应掌握并实现 BIM 与企业管理系统和其他信息技术的一体化集成应用。到 2020 年末，以下新立项项目勘察设计、施工、运营维护中，集成应用 BIM 的项目比率达到 90%：以国有资金投资为主的大中型建筑、申报绿色建筑的公共建筑和绿色生态示范小区

（续）

发表部门	文件名称	发布时间	政策要点
住房和城乡建设部	《关于印发 2016—2020 年建筑业信息化发展纲要的通知》（建质函〔2016〕183 号）	2016 年 8 月 23 日	“十三五”时期，全面提高建筑业信息化水平，着力增强 BIM、大数据、智能化、移动通信、云计算、物联网等信息技术集成应用能力，建筑业数字化、网络化、智能化取得突破性进展，初步建成一体化行业监管和服务平台，数据资源利用水平和信息服务能力明显提升，形成一批具有较强信息技术创新能力和信息化应用达到国际先进水平的建筑企业及具有关键自主知识产权的建筑业信息技术企业
国务院办公厅	《国务院办公厅关于促进建筑业持续健康发展的意见》（国办发〔2017〕19 号）	2017 年 2 月 24 日	加快推进建筑信息模型（BIM）技术在规划、勘察、设计、施工和运营维护全过程的集成应用，实现工程建设项目全生命期数据共享和信息化管理，为项目方案优化和科学决策提供依据，促进建筑业提质增效
交通运输部办公厅	《关于推进公路水运工程 BIM 技术应用的指导意见》（交办公路〔2017〕205 号）	2018 年 3 月 5 日	到 2020 年，相关标准体系初步建立，示范项目取得明显成果，公路水运行业 BIM 技术应用深度、广度明显提升。行业主要设计单位具备运用 BIM 技术设计的能力。BIM 技术应用基础平台研发有效推进。建设一批公路、水运 BIM 示范工程，技术复杂项目实现应用 BIM 技术进行项目管理，大型桥梁、港口码头和航电枢纽等初步实现利用 BIM 数据进行构件辅助制造，运营管理单位应用 BIM 技术开展养护决策
上海市政府办公厅	《上海市人民政府办公厅转发市建设管理委关于在本市推进 BIM 技术应用指导意见》（沪府办发〔2014〕58 号）	2014 年 10 月 29 日	通过分阶段、分步骤推进 BIM 技术试点和推广应用，到 2016 年底，基本形成满足 BIM 技术应用的配套政策、标准和市场环境，上海市主要设计、施工、咨询服务和物业管理等单位普遍具备 BIM 技术应用能力。到 2017 年，本市规模以上政府投资工程全部应用 BIM 技术，规模以上社会投资工程普遍应用 BIM 技术，应用和管理水平走在全国前列

（续）

发表部门	文件名称	发布时间	政策要点
上海市城乡建设和管理委员会	《上海市建筑信息模型技术应用指南（2015版）》（沪建管〔2015〕336号）	2015年5月14日	作为上海市BIM技术应用的指导性文件，明确了针对建设工程项目设计、施工、运营全生命期BIM技术基本应用的目的和意义、数据准备、操作流程以及成果等内容
上海市城乡建设和管理委员会	《上海市建筑信息模型技术应用推广“十三五”发展规划纲要》（沪建建管〔2016〕832号）	2016年10月21日	完善上海市BIM技术应用的政策和市场环境，提升从业企业和从业人员在工程建设中应用BIM技术的能力和水平，实现“BIM+设计、施工与运维”全生命期新建造模式，实现“BIM+建筑工业化”、“BIM+绿色建筑”的深度融合，打造“互联网+BIM+工程建设和城市管理”融合发展新模式，加快构筑本市现代建筑市场发展体系，全面实现工程行业的信息化生产能级，成为国内领先，国际一流的BIM技术综合应用示范城市
上海市城乡建设和管理委员会	《上海市建筑信息模型技术应用指南（2017版）》（沪建建管〔2017〕537号）	2017年6月9日	在2015版的基础上，深化和细化了相关应用项和应用内容：统一概念定义、专业用词用语，细化基于BIM的二维制图表达部分内容，深化利用BIM的工程量计算应用的具体内容，增加装配式混凝土BIM技术应用项，增加基于BIM技术的协同管理平台实施指南，深化运维阶段的内容
上海市城乡建设和管理委员会	《关于进一步加强上海市建筑信息模型技术推广应用的通知》（沪建建管联〔2017〕326号）	2017年6月1日	上海市下列范围内的建设工程应当应用BIM技术，其中经论证不适合应用BIM技术的除外：①总投资额1亿元及以上或者单体建筑面积2万m^2及以上的新建、改建、扩建的建设工程；②各区政府及特定区域管委会规定的上述范围外的建设工程。鼓励建设单位建立基于BIM的运营管理平台，在运营阶段应用BIM技术
北京市住房和城乡建设委员会	《北京市推进建筑信息模型应用工作的指导意见（征求意见稿）》	2018年8月30日	到2020年末，形成较为成熟的BIM应用配套政策和市场环境，以国有资金投资为主的大型建筑、装配式建筑、申报二星级及以上绿色建筑标识项目为主，全面推广全生命期BIM应用。培育和扶持一批建筑行业甲级勘察、设计单位以及特级、一级房屋建筑工程施工企业掌握并实现BIM与企业管理系统和其他信息技术的一体化集成应用，提高市场核心竞争力

（续）

发表部门	文件名称	发布时间	政策要点
广东省住房和城乡建设厅	《关于开展建筑信息模型BIM技术推广应用工作的通知》（粤建科函〔2014〕1652号）	2014年9月3日	到2014年底，启动10项以上BIM技术推广项目建设；到2015年底，基本建立我省BIM技术推广应用的标准体系及技术共享平台；到2016年底，政府投资的2万m^2以上的大型公共建筑，以及申报绿色建筑项目的设计、施工应当采用BIM技术，省优良样板工程、省新技术示范工程、省优秀勘察设计项目在设计、施工、运营管理等环节普遍应用BIM技术；到2020年底，广东省建筑面积2万m^2及以上的建筑工程项目普遍应用BIM技术
广东省住房和城乡建设厅	《广东省建筑信息模型（BIM）技术应用费用计价参考依据》（粤建科〔2018〕136号）	2018年7月24日	推动广东省建筑信息模型（BIM）技术在工程建设项目设计、施工和运维阶段的应用
浙江省住房和城乡建设厅	《浙江省建筑信息模型（BIM）应用导则》（建设发〔2016〕163号）	2016年4月26日	推动BIM技术在建设工程中的应用，全面提高浙江省建设、设计、施工、业主、物业和咨询服务等单位的BIM技术应用能力，规范BIM技术应用环境
浙江省住房和城乡建设厅	《浙江省建筑信息模型（BIM）技术推广应用费用计价参考依据》	2017年9月25日	推动浙江省BIM技术在建设工程中的应用，全面提高建设、设计、施工、业主、物业和咨询服务等单位的BIM技术应用能力，制定BIM技术推广应用费用计价参考依据
浙江省住房和城乡建设厅	《建筑信息模型（BIM）应用统一标准》（DB33/T 1154—2018）		在国家相关BIM标准基础上，针对浙江省工程建设项目管理的特点，建立统一、开放、可操作的应用技术标准，从基础数据、模型细度、工作方法和工作环境四个层面指导项目参与方遵从统一的标准进行信息应用和交换，切实提高浙江省建筑信息模型应用能力，整体提升建筑业生产效率，实现建筑业与环境协调可持续发展

我国经济发展进入新常态，一方面，城市更新、城镇化、地下管廊和城市基础设施等方面仍有较大的建设需求，投资规模将继续保持低位增长，房地产投资将稳中趋降，绿色建筑和装配式建筑大力推进，政府在积极推进政府投资工程BIM技术应用，这些都将给BIM技术提供更大的需求和发展机遇；另一方面，资源和环境约束加大，绿色建造和绿色建筑等要

求提高，劳动力成本持续增加，粗放发展模式难以为继，提质增效刻不容缓，加快 BIM 等信息化技术的应用将有助于企业把外部的制约转化为企业内部的发展动力。

信息技术（特别是 BIM 技术）与建筑业的融合正在深化，已形成新的生产方式、商业模式、产业形态的雏形，BIM 技术的价值正在逐步显现。而 BIM 技术是支撑绿色建筑和建筑工业化的基础技术，将促进建筑工业化和绿色建筑发展，对于推进建筑业转型升级，创建国家创新体系具有重要作用。云计算、大数据、移动互联网、3D 打印、虚拟现实、物联网等技术为 BIM 技术应用提供支撑，助力 BIM 技术发展，推动技术进步、效率提升和组织变革。

随着网络技术的发展，BIM 技术的“互联网+”模式会形成新业态，无疑将推动建设行业众多领域的创新变革。新兴技术对工程建筑的推进力量不可小觑。从 BIM 技术的发展方向已经清晰地看到与云计算、移动技术等新兴技术相互结合的发展趋势。可以预见，以服务化、智能化、自适应、按需定制为主要特征的 BIM 技术必定会与移动应用、云计算、大数据、物联网、虚拟现实技术、3D 打印、新材料等相结合，形成新的业态、新的生产模式与商业模式，对传统产业的发展和转型升级形成倒逼机制。BIM 技术将在应用创新发展中与其他新技术互动，引发行业创新、转型，呈现多元化态势。BIM 技术的“互联网+”模式和传统行业的“互联网+”模式叠加，将产生新的行业经济发展模式，从而改变传统的组织架构流程和行业形态，推动建设行业众多领域的创新变革。

BIM 技术的深入应用从技术要素转向数据要素。随着 BIM 技术应用范围和应用水平的不断提高，越来越多的企业和管理部门积累了大量的 BIM 数据。过去因各种技术和管理的局限，企业偏重于如何通过信息系统固化和优化业务流程，实现业务的过程处理和生成 3D 模型，往往顾不上对大量 BIM 数据的挖掘和利用。今后，随着大数据等技术的成熟，BIM 技术的重心将逐步从技术要素向数据要素转化，从偏重 3D 模型到重视多元化数据的发掘和应用转化，从以流程为中心向以数据为中心转化。未来 BIM 技术的应用推广重心将转移到对组织内外部的数据进行深入、多维、实时的挖掘和分析，以满足各相关部门充分共享的需求，满足决策层的需求，让数据真正产生价值。BIM 技术的信息数据十分庞大，随着用户在项目的全生命期中对 BIM 技术的应用不断深化，结合云平台的使用，BIM 技术的应用范围将更加的广泛和深入。

BIM 技术是一项促进建筑业创新、转型发展的基础性信息技术，通过“十三五”期间的深入推广应用，对建设工程项目生产和服务方式转变以及建筑行业的转型升级带来巨大的挑战和新的发展机遇。

有序推进 BIM 技术在建筑领域的应用，应坚持以下原则：

1）市场主导与政府引导相结合。各级政府和管理部门协同推进，加快制定配套的鼓励政策、技术标准，形成有利于新技术应用发展的政府监管方式。充分发挥建设、设计、施工、咨询和社会组织等市场主体的主导作用，培育供需市场，通过市场竞争机制引导市场主体提高 BIM 技术研发和应用水平。

2）整体规划与分步推进相结合。根据建设市场发展现状，制定 BIM 技术在工程建设和管理应用的发展规划。以试点示范为先导，分阶段有序推进 BIM 技术应用，逐步培育和规范应用市场和管理环境。

3）重点推进与面上指导相结合。重点推进 BIM 技术在不同类型的政府投资公共建筑和市政基础设施工程中应用，形成可推广的经验和方法。通过政策和标准的引导，激发市场主体转型发展的内在需求，引导社会投资工程应用 BIM 技术。加强 BIM 数据的开发利用和共享，有效发挥 BIM 技术的作用。

4）自主创新与引进集成创新相结合。营造自主创新的政策环境，培养一批具有创新研发能力的 BIM 技术服务企业、建筑企业和专业人才，在引进集成创新基础上，研发具有自主知识产权的 BIM 软件和应用技术，提高 BIM 系统的服务化、智能化、自适应和随需而变的性能，保障建筑模型信息安全。支持 BIM 技术与云计算技术、监测技术、移动技术和虚拟现实技术等前沿技术相结合。

1.3 BIM 软件

BIM 技术具有 4 个关键特征，即面向对象、基于三维几何模型、包含其他信息和支持开放式标准。

1）面向对象，即以面向对象的方式表示建筑，使建筑成为大量实体对象的集合。例如，建筑中包含大量的结构构件、填充墙和门窗等。在相应的软件中，用户操作的对象是这些实体，而不再是点、线、长方体、圆柱体等几何元素。

2）基于三维几何模型，即使用三维几何模型尽可能如实表示对象，并反映对象之间的拓扑关系。由于建筑信息是基于三维几何模型的，相对于传统的用二维图形表达建筑信息可直接表达建筑信息，便于直观地显示，而且可利用计算机自动进行建筑信息的加工和处理，不需要人工干预。例如，从基于三维几何模型的建筑信息自动生成实际过程中所需要的二维建筑施工图，同时便于利用计算机自动计算建筑各组成部分的面积、体积等数量。

3）包含其他信息，即在基于三维几何模型的建筑信息中包含其他信息，使根据指定的信息对各类对象进行统计、分析成为可能。例如，可以选择某种型号的窗户等对象类别，自动进行对象的数量统计等。又如，若在三维几何模型中包含了成本和进度数据，则可以自动获得项目随时间对资金的需求，便于管理人员进行资源的调配。

4）支持开放式标准，即支持按开放式标准交换建筑信息，从而使建筑全生命期各阶段产生的信息在后续环节或阶段中容易被共享，避免信息的重复录入。

根据上述标准，部分常被称为“BIM 应用软件”的软件，其实并不是真正的 BIM 应用软件。如 3Dmax，它符合面向对象、基于三维几何模型的特征，但不包括工程项目所需要的业务信息，就不能与其他 BIM 应用软件通过开发标准进行数据交换。

BIM 的应用并非只是针对一个软件，其实不仅不是一个软件，准确一点应该说是一类软件，而且每一类软件的选择也不只是一个产品，这样一来，为项目创造效益所涉及的常用 BIM 软件数量就有十几个到几十个之多了。由于 BIM 技术的核心价值，要充分发挥其价值，就是要打通设计、建造及运营等环节；即使同一环节，也要尽量做到各专业的配合与协调，以解决工程信息孤岛的难题。BIM 软件在不断的发展之中，目前还没有一个科学、系统、严谨的分类方法。根据目前应用 BIM 技术的目的，BIM 软件大致分为 BIM 建模软件、BIM 深化设计软件、BIM 算量与计价软件和 BIM 施工应用软件。

1.3.1 BIM 建模软件

这类软件英文通常叫 BIM Authoring Software，是 BIM 的基础。换句话说，正是因为有了这些软件才有了 BIM，它也是从事 BIM 应用的专业人员要接触的第一类 BIM 软件，主要有以下四大系列：

1）Autodesk 公司的 Revit 建筑、结构和机电系列。其在民用建筑市场借助了 AutoCAD 的天然优势，有不错的市场表现。

2）Bentley 系统软件公司建筑、结构和设备系列。Bentley 产品在工厂设计（石油、化工、电力、医药等）和基础设施（道路、桥梁、市政、水利等）领域有优势。

3）Nemetschek 公司的 ArchiCAD、AIIPLAN、Vectorworks。其中，国内专业人员最熟悉的是 ArchiCAD，它是一个面向全球市场的产品，应该可以说是最早的一个具有市场影响力的 BIM 核心建模软件，但是在我国由于其专业配套的功能（仅限于建筑专业）与多专业一体的设计院体制不匹配，因此很难实现业务突破。Nemetschek 的另外两个产品，AIIPLAN 主要市场在德语区，Vectorworks 则是 Nemetschek 在美国市场使用的产品名称。

4）Dassault 公司的 CATIA。这是全球范围内较高端的机械设计制造软件，在航空、航天、汽车等领域具有接近垄断的市场地位。CATIA 应用到工程建设行业，无论是对复杂形体还是超大规模建筑，其建模能力、表现能力和信息管理能力都比传统的建筑类软件有明显优势，而与工程建设行业的项目特点和人员特点的对接问题则是其不足之处。Digital Project 是 Gery Technology 公司在 CATIA 基础上开发的一个面向工程建设行业的应用软件（二次开发软件），其本质还是源于 CATIA，就跟天正软件的本质源于 AutoCAD 一样。

因此，对于一个项目或企业的 BIM 核心建模软件技术路线的确定，可以考虑如下基本原则：民用建筑选用 Autodesk Revit，工厂设计和基础设施选用 Bentley，单专业建筑事务所选择 ArchiCAD、Revit、Bentley 都有可能成功，项目完全异形、预算比较充裕的可以选择 Digital Project 或 CATIA。

当然，除了上面介绍的情况以外，业主和其他项目成员的要求也是在确定 BIM 技术路线时需要考虑的重要因素。

考虑到本书面向的读者，下面重点介绍 Revit 软件。Revit 系列软件在 BIM 模型构建过程中的主要优势体现在以下三个方面。

1）具备智能设计优势。Revit 软件能够综合建筑构件的全部参数信息，智能化地完成建模过程。软件可以将建筑、结构、给水排水、暖通、电气专业作为一个整体进行设计，通过设计信息在专业间的传递与共享使各专业的 BIM 模型紧密联系在一起，共同构成整个建筑系统的 BIM 模型。通过软件的智能分析功能，设计人员可以对配套设备专业的管道系统进行优化设计，在实际施工之前尽可能减少设计失误。另外，软件还可以进行智能化修改，对模型的修改只需要对相应的构件参数信息进行修改即可。软件的智能化信息传递过程使构件的修改信息能在各专业间进行准确传递，各专业设计人员可以根据其他专业的修改信息及时调整本专业的设计方案，从而使模型修改变得轻松、简便。

2）设计过程实现参数化管理。在使用 Revit 软件构建 BIM 模型时，在软件的参数化驱动支持下建模过程可以实现参数化管理。通过专业间的协同设计，各专业将本专业的设计内容通过中心文件形式共享到协同设计平台。各参与方能够依靠协同设计平台获得最新的模型构建信息，在设计成果可视化条件下，各专业间的沟通更便捷，协同设计效率得到提升。

3）为项目各参与方提供了全新的沟通平台。Revit 软件构建的 BIM 模型集合了模型所有设计构件的基本信息，在模型内所有设计人员可以得到完整的设计信息，设计人员可以通过 BIM 模型向业主方提供与建筑实体在功能上完全相似的设计成果。各专业设计人员可以在同一个模型内对所有专业的设计信息进行参数化管理，通过信息的交流与共享发现设计中存在的错误。同时，软件可以在实际施工前对模型内的构件进行碰撞检查，将施工过程中可能出现的问题在设计阶段解决，最终达到提高施工质量的目的。

下面以 Autodesk Revit Architecture 为例，介绍 Revit 软件的特点。

Autodesk Revit Architecture 建筑设计软件，可以遵循建筑师和设计师的思考方式开发更高质量、更加精确的建筑设计。专为建筑信息模型而设计的 Autodesk Revit Architecture，能够帮助捕捉和分析早期设计构想，并能够在从设计、文档到施工的整个流程中更精确地保持设计理念，利用包括丰富信息的模型来支持可持续性设计、施工规划与构造设计，能做出更加明智的决策。Autodesk Revit Architecture 有以下特点：

1）完整的项目，单一的环境。Autodesk Revit Architecture 中的概念设计功能提供了易于使用的自由形状建模和参数化设计工具，并且支持在开发阶段及早对设计进行分析；可以自由绘制草图，快速创建三维形状，交互式地处理各种形状；可以利用内置的工具构思并表现复杂的形状，准备用于预制和施工环节的模型。随着设计的推进，Autodesk Revit Architecture 能够围绕各种形状自动构建参数化框架，提高创意控制能力、精确性和灵活性。从概念模型直至施工文档，所有设计工作都在同一直观的环境中完成。

2）更迅速地制定权威决策。Autodesk Revit Architecture 软件支持在设计前期对建筑形状进行分析，以便尽早做出更明智的决策。借助这一功能，可以明确建筑的面积和体积，进行日照和能耗分析，深入了解建造可行性，初步提取施工材料用量。

3）功能形状。Autodesk Revit Architecture 中的 Building Maker 功能可以帮助将概念形状转换成全功能建筑设计；可以选择并添加面，由此设计墙、屋顶、楼层和幕墙系统；可以提取重要的建筑信息，包括每个楼层的总面积；可以将来自 AutoCAD 软件和 Autodesk Maya 软件，以及 AutoDesSys form · Z、McNeel Rhinoceros、Google SketchUp 等应用或其他基于 ACIS 或 NURBS 的应用的概念性体量转化为 Autodesk Revit Architecture 中的体量对象，然后进行方案设计。

4）一致、精确的设计信息开发。Autodesk Revit Architecture 软件是按照建筑师与设计师的建筑理念工作，能够从单一基础数据库提供所有明细表、设计图、二维视图与三维视图，并能够随着项目的推进自动与设计变更保持一致。

5）双向关联的任何一处变更，所有相关位置随之变更。在 Autodesk Revit Architecture 中，所有模型信息存储在一个协同数据库中。对信息的修订与更改会自动反映到整个模型中，从而极大限度地减少错误与疏漏。

6）明细表。明细表是整个 Autodesk Revit Architecture 模型的另一个视图。对明细表视图进行的任何变更都会自动反映到其他所有视图中。明细表的功能包括关联式分割及通过明细表视图、公式和过滤功能选择设计元素。

7）详图设计。Autodesk Revit Architecture 附带丰富的详图库和详图设计工具，能够进行广泛的预分类（Presorting），并且可轻松兼容 CSI 格式；可以根据企业的标准创建、共享和定制详图库。

8）参数化构件。参数化构件又称族，是在 Autodesk Revit Architecture 中设计所有建筑构件的基础。这些构件提供了一个开放的图形系统，能够自由地构思设计、创建形状，并且还能就设计意图的细节进行调整和表达。可以使用参数化构件设计精细的装配（例如细木家具和设备），以及最基础的建筑构件（例如墙和柱），而不需要编程语言或代码。

9）材料算量功能。利用材料算量功能计算详细的材料数量。材料算量功能非常适合用于计算可持续设计项目中的材料数量和估算成本，可显著优化材料跟踪流程。

10）冲突检测。使用冲突检测来扫描模型，查找构件间的冲突。

11）基于任务的用户界面。Autodesk Revit Architecture 用户界面提供了整齐有序的桌面和宽大的绘图窗口，可以使用户迅速找到所需工具和命令。按照设计工作流中的创建、注释或协作等环节，各种工具被分门别类地放到一系列选项卡和面板中。

12）设计可视化。创建并获得如照片般真实的建筑设计创意和周围环境效果图，在实际动工前体验设计创意。集成的 Mental Ray 渲染软件易于使用，能够在更短时间内生成高质量的渲染效果图。协作工作共享工具可支持应用视图过滤器和标签元素，以及控制关联文件夹中工作集的可见性，以便在包含许多关联文件夹的项目中改进协作工作。

13）可持续发展设计。软件可以将材质和房间容积等建筑信息导出为绿色建筑扩展性标志语言（gbXML）。用户可以使用 Autodesk Green Building Studio 的 Web 服务进行更深入的能源分析，或使用 Autodesk Ecotect Analysis 软件研究建筑性能。此外，Autodesk 3ds Max Design 软件能根据 LEED 8.1 认证标准开展室内光照分析。

1.3.2 BIM 深化设计软件

深化设计是在工程施工过程中，在设计院提供的施工图设计基础上进行详细设计以满足施工要求的设计活动。深化设计往往由专业分包单位进行，由设计院审核签字。

BIM 技术因为其直观形象的空间表达能力，能够很好地满足深化设计关注细部设计、精度要求高的特点，基于 BIM 技术的深化设计软件得到越来越多的应用，这也是 BIM 技术应用最成功的领域之一。基于 BIM 技术的深化设计软件包括机电深化设计、钢构深化设计、幕墙深化设计、碰撞检查等软件。

1. BIM 机电设计深化软件

机电深化设计是在机电施工图的基础上进行二次深化设计，包括安装节点详图、支吊架的设计、设备的基础图、预留孔图、预埋件位置和构造补充设计，以满足实际施工要求。国外常用 Mechanical Electrical Plumbing（MEP），即机械、电气、管道，作为机电专业的简称，国内也逐步接受了这个说法。

机电深化主要包括专业深化设计与建模、管线综合、多方案比较、设备机房深化设计、预留预埋设计、综合支吊架设计、设备参数复核计算等。

机电深化设计的难点在于复杂的空间关系，特别是对地下室、机房及周边管线密集区域的处理尤其困难。传统的二维设计在处理这些问题时严重依赖于工程师的空间想象能力和经验，经常由于设计不到位、管线发生碰撞而导致施工返工，造成人力和物力的浪费、工程质量的降低及工期的拖延。

（1）主要特征

基于 BIM 技术的机电深化设计软件的主要特征包括以下方面：

1）基于三维图形技术。很多机电深化设计软件，包括 AutoCAD MEP、MagiCAD 等，为了兼顾用户的使用习惯，同时具有二维及三维的建模能力，但内部完全应用三维图形技术。

2）可以建立机电专业（包括通风空调、给水排水、电气、消防等多个专业）的管线、通头、末端等构件。多数机电深化软件，如 AutoCAD MEP、MagiCAD 都内置支持参数化方式建立常见机电构件，Revit MEP 还提供了族库等功能，供用户扩展系统内置构件库，能够处理内置构件库不能满足的构件形式。

3）设备库的维护。常见的机电设备种类繁多，具有庞大的数量，对机电设备进行选择，并确定其规格、型号、性能参数，是机电深化设计的重要内容之一。优秀的机电深化软件往往提供可扩展的机电设备库，并允许用户对机电设备库进行维护。

4）支持三维数据交换标准。机电深化设计软件需要从建筑设计软件导入建筑模型以辅助建摸，还需要将深化设计结果导出到模型浏览、碰撞检查等其他 BIM 应用软件中。

5）内置支持碰撞检查功能。建筑项目设计过程中，大部分冲突及碰撞发生在机电专业。越来越多的机电深化设计软件支持碰撞检查功能，实现管线综合的碰撞检查、整改及优化的整个流程在同一个机电深化设计软件中完成，使得用户的工作流程更加流畅。

6）绘制出图。国内目前的设计依据还是二维图，深化设计的结果必须表达为二维图，现场施工人员也习惯于参考施工图进行施工，因此深化设计软件需要提供绘制二维图的功能。

7）机电设计校验计算。机电深化设计过程中，往往需要对设备位置、系统的线路、管道和风管等相应移位或长度进行调整，会导致运行时电气线路压降、管道管路阻力、风管的风量损失和阻力损失等发生变化。机电深化设计软件应该提供校验计算功能，核算设备能力是否满足要求，如果能力不能满足或能力有过量富余时，则需对原有设计选型时设备规格中的某些参数进行调整。例如，管道工程中水泵的扬程、空调工程中风机的风量、电气工程中电缆截面面积等。

（2）常用软件介绍

目前，国内应用的基于 BIM 技术的机电深化设计软件主要包括 MagiCAD、Revit MEP、AutoCAD MEP、天正、理正、鸿业、PKPM、斯维尔、品茗等软件。常用的基于 BIM 技术的机电深化设计软件见表 1-2。

表 1-2　常用的基于 BIM 技术的机电深化设计软件

软件名称	说　明
MagiCAD 软件	芬兰普罗格曼有限公司的产品，该公司于 2014 年被广联达科技股份有限公司收购。MagiCAD 基于 AutoCAD 及 Revit 双平台运行。MagiCAD 软件在专业性上很强，功能全面，提供了风系统、水系统、电气系统、电气回路、系统原理图设计以及房间建模、舒适度及能耗分析、管道综合支吊架设计等模块，提供剖面图、立面图出图功能，并在系统内置了超过百万级别的构件，构件来自真实生产厂家，具有细部尺寸标注、工作工况参数曲线等信息，并存储于云端实时更新。MagiCAD 软件是欧洲 MEP 应用的主要软件，在国内大型工程项目中也被广泛应用
Revit MEP 软件	Autodesk 公司的产品，基于 Revit 平台基础开发，主要包括暖通风道及管道系统、电力照明、给水排水等专业。与 Revit 平台操作一致，并且与建筑专业 Revit Architecture 数据可以互联互通
AutoCAD MEP 软件	Autodesk 公司的产品，基于 AutoCAD 平台基础开发，与 Revit MEP 的研发时间更长，操作习惯与 CAD 保持一致，上手难度较小，并提供剖面图、立面图出图功能。国外应用比较广泛，国内应用较少
天正给水排水系统 T-WT，天正暖通系统 T-HVAC 软件	天正软件公司的产品，基于 AutoCAD 平台研发，包含给水排水及暖通两个专业，包含管件设计、材料统计、负荷计算及水路、水利计算等功能。但是天正机电软件目前不支持 IFC 标准
理正电气、理正给水排水、理正暖通设计软件	北京理正软件股份有限公司的产品，基于 AutoCAD 平台研发，包含电气、给水排水、暖通等专业，包含建模、生成统计表、负荷计算等功能。但是理正机电软件目前不支持 IFC 标准
鸿业给水排水、暖通空调设计软件 HYACS	鸿业科技公司的产品，基于 AutoCAD 平台研发。鸿业软件专业区分比较细，包含给水排水、暖通空调等多个专业的软件。但是鸿业机电软件目前不支持 IFC 标准
PKPM 设备系列软件	中国建筑科学研究院建研科技股份有限公司的产品，基于自主图形平台研发。专业划分比较细，分为多个专业软件组成了设备系列软件。主要包括给水排水绘图软件（WPM）、室外给水排水设计软件（WNET）、采暖设计软件（HPM）、室外热网设计软件（HNET）、建筑电气设计主件（EMP）、建筑通风空调设计软件（CPM）。但是 PKPM 设备系列软件对 IFC 标准的支持并不理想，软件开放性不够。目前 PKPM 设备系列软件主要面向设计单位，施工单位在深化设计中应用较少
斯维尔 MEP 软件	斯维尔公司的产品，基于 AutoCAD 平台研发，包含了给水排水、暖通、电气、通风等专业，支持安装专业建模、各专业分析计算、生成材料统计表、按国标出图等功能。但是斯维尔 MEP 软件目前不支持 IFC 标准
品茗 HiBIM 软件	品茗公司的产品，基于 Revit 平台开发，支持 IFC 标准，支持模型与其他专业以及其他软件的数据交换。该软件在 Revit 平台基础上增加了机电深化模块，包含管道综合优化、预留洞、碰撞检查、支吊架设计等子模块。在国内大型项目中被广泛使用

表中这些软件均基于三维技术，其中，MagiCAD、Revit MEP、AutoCAD MEP、品茗HiBIM等软件支持IFC的导入、导出，支持模型与其他专业以及其他软件进行数据交换，而天正机电软件、理正机电软件、鸿业机电软件、PKPM设备系列软件、斯维尔MEP软件等在支持IFC数据标准和模型数据交换能力方面有待进一步加强。

2. 钢结构深化设计软件

钢结构深化设计的目的主要体现在以下几个方面：通过深化设计计算杆件的实际应力比，对原设计截面进行改进，以降低结构的整体用钢量；通过深化设计对结构的整体安全性和重要节点的受力进行验算，确保所有的杆件和节点满足设计要求，确保结构使用安全；通过深化设计对杆件和节点进行构造的施工优化，使实际的加工制作和安装过程中变得更加合理，提高加工效率和加工安装精度；对栓接接缝处连接板进行优化、归类、统一，减少品种、规格，将杆件和节点进行归类编号，形成流水加工，大大提高加工进度。

（1）主要特征及常用软件

钢结构深化设计因为其突出的空间几何造型特性，平面设计软件很难满足要求，BIM应用软件出现后，在钢结构深化设计领域得到快速的应用。基于BIM技术的钢构深化设计软件的主要特征包括以下方面：

1）基于三维图形技术。因为钢结构的构件具有显著的空间布置特点，钢结构深化设计软件需要基于三维图形进行建模及计算。并且，与其他基于平面视图建模的BIM技术设计软件不同，多数钢结构都基于空间进行建模。

2）支持参数化建模，可以用参数化方式建立钢结构的杆件、节点、螺栓。例如，杆件截面形态包括工字形、L形、口字形等多种形状，用户只需要选择截面形态并且设置截面长、宽等参数信息，就可以确定构件的几何形状，而不需要处理杆件的每个零件。

3）支持节点库。节点的设计是钢结构设计中比较烦琐的过程。优秀的钢结构设计软件，如Tekla，内置支持常见的节点连接方式，用户只需要选择需要连接的杆件，并设置节点连接的方式及参数，系统就可以自动建立节点板、螺栓，大量节省用户的建模时间。

4）支持三维数据交换标准。钢结构机电深化设计软件与建筑设计结果导入其他专业模型以辅助建模，还需要将深化设计结果导出到模型浏览、碰撞检查等其他BIM应用软件中。

5）绘制出图。国内目前设计依据还是二维图，钢结构深化设计的结果必须表达为二维图，现场施工工人也习惯于参考施工图进行施工。因此，深化设计软件需要提供绘制二维图的功能。目前常用基于BIM技术的钢结构深化设计软件见表1-3。

表1-3 常用基于BIM技术的钢结构深化设计软件

软件名称	国家	主要功能	说明
BoCAD	德国	三维建模，双向关联，可以进行较为复杂的节点、构件的建模	进入国内时间较短
Tekla（Xsteel）	芬兰	钢结构详图设计软件通过创建三维模型，自动生成钢结构详图和各种报表	国内应用较广泛

（续）

软件名称	国　家	主要功能	说　明
StruCAD	英国	三维构件建模，进行详图布置等。复杂空间建模困难，复杂节点、特殊构件难以实现	国内有部分用户
SDS/2	美国	三维构件建模，按照美国标准设计的节点库	国内应用较少
STS 钢结构设计软件	中国	由中国建筑科学研究院建研科技股份有限公司研制，主要面向的市场是设计单位，施工单位用于钢结构深化设计的较少	国内设计院应用较多

（2）设计的主要步骤

以 Tekla 为例，钢结构深化设计的主要步骤如下：

1）确定结构整体定位轴线。建立结构的所有重要定位轴线，帮助后续的构件建模进行快速定位。同一个工程所有的深化设计必须使用同一个定位轴线。

2）建立构件模型。每个构件在截面库中选取钢柱或钢梁截面，进行柱、梁等构件的建模。

3）进行节点设计。钢梁及钢柱创建好后，在节点库中选择钢结构常用节点，采用软件参数化节点能快速、准确建立构件节点。当该工程中某种大量类型的节点在结点库中无法找到，可在软件中创建人工智能参数化节点，以达到设计要求。

4）进行构件编号。软件可以自动根据预先给定的构件编号规则，按照构件的不同截面类型对各构件及节点进行整体编号命名及组合，相同构件及板件的名称相同。

5）出构件深化设计图。软件能根据所建的三维实体模型导出设计图，设计图与三维模型保持一致，当模型中构件有所变更时，设计图将自动进行调整，保证了设计图的正确性。

3. 碰撞检查软件

碰撞检查，也称为多专业协同、模型检测，是多专业协同检查过程，将不同专业的模型集成在同一平台中并进行专业之间的碰撞检查及协调。碰撞检查主要发生在机电的各个专业之间，机电与结构的预留预埋、机电与幕墙、机电与钢筋之间的碰撞也是碰撞检查的重点及难点内容。在传统的碰撞检查中，用户需将多个专业的平面图叠加，并绘制所负责部位的剖面图，才能判断是否发生碰撞。这种方式效率低，且很难进行完整的检查，往往在设计中遗留大量的多专业碰撞及冲突，是造成工程施工过程中返工的主要因素之一。基于 BIM 技术的碰撞检查具有显著的空间能力，可以大幅度提升工作的效率，是 BIM 技术应用中的成功应用点之一。

碰撞检查软件除了判断实体之间的碰撞（也被称作“硬碰撞”），也有部分软件进行了模型是否符合规范、是否符合施工要求的检测（也被称为“软碰撞”），比如芬兰的 Solibri 软件在软碰撞方面功能丰富，Solibri 提供了缺陷检测、建筑与结构的一致性检测、部分建筑规范（如无障碍规范）的检测等。目前，软碰撞检查还不如硬碰撞检查成熟，却是将来发展的重点。

国外常见碰撞检查软件有 Autodesk 的 Navisworks、美国天宝公司的 Tekla BIMSight、芬兰 Solibri 公司的 Solibri 软件等。国内软件包括广联达公司的 BIM 审图软件、品茗 HiBIM 软件、斯维尔 UniBIM 软件及鲁班 BIM 系统平台管理软件解决方案中的鲁班工场（Luban iWorks）客户端的碰撞检查模块等。目前多数的机电深化设计软件也包含了碰撞检查模块，比如 MagiCAD、Revit MEP 等。常用基于 BIM 技术的碰撞检查软件见表 1-4。

表 1-4 常用基于 BIM 技术的碰撞检查软件

软件名称	说明
Navisworks	Autodesk 公司的产品，目前应用较广泛的碰撞检查类软件。支持市面上常见的 BIM 建模工具，包括 Revit、Bentley、ArchiCAD、MagiCAD、Tekla 等。“硬碰撞”效率高，应用成熟。但是，软件的通用性较强，缺乏建筑行业的行业特色功能，而且缺乏“软碰撞”功能
Solibri	芬兰 Solibri 公司的产品，在欧洲应用比较广，三维数据交换标准 IFC 支持程度高，与 ArchiCAD、Tekla、MagiCAD 接口良好，也可以导入支持 IFC 的建模工具（如 Revit）。Solibri 具有灵活的规则设置，可以通过扩展规则检查模型的合法性及部分的建筑规范，如无障碍设计规范等
Tekla BIMSight	原芬兰 Tekla 公司的产品，后 Tekla 公司被美国天宝公司收购。与 Tekla 钢结构深化设计集成接口好，也可以通过 IFC 导入其他建模工具生成的模型。在欧洲市场有一定使用率
广联达 BIM 审图软件	广联达公司的产品，以三维模型为基础，利用 BIM 技术，快速、全面、准确地预知项目存在的问题，并能一键返回建模软件，快速修改，从而提高工作效率，促进沟通，提升项目管理能力。BIM 审图可与广联达土建、安装、Revit、MagiCAD、Tekla、ArchiCAD 软件共享模型，实现一次建模，多次应用。支持 IFC，除了“硬碰撞”，还支持模型合法性检测等“软碰撞”功能
斯维尔 UniBIM 软件	斯维尔公司的产品，基于 CAD 平台开发，能够集成土建算量和安装算量的模型进行碰撞检查，同时与 Revit 有专用的数据接口，可以将模型导入 Revit、Navisworks、HiBIM 等软件
品茗 HiBIM 软件碰撞检查模块	品茗公司的产品，基于 Revit 平台开发，可对接其他专业系列模型，自定义编辑碰撞规则，对 Revit 模型进行碰撞检测，并在 Revit 中一键反查模型，修改碰撞，导出碰撞报告，可对修改前后的碰撞点进行对比
鲁班工场（技术模块）	鲁班公司的产品，鲁班 BIM 系统平台管理软件解决方案中的鲁班工场（Luban iWorks）客户端功能之一，支持鲁班大师（土建、钢筋、安装）软件建立各专业模型之间的碰撞，也支持通过鲁班万通二次开发插件导入 Revit、Bentley、Tekla、Civil3D、CATIA 等主流 BIM 设计软件建立的各专业 BIM 模型之间的碰撞检查，解决了直接导入主流设计软件 BIM 模型输出的 IFC 文件产生的兼容性问题

（续）

软件名称	说　明
MagiCAD 碰撞检查模块	芬兰普罗格曼有限公司的产品，该公司 2014 年被广联达软件股份有限公司（现为广联达科技股份有限公司）收购。它不是独立的软件，属于 MagiCAD 的一个功能模块，将碰撞检查与调整优化集成在同一软件中，处理机电系统内部碰撞效率很高
Revit MEP 碰块碰撞检查功能模块	Autodesk 公司 Revit 软件的一个功能，将碰撞检查与调整优化集成在同一软件中，处理机电系统内部碰撞效率很高

4. 幕墙深化设计软件

幕墙深化设计主要是对建筑的幕墙进行细化补充设计及优化设计，如幕墙收口部位的设计、预埋件的设计、材料用量优化、局部的不安全及不合理做法的优化等。幕墙设计非常烦琐，深化设计人员对基于 BIM 技术的设计软件呼声很高。但遗憾的是，目前还没有规模化应用的幕墙深化设计软件，只有个别厂商及企业在 Revit 等通用三维设计软件中开发了幕墙深化设计模块。

1.3.3　BIM 算量软件

基于 BIM 技术的算量软件是最早在我国得到规模化应用的 BIM 应用软件，也是最成熟的 BIM 应用软件之一。目前，国内招投标阶段的 BIM 应用软件主要包括广联达、鲁班、神机妙算、斯维尔、品茗等公司的产品。国内常用的 BIM 算量软件见表 1-5。

表 1-5　国内常用的 BIM 算量软件

名　称	说　明	软件产品
土建算量软件	统计工程项目的混凝土、模板、砌体、门窗等建筑及结构部分的工程量	广联达土建计量软件 GTJ 品茗 BIM 算量软件 鲁班大师（土建）LubanAR 斯维尔三维算量 THS-3DA 神机妙算算量
钢筋算量软件	由于钢筋算量的特殊性，钢筋算量一般单独统计。国内的钢筋算量软件普遍支持平法表达，能够快速建立钢筋模型	广联达土建计量软件 GTJ 品茗 BIM 算量软件 鲁班大师（钢筋）LubanST 斯维尔三维算量 THS-3DA 神机妙算算量钢筋模块
安装算量软件	统计工程项目的机电工程量	广联达安装计量平台 GQI 鲁班大师（安装） 品茗安装算量软件 Luban MEP 斯维尔三维算量 THS-3DM 神机妙算算量安装版

（续）

名　称	说　明	软件产品
精装算量软件	统计工程项目室内装修，包括墙面、地面、天花等装饰的精细计量	广联达装饰计量软件 GDQ 鲁班班筑家装软件 斯维尔精装算量 For Revit 品茗 HiBIM 软件
钢结构算量软件	统计钢结构部分的工程量	鲁班钢构算量 YC

1.3.4 BIM 施工应用软件

施工阶段的 BIM 工具软件是新兴的领域，主要包括施工场地、模板及脚手架建模软件、5D 管理软件、钢筋翻样、变更计量、审核对量等软件。

1. 施工场地布置软件

施工场地布置是施工组织设计的重要内容，在工程红线内，通过合理划分施工区域，减少各项施工的相互干扰，使得场地布置紧凑合理，运输更加方便，能够满足防火、防盗的要求。传统的施工场地布置，是使用二维 CAD 软件进行布置的。传统施工场地设计存在两个问题：

1）一是绘制效率低下。用户需要逐根线条地绘制施工现场的施工分区、材料料场及加工区域、大型施工机械的布置、道路等，这种设计平面布置手工工作多，容易发生错误。

2）二是软件难以进行进一步的合理性分析及应用，比如塔式起重机的冲突。

基于 BIM 技术的施工场地布置是基于 BIM 技术提供内置的构件库进行管理，用户可以用这些构件进行快速建模，并且可以进行分析及用料统计。目前，国内已经发布的三维场地布置软件包括广联达三维场地布置软件、品茗 BIM 施工策划软件、鲁班三维场地布置软件、PKPM 场地布置软件、斯维尔 3D 施工现场布置软件等。常用的基于 BIM 技术的三维场地布置软件见表 1-6。

表 1-6　常用的基于 BIM 技术的三维场地布置软件

软件名称	说　明
广联达三维场地布置软件 3D-GCP	广联达公司的产品，支持二维图识别建模，内置施工现场的常用构件，如板房、料场、塔式起重机、施工电梯、道路、大门、围栏、标语牌、旗杆等，建模效率高。其与广联达 BIM5D 软件有数据交换接口，但目前还不支持 IFC 标准
品茗 BIM 施工策划软件	品茗公司的产品，支持二维图识别建模快速生成三维场地模型。内置施工现场常用的精细化、参数化构件族，满足规范图集做法及绿色安全文明施工场地布置的需求。软件支持生成构件加工图、场地布置图、材料工程量汇总表、专项施工方案，满足进度计划与模型相关联，可对专项方案进行模拟，导出模拟视频

（续）

软件名称	说明
PKPM 三维现场平面图软件	中国建筑科学研究院建研科技股份有限公司的产品，支持二维图识别建模，内置施工现场的常用构件和图库，可以通过拉伸、翻样支持较复杂的现场形状，如复杂基坑的建模，包括贴图、视频制作功能。但是目前不支持 IFC 标准，开放性不够
鲁班三维场地布置软件	鲁班软件公司的产品，支持鲁班大师 BIM 模型的直接导入，支持二维图识别转化建模，内置施工现场的常用构件，如板房、料场、塔式起重机、施工电梯、道路、大门、围栏、标语牌、旗杆等，建模效率高。与鲁班 BIM 系统平台管理软件有数据交换接口，但目前还不支持 IFC 标准
斯维尔 3D 施工现场布置软件	斯维尔公司的产品，软件基于 Revit 平台开发，用于建设项目施工全过程的现场布置规划设计，可以直接绘制或者导入 CAD 电子底图快速建模，软件内嵌齐全的施工项目场地的临时设施构件与设备库，只需通过简单的拖拽与便捷的参数设置即可实现绘制，也可以直接导入并使用 Revit 软件所建的模型或族

2. 模板脚手架设计软件

模板脚手架设计的细节繁多，一般施工单位难以进行精细设计。传统的模板和脚手架设计使用 CAD 等工具在平面上进行布置，手工处理模板和脚手架的排布，并对设计结果进行必要的受力计算及规范符合性校验，手工计算量大，容易出错。基于 BIM 技术的模板脚手架软件在三维图形技术基础上进行模板脚手架设计及验算，提供准确用量统计，与传统方式相比，大幅度提高了工作效率。目前常见的模板脚手架软件包括广联达模板脚手架设计软件、品茗 BIM 模板脚手架设计软件、PKPM 模板设计软件、PKPM 专业脚手架设计软件等（表 1-7）。

表 1-7　常用的基于 BIM 技术的主要模板脚手架软件

软件名称	说明
广联达模板脚手架设计软件	广联达公司的产品，支持二维图识别建模，也可以导入广联达算量产生的实体模型辅助建模，也可导入 Revit 模型。具有自动生成模架、设计验算及生成计算书功能。目前还不支持 IFC 标准
品茗 BIM 模板脚手架设计软件	品茗公司的产品，支持二维图识别建模，也可导入品茗算量模型、Revit 模型等辅助模板设计。支持依据参数一键智能布置架体，同时内置各种安全计算规范对生成的架体进行安全复核，支持模板配置并输出配模方案，可输出安全计算书、施工方案、材料明细表、施工图等
PKPM 模板设计软件、PKPM 专业脚手架设计软件	中国建筑科学研究院建筑工程软件研究所 PKPM 软件分为模板设计软件及脚手架设计软件。脚手架设计软件可建立多种形状及组合形式的脚手架三维模型，生成脚手架立面图、脚手架施工图和节点详图，并可成用量统计表；可进行多种脚手架形式的规范计算；提供多种脚手架施工方案模板。模板设计软件适用于大模板、组合模板、胶合板和木模板的墙、梁、柱、楼板的设计、布置及计算，能够完成各种模板的配板设计、支撑系统计算、配板详图、统计用表及提供丰富的节点构造详图。目前并不支持 IFC 标准

3. 基于 BIM 技术的 5D 施工管理软件

工程项目施工过程管理是一个复杂的过程，需要综合考虑进度、物资、技术、劳动力、成本、施工场地布置等多方面的因素。例如，在超高层项目的施工过程中，垂直运输代价比较高，精确控制各个楼层使用的物资量，能够显著减少对垂直运输的需求以及物资的浪费。在传统的项目管理中，缺少及时、准确的数据支持，施工现场往往依靠各级管理者的个人经验进行管理，难以做到进度、资源、成本的精细化管理。基于 BIM 技术的 5D 施工管理软件承载施工组织设计的结果，将不同专业的深化设计模型集成到同一平台，并与进度、成本、资源等信息进行集成，可以对施工的关键节点进行措施布置、施工机械安排、施工场地划分，在施工前进行设计及模拟分析，从而优化施工过程，减少施工变更。在施工过程中，为管理者及时提供进度、资源、成本信息，帮助管理者进行管理。

目前，基于 BIM 技术的 5D 施工管理主流软件主要包括：广联达 BIM5D 软件、品茗 BIM5D 软件、鲁班 BIM 系统平台管理软件、斯维尔 BIM5D 软件、广州易达 5D-BIM 软件、RIB 公司的 iTWO 软件、Vico 软件公司的 Vico 软件等。

4. 钢筋翻样软件

钢筋翻样是指施工技术人员根据施工图详细列示钢筋混凝土结构中钢筋构件的规格、形状、尺寸、数量、重量等内容，以形成钢筋构件下料单，方便钢筋工按料单进行钢筋构件制作和绑扎安装的过程。钢筋翻样作为施工项目中一种高难度的技术活动，计算过程复杂烦琐，要求精准，对施工现场钢筋施工的质量及成本有极大影响，需要进行合理优化。钢筋翻样软件利用 BIM 技术，采用平法对钢筋进行精细布置及优化，能够显著提高翻样人员的工作效率，因而逐步得到推广应用。

基于 BIM 技术的钢筋翻样软件主要特征如下：

1）支持建立钢筋结构模型，或者通过三维数据交换标准导入结构模型。钢筋翻样是在构件模型的基础上进行钢筋的详细设计，结构模型可以从其他软件，包括结构设计软件，或者算量模型导入。部分钢筋翻样软件也可以从 CAD 图直接识别建模。

2）支持钢筋平法。钢筋平法已经在国内设计领域得到广泛的应用，它能够大幅度地简化设计结果的表达。钢筋翻样软件支持钢筋平法，工程翻样人员可以高效地输入钢筋信息。

3）支持钢筋优化断料。钢筋翻样需要考虑如何合理利用钢筋原材料，减少钢筋的废料、余料，降低损耗。钢筋翻样软件通过设置模数、提供多套原材料长度自动优化方案，最终达到减少废料、余料，节省钢筋用料的目的。

4）支持料表输出。钢筋翻样工程普遍接受钢筋料表作为钢筋加工的依据。钢筋翻样软件支持料单输出、生成钢筋需求计划等。

因为钢筋平法的存在，国内钢筋翻样软件往往比国外钢筋软件更加成体系。国内基于 BIM 技术钢筋翻样软件包括广联达云翻样软件、PKPM 下料软件、鲁班钢筋软件（预算版和下料版）等。

1.4 BIM 实施的组织管理

1.4.1 BIM 实施模式和组织架构

1. BIM 实施模式

按照实施的主体的不同，BIM 实施模式可分为建设单位（业主）BIM 实施模式和承包商 BIM 实施模式。

建设单位（业主）BIM 实施模式：由建设单位主导，自行或委托第三方机构（有能力的设计、施工或咨询单位）选择适当的 BIM 技术应用模式，各参与方协同，实施项目全过程管理，完成项目的 BIM 技术应用。

承包商 BIM 实施模式：由项目各相关方自行或委托第三方机构应用 BIM 技术，完成自身承担的项目建设内容，辅助项目建设与管理，以实现项目建设目标。

不同实施组织方式应用 BIM 技术的内容和需求不同，通过对 BIM 技术应用价值的分析可知，最佳方式是建设单位 BIM 实施模式。这种模式由建设单位主导、各参与方在项目全生命期协同应用 BIM 技术，可以充分发挥 BIM 技术的最大效益和价值。

BIM 实施模式宜采用基于全生命期 BIM 技术应用模式下的建设单位（业主）主导的实施模式，以利于协调各参与方在项目全生命期内的协同应用，充分发挥 BIM 技术的最大效益和价值。

2. 建设单位（业主）BIM 实施模式下的组织架构

建设单位应首先确定 BIM 应用策略，确定 BIM 总协调方；BIM 总协调方应按规定履行其相应的职责。建设单位宜建立 BIM 项协同平台，项目各参与方应根据各自预设权限及标准在该协同平台下进行项目数据提交、更新、下载和管理等。

BIM 总协调方可以由建设单位自行组建或委托第三方机构（应为有类似 BIM 项目经验的设计、施工或咨询机构）承担。建设单位可根据项目实际情况选择适宜的应用模式，自行或委托第三方机构实施。典型建设单位（业主）BIM 实施模式的组织架构如图 1-2 所示。

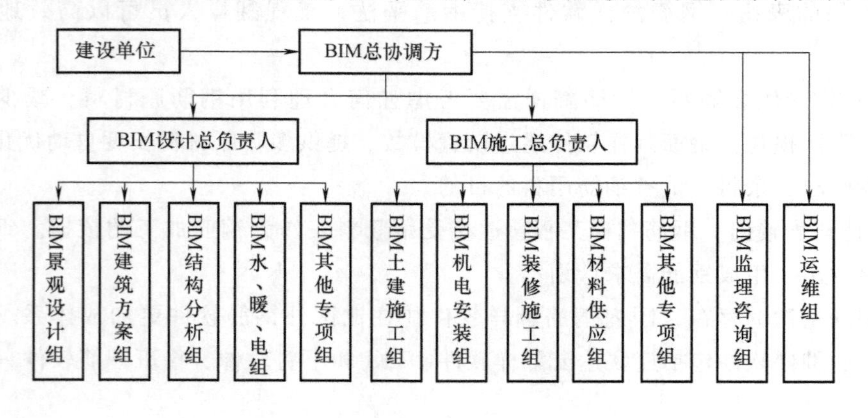

图 1-2

3. 承包商BIM实施模式下的组织架构

承包商应首先确定BIM应用策略，并按规定履行其相应的职责。承包商应根据工程实际情况，选择适宜的应用点，可自行或委托第三方机构（应有类似BIM项目经验）实施。承包商BIM实施模式下宜采用多方实施的阶段性BIM技术应用模式，各自承担自身工作内容；也可采用一方实施的阶段性BIM技术应用模式，完成自身工作内容。典型承包商BIM实施模式的组织架构如图1-3所示。

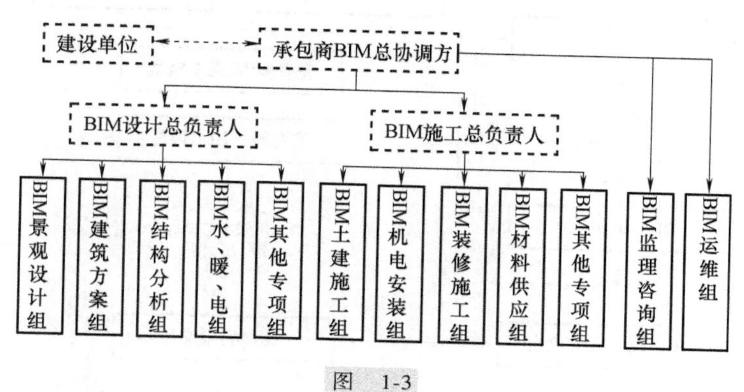

图 1-3

注：虚线框为自主加入的相关方，他们根据自身需求选择应用BIM技术（各单位是以阶段性BIM技术应用模式进行工作的）。

如果所有各参与方都参加的情况下，其内容与全生命期BIM技术应用模式相同，各参与方构建的BIM模型应符合接口一致性原则。但由于缺少建设单位（业主）的主导，仍然有别于建设单位（业主）BIM实施管理模式。

1.4.2 BIM技术实施流程

建设工程项目BIM技术应用步骤可参考图1-4执行。

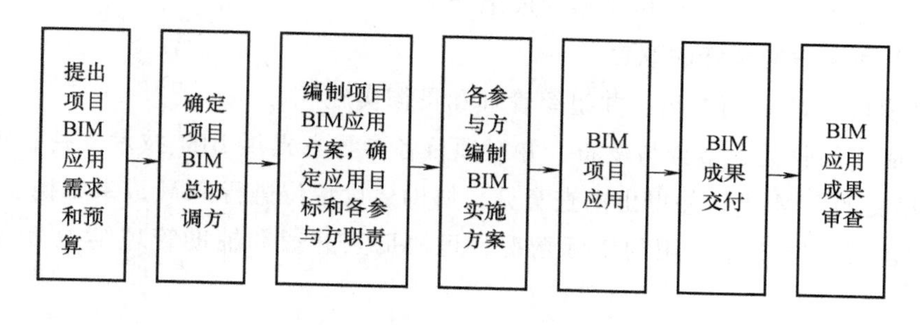

图 1-4

典型建设工程项目BIM实施步骤可参考图1-5执行。在建设单位BIM实施模式下，采用全生命期应用模式，并由BIM总协调方负责落实项目各阶段BIM技术的应用，进行项目全过程的BIM管理。在承包商BIM实施模式下，可根据需要选取图1-5中的部分过程组织实施。BIM技术应用步骤图和典型BIM实施步骤图表达了通用性步骤，相关参与方可根据项目的实际情况进一步深化。

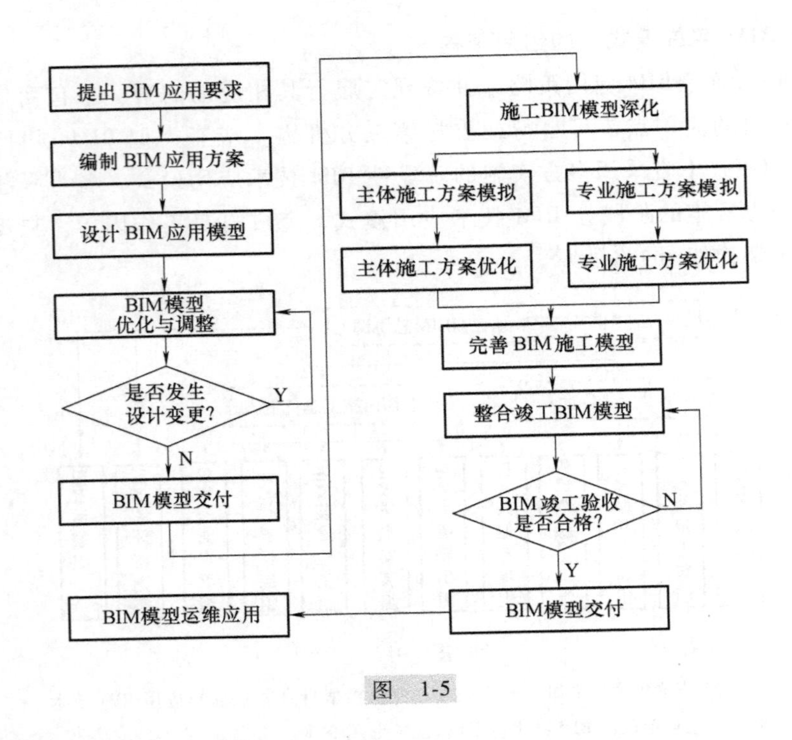

图 1-5

1.4.3 BIM 实施各参与方的职责

1. 建设单位应履行的职责

1）组织策划项目 BIM 实施策略，确定项目的 BIM 应用目标和要求，并落实相关费用。

2）委托工程项目的 BIM 总协调方。BIM 总协调方可以为满足要求的建设单位相关部门、设计单位、施工单位或第三方咨询机构。

3）按项目 BIM 应用方案与各参与方签订合同。

4）接收通过审查的 BIM 交付模型和成果档案。

2. BIM 总协调方应履行的职责

1）制订项目 BIM 应用方案，并组织管理和贯彻实施。

2）BIM 成果的收集、整合与发布，并对项目各参与方提供 BIM 技术支持；审查各阶段项目参与方提交的 BIM 成果并提出审查意见，协助建设单位进行 BIM 成果归档。

3）根据建设单位 BIM 应用的实际情况，可协助其开通和辅助管理维护 BIM 项目协同平台。

4）组织开展对各参与方的 BIM 工作流程的培训。

5）监督、协调及管理各分包单位的 BIM 实施质量及进度，并对项目范围内最终的 BIM 成果负责。

3. 监理单位应履行的职责

1）审阅 BIM 模型，提出审阅意见。

2）配合 BIM 总协调方，对交付模型的正确性及可实施性提出审查意见。

4. 设计单位应履行的职责

1）配置 BIM 团队，并根据项目 BIM 应用方案的要求提供 BIM 工作成果，提高项目设计质量和效率。

2）采用 BIM 技术在设计阶段建立 BIM 模型，根据项目 BIM 应用方案编写项目设计 BIM 实施方案，并完成项目设计 BIM 实施方案制定的各应用点。项目设计 BIM 实施方案应包含下列内容：BIM 软件及其版本、设计阶段 BIM 应用目的、设计阶段 BIM 应用范围、BIM 工作内容、各专业模型内容、各阶段模型深度要求、BIM 模型属性要求、BIM 模型组织方式、建模规则与信息要求、协同工作分工、成果交付格式及内容。

3）设计单位项目 BIM 负责人负责内外部的总体沟通与协调，组织设计阶段 BIM 的实施工作，根据合同要求提交 BIM 工作成果，并保证其正确性和完整性。

4）接受 BIM 总协调方的监督，对总协调方提出的交付成果审查意见及时整改、落实。

5）设计单位应结合 BIM 技术进行技术交底。

5. 施工总承包单位应履行的职责

1）配置 BIM 团队，并根据项目 BIM 应用方案的要求提供 BIM 工作成果，利用 BIM 技术进行节点组织控制管理，提高项目施工质量和效率。

2）接收设计 BIM 模型，并基于该模型完善施工 BIM 模型，且在施工过程中及时更新，保持适用性。

3）根据项目 BIM 应用方案编写项目施工 BIM 实施方案，并完成项目施工 BIM 实施方案制定的各应用点。项目施工 BIM 实施方案应包含下列内容：项目施工阶段 BIM 实施目标、各参与方的 BIM 实施职责及团队配置要求、施工阶段 BIM 实施计划、施工阶段各参与方项目协同权限分配及协同机制、软件版本及数据格式的统一、项目 BIM 实施应用管理办法、信息录入标准、项目成果交付要求、审核及确认（BIM 成功和数据的审核及确认流程）。

4）施工单位项目 BIM 负责人负责内外部的总体沟通与协调，组织施工阶段 BIM 的实施工作，根据合同要求提交 BIM 工作成果，并保证其正确性和完整性。

5）接受 BIM 总协调方的监督，对总协调方提出的交付成果审查意见及时整改、落实。

6）根据合同确定的工作内容，统筹协调各分包单位施工 BIM 模型，将各分包单位的交付模型整合到施工总承包单位的施工 BIM 交付模型中。

7）利用 BIM 技术辅助现场管理施工，安排施工顺序节点，保障施工流水合理，按进度计划完成各项工程目标。

6. 专业分包单位应履行的职责

1）配置 BIM 团队，并根据项目 BIM 应用方案和项目施工 BIM 实施方案的要求，提供 BIM 工作成果，并保证其正确性和完整性。

2）接收施工总承包的施工 BIM 模型，并基于该模型完善分包施工 BIM 模型，且在施工过程中及时更新，保持适用性。

3）根据项目 BIM 应用方案和项目施工 BIM 实施方案编写分包项目施工 BIM 实施方案，并完成分包项目施工 BIM 实施方案制定的各应用点。

4）分包单位项目 BIM 负责人负责内外部的总体沟通与协调，组织分包施工 BIM 的实施工作。

5）接受 BIM 总协调方和施工总承包方的监督，并对其提出的审查意见及时整改、落实。

6）利用 BIM 技术辅助现场管理施工，安排施工顺序节点，保障施工流水合理，按进度计划完成各项工程目标。

7. 造价咨询单位应履行的职责

1）采用 BIM 应用软件对工程量进行统计。

2）采用 BIM 技术辅助进行工程概算、预算和竣工结算工作。

3）根据合同要求提交 BIM 工作成果，并保证其正确性和完整性。

8. 运营单位应履行的职责

1）采用 BIM 模型及相关成果进行日常管理，并对 BIM 模型进行深化、更新和维护，保持适用性。

2）宜在设计和施工阶段提前配合 BIM 总协调方，确定 BIM 数据交付要求及数据格式，并在设计 BIM 交付模型及竣工 BIM 交付模型交付时配合 BIM 总协调方审核交付模型，提出审核意见。

3）搭建基于 BIM 的项目运维管理平台。

4）接收竣工 BIM 交付模型，并基于该模型完善运营 BIM 模型，并保证其正确性和完整性。

5）根据需要协助建设单位向项目所在城市的数字化城市平台提供项目模型。

1.5 BIM 技术应用点

BIM 技术应用点应按策划与规划设计、方案设计、初步设计、施工图设计、施工、运营及拆除等阶段分别确定。BIM 技术应用点的选择应综合考虑不同应用点的普及程度、成本收益和工程特点等方面的因素。BIM 技术应用点可按表 1-8 选取。

表 1-8　BIM 技术应用点

阶段划分	阶段描述	基本应用
策划与规划设计阶段	策划与规划是项目的起始阶段。对于单体项目，称为策划；对于群体项目，称为规划。主要目的是根据建设单位的投资与需求意向，研究分析项目建设的必要性，提出合理的建设规模，确定项目规划设计的条件	项目场址比选
		概念模型构建
		建设条件分析
方案设计阶段	主要目的是为后续设计阶段提供依据及指导性的文件。主要工作内容包括根据设计条件建立设计目标与设计环境的基本关系，提出空间建构设想、创意表达形式及结构方式等初步解决方法和方案	场地分析
		建筑性能模拟分析
		设计方案比选
		面积明细表统计

（续）

阶段划分	阶段描述	基本应用
初步设计阶段	主要目的是通过深化方案设计，论证工程项目的技术可行性和经济合理性。主要工作内容包括：拟定设计原则、设计标准、设计方案和重大技术问题以及基础形式，详细考虑和研究各专业的设计方案，协调各专业设计的技术矛盾，并合理地确定技术经济指标	各专业模型构建 建筑结构平面、立面、剖面检查 面积明细表统计 工程量统计
施工图设计阶段	主要目的是为施工安装、工程预算、设备及构件的安放、制作等提供完整的模型和图纸依据。主要工作内容包括：根据已批准的设计方案编制可供施工和安装的设计文件，解决施工中的技术措施、工艺做法、用料等问题	各专业模型构建 冲突检测及三维管线综合 竖向净空优化 虚拟仿真漫游 辅助施工图设计 面积明细表统计 工程量统计
施工阶段	施工阶段是指在实际项目中，建设单位与施工单位从签订工程承包合同开始到项目竣工为止，各个分部分项交叉进行，BIM 应用贯穿其中。主要应用包括现场数据采集、图纸会审、施工深化设计、施工方案模拟及构件预制加工、施工放样、施工质量与安全管理、设备和材料管理等	施工数据采集 冲突检测及三维管线综合 竖向净空优化 虚拟仿真漫游 图纸会审 施工深化设计 施工方案模拟 施工计划模拟 构件预制加工 施工放样 工程量统计 设备与材料管理 质量与安全管理 竣工模型构建
运营阶段	主要目的是管理建筑设施设备，保证建筑项目的功能、性能满足正常使用的要求。改造工程也在本阶段	现场 3D 数据采集和集成 设备设施运维管理 子项改造管理
拆除阶段	主要目的是建立合理的拆除方案，妥善处理建筑材料设施、设备，力求拆除的可再生利用	拆除施工模拟 工程量统计

注：1. 本表所列项目为目前各阶段常用的应用点，可根据 BIM 技术的发展和工程实际增减。

2. 部分应用点不仅适用于本表所列阶段，也可适用于其他阶段。例如：

1）建筑和结构专业模型构建以及面积明细表统计在方案设计、施工图设计阶段均有应用。

2）机电专业模型在初步设计阶段有局部应用，但主要在施工图设计阶段完成。

3）冲突检测及三维管线综合、竖向净空优化在施工图设计阶段、施工准备阶段、施工实施阶段均有应用。

4）工程量统计在初步设计阶段、施工图设计阶段和施工阶段均有应用。

1.6 建筑信息模型设计交付标准

为规范建筑信息模型设计交付，提高建筑信息模型的应用水平，我国制定了《建筑信息模型设计交付标准》（GB/T 51301—2018）。本标准适用于建筑工程设计中应用建筑信息模型建立和交付设计信息，以及各参与方之间和参与方内部信息传递的过程。

1.6.1 有关术语

（1）应用需求

应用需求（Application Requirements）：依据工程操作目标确定的对于建筑信息模型的需求。

（2）交付物

交付物（Deliverable）：基于建筑信息模型交付的成果。

（3）协同

协同（Collaboration）：基于建筑信息模型进行数据共享及相互操作的过程。

（4）工程对象

工程对象（Engineering Object）：构成建筑工程的建筑物、系统、设施、设备、零件等物理实体的集合。

（5）模型单元

模型单元（Model Unit）：建筑信息模型中承载建筑信息的实体及其相关属性的集合，是工程对象的数字化表述。建筑信息模型所包含的模型单元应分级建立，可嵌套设置，模型单元的分级应符合表 1-9 的规定。

表 1-9 模型单元的分级

序号	模型单元分级	模型单元用途
1	项目级模型单元	承载项目、子项目或局部建筑信息
2	功能级模型单元	承载完整功能的模块或空间信息
3	构件级模型单元	承载单一的构配件或产品信息
4	零件级模型单元	承载从属于构配件或产品的组成零件或安装零件信息

（6）模型架构

模型架构（Model Framework）：组成建筑信息模型的各级模型单元之间组合和拆分等构成关系。

（7）最小模型单元

最小模型单元（Minimal Model Unit）：根据建筑工程项目的应用需求而分解和交付的最小拆分等级的模型单元。

（8）模型精细度

模型精细度（Level of Model Definition）：建筑信息模型中所容纳的模型单元丰富程度的

衡量指标。

建筑信息模型包含的最小模型单元应由模型精细度等级衡量，模型精细度基本等级划分应符合表 1-10 的规定。根据工程项目的应用需求，可在基本等级之间扩充模型精细度等级。

表 1-10　模型精细度基本等级划分

等　级	英文名	代　号	包含的最小模型单元
1.0 级模型精细度	Level of Model Definition 1.0	LOD1.0	项目级模型单元
2.0 级模型精细度	Level of Model Definition 2.0	LOD2.0	功能级模型单元
3.0 级模型精细度	Level of Model Definition 3.0	LOD3.0	构件级模型单元
4.0 级模型精细度	Level of Model Definition 4.0	LOD4.0	零件级模型单元

设计阶段交付和竣工移交的模型单元模型精细度宜符合下列规定：

1）方案设计阶段模型精细度等级不宜低于 LOD1.0。

2）初步设计阶段模型精细度等级不宜低于 LOD2.0。

3）施工图设计阶段模型精细度等级不宜低于 LOD3.0。

4）深化设计阶段模型精细度等级不宜低于 LOD3.0。

5）竣工移交的模型精细度等级不值低于 LOD3.0。

6）具有加工要求的模型单元模型精细度不宜低于 LOD4.0。

建筑信息模型应包含下列内容：模型单元的系统分类、模型单元的关联关系、模型单元几何信息及几何表达精度、模型单元属性信息及信息深度、属性值的数据来源。

应根据设计信息将模型单元进行系统分类，并应在属性信息中表示。具有关联的模型单元应表明直接关联关系，并应符合下列规定：

1）属于建筑外围护系统、其他建筑构件系统的模型单元应符合下列规定：

① 构件级模型单元宜表明直接的连接关系。

② 零件级模型单元宜表明直接的从属关系。

2）属于给水排水系统、暖通空调系统、电气系统、智能化系统和动力系统的模型单元应符合下列规定：

① 功能级模型单元和构件级模型单元宜表明直接的控制关系。

② 无控制关系的构件级模型单元宜表明直接的连接关系。

③ 零件级模型单元宜表明直接的从属关系。

（9）几何表达精度

几何表达精度（Level of Geometric Detail）：模型单元在视觉呈现时几何表达真实性和精确性的衡量指标。模型单元的几何信息应符合下列规定：

1）应选取适宜的几何表达精度呈现模型单元几何信息。

2）在满足设计深度和应用需求的前提下，应选取较低等级的几何表达精度。

3）不同的模型单元可选取不同的几何表达精度。

几何表达精度的等级划分应符合表 1-11 的规定。

表 1-11　几何表达精度的等级划分

等　级	英 文 名	代　号	包含的最小模型单元
1 级	Level 1 of Geometric Detail	G1	满足二维化或符号化识别需求
2 级	Level 2 of Geometric Detail	G2	满足空间占位、主要颜色等粗略识别需求
3 级	Level 3 of Geometric Detail	G3	满足建造安装流程、采购等精细识别需求
4 级	Level 4 of Geometric Detail	G4	满足高精度渲染展示、产品管理、制造加工准备等高精度识别的需求

(10) 信息深度

信息深度 (Level of Information Detail)：模型单元承载属性信息详细程度的衡量指标。模型单元信息深度的等级划分应符合表 1-12 的规定。

表 1-12　信息深度的等级划分

等　级	英 文 名	代　号	包含的最小模型单元
1 级	Level 1 of Information Detail	N1	宜包含模型单元的身份描述、项目信息、组织角色等信息
2 级	Level 2 of Information Detail	N2	宜包含和补充 N1 等级信息，增加实体系统关系、组成及材质、性能或属性等信息
3 级	Level 3 of Information Detail	N3	宜包含和补充 N2 等级信息，增加生产信息、安装信息
4 级	Level 4 of Information Detail	N4	宜包含和补充 N3 等级信息，增加资产信息、维护信息

1.6.2　模型交付要求

建筑信息模型设计交付应包括设计阶段的交付和面向应用的交付。交付应包含交付准备、交付物和交付协同等方面的内容。

建筑工程设计应包括方案设计、初步设计、施工图设计、深化设计等阶段，施工图设计和深化设计阶段的信息模型宜用于形成竣工移交成果。建筑信息模型的交付准备、交付物和交付协同应满足各阶段设计深度的要求。

面向应用的交付宜包括建筑全生命期内有关设计信息的各项应用，建筑信息模型的交付准备、支付物和交付协同应满足应用需求。

建筑信息模型交付过程中，应根据设计信息建立建筑信息模型，并输出交付物，交付协同应以交付物为依据，工程各参与方应基于协调一致的交付物进行协同。

建筑工程各个参与方应根据设计阶段要求和应用需求，从设计阶段建筑信息模型中提取所需的信息形成交付物。建筑信息模型主要交付物的代码、类别和要求应符合表 1-13 的规定。

表 1-13　建筑信息模型主要交付物的代码、类别和要求

代码	交付物的类别	要求	方案设计阶段	初步设计阶段	施工图设计阶段	深化设计阶段	竣工移交
D1	建筑信息模型	可独立交付	▲	▲	▲	▲	▲
D2	属性信息表	宜与 D1 类共同交付	—	△	△	△	▲
D3	工程图	可独立交付	△	△	▲	△	▲
D4	项目需求书	宜与 D1 类共同交付	▲	▲	▲	△	▲
D5	建筑信息模型执行计划	宜与 D1 类共同交付	△	▲	▲	▲	▲
D6	建筑指标表	宜与 D1 或 D3 类共同交付	▲	▲	▲	△	▲
D7	模型工程量清单	宜与 D1 或 D3 类共同交付	—	△	▲	▲	▲

注：▲表示应具备，△表示宜具备，—表示可不具备。

施工图和深化设计阶段交付前应进行冲突检测，并应编制冲突检测报告，冲突检测报告可作为交付物。

面向应用的交付宜包括需求定义、模型实施和模型交付三个过程。

需求定义过程应由建筑信息模型应用方完成，并应符合下列规定：

1）应根据应用目标确定应用类别，主要应用类别宜符合表 1-14 的要求，表中未列出的应用类别可自定义，并应写明全部应用目标。

2）应根据应用类别制定应用需求文件，应用需求文件应作为交付物交付建筑信息模型提供方，并包含以下内容：

① 建筑信息模型的应用类别和应用目标。

② 采用的编码体系名称和现行标准名称。

③ 模型单元的模型精细度、几何表达精度、信息深度，同时列举必要的属性及其计量单位。

④ 交付物类别和交付方式。

表 1-14　主要应用类别

代　码	应用类别	应用目标
R1	性能化分析	各阶段有关建筑能耗、安全、使用性能的模拟
R2	设计效果表现	表达设计思想的视觉效果

（续）

代　码	应用类别	应用目标
R3	冲突检测	不同模型单元的空间冲突进行检测和消除
R4	管线综合	对给水排水、暖通空调、电气、智能化和动力系统进行统一的空间排布，在满足系统安装要求的基础上优化空间布局
R5	项目审批	项目基本建设程序中的各个审批环节
R6	投资管理	项目基本建设程序中的投资管理
R7	招标投标	项目基本建设程序中的各类招标和投标环节
R8	施工组织	项目建造过程中，关于施工作业的组织
R9	质量管理	项目设计和建造过程中的质量管理
R10	成本管理	项目设计和建造过程中的成本管理
R11	进度管理	项目设计和建造过程中的进度管理
R12	构配件生产	建筑本体构配件、部品和产品的加工和生产
R13	产品采购	建筑本体构配件、设备、部品和产品的采购
R14	建筑资产管理	建筑本体及其设备、部品和产品的资产管理
R15	运营与维护	建筑本体构配件、设备、部品和产品的管理

练　习　题

一、判断题

1. BIM 能够应用于工程项目规划、勘察、设计、施工、运营维护等各阶段。（　　）

2. 冲突检测及三维管线综合、竖向净空优化在施工图设计阶段、施工准备阶段均有应用，但在施工实施阶段没有应用。（　　）

3. 建筑和结构专业模型构建以及面积明细表统计在方案设计、施工图设计阶段均有应用。（　　）

4. 工程量统计在初步设计阶段、施工图设计阶段和施工阶段均有应用。（　　）

5. 机电专业模型在初步设计阶段有局部应用，但主要在施工图设计阶段完成。（　　）

6. BIM 技术应用点应按策划与规划设计、方案设计、初步设计、施工图设计、施工、运营及拆除等阶段分别确定。（　　）

答案：√×√√√√

二、单项选择题

1. BIM 实现从传统（　　）的转换，使建筑信息更加全面、直观地表现出来。

A. 建筑向模型　　B. 二维向三维

C. 预制加工向概念设计　　D. 规划设计向概念升级

2. 目前国际通用的 BIM 数据标准为（　　）。

A. RVT　　B. IFC　　C. STL　　D. NWC

3. 住房和城乡建设部颁发的《建筑信息模型分类和编码标准》中，对于模型“工作成果”的定义是（　　）。

A. 在建筑工程施工阶段或建筑建成后的改建、维修、拆除活动中得到的建设成果

B. 工程项目建设过程中根据一定的标准划分的段落

C. 建筑工程建设和使用全过程中所用到的永久结合到建筑实体中的产品

D. 工程相关方在工程建设中表现出的工作与活动

4. BIM 技术在方案策划阶段的应用内容不包括（　　）。

A. 总体规划　　B. 模型创建　　C. 成本核算　　D. 碰撞检测

5. BIM 软件中的 5D 概念不包含（　　）。

A. 几何信息　　B. 质量信息　　C. 成本信息　　D. 进度信息

6. 下列关于 BIM 的描述正确的是（　　）。

A. 建筑信息模型　　B. 建筑数据模型

C. 建筑信息、模型化　　D. 建筑参数模型

7. 下列选项不属于 BIM 在施工阶段价值的是（　　）。

A. 施工工序模拟和分析　　B. 辅助施工深化设计或生成施工深化图

C. 能耗分析　　D. 施工场地科学布置和管理

8. 下列软件中无法完成建模工作的是（　　）。

A. Tekla　　B. MagiCAD　　C. Project Wise　　D. Revit

9. 在场地分析中，通过 BIM 结合（　　）进行场地分析模拟，得出较好的分析数据，能够为设计单位后期设计提供最理想的场地规划、交通流线组织关系、建筑布局等关键决策。

A. 物联网　　B. GIS　　C. 互联网　　D. AR

答案：1. B；2. B；3. A；4. D；5. B；6. A；7. C；8. C；9. B

三、多项选择题

1. 下列 BIM 软件属于建模软件的是（　　）。

A. Revit　　B. Civil3D　　C. Navisworks　　D. Lumion　　E. CATIA

2. BIM 模型在不同平台之间转换时，下列有助于解决模型信息丢失问题的做法是（　　）。

A. 尽量避免平台之间的转换

B. 对常用的平台进行开发，增强其接收数据的能力

C. 尽量使用全球统一标准的文件格式

D. 禁止使用不同平台

E. 禁止使用不同软件

3. BIM 技术的特性包括（　　）。

A. 可视化　　B. 可协调性　　C. 可模拟性　　D. 可出图性　　E. 可复制性

4. 下列选项中，关于碰撞检查软件的说法正确的是（　　）。

A. 碰撞检查软件与设计软件的互动分为通过软件之间的通信和通过碰撞结果文件进行的通信

B. 通过软件之间的通信可在同一台计算机上的碰撞检查软件与设计软件进行直接通信，在设计软件中定位发生碰撞的构件

C. MagiCAD 碰撞检查模块属于 MagiCAD 的一个功能模块，将碰撞检查与调整优化集成在同一个软件中，处理机电系统内部碰撞效率很高

D. 将碰撞检测的结果导出为结果文件，在设计软件中加载该结果文件，可以定位发生碰撞的构件

E. Navisworks 支持市面上常见的 BIM 建模工具，只能检测“硬碰撞”

5. 依据《建筑信息模型分类和编码标准》，建筑工程信息模型的模型内容应包含（ ）。

A. 模型单元的系统分类

B. 模型单元的关联关系

C. 模型单元几何信息及几何表达精度

D. 工程图信息

E. 施工信息

6. 一般将建筑全生命期划分为（ ）。

A. 规划阶段 B. 设计阶段 C. 施工阶段 D. 运维阶段 E. 清理阶段

答案：1. ABE；2. ABC；3. ABCD；4. ABCD；5. AB；6. ABCD

四、问答题

1. 简述建设单位（业主）BIM 实施模式下的组织架构。

2. 简述承包商 BIM 实施模式下的组织架构。

3. 简述建设工程项目 BIM 技术实施流程。

4. 简述 BIM 技术的主要应用点。

第 2 章 Revit 基础

■ 学习目标

了解 Revit 中的项目、族等基本概念，掌握软件基本操作。

2.1 Revit 用户界面

Autodesk Revit 是 Autodesk 专为建筑信息模型（BIM）而构建的平台，其操作界面如图 2-1所示。

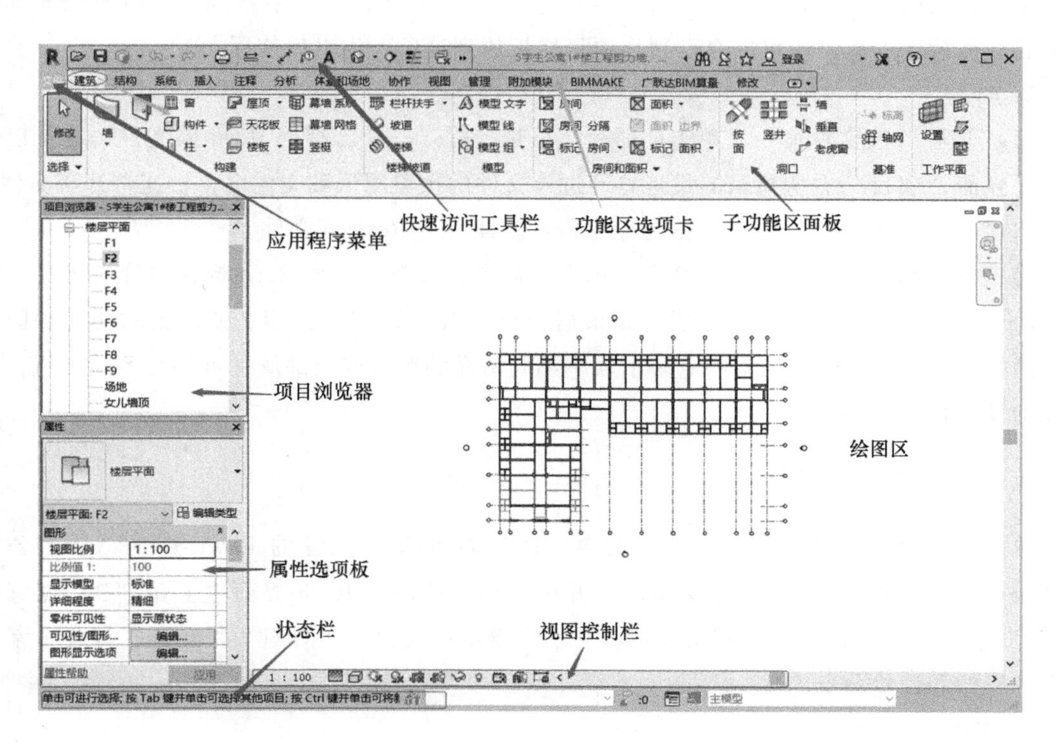

图 2-1

要掌握 Revit 软件的操作，首先要了解 Revit 的主要界面和基本的应用程序菜单。本书以实际项目“学生公寓 1#楼”为案例工程介绍 Revit 的具体操作。

用鼠标左键双击桌面的“Revit 2018”软件快捷启动图标启动软件。在刚启动的 Revit 主界面中，所有设计功能命令都不能激活使用，但左上角“R”图标下方的应用程序菜单、快速访问工具栏、主界面中的“项目”“族”以及“资源”下的命令可以使用。下面简要介绍主界面中的“项目”和“族”等命令。

1. 项目

1）“打开”项目文件命令：单击此命令，可选择打开一个已有的 Revit 项目文件，也可以单击启动界面“项目”右侧显示的最近打开过文件的预览图形和文件名，快速打开该文件。

2）“新建”项目文件命令：单击此命令，可使用默认的项目样板文件快速新建一个 Revit 项目文件。可根据不同专业的要求，选择“构造样板”“建筑样板”“结构样板”或“机械样板”命令。

基于样板的新项目均继承来自样板的所有族、设置（如单位、填充样式、线样式、线宽和视图比例）以及几何图形。Revit 软件提供几个默认的样板文件，以 .rte 为扩展名。

项目样板文件统一的标准设置为设计提供了便利，各设计单位可以结合国家标准和常用族创建定制的样板，在满足设计标准的同时提高设计效率。

项目样板的存储位置可以在“开始”→“选项”→“文件位置”中找到，也可以下载其他的项目样板放到这里，还可以自己制作项目样板放到这里，供以后使用。

2. 族

1）“打开”族文件命令：单击此命令，可选择打开一个已有的 Revit 族文件，也可以单击启动界面“项目”右侧显示的最近打开过族文件的预览图形和文件名，快速打开该文件。

2）“新建”族文件命令：单击此命令，可新建一个 Revit 族文件。

3）“新建概念体量”族文件命令：单击此命令，可新建一个 Revit 概念体量族文件。

Revit 族是某一类别中图元的类，是根据参数（属性）集的共用、使用上的相同和图形表示的相似来对图元进行分组的。一个族中不同图元的部分或全部属性可能有不同的值，但属性的设置是相同的。

2.1.1 应用程序菜单

单击主界面“项目”→“打开”命令，通过打开案例工程的 Revit 模型“学生公寓 1#楼 .rvt”文件来了解应用程序菜单。打开模型后，单击在 Revit 界面左上角“R”图标→“文件”命令，会显示应用程序菜单。应用程序菜单中提供了“新建”“打开”等各个常用的文件操作和设置命令等。

1. 新建

将鼠标指针移动到“新建”命令左侧箭头处，会出现一列折叠选项，分别为“项目”“族”“概念题量”“标题栏”“注释符号”。

2. 打开

将鼠标指针移动到“打开”命令左侧箭头处，会出现一行折叠选项，分别为“项目”“族”“Revit 文件”“建筑构件”“IFC”“IFC 选项”“样例文件”。

3. 保存

用鼠标左键单击“保存”选项，保存当前项目。

4. 另存为

将鼠标指针移动到“另存为”命令左侧箭头处，会出现一行折叠选项，分别为“项目”“族”“样板”“库”。

5. 导出

将鼠标指针移动到“导出”命令左侧箭头处，会出现一行折叠选项，分别为“CAD 格式”“DWF/DWFx”“FBX”“建筑场地”“族类型”“gbXML”“IFC”“ODBC 数据库”“图像和动画”“报告”“选项”。

1）Revit 支持导出到各种计算机辅助设计（CAD）格式。

① DWG（绘图）格式是 AutoCAD 和其他 CAD 应用程序所支持的格式。

② DXF（数据传输）是许多种 CAD 应用程序都支持的开放格式。DXF 文件是描述二维图像的文本文件。由于文本没有经过编码或压缩，因此 DXF 文件通常很大。如果将 DXF 用于三维图形，则需要执行某些清理操作，以便正确显示图形。

③ DGN 是 MicroStation 软件（Bentley 公司）支持的文件格式。

④ SAT 这一格式适用于 ACIS，是一种受许多种 CAD 应用程序支持的实体建模技术。

2）导出为 DWF/DWFx。将一个或多个视图和图纸导出为 DWF 或 DWFx 格式，从而可与其他没有 Revit 的用户共享。

3）FBX。以 FBX 格式保存三维模型视图，用于导入 3ds Max 中。

4）建筑场地。建筑设计师可以在 Revit 中进行建筑设计，然后将相关的建筑内容以三维模型的形式导出到接受 Autodesk 交换文件（ADSK）的土木工程应用程序中。

5）族类型。将族类型从打开的族导出到文本文件中，然后可以使用导入族类型工具将族类型导入到现有族文件。有一些构件无法导出族系统，如墙、楼板和天花板等。

6）gbXML。将模型导出为 gbXML 文件，可使用其他软件执行能量分析。

7）IFC。将项目保存为 IFC 文件，以用于经过 IFC 认证且不使用 RVT 文件格式的应用程序。此格式确立了用于导入和导出建筑对象及其属性的国际标准。

8）ODBC 数据库。ODBC 是一种能够与许多软件驱动程序协同工作的通用导出工具。

9）图像和动画。保存动画或图像文件。

10）报告。保存明细表或房间/面积报告。

11）选项。设置 CAD 和 IFC 的导出选项。

6. 打印

将鼠标指针移动到“打印”命令左侧箭头处，会出现一行折叠选项，分别为“打印”“打印预览”“打印设置”。

7. 关闭

用鼠标左键单击“关闭”命令，将关闭当前所有打开的文件，但不退出 Revit 应用程序。

8. 最近使用的文档

默认情况下，在应用程序菜单的右半边列出了最近使用的文档名称列表，最顶部的文件是最后使用的文件，使用这个功能可以快速打开近期使用的文件。

9. 选项

用鼠标左键单击右下角“选项”按钮，打开“选项”对话框。分别用鼠标左键单击左侧的“常规”“用户界面”“图形”“文件位置”等选项卡，设置相关内容。

10. 退出 Revit

用鼠标左键单击“退出 Revit”命令，将关闭当前所有打开的文件，并退出 Revit 应用程序。

2.1.2 快速访问工具栏

主界面左上角“R”图标右侧的一排工具图标为快速访问工具栏，用户可以直接方便快捷地单击相应的按钮进行命令操作。工具栏中提供了“打开”、“保存”、“同步并修改设置”、“放弃”、“重做”、“打印”、“测量两个参照之间的距离”、“对齐尺寸标注”、“按类别标记”、“文字”、“默认三维视图”、“剖面”、“细线”、“关闭非活动窗口”、“切换窗口”等常用命令。

1）单击工具栏最右侧的下拉菜单按钮，从下拉列表中勾选或者取消勾选命令，即可显示或者隐藏命令。

2）自定义快速访问工具栏。从下拉列表中选择“自定义快速访问工具栏”命令，可以自定义快速访问工具栏中显示的命令及顺序。

3）在功能区下方显示。在下拉列表中单击最下方的“在功能区下方显示”命令，则快速访问工具栏的位置将移动到功能区下方显示，同时命令会变为“在功能区上方显示”，单击该命令可恢复原位。

2.1.3 功能区与选项栏

快速访问工具栏下方即 Revit 功能区。Revit 默认有“建筑”“结构”“系统”“插入”“注释”“分析”“体量和场地”“协作”“视图”“管理”“修改”等主选项卡。如果安装了基于 Revit 的功能插件，则会增加“附加模块”主选项卡。

可自定义“功能区”。移动面板：单击某个面板标签后按住鼠标左键，将该面板拖拽到功能区上所需的位置放开鼠标左键即可。浮动面板：将鼠标指针移动到浮动面板上，当浮动面板两侧出现深色背景条时，单击右上角的“将面板返回到功能区”按钮，浮动面板即可复位。

当选择某图元或者激活某命令时，在“功能区”主选项卡后会增加子选项卡，其中列出了和该图元或该命令相关的所有子命令工具，而不需要在下拉菜单中逐级查找子命令。如图 2-2 中的“修改 | 墙”为选择墙图元后的子选项卡。

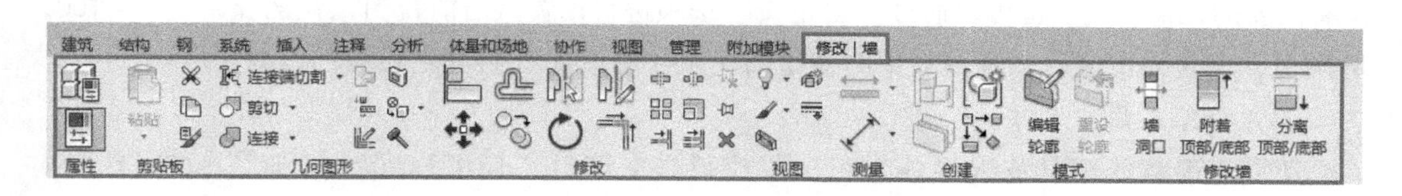

图 2-2

2.1.4 属性选项板与项目浏览器

单击“视图”→“用户界面”→属性，就可调出“属性”选项板。“属性”选项板由以下三部分组成：

（1）“类型选择器”

选项板上面一行的预览框和类型名称即图元类型选择器。可以从单击右侧的下拉菜单中选择已有的合适的构件类型直接替换现有类型，而不需要反复修改图元参数。

（2）实例属性参数

选项板下面的各种参数列表显示了当前选择图元的各种限制条件类、图形类、尺寸标注类、标识数据类、阶段类等实例参数及其值。修改参数值可改变当前选择图元的外观尺寸等。

（3）“编辑类型”

单击该按钮，可打开“类型属性”对话框，可以复制、重命名对象类型，并编辑其中类型参数值，从而改变与当前选择图元同类型的所有图元的外观尺寸等。

“属性”选项板下方（或上方、左右，可根据个人喜好排列）为“项目浏览器”。“项目浏览器”用于显示当前项目中所有视图、明细表、图纸、族、组、链接的 Revit 模型和其他部分的目录树结构。展开和折叠各分支时，将显示下一层目录。

“项目浏览器”的形式和操作方式类似于 Windows 的资源管理器，双击视图名称即可打开视图，选择视图名称单击鼠标右键即可找到“复制”“重命名”“删除”等视图编辑命令。如果不小心关闭了“项目浏览器”窗口，只要在菜单栏点开“视图”中的用户界面，勾选下拉栏中的“项目浏览器”即可。

2.1.5 视图控制栏和状态栏

1. 视图控制栏

Revit 在各个视图中均提供了视图控制栏，用于控制各视图中模型的显示状态。不同类型视图的视图控制栏样式工具不同，所提供的功能也不相同。下面以三维视图中的控制栏为例进行介绍。

(1) 视图比例

打开建筑样例模型。然后在“项目浏览器”中找到“楼层平面”，打开“F1”，接着单击“视图比例” 1 : 100 按钮，打开的菜单中包含常用的一些视图比例供用户选择。如果发现没有需要的比例，用户也可以通过“自定义”选项进行设置。当前视图默认的比例为 1 : 100，切换到 1 : 50 的比例后，视图当中的模型图元及注释图元都会发生相应的改变。

(2) 详细程度

使用局部缩放工具放大墙体，在视图控制栏中单击“详细程度”按钮，选择“粗略”选项，观察墙体显示样式的变化。

(3) 视觉样式

在当前模型中单击“主视图”按钮，可以切换到默认三维视图。单击“视觉样式”按钮，可以选择列表中的“线框”“隐藏线”“着色”“一致的颜色”“真实”等模式显示当前模型。

在列表当中选择“图形显示选项”命令，在打开的“图形显示选项”对话框中可以设置“阴影”“照明”和“背景”等属性。

(4) 日光路径

在视图控制栏中单击“关闭日光路径”按钮，然后选择“打开日光路径”命令，视图当中会出现日光路径图形，如图 2-3 所示。

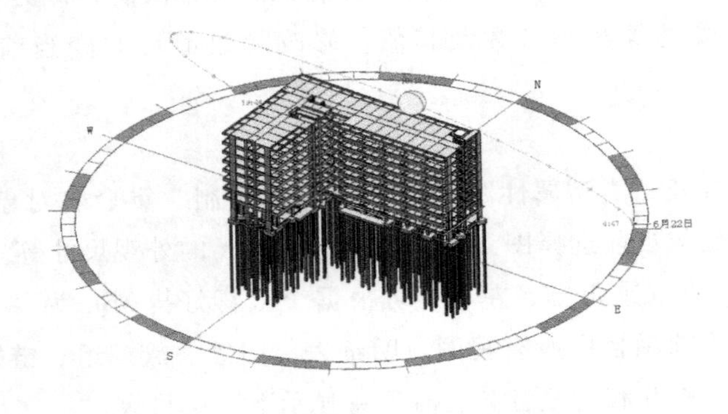

图 2-3

用户可以通过在此图标中选择“日光设置”命令，对太阳所在的方向、出现的时间等进行相关设置。如果同时打开阴影开关，视图中将会出现阴影，可以实时查看当前日光的设置、所形成的阴影位置及大小。

(5) 锁定三维视图

在视图控制栏中单击“解锁的三维视图”按钮，然后选择“保存方向并锁定视图”命令。在打开的对话框中输入相应的名称后，当前三维视图的视点就被锁定。

(6) 裁剪视图

裁剪视图工具可以控制对当前视图是否进行裁剪，此工具需与“显示或隐藏裁剪区域”配合使用。单击“裁剪视图”按钮，当“裁剪视图”按钮呈状态时表示已经启用，同时在视图实例“属性”面板中勾选“剪裁视图”，也可以开启裁剪视图状态。

(7) 显示或隐藏裁剪区

在视图控制栏上单击“显示裁剪区域”按钮（“显示”或“隐藏”裁剪区域），可以根据需要显示或隐藏裁剪区域。在绘图区域中，选择裁剪区域，则会显示注释和模型裁剪。

(8) 临时隐藏/隔离

在三维或二维视图中，选择某个图元，然后单击“临时隐藏/隔离”按钮，接着选择“隐藏图元”选项，这时所选择的图元在当前视图中被隐藏。单击“临时隐藏/隔离”按钮，选择“重设临时隐藏/隔离”即可恢复隐藏的图元。

(9) 显示隐藏的图元

如果想让隐藏的图元在当前视图中重新显示，则需要单击“显示隐藏的图元”按钮，视图中以红色边框形式显示全部被隐藏的图元。

选择需要恢复显示的图元，单击视图控制栏内的“取消隐藏类别”按钮，在此单击“显示隐藏的图元”按钮，所选图元在当前视图中便可以恢复显示。

(10) 临时视图属性

在视图控制栏中单击“临时视图属性”按钮，打开下拉菜单，可以为当前视图应用临时视图样板，满足视图显示需求的同时，提高计算机运行效率。

2. 状态栏

主界面最下面一行是 Revit 的状态栏。当选择、绘制、编辑图元时，系统会在状态栏提供一些技巧或提示。

1）当高亮显示图元或构件时，状态栏会显示该图元的族和类型名称。

2）选择链接：可以选择链接及其图元。单击一次以选择整个链接及其所有图元。若要选择链接文件中的单个图元，请将鼠标指针移至图元上，按〈TAB〉键将其高亮显示并单击选中。

3）选择底图图元：可在视图的基线中选择图元。若要避免在视图中意外选择基线，可禁用此选项。

4）选择锁定图元：可以选择视图中固定的图元。如果需要选择固定的图元，则将其解锁以便移动。如果不需要选择固定的图元，请禁用此选项。例如，要在交叉选择中将其忽略。

5）通过面选择图元：可通过单击某个面，而不是单击边，来选中某个图元。例如，单击墙或楼板的中间即可将其选中。关闭此选项之后，则必须单击墙或楼板（或其他图元）的一条边才能将其选中。

6）选择时拖曳图元：可实现无须先选择图元即可拖拽。若要避免选择图元时意外将其移动，可禁用此选项。

7）后台进程 ：显示在后台运行的进程列表（如颜色填充）。

8）过滤器 :0 ：状态栏右侧的过滤器图标显示当前已经选择的图元数量。选择图元后，单击过滤器可通过勾选的方式按类别过滤选择的图元。

2.1.6 导航栏与视图立方体

1. 导航栏

导航栏默认在绘图区的右侧，如图 2-4 所示。如果视图中没有导航栏，可以执行“视图→用户界面→导航栏”菜单命令，将其显示。单击导航栏当中的“导航控制盘”按钮，可以打开控制盘。

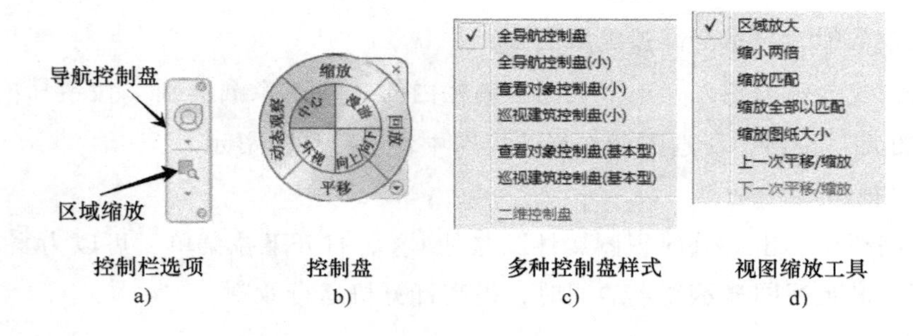

控制栏选项 a)　控制盘 b)　多种控制盘样式 c)　视图缩放工具 d)

图 2-4

将鼠标指针放置到“缩放”按钮上，这时该区域会高亮显示，单击则控制盘消失，视图中出现绿色球形图标，表示模型中心所在的位置。按住鼠标左键，通过上下移动鼠标指针，可实现视图的放大和缩小。完成操作后，松开鼠标左键，控制盘恢复，可以继续选择其他工具进行操作。

视图默认显示为全导航控制盘，Revit 还提供了多种控制盘样式供用户选择。在控制盘下方单击三角按钮，打开样式下拉菜单，看到包含全导航及其他样式控制盘当中的所有功能，只是显示方式不同，用户可以自行切换体验。

导航栏当中的视图缩放工具可以对视图进行“区域放大”和“缩放匹配”等操作。单击“区域放大”按钮下方的三角按钮，会打开相应的选项供用户选择。

2. 视图立方体

Revit 还提供了视图立方体（View Cube）工具来控制视图，默认位置在绘图区域的右上角，如图 2-5 所示。使用 View Cube 可以很方便地将模型定位于各个方向和轴测图视点。使用鼠标左键拖拽 View Cube，还可以实现自由观察模型。

图 2-5

单击应用程序菜单文件图标，然后单击“选项”命令，打开“选项”对话框，在该对话框中可以对 View Cube 工具进行设置，其中可以设置的选项包括“大小”“位置”和“不透明度”等。

（1）主视图

单击“主视图”按钮，视图将停留到之前设置好的视点位置。在“主视图”按钮上单击鼠标右键，选择“将当前视图设定为主视图”选项，可把当前视点位置设定为主视图。将视图旋转方向，再次单击“主视图”按钮，可将主视图切换到设置完成的视点。

例如，单击 View Cube 中的“上”按钮，视点将切换到模型的顶面位置，可看见顶面图。单击左下角点的位置，视图将切换到“西南轴测图”的位置。将鼠标指针放置在 View Cube 上，按下鼠标左键拖拽鼠标，可以自由观察视图当中的模型。

（2）指南针

使用“指南针”工具可以快速切换到相应方向的视点，如图 2-6 所示。单击“指南针”工具上的“南”，三维视图中视点会快速切换到正南方向的立面视点。将鼠标指针移动到“指南针”的圆环上，按下鼠标左键左右拖拽鼠标，视点将约束到当前视点高度，随着鼠标移动的方向而左右移动。

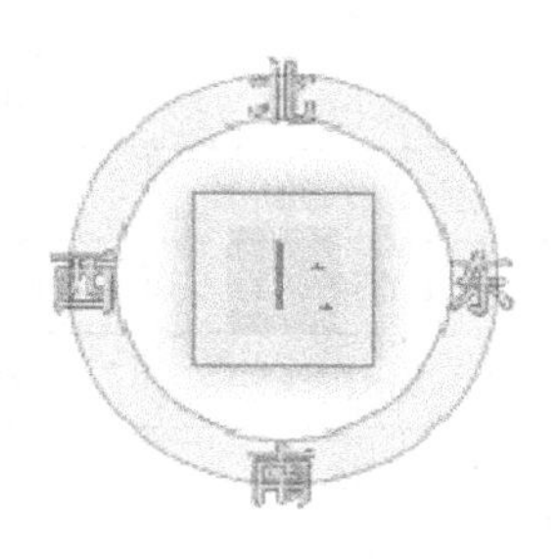

图 2-6

（3）关联菜单

“关联菜单”主要提供一些关于 View Cube 的设置选项以及一些常用的定位工具。将鼠标指针移动到 View Cube 上，单击右键会打开相应的菜单选项。例如，选择“定向到视图”命令，然后在打开的子菜单选项中选择“立面”（东/南/西/北）。

选择其中任意一个立面，如“南立面”，可以快速显示该立面视图，如图 2-7 所示。用户可以自由旋转查看当前剖切位置的内部信息。

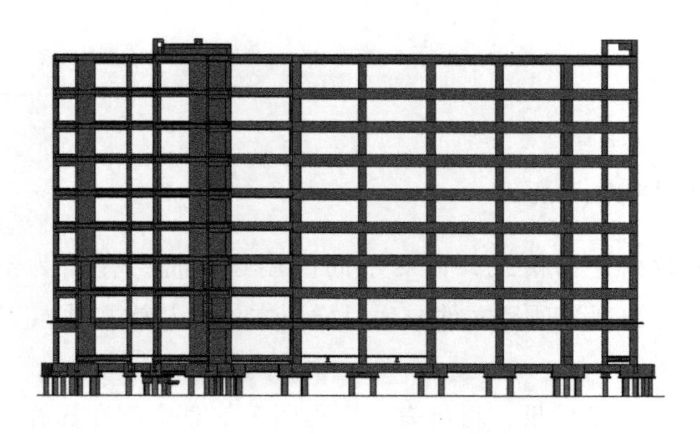

图 2-7

提示：在英文输入法状态下输入字母“ZA”（不区分大小写），会将已经建好的模型在绘图区居中显示。在平面、立面或三维视图中，按住鼠标中间滚轮，可以上下左右移动模型；在三维视图中，按住鼠标中间滚轮和〈Shift〉键，可以上下左右旋转模型。Revit 常用快捷命令见表 2-1。

表 2-1 Revit 常用快捷命令

命令名称	快捷命令	命令名称	快捷命令	命令名称	快捷命令
对齐	AL	隔离图元	HI	拆分面	SF
添加到组	AP	隐藏线	HL	拆分图元	SL
阵列	AR	重设临时隐藏/隔离	HR	关闭捕捉	SO
取消	CG	修改	MD	日光设置	SU
放置构件	CM	镜像：拾取轴	MM	工作平面网格	SW
复制	CO/CC	移动	MV	关闭	SZ
删除	DE	偏移	OF	修剪/延伸为角	TR
对齐尺寸标注	DI	锁定	PN	解组	UG
镜像：绘制轴	DM	属性	PP	解锁	UP
编辑组	EG	恢复所有已排除成员	RA	可见性/图形	VG/VV
永久隐藏图元	EH	恢复已排除构件	RB	永久隐藏类别	VH
重复上一个命令	〈Enter〉	缩放	RE	取消隐藏类别	VU
取消隐藏图元	EU	从组中删除	RG	层叠窗口	WC
查找/替换	FR	旋转	RO	平铺窗口	WT
图形显示选项	GD	参照平面	RP	缩放全部以匹配	ZA
轴网	GR	选择全部实例	SA	缩放匹配	ZE/ZF/ZX
隐藏类别	HC	中心	SC	缩放图纸大小	ZS
隐藏图元	HH	带边缘着色	SD	切换图元方向	空格键

2.2 Revit 基本术语

2.2.1 项目、项目样板、族

Revit 具有专用的数据存储格式，针对不同的用途，将会存储为不同格式的文件。在Revit 中，最常见的文件类型为项目文件、项目样板文件以及族文件。

（1）项目文件

在 Revit 中，所有的模型成果、材料表、工程图等信息全部存储在一个后缀名为“.rvt”的 Revit 项目文件中。Revit 中项目文件的功能相当于 CAD 的“.dwg”文件。项目文件包含设计所需要的全部信息（例如后面章节中讲到的建筑、结构模型，渲染的图片，制作的漫游动画，统计的材料量表等），方便了项目管理。

（2）项目样板文件

在 Revit 中新建项目时，Revit 会自动以一个后缀为“.rte”的文件作为项目的初始选择。这个“. rte”格式的文件被称为样板文件，Revit 中样板文件的功能就相当于 CAD 的“. dwg”文件。样本文件中定义了新建项目中默认的初始参数，例如项目默认的度量单位、楼层数量的设置、层高信息、线型设置、显示设置等。Revit 允许用户自定义属于自己的样板文件，并保存为新的“. rte”文件。Revit 软件自带样板包含了构造样板、建筑样板、结构样板、机械样板，它们分别对应了不同专业的建模所需要的预定义设置，用户根据专业选择软件自带的样板就可以了。例如，建筑专业建模选择建筑样板，结构专业建模选择结构样板，机电专业建模选择机械样板即可。如果用户有自己更好的样板文件，只需要单击项目下的新建按钮，在弹出的选项栏中单击浏览按钮，就会出现浏览选项，找到需要的样板文件打开就可以了。

默认样板安装在路径 C:\ProgramData\Autodesk\RVT 2018\Family Templates\Chinese 中。可以在“选项”→“文件位置”中进行相关设置，如图 2-8 所示。

图 2-8

(3) 族文件

族是组成项目的构件，同时是参数信息的载体。族根据参数（属性）集的共用、使用上的相同和图形表示的相似来对图元进行分组。一个族中不同图元的部分或全部属性可能有不同的值，但是属性的设置（其名称与含义）是相同的。例如，“餐桌”作为一个族可以有不同的尺寸和材质。Revit 包含以下三种族：

1) 可载入族：在项目外创建的“. rfa”文件可以载入到项目中，具有高度可自定义的特征，因此可载入族是用户最经常创建和修改的族。

2) 系统族：已经在项目中预定义并只能在项目中进行创建和修改的族类型（如墙、楼梯、天花板等）。它们不能作为外部文件载入或创建，但可以在项目和样板之间复制、粘贴或者传递系统族类型。

3) 内建族：在当前项目中新建的族，与“可载入族”的不同在于内建族只能存储在当前的项目文件里，不能单独存为“.rfa”文件，也不能用在别的项目文件里。

2.2.2 图元、类别、类型、实例

Revit 中用来标识对象的大多数术语是行业通用的标准术语。但是，一些针对族的术语对 Revit 来讲有其特定意义，了解下列术语对于了解族非常重要。

（1）图元

在 Revit 中进行设计时，基本的图形单元被称为图元。图元有三种，分别是建筑图元、基准图元、视图专有图元。

1）建筑图元。建筑图元是表示建筑的实际三维几何图元，它们显示在模型的相关视图中。建筑图元又分为两种，分别是主体图元和模型建筑图元。例如，墙、屋顶等都属于主体图元，窗、门、橱柜等都属于模型建筑图元。

2）基准图元。基准图元是指可以帮助定义项目定位的图元。例如，标高、轴网和参照平面等都属于基准图元。

3）视图专有图元。视图专有图元只显示在放置这些图元的视图中，可以帮助对模型进行描述或归档。视图专有图元也可以分为两种，分别是注释图元和详图图元。例如，尺寸标注、标记等都是注释图元，详图线、填充区域等都是详图图元。

（2）类别

类别是以建筑构件性质为基础，对建筑模型进行建模或记录的一组图元。例如 Revit Architecture 包含的族类别有门、窗、柱、家具、照明设备等。

（3）类型

每一个族都可以拥有多个类型。类型用于表示同一族的不同参数（属性）值，例如，某个“单扇平开门.rfa”族文件包含“700mm×2100mm”“800mm×2100mm”“900mm×2100mm”三种不同的类型；类型也可以是样式，例如尺寸标注的默认对齐样式或默认角度样式。

（4）实例

实例是放置在项目中的实际项（单个图元）。在建筑（模型实例）或图纸（注释实例）中都有特定的位置。

2.3 模型创建工具

2.3.1 工作平面

工作平面是一个用作视图或绘制图元起始位置的虚拟二维表面。工作平面可以作为视图的原点，可以用来绘制图元，还可以用于放置基于工作平面的构件。

1. 设置工作平面

每个视图都与工作平面相关联。在视图中设置工作平面，则工作平面与该视图一起保存。在某些视图（如平面视图、三维视图和绘图视图）以及族编辑的视图中，工作平面是

自动设置的，在其他视图（如立面视图和剖面视图）中，则必须设置工作平面。

单击“建筑”→“工作平面”→“设置”按钮，打开如图 2-9 所示的工作平面对话框。在该对话框中可以显示或更改视图的工作平面，也可以显示、设置、更改或取消关联基于工作平面图元的工作平面。

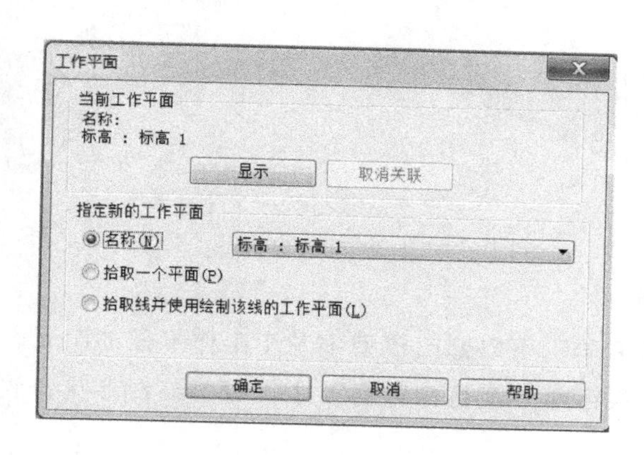

图 2-9

1）名称：从右侧的下拉列表中选择一个可用的工作平面，其中包括标高、网格和已命名的参照平面。

2）拾取一个平面：选中该选项，可以选择任何可以进行尺寸标注的平面（包括墙面、链接模型中的面、拉伸面、标高、网格和参照平面）为所需平面，Revit 会创建与所选平面重合的平面。

3）拾取线并使用绘制该线的工作平面：Revit 会创建与选定线的工作平面共面的工作平面。

2. 显示工作平面

在视图中显示或隐藏活动的工作平面，工作平面在视图中以网格显示。

单击“建筑”→“工作平面”→“显示工作平面”按钮，显示工作平面，如图 2-10 所示。再次单击“显示工作平面”按钮，则隐藏工作平面。

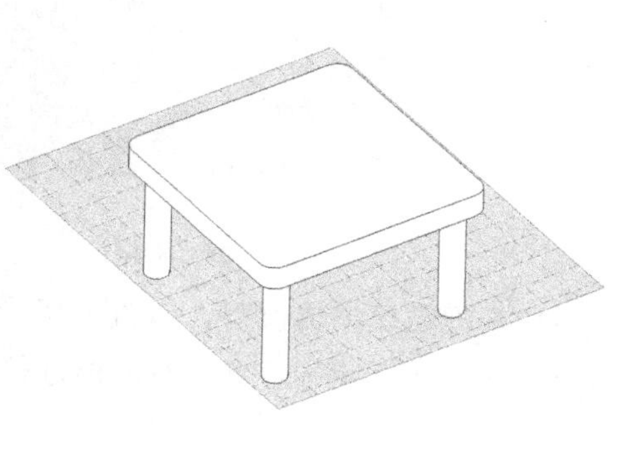

图 2-10

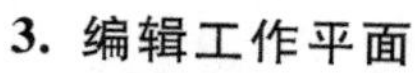

3. 编辑工作平面

可以修改工作平面的边界和网格大小。

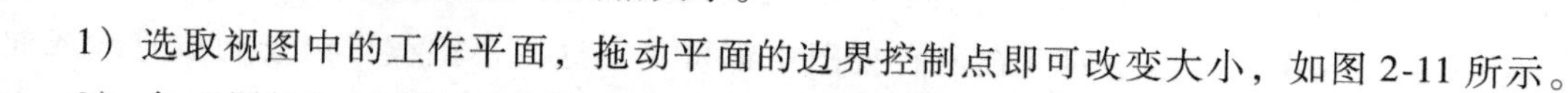

1）选取视图中的工作平面，拖动平面的边界控制点即可改变大小，如图 2-11 所示。

2）在“属性”选项板的工作平面网格间距文本框中输入新的间距值，或者在选项栏中输入间距值，然后按〈Enter〉键或单击“应用”按钮，即可更改网格间距大小，如图 2-12 所示。

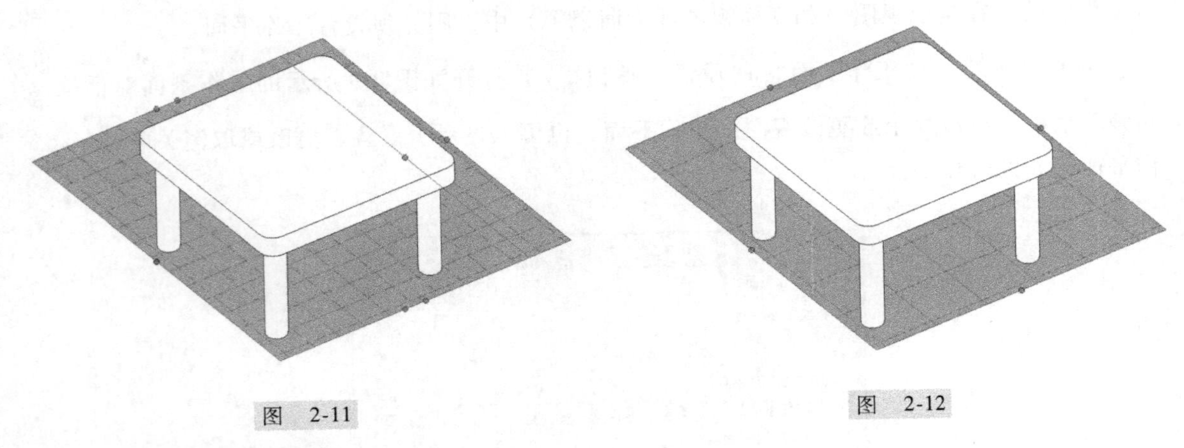

图 2-11　　　　图 2-12

4. 工作平面查看器

使用“工作平面查看器”可以修改模型中基于工作平面的图元。工作平面查看器提供一个临时的视图，不会保留在“项目浏览器”中，对于编辑形状、放样和放样融合中的轮廓非常有用。

1）单击“打开”按钮，打开“放样 . rfa”文件，如图 2-13 所示。

2）单击“创建”→“工作平面”→“查看器”按钮，打开“工作平面查看器”窗口，如图 2-14 所示。

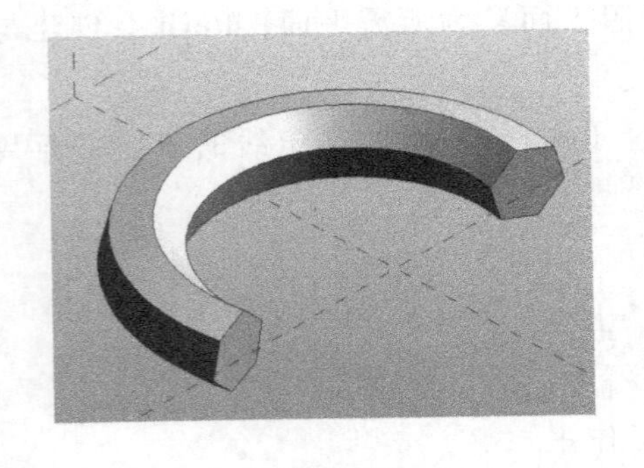

图 2-13

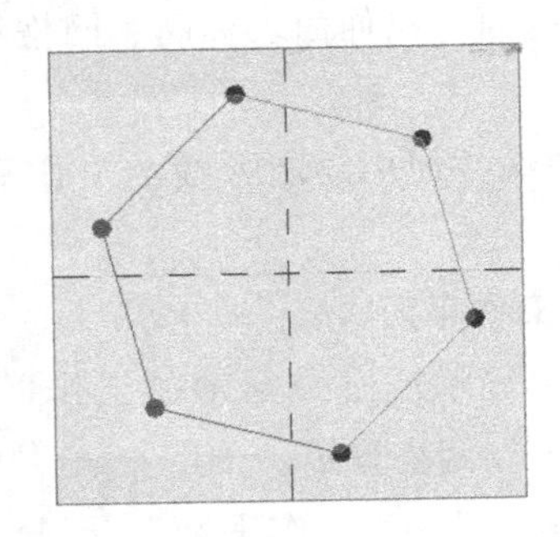

图 2-14

3）根据需要编辑模型，如图 2-15 所示。

4）在工作平面查看器中对图形进行更改时，其他视图也会实时更新，如图 2-16 所示。

2.3.2　模型线

模型线命令用于创建存在于三维空间且在项目所有视图均可见的线。模型线是基于工作平面的图元，它存在于三维空间且在所有视图中都可见。这些模型线可以绘制成直线或曲线，可以单独绘制、链状绘制或者以矩形、圆形、椭圆形或其他多边形的形状进行绘制。由于模型线存在于三维空间，因此可以使用它们表示几何图形，例如，支撑防水布的绳索或缆绳。

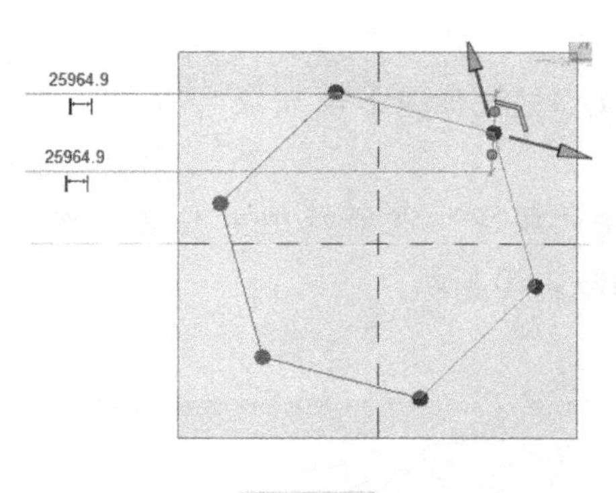

图 2-15

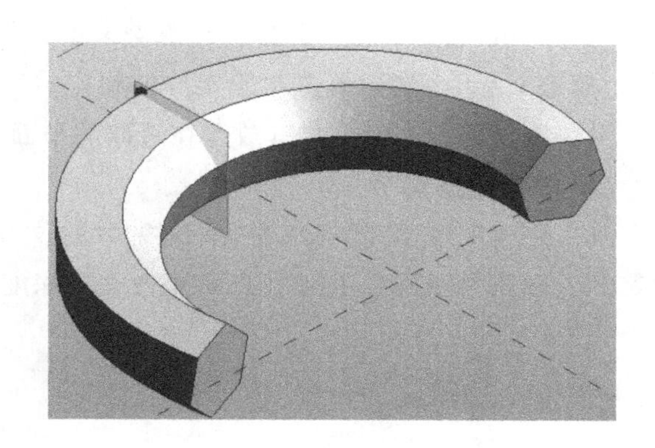

图 2-16

要创建仅在特定视图中可见的详图线，需要使用“详图线”工具。

单击“建筑”→“模型”→“模型线”按钮，打开“修改|放置线”选项卡，其中，“绘制”面板和“线样式”面板中包含了所有用于绘制模型线的绘图工具与线样式设置。根据特定的目标对象，可以选择“直线”“矩形”“多边形”“圆”“圆弧”“样条曲线”“椭圆”“半椭圆”等工具。

2.3.3 模型文字

模型文字是基于工作平面的三维图元，可用于建筑或墙上的标志或字母。对于能以三维方式显示的族（如墙、门、窗和家具族），可以在项目视图和族编辑器中添加模型文字。模型文字不可用于只能以二维方式表示的族，如注释、详图构件和轮廓族。

1. 创建模型文字

1）在绘图区域绘制一段墙体。

2）单击“建筑”→“工作平面”→“设置”按钮，打开“工作平面”对话框，选中“拾取一个平面”选项，如图 2-17 所示。单击“确定”按钮，选择墙体的前面为工作平面，如图 2-18 所示。

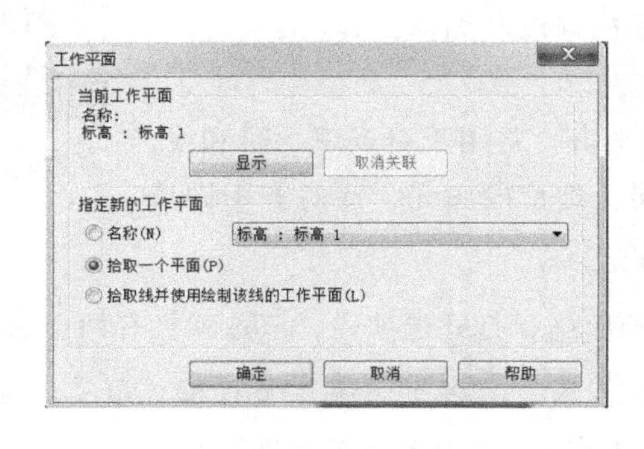

图 2-17

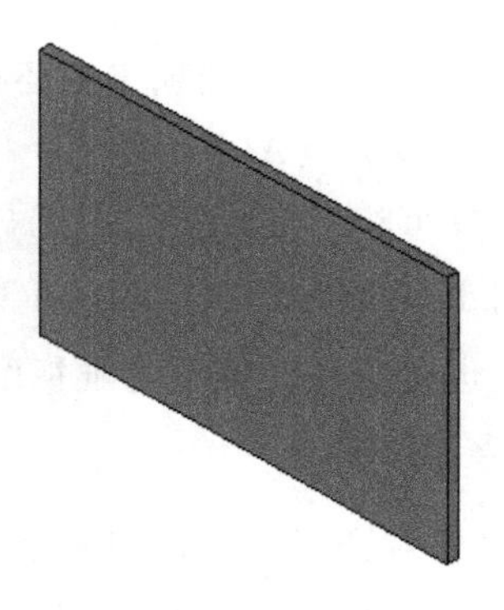

图 2-18

3）单击“建筑”→“模型”→“模型文字”按钮，打开“编辑文字”对话框，输入文字“模型文字”，然后单击“确定”按钮。

4）拖拽模型文字，将其放置在选取的平面上单击，效果如图 2-19 所示。

2. 编辑模型文字

1）更改文字深度。选中图 2-19 中的文字，在“属性”选项板中更改文字深度为“250”，单击“应用”按钮，即可更改文字深度，如图 2-20 所示。

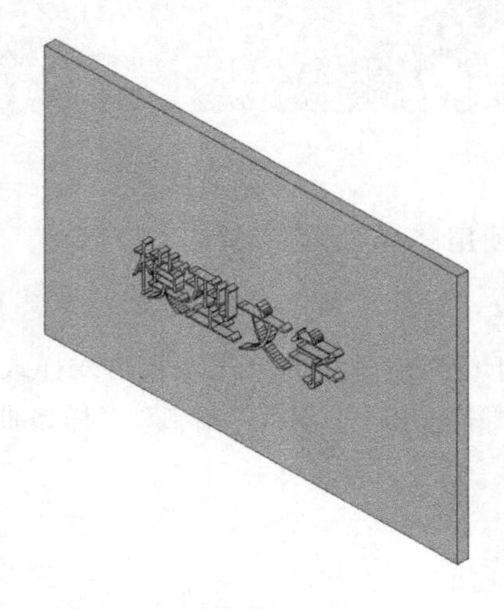

图 2-19

图 2-20

2）更改文字字体和大小。单击“属性”选项板中的“编辑类型”按钮，打开“类型属性”对话框；单击“复制”按钮，打开“名称”对话框，输入名称为“800mm 宋体”，单击“确定”按钮，返回到“类型属性”对话框；在“文字字体”下拉列表中选择“宋体”，更改“文字大小”为“800”，选中“斜体”复选框；单击“确定”按钮，完成文字字体和大小的更改。

3）移动文字。选中文字，按住鼠标左键拖动到中间位置，可以移动文字到中间位置。

2.3.4 编辑图元

常用修改命令

Revit 在“修改”选项卡中还提供了图元的修改和编辑工具。

1. 对齐图元（AL）

该工具可将一个或多个图元与选定图元对齐，常用于对齐墙、梁和线，也可以用于其他类型的图元。可实现对齐同一类型的图元，或对齐不同族的图元，也可以在二维、三维视图中对齐图元。

1）单击“修改”→“修改”→“对齐”按钮，打开选项栏，该选项栏有两个选项：

① 多重对齐：默认是与单个图元对齐。若选中“多重对齐”复选框，可实现多个图元与所选图元对齐；也可以在按住〈Ctrl〉键的同时，选中多个图元进行对齐。

②“首选”下拉菜单：指明将如何对齐所选墙，包括参照墙面、参照墙中心线、参照核

心层表面和参照核心层中心等几种方式。

2）选中要与其他图元对齐的图元，如图 2-21a 所示。

3）选择要与参照图元对齐的一个或多个图元。在选择之前，将鼠标指针在图元上移动，直到高亮显示要与参照图元对齐的图元时为止，然后单击该图元并对齐，如图 2-21b 所示。

4）如果希望选定图元与参照图元保持对齐状态，可单击锁定标记来锁定对齐。当修改具有对齐关系的图元时，系统会自动修改与之对齐的其他图元，如图 2-21c 所示。

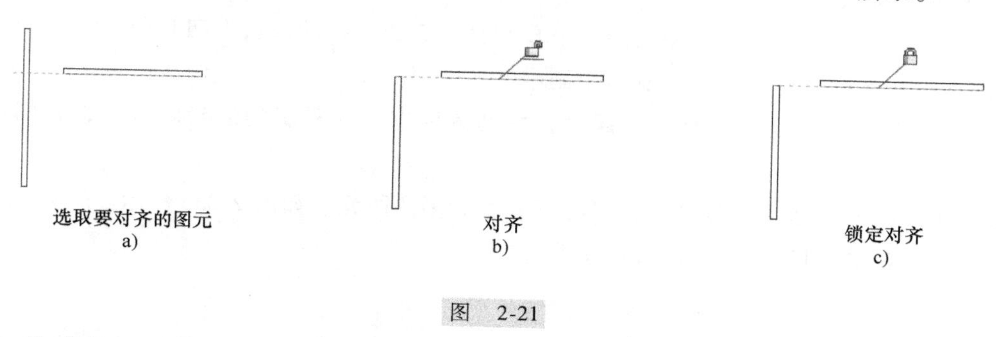

选取要对齐的图元
a)

对齐
b)

锁定对齐
c)

图 2-21

2. 移动图元（MV）

1）选择要移动的图元，如图 2-22a 所示。

2）单击“修改”→“修改”→“移动”按钮，打开“移动”选项栏，该选项栏有两个选项：

约束：选中此复选框，限制图元沿着与其垂直或共线的矢量方向移动。

分开：选中此复选框，可在移动前中断所选图元和其他图元的关联，也可以将依赖于主体的图元从当前主体移动到新的主体上。

3）单击图元上的点作为移动的起点，移动鼠标将图元移动到适当的位置，如图 2-22b 所示。

4）单击完成移动操作，如图 2-22c 所示。如果要更精准地移动图元，在移动过程中输入移动的距离即可。

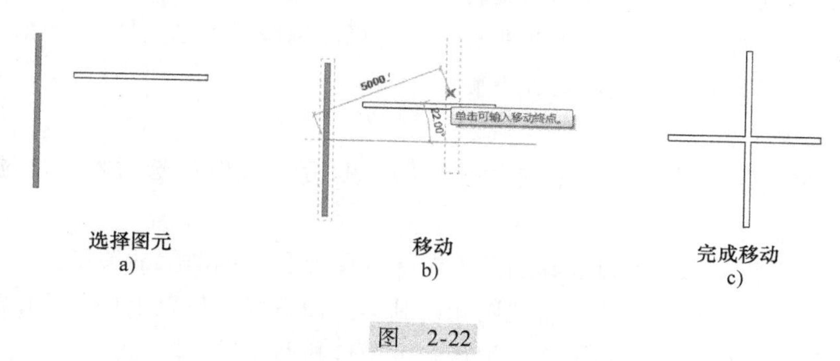

选择图元
a)

移动
b)

完成移动
c)

图 2-22

3. 复制图元（CO）

复制图元分为两种情况：一种是复制选定图元并将它们放置在当前视图指定的位置；另

外一种是复制选定图元并将它们放置在其他视图或项目的指定位置。第一种情况：单击“修改”→“修改”→“复制”命令；第二种情况：单击“修改”→“剪贴板”→“复制”命令（此时用“剪贴板”面板的“粘贴”命令，再切换到需要复制到的其他视图或项目）。下面以第一种情况为例说明：

1）选择要复制的图元，如图 2-23a 所示。

2）单击“修改”菜单，选择“修改”面板，单击“复制”按钮，打开选项栏，该选项栏有两个选项：

① 约束：选中此复选框，限制图元沿着与其垂直或共线的矢量方向复制。

② 多个：选中此复选框，复制多个副本。

3）单击图元上的点作为复制的起点，移动鼠标将图元复制到适当的位置，如图 2-23b 所示。

4）如果选中“多个”复选框，可继续放置更多的图元，如图 2-23c 所示。

5）单击完成复制操作，如图 2-23d 所示。

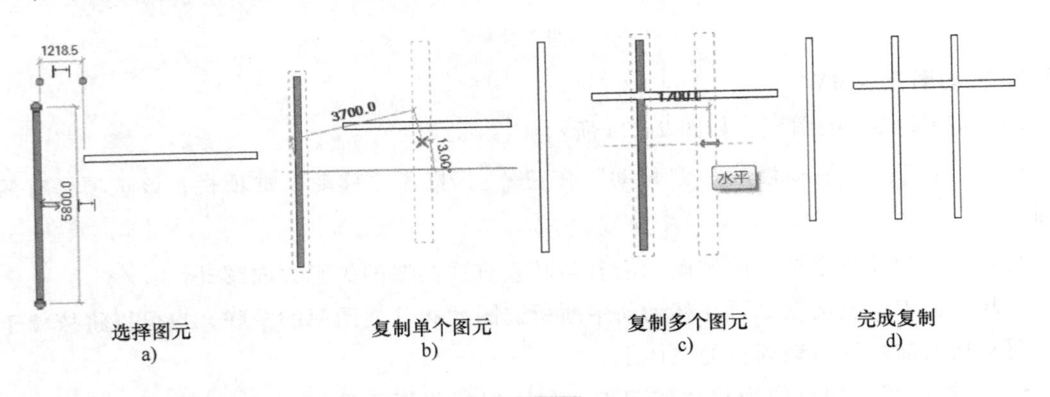

图 2-23

4. 旋转图元（RO）

旋转图元是指绕轴旋转选定的图元。在楼层平面视图、天花板投影平面视图、立面视图和剖面视图中，图元围绕垂直于视图的旋转中心轴进行旋转。在三维视图中，该旋转中心轴垂直于视图的工作平面。另外，并不是所有图元均可以围绕任何轴旋转。例如，墙不能在立面视图中旋转，窗不能在没有墙的情况下旋转。

1）选择要旋转的图元。

2）单击“修改”→“修改”→“旋转”按钮，打开“旋转”选项栏，该选项栏有以下几个选项：

① 分开：选中此复选框，可在移动前中断所选图元和其他图元的关联。

② 复制：选中此复选框，旋转所选图元的副本，而在原来位置上保留原始对象。

③ 角度：输入旋转角度，系统会根据指定的角度执行旋转。

④ 旋转中心：默认旋转角度，系统会根据指定的角度执行旋转。

3）单击指定旋转起始位置的放射线，如图 2-24a 所示，此时显示的线表示第一条放射线。如果在指定第一条放射线时用光标进行捕捉，则捕捉线将随预览框一起旋转，并在放置第二条放射线时捕捉屏幕上的角度。

4）移动光标将图元旋转到适当的位置，如图 2-24b 所示。

5）单击完成选择操作，如图 2-24c 所示。

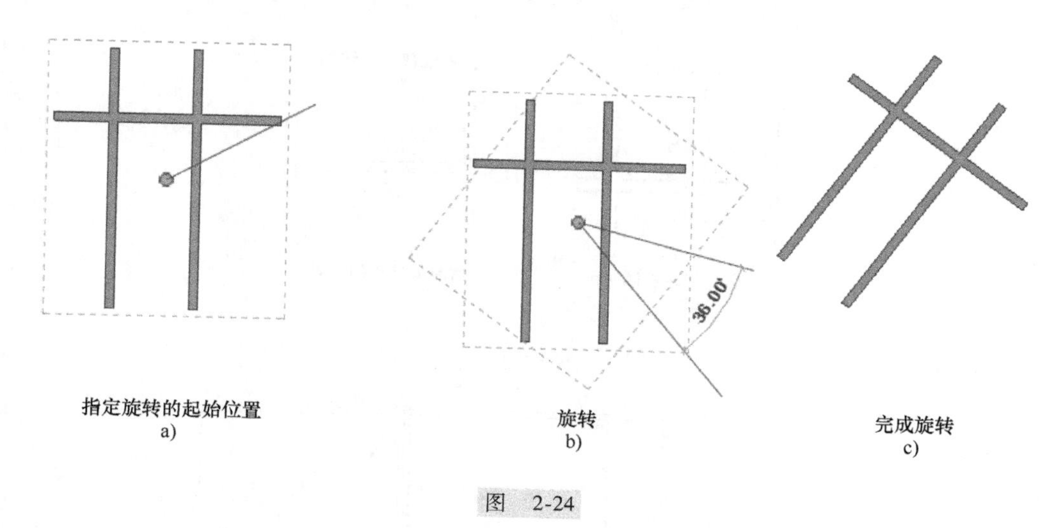

图 2-24

5. 偏移图元（OF）

偏移图元是指将选定的图元，如线、墙或梁，复制或移动到其长度的垂直方向上的指定距离处。偏移图元工具适用于单元或属于相同族的图元。它只能在线、梁和支撑的工作平面中偏移，不能对创建为内建族的墙进行偏移，也不能在与图元的移动平面垂直的视图中偏移这些图元，且不能在立面图中偏移墙。

单击“修改”→“修改”→“偏移”按钮，打开选项栏，该选项栏可选择数值方式或图形方式进行偏移；同时，当原来位置上保留原始对象时，可勾选“复制”选项。

1）数值方式：选中此选项，在“偏移”文本框中输入偏移距离值，距离值为正值。

选中要偏移的图元或链，如果选中“数值方式”选项，指定了偏移距离（本案例输入 1000mm），则将在放置光标的一侧（蓝色光标在哪侧，就往哪侧偏移），距离高亮度显示图元该输入值的地方显示一条预览线，如图 2-25 所示。

2）图形方式：选中“图形方式”选项，单击选择高亮显示的图元，然后将其拖拽到所需距离并在此单击。开始拖拽后，将显示一个关联尺寸标注，可以输入特定的偏移距离值。

6. 镜像图元

镜像图元有两种方法：拾取轴镜像（通过已有轴来镜像）、绘制轴镜像（绘制一条临时镜像轴线来镜像图元）。

（1）拾取轴镜像（MM）

选择要镜像的图元；单击“修改”→“修改”→“镜像”→“拾取轴”按钮，打开选项栏；选择代表镜像轴的线；单击完成镜像操作，如图 2-26 所示。

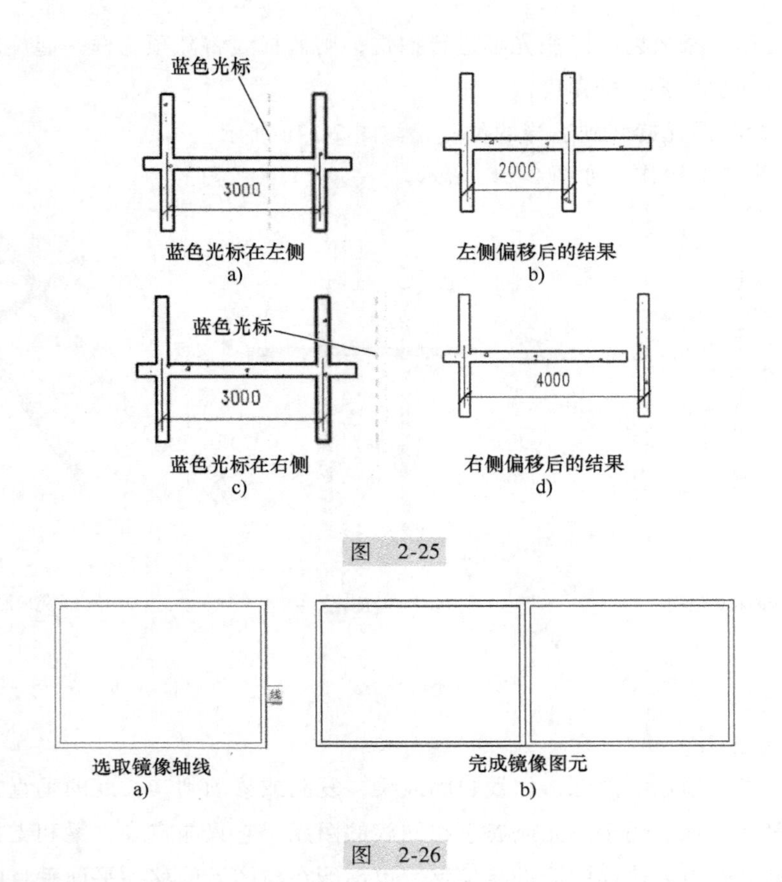

蓝色光标在左侧 a)　左侧偏移后的结果 b)

蓝色光标在右侧 c)　右侧偏移后的结果 d)

图 2-25

选取镜像轴线 a)　完成镜像图元 b)

图 2-26

(2) 绘制轴镜像（DM）

选择要镜像的图元，单击“修改”→“修改”→“镜像”→“绘制轴”按钮，打开选项栏；绘制一条临时镜像轴线；单击完成镜像操作，如图 2-27 所示。

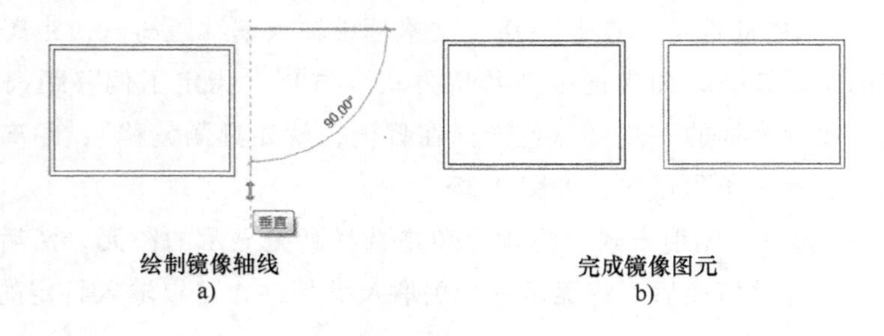

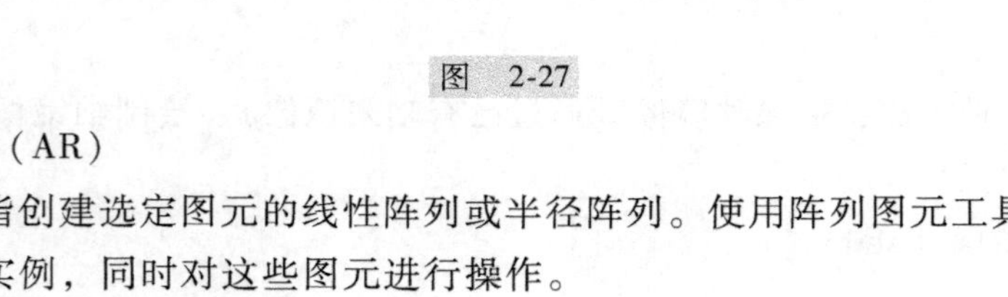

绘制镜像轴线 a)　完成镜像图元 b)

图 2-27

7. 阵列图元（AR）

阵列图元是指创建选定图元的线性阵列或半径阵列。使用阵列图元工具可以创建一个或多个图元的多个实例，同时对这些图元进行操作。

(1) 线性阵列

1) 单击“修改”→“修改”→“阵列”按钮，选择要阵列的图元，按〈Enter〉键，打开选项栏，单击“线性”按钮，打开线性阵列选项栏。该选项栏有以下几个选项：

① 成组并关联：选中此复选框，将阵列的每个成员包括在一个组中。如果取消选中此复选框，则阵列图元后，每个副本都独立于其他副本。

② 项目数：指定阵列中所有选定图元的副本总数（包含被选中需要阵列的图元），本案例为“4”。

2）指定阵列中每个成员之间的距离。

① 移动到：成员间距的控制方法有“第二个”和“最后一个”两种。

若选择移动到“第二个”，表示每个阵列的图元的间距都是接下来输入的数值（本案例输入的是 1900mm），如图 2-28 所示。

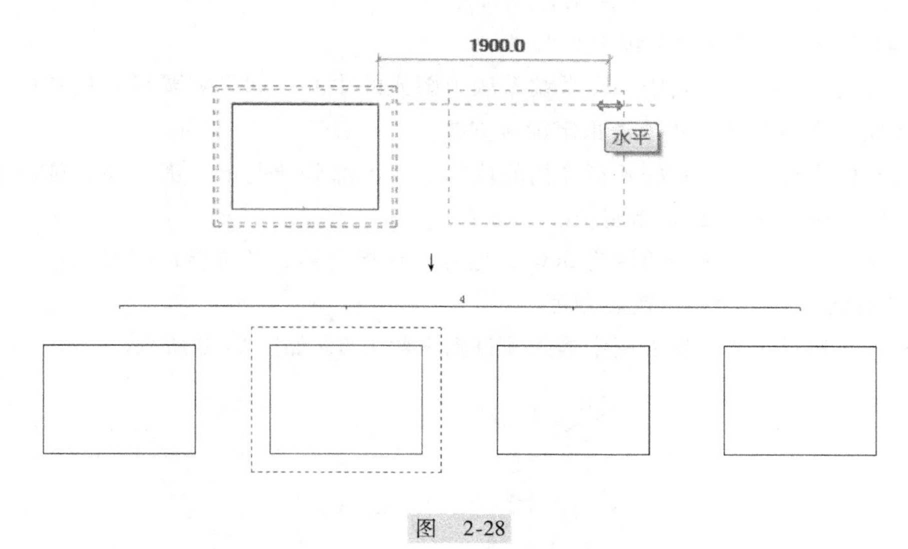

图　2-28

若选择移动到“最后一个”，表示原始被阵列的图元与“最后一个”图元的总间距都是接下来输入的数值（本案例输入值是 13000mm），即原始图元与最后一个图元之间在 13000mm 内等间距分布，如图 2-29 所示。

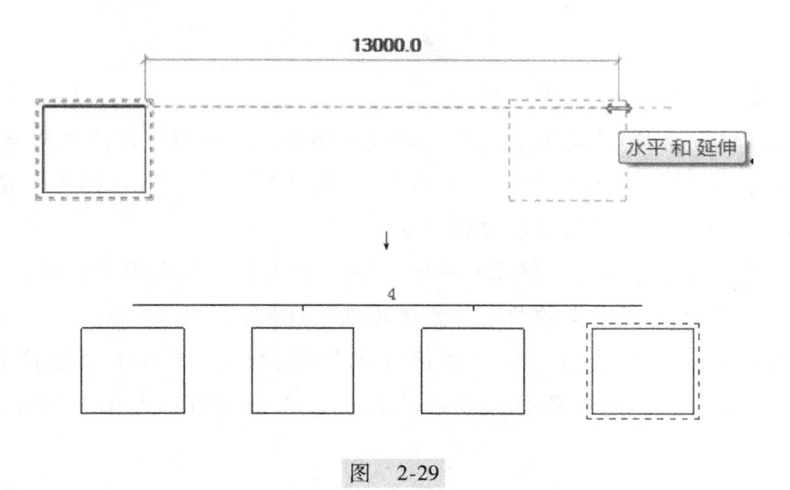

图　2-29

② 约束：选中此复选框，限制阵列成员沿着与所选图元垂直或共线的矢量方向移动。

③ 激活尺寸标注：选中此选项，可以显示并激活要阵列图元的定位尺寸。

在绘图区域中单击以指明测量的起点；移动光标显示第二个成员尺寸或最后一个成员尺寸，单击确定间距尺寸或直接输入尺寸值；在选项栏中输入副本数，也可以直接修改图形重点副本数，然后完成阵列。

（2）半径阵列

1）单击“修改”→“修改”→“阵列”按钮，选择要阵列的图元，按〈Enter〉键，打开选项栏，单击“半径”按钮，打开选项栏，该选项栏有两个选项：

① 角度：输入总的径向阵列角度，最大为 360°。

② 旋转中心：设定径向旋转中心点。

2）设置旋转中心。旋转中心点系统默认为图元的中心；如果需要设置旋转中心，单击“地点”按钮，在适当的位置单击指定旋转直线。

3）将光标移到半径阵列的弧形开始的位置。在大部分情况下，都需要将旋转中心控制点从所选图元的中心移开或重新定位。

4）在选项栏中输入旋转角度为 360°，也可以在指定第一条旋转放射线后移动光标，在放置第二条旋转放射线时确定旋转角度。

5）输入阵列项目数。在视图中输入项目副本数为 6，如图 2-30 所示。

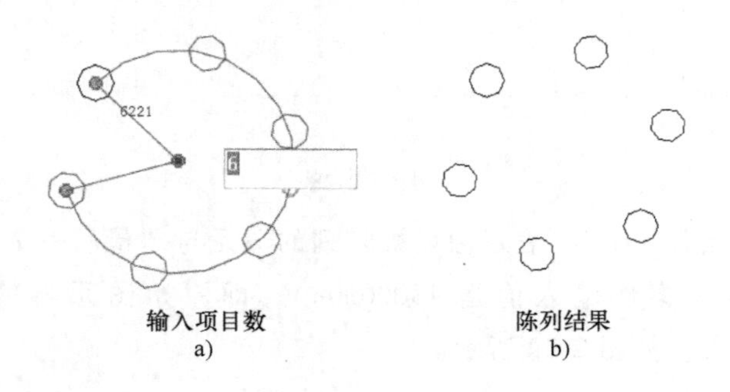

图 2-30

8. 缩放图元（RE）

缩放图元命令可以调整选定项的大小。通过图形方式或数值方式按比例缩放图元，输入比例系数以调整图元的尺寸和比例。“比例”工具适用于线、墙、图像、链接、DWG 和 DXF 文件导入、参照平面以及尺寸标注的位置。

1）图形方式：选中此选项，移动光标定义第一个矢量，单击设置长度，然后移动光标定义第二个矢量，系统根据定义的两个矢量确定缩放比例。

2）数值方式：选中此选项，在“数值方式”后面的文本框中直接输入缩放比例系数，图元将按定义的比例系数调整大小。输入缩放比例数值：大于 1 为放大，小于 1 为缩小。

在调整图元大小时，要考虑以下事项：

1）无法调整已锁定的图元。需要先解锁图元，然后才能调整尺寸。

2）调整图元尺寸时，需要定义一个原点，图元将相对于该固定点均匀地改变大小。

3）所有选定图元都必须位于平行平面中。选择集中的所有墙必须都具有相同的底部标高。

4）调整墙的尺寸时，插入对象与墙的中点要保持固定的距离。

5）如果被调整的图元是尺寸标注的参照图元，则尺寸标注值会随之改变。

6）链接符号和导入符号具有名为“实例比例”的只读实例参数，它表明实例大小与基准符号的差异程度。可以调整链接符号或导入符号来更改实例比例。

9. 修剪/延伸图元

使用“修剪”和“延伸”工具可以修剪或延伸一个或多个图元至由相同的图元类型定义的边界，也可以延伸不平行的图元以形成角，或者在它们相交时对它们进行修剪以形成角。

1）修剪/延伸为角（TR）。修剪/延伸图元（如墙或梁），以形成一个角。选择要修剪的图元时，单击要保留的图元部分。

2）修剪/延伸单个图元命令。修剪/延伸一个图元（如墙、线或梁）到其他图元定义的边界。先选择用作边界的参照图元，然后选择要修剪或延伸的图元。选择要修剪的图元时，单击要保留的图元部分。

3）修剪/延伸多个图元命令。修剪/延伸多个图元（如墙、线或梁）到其他图元定义的边界。先选择用作边界的参照图元，然后用选择框或单独选择要修剪或延伸的图元。在边界上单击或启动选择框时，位于边界一侧的图元部分将被保留。

10. 分解图元

分解图元是指将图元拆分为两个单独的部分，可删除两个点之间的线段，也可在两面墙之间创建定义的间隙。

分解图元工具可以拆分墙、线、栏杆扶手、柱（仅拆分图元）、梁（仅拆分图元）、支撑（仅拆分图元）等图元，该工具有两种使用方法：拆分图元和用间隙拆分。

（1）拆分图元（SL）

Revit 只能沿水平或垂直方向对图元进行拆分。故使用“拆分”命令时，单击需要拆分的图元指定的位置，就可将图元在指定位置处拆分为两个独立的图元，拆分前如图 2-31a 所示。当只单击一处时，是否勾选“删除内部线段”，其效果一样，即在选定点剪切图元或删除两点之间的线段。当单击指定两处（均为水平或垂直方向）时，若没有勾选“删除内部线段”，则将图元拆分为三部分（图 2-31b）；若勾选了“删除内部线段”，则将图元拆分为两部分，即中间部分被删除（图 2-31c）。

（2）用间隙拆分

用间隙拆分可用于将墙拆分成已定义“连接间隙”的两面单独的墙。图 2-32a 是图元拆分前的效果。图 2-32b 是使用“拆分图元”单击指定的两处且没有勾选“删除内部线段”

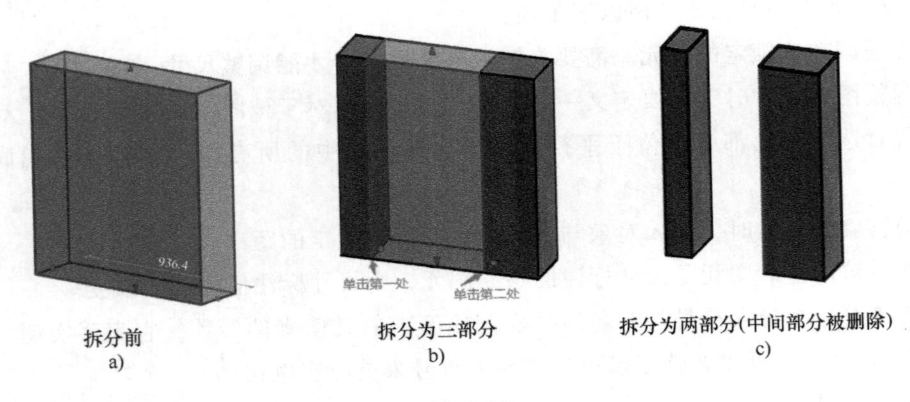

图 2-31

的效果。图 2-32c 是使用“用间隙拆分”命令在相应的位置拆分两次的效果：将图元拆分为三部分，并且在指定位置处按指定的间隙大小（即输入的“连接间隙”值）隔开图元，此时，间隙部分被删除，即被分割的三部分，加上两个间隙，等于分割前的尺寸。

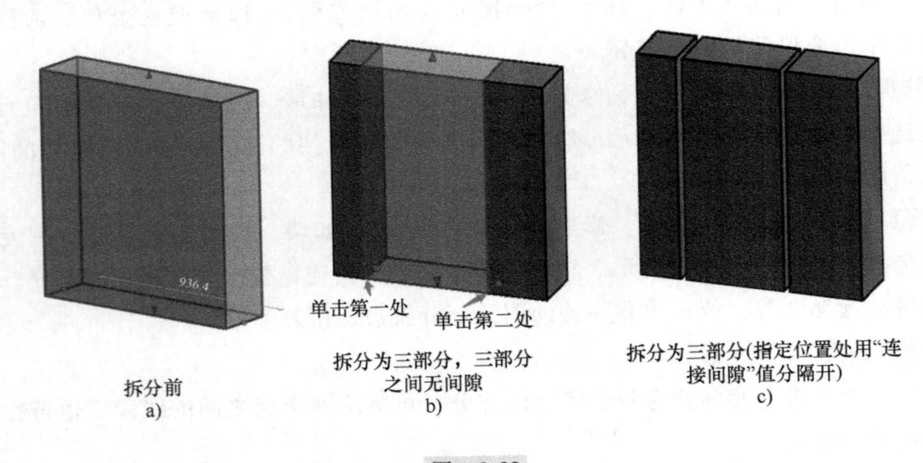

图 2-32

11. 快捷命令

Revit 常用快捷命令见表 2-1。

2.4 族

族是 Revit 中非常重要的构成要素之一，Revit 中的所有图元都是基于族定义的。

2.4.1 创建标记族

标记是注释族的一个类别。标记可以自动识别图元的属性，然后自动进行标注，十分方便。在建筑施工图中，最常用的是门、窗、幕墙的编号，这些就要使用注释族中的“标记”制作。

Revit 为创建门族提供了两个样板，见表 2-2。

表 2-2 创建门族的样板

族	使用方式	说 明
公制门	基于墙的	创建普通门构件
公制门 幕墙	独立的	创建用于幕墙的门构件

但是在设计过程中会有些自带的门族仍需要自制。下面主要以公制门为例讲解门族的制作。

单击“族”→“新建”命令，在弹出的“新族”→“选择样板文件”对话框中，选择“注释/公制门标记”族样板文件，选择公制门标记族样板。

1）添加门族的“标签”。单击“创建”→“标签”按钮，再单击屏幕中两条虚线的交点，在弹出的“编辑标签”中选择“类型标记”选项，单击“将参数添加到标签”按钮，将“类型标记”添加到“标签参数”列表中，将“类型标记”改成“M1224”，单击“确定”按钮完成操作。此时可以看到在屏幕中心有“M1224”的字样，表明编辑标签操作已经成功。

2）单击“M1224”标签，在“属性”面板中单击“编辑类型”按钮，在弹出的“类型属性”对话框中，调整“背景”栏为“透明”选项，“文字字体”栏为“仿宋_GB2312”字体，“宽度系数”栏为“0.7”，单击“确定”按钮完成操作。

3）单击“程序”→“另存为”→“族”命令，在弹出的“另存为”对话框的“文件名”中输入“门标记”，单击“保存”按钮，保存新族文件。

4）制作“窗标记”族与“门标记”族的不同之处主要是选择样板文件，制作“窗标记”族时要选择“公制窗标记”。

2.4.2 创建符号族

绘制工程图会用到许多注释符号来满足绘制要求，而这些注释符号与被标示图元没有属性关系，仅仅作为独立的图形使用。例如索引符号，施工图中一般用索引符号注明画出详图的位置、详图的编号以及详图所在的施工图编号。根据规定，索引符号应以细实线绘制，圆直径为8~10mm；引出线应对准圆心，圆内过圆心画一条水平线，上半圆中用阿拉伯数字注明该详图的编号，下半圆中用阿拉伯数字注明该详图所在施工图编号。具体的操作方法如下：

1）单击“族”→“新建”命令，打开“新族 选择样板文件”对话框，选择“公制详图索引标头.rft”为样板族。

2）单击“打开”按钮进入族编辑器，删除族样板中默认的文字。

3）单击“创建”→“详图”→“线”按钮，打开“修改|放置线”选项卡，单击“绘制/圆形”按钮，在视图中心位置绘制半径为4.5mm的圆。

4）单击“绘制”→“线”按钮，绘制一条长度为直径的水平直线。

5）单击“创建”→“文字”→“标签”按钮，在视图的中心位置单击，自动打开“编辑标签”对话框，在“类别参数”栏中分别选择“详图编号”和“图纸编号”，单击“将参数添加到标签”按钮，将其添加到标签参数栏，选中其中一个，上下移动。按国内规范的要求，“详图编号”在上（排在前面），“图纸编号”在下（排在后面），“详图编号”和“图纸编号”的样例值为默认。勾选“断开”复选框；若不勾选“断开”选项，则“详图编号”和“图纸编号”将在一行显示，这与国内的规范格式不一致。

6）单击“确定”按钮，将标签添加到图形中，初始标签如图 2-33a 所示。

7）选中标签，单击“编辑类型”按钮，打开“类型属性”对话框，单击“复制”按钮，打开“名称”对话框，输入名称为 2mm，单击“确定”按钮，返回到“类型属性”对话框。

8）设置“背景”为透明，“字体”为仿宋_GB2312，“文字大小”为 2mm，其他默认，单击“确定”按钮，修改后的标签如图 2-33b 所示。

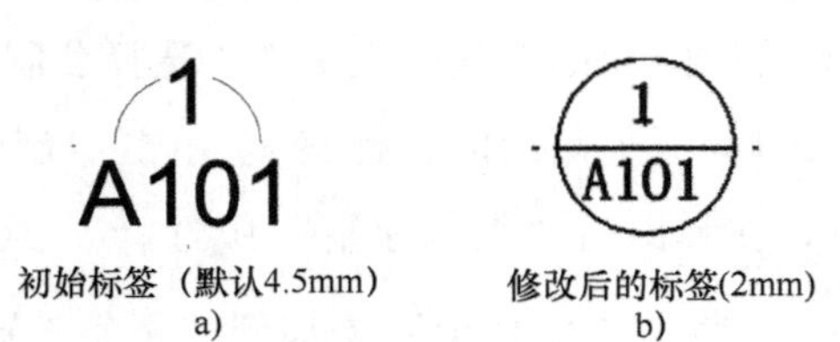

图 2-33

9）单击“保存”按钮，打开“另存为”对话框，输入名称为“索引符号”，单击“保存”按钮，保存族文件。

2.4.3 创建图纸模板

工程图的图幅、图框、标题栏、会签栏都必须符合建筑制图标准的规定。

1. 图幅

根据国家标准的规定，按图面的长和宽确定图幅的等级。室内设计常用的图幅有 A0、A1、A2、A3、A4。图幅标准见表 2-3，表中的尺寸代号意义如图 2-34 所示。

表 2-3 图幅标准

尺寸代号	图幅代号				
	A0	A1	A2	A3	A4
$b \times l$	841×1189	594×841	420×594	297×420	210×297
c	10			5	
a	10				

2. 标题栏

标题栏包括设计单位名称、工程名称区、签字区、图名区及图号区等内容。一般标题栏格式如图 2-35 所示。如今不少设计单位采用个性化的标题栏格式，但是仍必须包括这几项内容。

3. 会签栏

会签栏是为各工种负责人审核后签名用的表格，它包括专业、姓名、日期等内容。对于

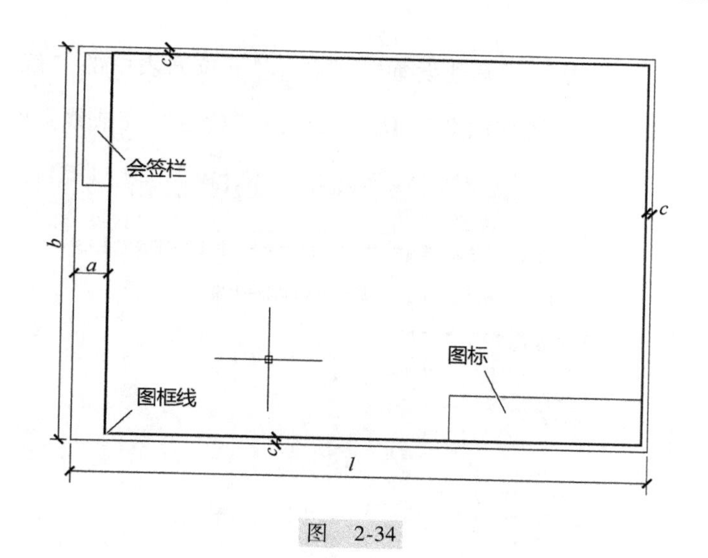

图 2-34

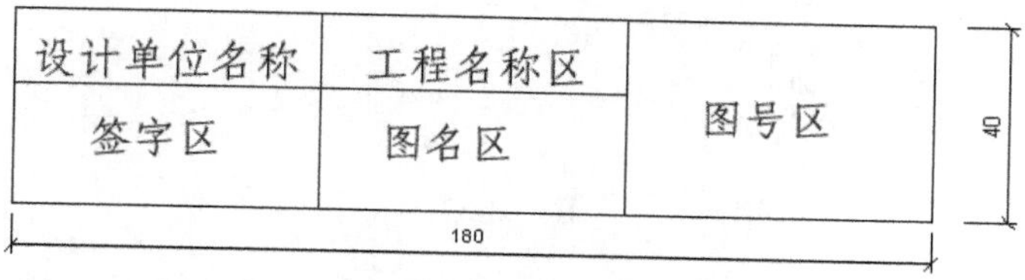

设计单位名称	工程名称区	图号区
签字区	图名区	

180 40

图 2-35

不需要会签的图样，可以不设此栏。

下面以创建 A3 图纸为例进行介绍，具体操作步骤如下：

1）单击“族”→“新建”命令，选择“标题栏 A3 公制 . rft”文件为样板，单击“打开”命令进入族编辑器。

2）单击“创建”→“详图”→“线”按钮，打开“修改 | 放置线”选项卡，单击“修改”→“偏移”按钮，将左侧竖直线按制图要求向内偏移 25mm，其他三条线向内偏移 5mm，对多出的线段用拆分图元工具删除，如图 2-36 所示。

图 2-36

3）单击“管理”→“设置”→“其他设置”按钮下拉列表中的“线宽”按钮，打开“线宽”对话框，具体的设置如图 2-37 所示，单击“确定”完成线宽的设置。

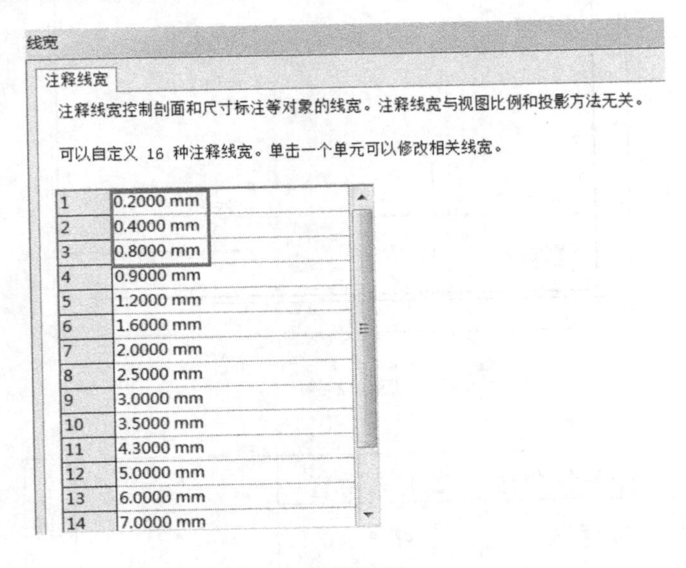

图 2-37

4）单击“管理”→“设置”→“对象样式”按钮，打开“对象样式”对话框，修改“图框线宽”为 3 号，“中粗线”为 2 号，“细线”为 1 号，如图 2-38 所示，单击“确定”按钮。

注释对象

类别	线宽	线颜色	线型图案
	投影		
参照平面	1	RGB 000-127-	对齐线
参照线	1	RGB 000-127-	
图框	3	黑色	
中粗线	2	黑色	
宽线	5	黑色	
细线	1	黑色	
常规注释	1	黑色	

图 2-38

5）选取最外面的图幅边界线，将其子类别设置为“细线”，完成图幅和图框线型的设置。

6）如果放大视图看不出线宽效果，可单击“视图”→“图形”→“细线”按钮，取消选中状态。

7）绘制会签栏。单击“创建”→“详图”→“线”按钮，打开“修改 | 放置线”选项卡，单击“绘制 矩形”按钮，绘制长 100mm，宽为 20mm 的矩形。

8）单击“绘制 直线”按钮，将子类别更改为“细线”，按制图规范绘制出会签栏如图 2-39 所示。

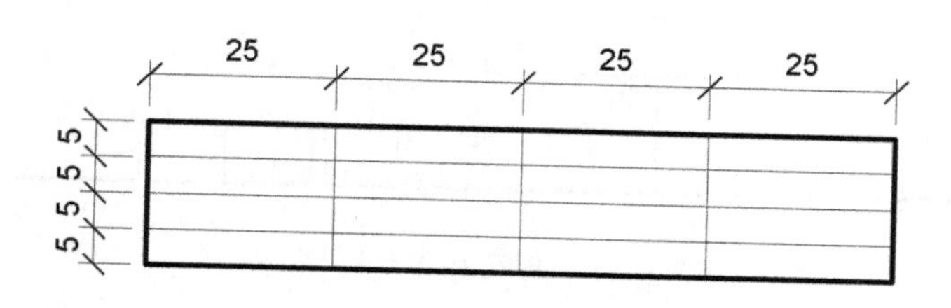

图 2-39

9）在会签栏里，相应位置填充文字。单击“创建”→“文字”按钮，单击“属性”→“编辑类型”按钮，打开“编辑类型”对话框，设置“背景”为“透明”，“字体”为“仿宋_GB2312”，“文字大小”为“2. 4mm”，然后在会签栏中输入如图 2-40 所示的文字。

建筑	结构工程	签名	2020年

图 2-40

10）单击“修改”→“修改”→“旋转”按钮，将会签栏逆时针旋转 90°，再单击“修改”→“修改”→“移动”按钮，将旋转后的会签栏移动到图框外的左上角位置。

11）单击“创建”→“详图”→“线”按钮，打开“修改｜放置线”选项卡，将子类别更改为“图框”，单击“绘制 矩形”按钮，以图框的右下角点为起点，绘制长为 140mm，宽为 35mm 的矩形。

12）单击“创建”→“详图”→“直线”按钮，将子类别改成“细线”，单击“绘制 直线”按钮，按照制图标准，绘制如图 2-41 所示图形。

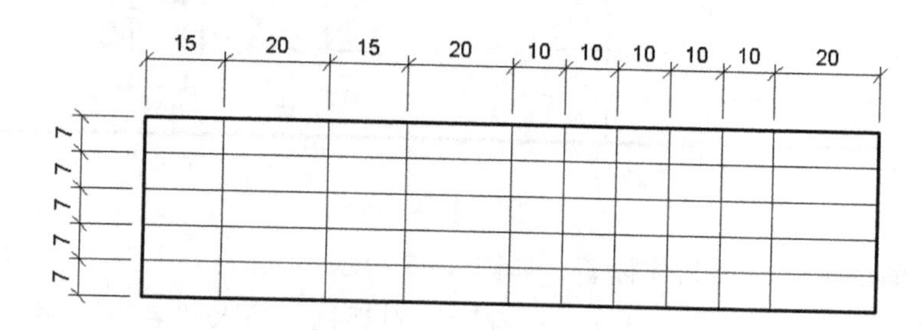

图 2-41

13）单击“修改”→“修改”→“拆分图元”按钮，删除多余的线段，如图 2-42 所示。

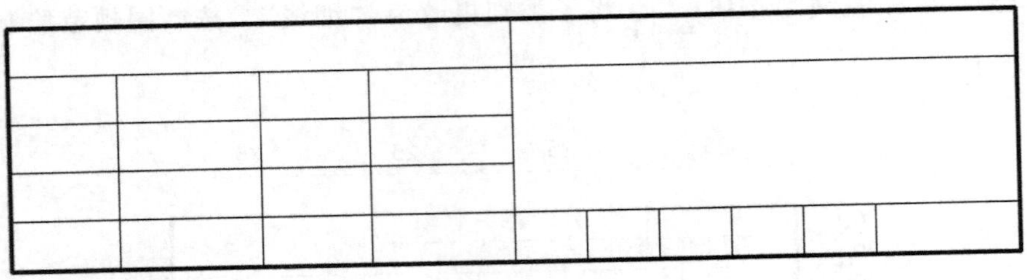

图　2-42

14）单击“创建”→“文字”→“文字”按钮，单击“属性”→“编辑类型”按钮，打开“编辑类型”对话框，设置“背景”为“透明”，“字体”为“仿宋_GB2312”，“文字大小”为“2.4mm”，填写标题栏中的文字，如图 2-43 所示。

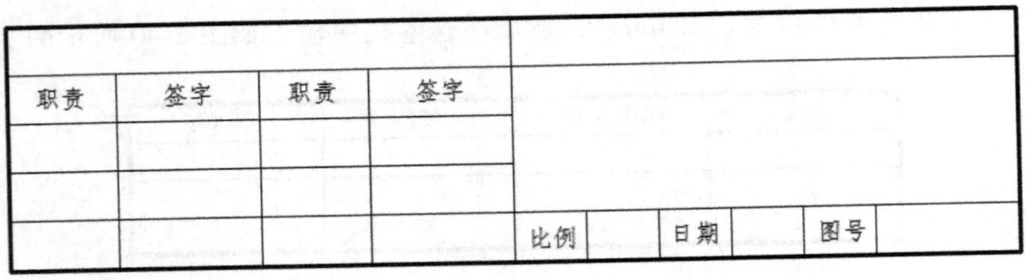

职责	签字	职责	签字						
				比例		日期		图号	

图　2-43

15）单击“创建”→“文字”→“标签”按钮，在标题栏的最大区域内单击，打开“编辑标签”对话框，在“类别参数”列表中选择“图纸名称”，添加到标签参数栏中，单击“确定”完成操作。

16）单击“属性”→“编辑类型”，在打开的“类型属性”对话框，“背景”设置为“透明”，“字体”为“仿宋 GB_2312”，“文字大小”为“8mm”，按“确定”按钮，效果如图 2-44所示。

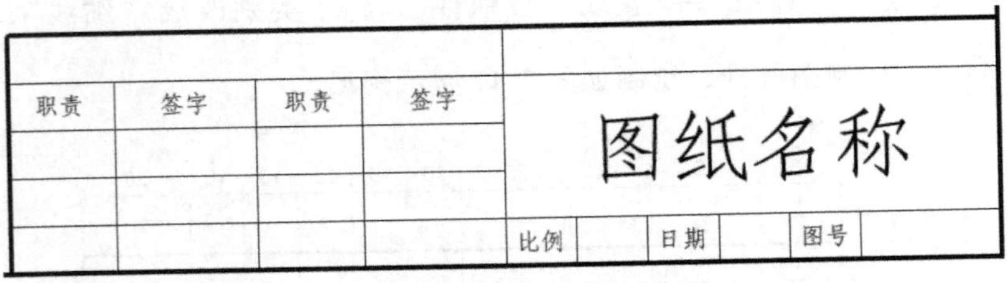

职责	签字	职责	签字	图纸名称					
				比例		日期		图号	

图　2-44

17）采用相同的方法添加其他标签，如图 2-45 所示。

18）单击“保存”按钮，打开“另存为”对话框，输入“名称”为“A3 图纸”，单击“保存”按钮，保存族文件。

<table>
<tr><td colspan="4">设计单位</td><td colspan="6">项目名称</td></tr>
<tr><td>职责</td><td>签字</td><td>职责</td><td>签字</td><td colspan="6" rowspan="4">图纸名称</td></tr>
<tr><td></td><td></td><td></td><td></td></tr>
<tr><td></td><td></td><td></td><td></td></tr>
<tr><td></td><td></td><td></td><td></td></tr>
<tr><td></td><td></td><td></td><td></td><td>比例</td><td></td><td>日期</td><td></td><td>图号</td><td></td></tr>
</table>

图 2-45

2.4.4 门族创建

门联窗是门和窗连在一起的一个整体，一般情况下，窗的距离地面高度加上窗户的高度等于门的高度，也就是门和窗顶在同一个高度，而且是连在一起的。下面以案例工程“学生公寓 1#楼”的 MLC1728 为例介绍创建门族。

1）选择“公制门 . rft”族样板。选择“新建”→“族”命令，在弹出的“新族 选择样板文件”对话框中选择“公制门 . rft”文件，单击“打开”按钮，进入门族设计界面，另存为文件名为“MLC1728”的族文件。

2）删除公制门框架。按住〈Ctrl〉键，选中“框架”→“竖梃：拉伸”，如图 2-46a 所示，然后按〈Delete〉键，将其删除，如图 2-46b 所示。

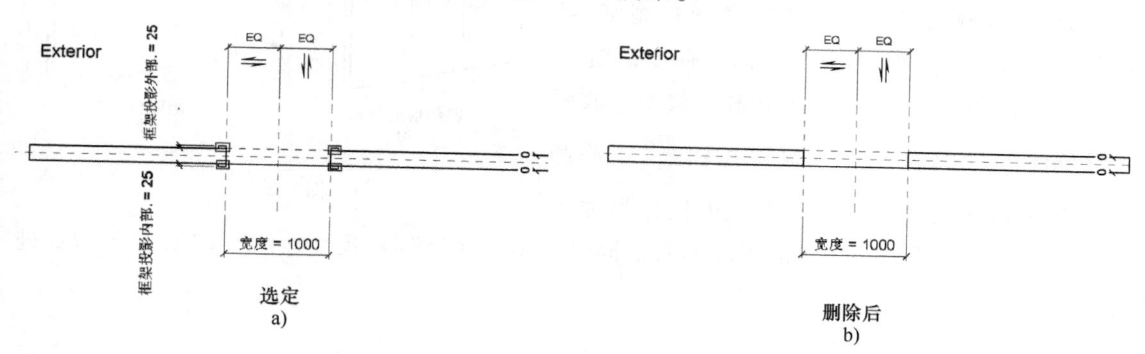

图 2-46

3）新建族类型。单击“族类型”命令按钮，在弹出的“族类型”对话框中单击“新建”按钮，弹出“名称”对话框。在“名称”文本框中输入“MLC1728”，单击“确定”按钮。

4）修改门的尺寸标注。在“族类型”对话框中，选择“尺寸标注”标签，在“高度”栏中输入“2820”，在“宽度”栏中输入“1700”（相关数值来自案例工程图“建施—06”的 MLC1728），单击“确定”按钮。

5）删除多余的参数。继续在“族类型”对话框中，单击“其他”→“框架投影外部”命令，然后单击左下角的“删除”按钮，弹出提示对话框，单击“是”按钮。重复上述步骤，删除“框架投影内部”和“框架宽度”两个本案例不需要的参数；然后单击“确定”按钮，结束“族类型”编辑。

6）选择“项目浏览器”中的“立面（立面 1）| 外部”命令，进入 MLC1728 的外部立面视图，如图 2-47 所示，删除“门的开启方向”符号线。

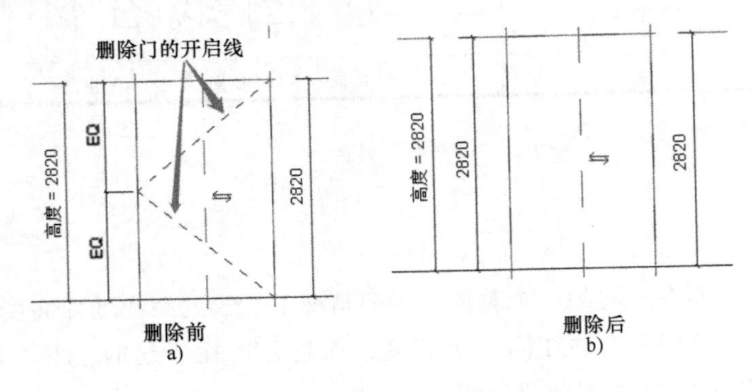

图 2-47

7）删除已有的洞口剪切。选择“项目浏览器”中的“视图 | 三维视图 | 视图 1”命令，进入三维视图。选择图形“洞口剪切”命令，按〈Delete〉键将其删除，如图 2-48 所示。

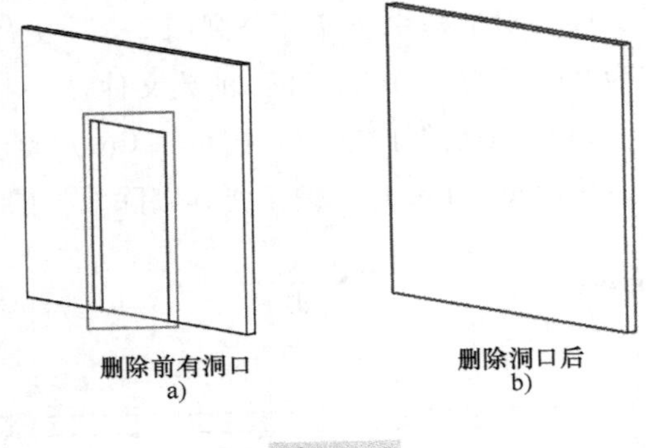

图 2-48

8）绘制洞口辅助线。选择“项目浏览器”中的“立面（立面 1）| 外部”命令，进入 MLC1728 的外部立面视图，单击“修改 | 放置尺寸标注”→“修改”→“复制”按钮，绘制如图 2-49 所示的辅助线，辅助线的定位尺寸来自案例工程图“建施—06”的 MLC1728。同时，用“注释”→“尺寸标注”→“对齐”命令进行尺寸标注。

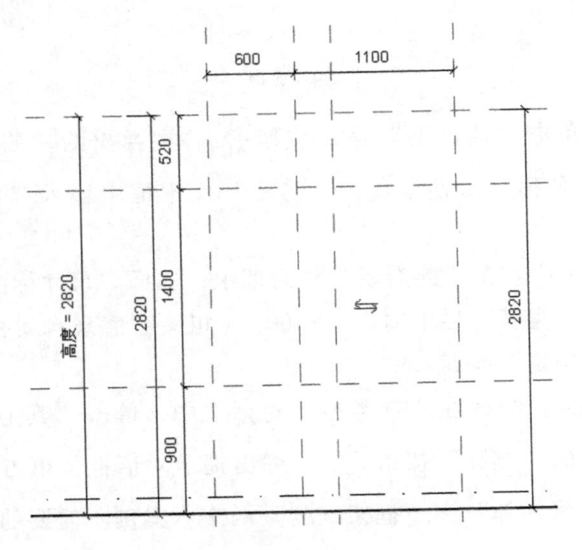

图 2-49

注意：此处的辅助线，实际上是“参照平面”，所以也可以直接用“参照平面”命令绘制，路径为：“创建”→“基准”→“参照平面”。

9）创建门联窗洞口的空心模型。选择“创建”→“形状”→“空心形状”→“空心拉伸”命令，进入“修改|创建空心拉伸”界面，单击菜单中的“绘制”→“直线”命令，绘制门联窗洞口轮廓；绘制完成后，单击“模式”的“√”按钮，完成绘制，如图 2-50 所示。

10）挖去新的空心模型创建新的洞口剪切。选择“项目浏览器/视图”→“三维视图/视图 1”命令，进入 MLC1728 的 3D 视图。单击“修改|几何图形”→“剪切几何图形”，先选择基本墙体，再选择第 9）步创建的空心拉伸，得到新的洞口剪切，如图 2-51 所示。

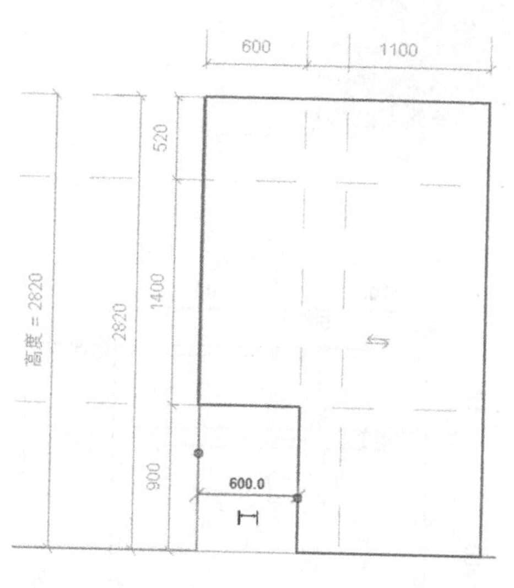

图 2-50

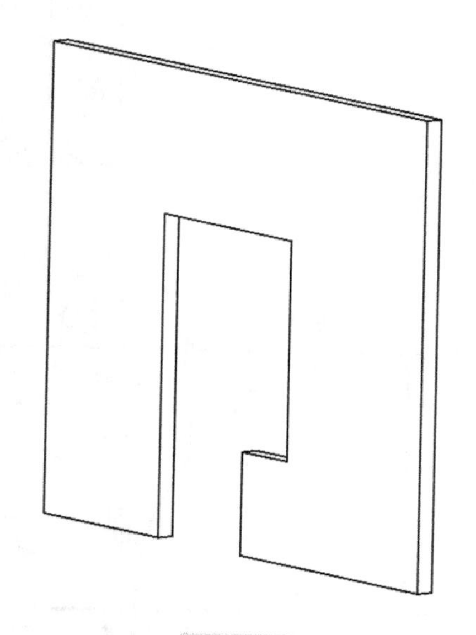

图 2-51

注意：使用“剪切几何图形”命令时，要先调用该命令，再选择需要剪切的图元（如基本墙），最后选择建好的空心图形（如空心拉伸）。

11）绘制门窗框。选择“项目浏览器”→“立面（立面 1）”→“外部”命令，进入 MLC1728 的外部立面视图，单击选择“创建”→“形状”→“拉伸”，进入“修改|编辑拉伸”界面，用菜单中的绘制工具“矩形”，将门窗框和亮子绘制完成，如图 2-52 所示。

12）绘制门开启方向。在参照平面绘制圆弧开启线：单击“视图”→“切换窗口”按钮，选择“楼层平面：参照标高”；单击“注释”→“详图”→“符号线”按钮，在子类别面板中选择“平面打开方向【投影】”，单击“修改|放置符号线”→“绘制”中的按钮和来绘制门平面开启线的圆弧部分，如图 2-53a 所示。在外立面绘制立面开启线：同样的方法进入外部立面视图，绘制立面开启线，如图 2-53b 所示。

13）绘制窗的开启线。窗的开启线与绘制门开启线的方法相同，如图 2-54 所示。

14）选择“项目浏览器”中的“立面（立面 1）|左”命令，进入 MLC1728 的左立面视

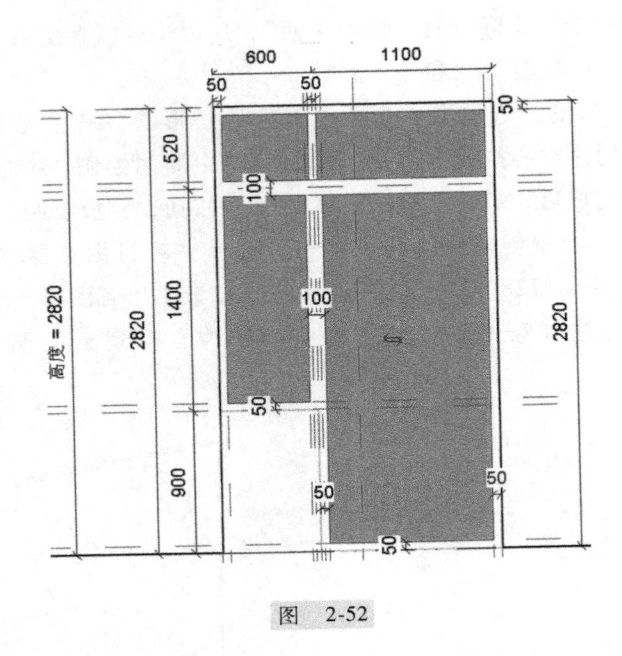

图 2-52

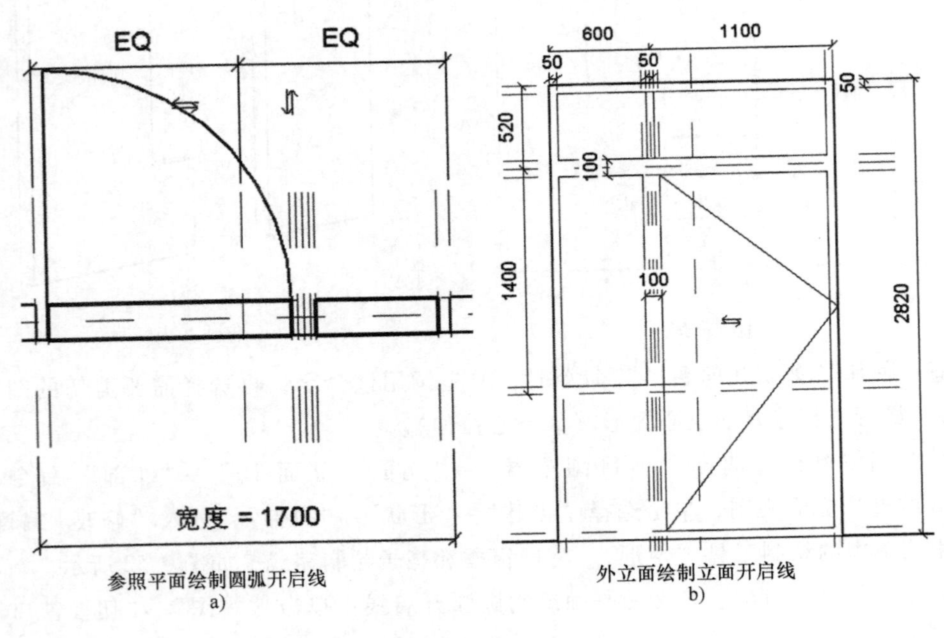

参照平面绘制圆弧开启线
a)

外立面绘制立面开启线
b)

图 2-53

图。选择绘制好的门板图元，打开“属性”面板，在“拉伸终点”中输入“145”，在“拉伸起点”中输入“95”（门框厚度 50mm），如图 2-55 所示。

注意：选择门板图元时，若不能直接选中（可能选中的是墙），可以将鼠标移到门板图元附近，再按〈Tab〉键，直到门板图元高亮显示时，再单击鼠标左键，即可选中。在后续介绍的操作中，准确选择图元时经常会结合〈Tab〉键使用。

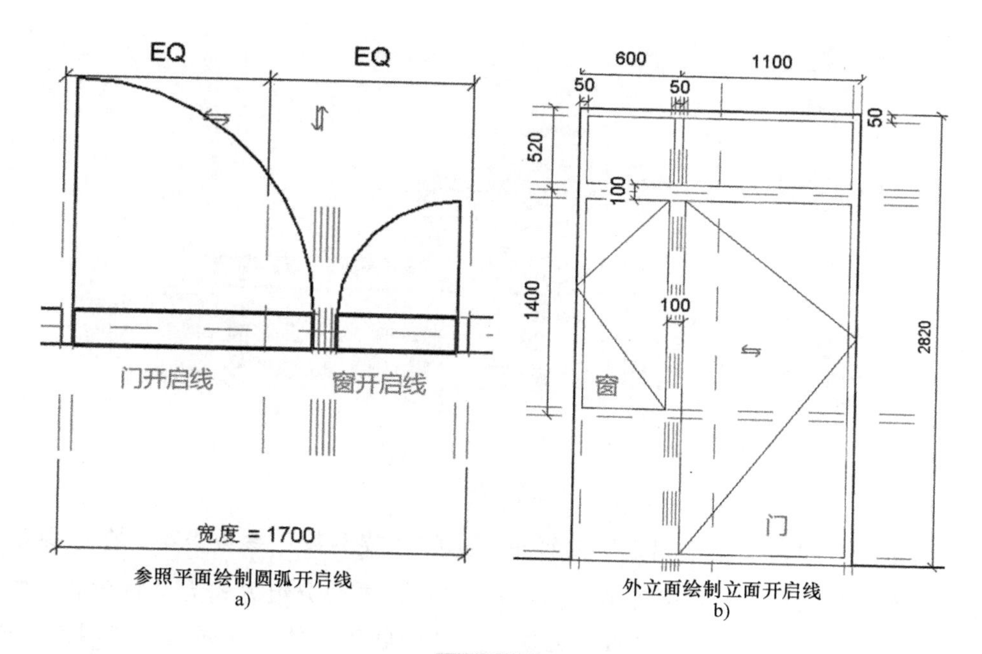

参照平面绘制圆弧开启线
a)

外立面绘制立面开启线
b)

图 2-54

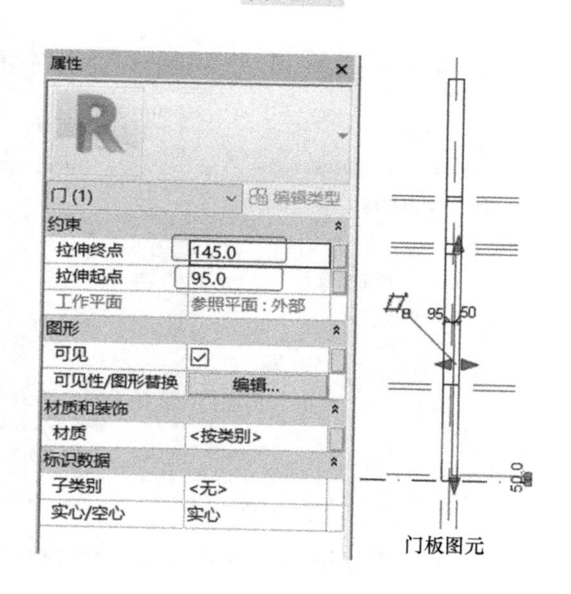

门板图元

图 2-55

15）修改门板图元的可见性。先在左立面视图选中门板图元，在“门（1）”的“属性”面板中，单击“图形”栏的“可见性/图形替换”项的“编辑...”按钮，弹出“族图元可见性设置”对话框，取消“平面/天花板平面视图”和“当在平面/天花板平面视图中被剖切时（如果类别允许）”复选框的勾选，单击“确定”按钮，如图 2-56 所示。

16）关联族参数并修改属性。在门窗框的“属性”面板中，单击“材质和装饰”栏下的“材质”右侧的空白按钮，弹出“关联族参数”对话框，如图 2-57a 所示。单击“新建

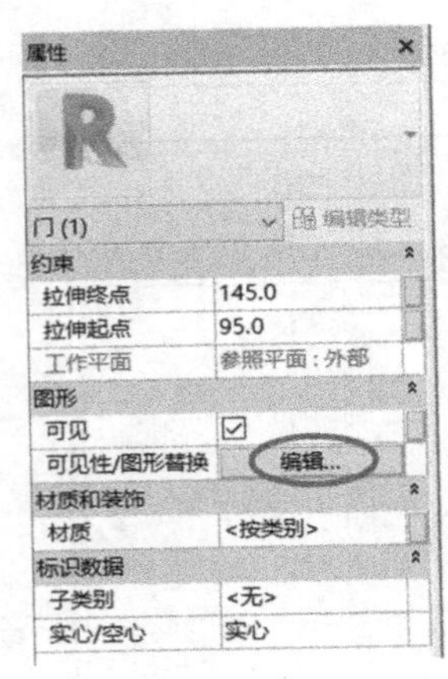

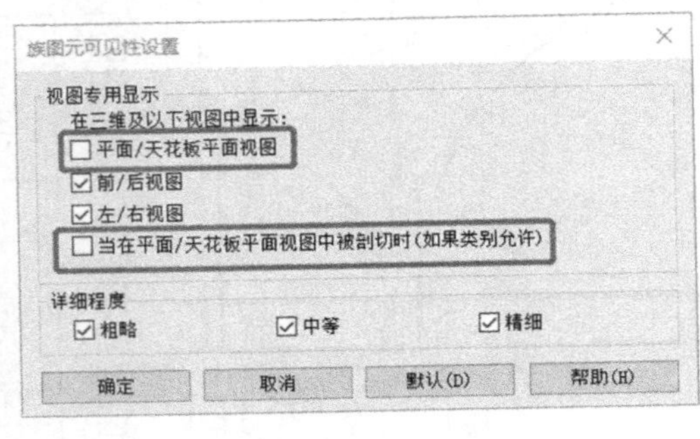

图 2-56

参数”按钮，弹出“参数属性”对话框，选择“族参数”参数类型，在“参数数据”一栏选择“类别”选项，参数名称为“门窗框材质”，参数分组方式为“材质和装饰”，设置如图 2-57b 所示，单击“确定”按钮完成。在“关联族参数”界面选择“门窗框材质”，单击“确定”按钮完成。

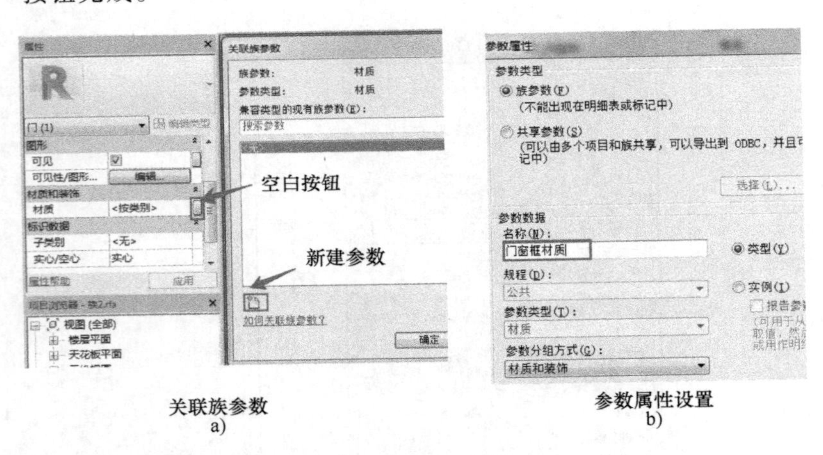

关联族参数
a)

参数属性设置
b)

图 2-57

17）与门板图元参数设置类似，重复第 14）~16）步，设置窗户图元的相关参数（与门板图的设置一样）。

18）绘制 MLC1728 窗户玻璃。选择“项目浏览器”中的“立面（立面 1）| 外部”命令，进入外部立面视图，选择“创建”→“拉伸”命令，进入“修改 | 编辑拉伸”界面，用菜单中的绘制工具将 MLC1728 窗户玻璃绘制完成，如图 2-58 所示。在“属性”面板中，在“拉伸终点”中输入“145”，在”拉伸起点“中输入“125”，单击“√”按钮完成绘制。

19）修改 MLC1728 窗户玻璃的可见性。在“属性”面板中，单击“图形”→“可见性/图形替换”的“编辑...”按钮，弹出“族图元可见性设置”对话框，取消“平面/天花板平面视图”和“当在平面/天花板平面视图中被剖切时（如果类别允许）”复选框的勾选，单击“确定”按钮完成修改。

20）添加窗户玻璃材质。在“属性”面板中，单击“材质和装饰”栏的“材质”项右侧的空白按钮，弹出“关联族参数”对话框，单击“新建参数”按钮，弹出“参数属性”对话框，设置与门窗框的属性相同，单击“确定”按钮完成。在“关联族参数”界面选择“门窗玻璃材质”，单击“确定”按钮完成。

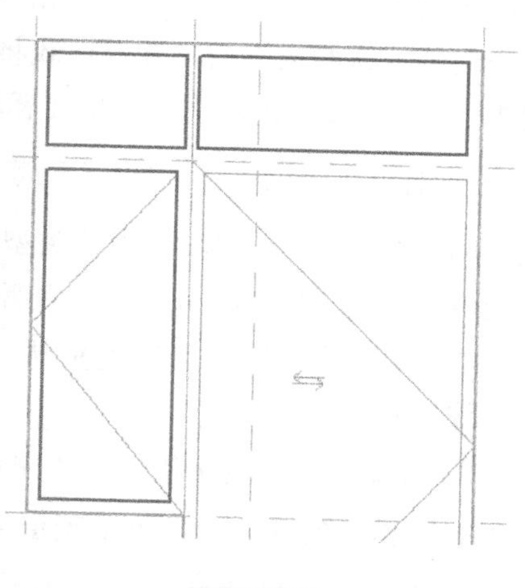

图 2-58

21）编辑材质。单击选择菜单“族类型”命令，弹出“族类型”对话框，单击“材质和装饰”栏“门窗玻璃材质”项右侧的“〈按类别〉”按钮，弹出“材质浏览器”对话框，选择“主视图/Autodesk 材质/玻璃/玻璃，透明玻璃，钢化”选项，双击“玻璃，透明玻璃，钢化”材质，将其添加到“文档材质”中。选择“文档材质”中的“玻璃”材质，单击“材质浏览器”对话框中的“确定”按钮。重复以上步骤，完成门板和门窗框材质的编辑。

22）绘制 MLC1728 的立面打开方向。单击选择“项目浏览器”→“立面（立面 1）”→“外部”选项，进入门的外部立面视图。选择“门窗开启线”，在“属性”栏里将“子类别”改成“立面打开方向【投影】”，如图 2-59 所示。

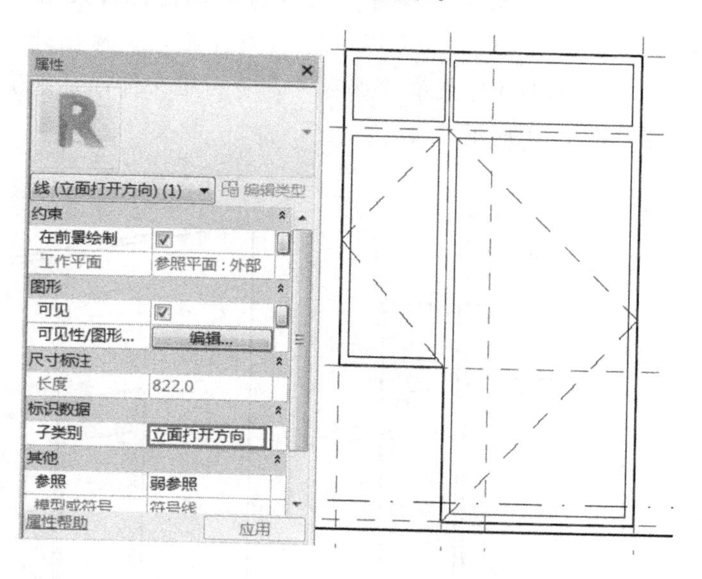

图 2-59

23）参数化注释。为了实现所建族能根据具体项目不同而修改尺寸，可以对门窗及亮子的注释尺寸进行命名。以“窗台底高”的注释并命名为例。打开“外部”立面视图，单击“注释”→“尺寸标注”→“对齐”，将鼠标指针移到门底部附近的参照标高（此参照标高已经与门底部锁定）处，当参照标高出现蓝色的高亮显示时（说明已经选中），单击左键；再将鼠标指针移到窗台底部附近的参照平面（此参照平面已经与窗底部锁定）处，当参照平面出现蓝色的高亮显示时（若出现高亮显示的不是要选择的，可用〈Tab〉键配合选择），单击左键；这时会出现尺寸标注线将要标注的数值，移到适当位置，再单击左键，尺寸注释完毕。按〈Esc〉键两次，退出注释状态，选中刚注释的尺寸标注，菜单栏功能区显示“修改/尺寸标注”选项，在“标签尺寸标注”栏单击“创建参数”按钮，弹出“参数属性”对话框，进行设置。“参数类型”为“族参数”；“参数名称”为“窗台底高”；“参数分组方式”为“尺寸标注”；“类型/实例”选择“类型”。同样的方法，标注并定义“窗高”“窗宽”等参数，如图 2-60 所示。

注意：

① 若某个参数定义错误，要先在“族类型”（单击“属性”→“族类型”按钮）对话框里删除相应的参数后，再重新定义。

② 某个尺寸标注方向，只需定义 $n-1$ 个内部参数及 1 个总尺寸参数。如本案例中，在高度方向有总高度 2820mm 和 3 个内部主要尺寸：窗台底高 900mm，窗高 1400mm 和亮子高度 520mm；只需定义“高度”“窗台底高”和“窗高”即可；“亮子”的高度系统会自动计算：亮子高度=高度-窗台底高-窗高。

③ 对于需要参数化定义的尺寸标注需要单独进行标注，不能采用连续标注尺寸的方式。如本案例工程中，高度方向的“窗台底高”尺寸和“窗高”尺寸均需要参数化，在标注尺寸时，要分别对“窗台底高”尺寸和“窗高”尺寸进行标注；若采用连续标注，将出现“不满足约束”的错误。

24）保存族 MLC1728，单击选择菜单“保存”命令，将文件保存到指定位置，方便以后使用。族的最终效果如图 2-61 所示。

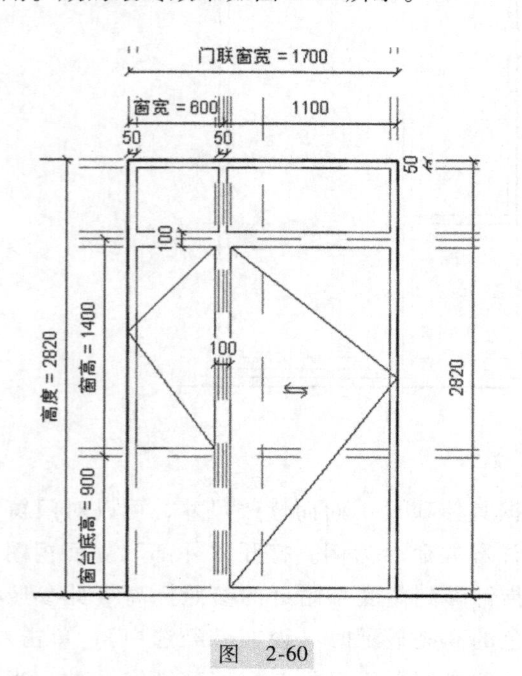

图 2-60

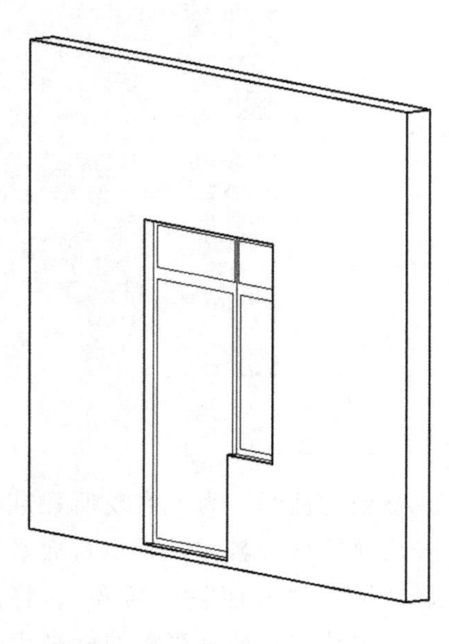

图 2-61

2.4.5 窗族创建

窗是建筑构造物之一，窗扇的开启形式应满足安全、方面使用且易于清洁等条件。下面以学生公寓 1#楼的 LC1820 窗为例介绍创建窗族。

（1）选择族样板

打开软件，选择“程序”→“新建”→“族”命令，在弹出的“族 选择样板文件”对话框中选择“公制窗 . rft”文件，单击“打开”按钮，进入窗族的设计界面，另存为文件名为“LC1820”的族文件。

（2）新建族类型

单击菜单“族类型”按钮，在弹出的“族类型”对话框中单击“新建”按钮，弹出“名称”对话框，在“名称”文本框中输入“LC1820”，单击“确定”按钮。

（3）修改窗的尺寸标注

单击弹出“族类型”对话框，进行修改设置。在“尺寸标注”标签的“高度”栏中输入“2000”，在“宽度”栏中输入“1800”，在“其他”标签的“默认窗台”栏中输入“900”，单击“确定”按钮完成。相关数据来自案例工程图“建施—06”的 LC1820，下同。

（4）修改墙厚度

对任意一个视图，选择墙，单击“属性”→“编辑类型”，在弹出的对话框中单击“结构”标签后的“编辑...”按钮，在弹出的“编辑部件”对话框中将“结构 [1]”的厚度值修改为“240”，单击两次“确定”按钮完成修改。

（5）绘制辅助线

进入“外部”立面视图，单击“修改”→“复制”命令，绘制辅助线如图 2-62 所示。

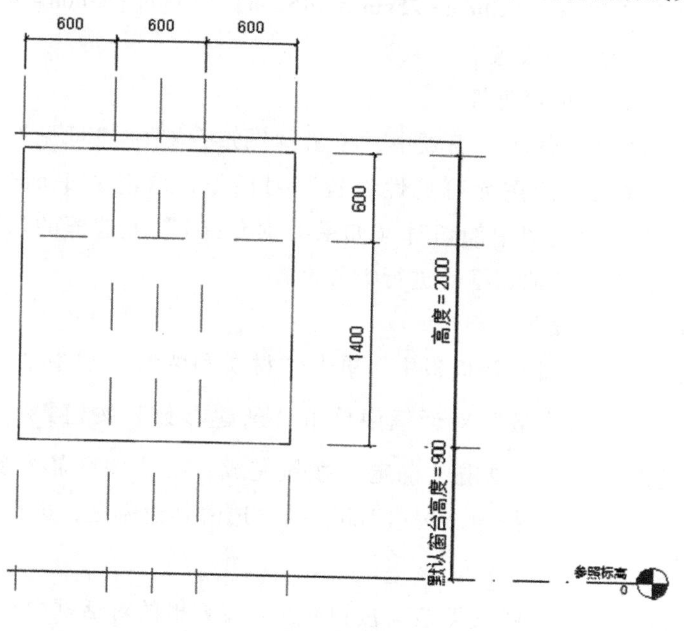

图 2-62

（6）绘制 LC1820 窗框

选择“创建”→“拉伸”按钮，进入“修改|编辑拉伸”界面，选择“绘制”菜单中的工具“矩形”，将偏移量设为“-50”，在“亮子”的左上角单击，按住鼠标左键，下拉矩形框至“亮子”的右下角，单击鼠标左键，则“亮子”窗框绘制完成，如图 2-63a 所示。同样的方法，绘制亮子下面的 3 个窗扇窗框，完成后如图 2-63b 所示。

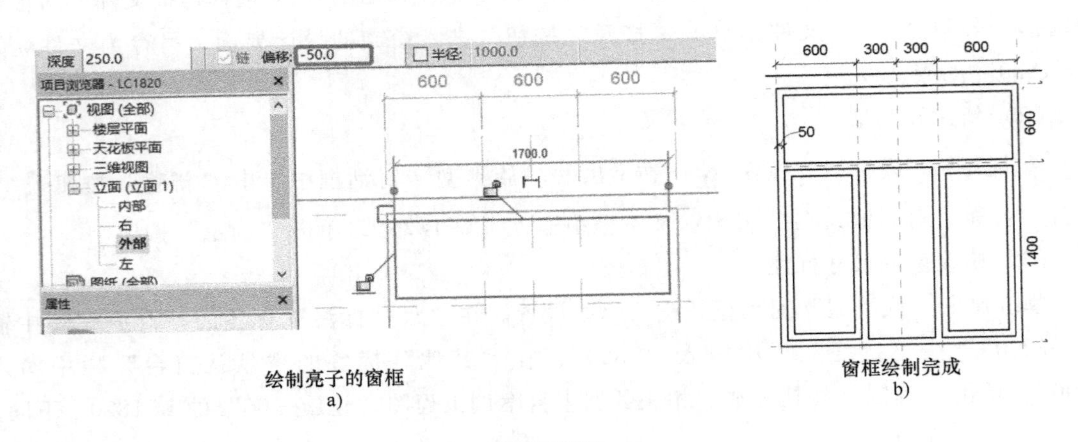

绘制亮子的窗框
a)
窗框绘制完成
b)

图 2-63

注意：偏移值为负，表示向内偏移；偏移值为正，表示向外偏移。

（7）修改 LC1820 窗框的位置及厚度

进入左立面，选中“窗框”，在“属性”面板中的“拉伸终点”中输入“145”，“拉伸起点”中输入“95”（本案例绘制窗框间距为 50mm，窗框的厚度为 50mm，左立面图中窗以 120mm 为中心线；所以有：120mm+25mm=145mm，120mm-25mm=95mm）。按〈Tab〉键，选中其他窗框，进行类似设置。

（8）修改 LC1820 窗框的可见性

选中窗框，在窗框的“属性”面板中，单击“图形”栏中“可见性/图形替换”项旁边的“编辑”按钮，弹出“族图元可见性设置”对话框，取消“平面/天花板平面视图”和“当在平面/天花板平面视图中剖切时（如果类别允许）”复选框的勾选，单击“确定”按钮。按〈Tab〉键，选中其他窗框，进行类似设置。

（9）添加 LC1820 窗框材质

选中窗框，在窗框的“属性”面板中，单击“材质和装饰”栏中“材质”项右侧的空白按钮，在弹出的“关联族参数”对话框中单击“新建参数”按钮，添加名称“门窗框材质”，其他设置为默认值，单击“确定”按钮完成。在“关联族参数”对话框，选择“门窗框材质”，单击“确定”按钮。按〈Tab〉键，选中其他窗框，进行类似设置。

（10）材质设置

选中窗框，单击“属性”→“族类型”按钮。在弹出的对话框中单击“门窗框材质”

标签后面的“〈按类别〉”按钮，弹出“材料浏览器”对话框，单击“创建并复制材质”按钮，新建材质并重命名为“铝合金窗”，其他设置为默认值，单击两次“确定”按钮完成。按〈Tab〉键，选中其他窗框，进行类似设置。

（11）绘制 LC1820 窗户玻璃

进入“外部”立面视图，选择“创建”→“拉伸”命令，进入“修改 | 编辑拉伸”界面，利用菜单中的绘制工具，将 LC1820 窗户玻璃绘制完成，设置“拉伸起点”为“110”，“拉伸终点”为“130”，在“图形”栏勾选“可见”复选框，如图 2-64 所示。

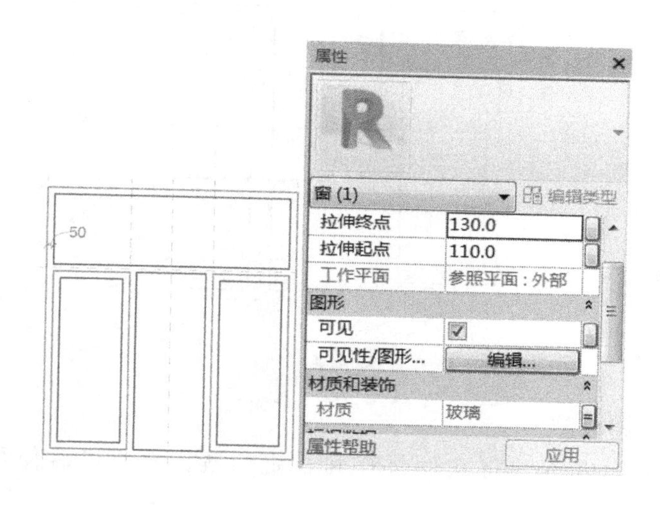

图　2-64

（12）修改 LC1820 窗户玻璃的可见性

在“属性”面板中，单击“图形”栏的“可见性/图形替换”项的“编辑”按钮，弹出“族图元可见性设置”对话框，取消“平面/天花板平面视图”和“当在平面/天花板平面视图中剖切时（如果类别允许）”复选框的勾选，单击“确定”按钮。

（13）添加 LC1820 窗户玻璃材质

选择 LC1820 窗户玻璃，在 LC1820 窗户玻璃的“属性”面板中，单击“材质和装饰”栏中“材质”项右侧的空白按钮，弹出“关联族参数”对话框。在其中单击“新建参数”按钮，单击“确定”按钮完成。选中“门窗玻璃材质”关联族参数，单击“确定”按钮。

（14）编辑材质

选择菜单“族类型”命令，弹出“族类型”对话框，单击“材质和装饰”栏中“门窗玻璃材质”项的“〈按类别〉”按钮，弹出“材料浏览器”对话框。在其中选择“主视图/Autodesk 材质/玻璃/玻璃，透明玻璃，钢化”选项，双击“玻璃，透明玻璃，钢化”材质，将其添加到“项目材质”中。选择“项目材质”→“玻璃”，单击“材质浏览器”对话框中的“确定”按钮。

（15）绘制 LC1820 的立面打开方向

选择“项目浏览器”→“立面/外部”命令，进入窗的外部立面视图。单击菜单“注释”→“符号线”命令，将“子类型”改为“窗（投影）”，绘制如图 2-65 所示窗的“打开方向”符号。

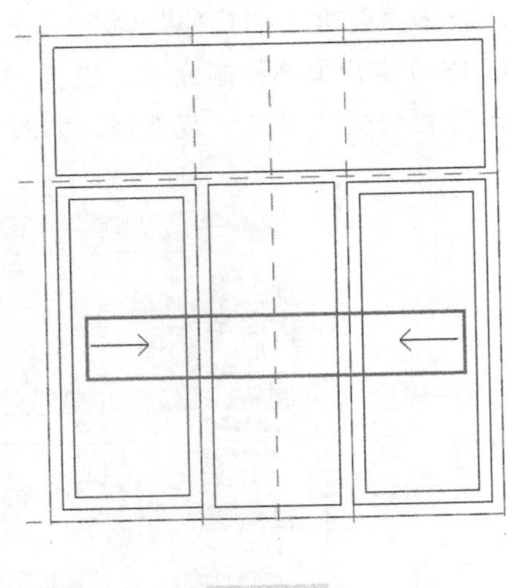

图 2-65

（16）保存族“LC1820”

单击菜单“保存”命令，将文件保存到指定位置，方便以后使用。保存后效果如图 2-66所示。

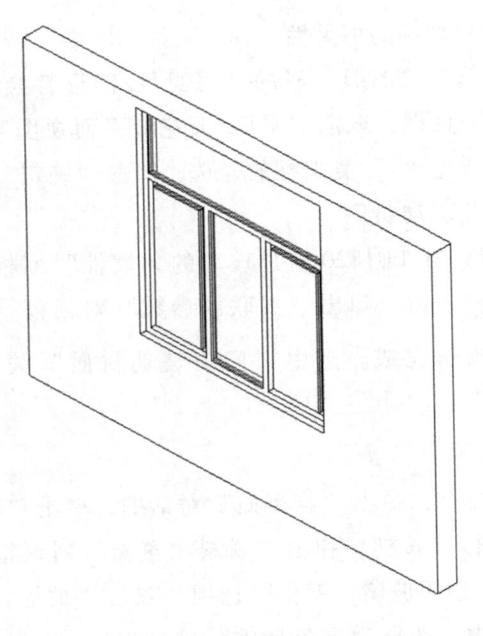

图 2-66

2.5 体量

体量是建筑模型的初始设计中使用的三维形状。通过体量研究，可以使用造型形成建筑模型概念，从而探究设计的理念。概念设计完成后，可以直接将建筑图元添加到这些形状中。在Revit 中，概念体量设计环境是为了创建概念体量而开发的一个操作界面，在该环境中，可以使用项目内部（内建体量）或项目外部（可载入体量族）来创建概念体量，也可以进行创建自由形状、编辑创建的形状、形状表面有理化处理等操作。具体有两种创建体量的方式：

1）内建体量：用于表示项目独特的体量形态。内建体量不是单独的文件，它随项目一起保存，因此它将使项目文件变得更庞大，影响运行速度。

2）创建体量族：在一个项目中放置体量的多个实例，或者在多个项目中需要使用同一个体量族时，通常使用可载入体量族。形状的族属于体量类别。

在族编辑器中创建体量族后，可以将族载入项目中，并将体量族的实例放置在项目中。

2.5.1 拉伸

在形状类型中，拉伸是最基础也最为简单的一类。大多数可载入族的形状也是用拉伸的形式创建的。大多数人们所接触的与各种建筑产品有关的形状乃至生产方式，也都可以归为拉伸的形式。在组编辑器中，“拉伸”命令是通过绘制一个封闭的拉伸端面并给予一个拉伸高度来建模的。拉伸有“拉伸”（即“实体拉伸”）和“空心拉伸”两种。其操作方法如下：

1）新建概念体量文件。

2）单击“创建”→“绘制”→“线”按钮，打开“修改｜放置线”选项卡，绘制如图 2-67a所示的封闭轮廓。

3）选取绘制的封闭轮廓，单击“形状”→“创建形状”按钮下拉列表中的“实心形状”按钮，系统自动创建如图 2-67b 所示的拉伸模型。

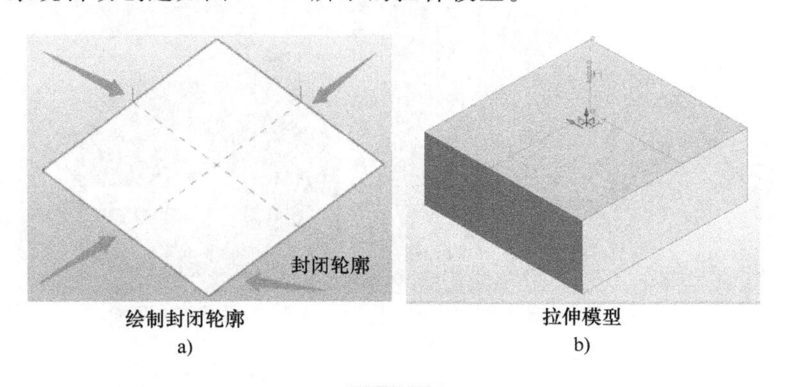

图 2-67

4）双击尺寸，输入新的尺寸，修改拉伸深度，如图 2-68a 所示，也可以直接拖动竖直方向的箭头调整拉伸深度。

5）选取模型上的边线，拖动操控件上的箭头，可以修改模型的局部形状，如图 2-68b 所示。

6）选取模型的端点，可以拖动操控件改变该点在 3 个方向的形状，如图 2-68c 所示。

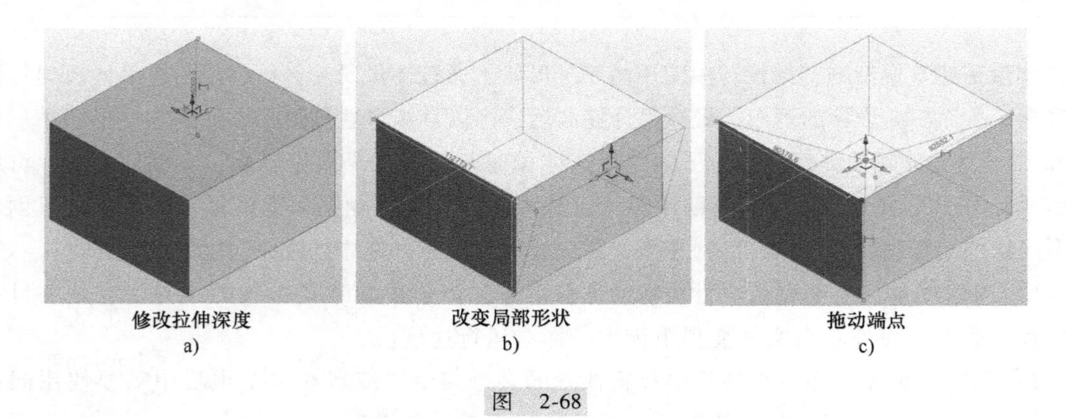

修改拉伸深度
a)

改变局部形状
b)

拖动端点
c)

图 2-68

2.5.2 旋转

旋转是指围绕轴线旋转一个或多个二维闭合轮廓而生成的形状，可以旋转一周或不到一周。如果轴线与旋转造型接触，则产生一个封闭的形状。如果远离轴线，旋转后则会产生一个环形的形状。可以使用旋转创建族几何图形，如门和家具的球形把手、柱和圆屋顶等。其操作方法如下：

1）新建概念体量文件。

2）单击“创建”→“绘制”→“线”按钮，绘制一条直线段作为旋转轴。

3）单击“绘制”→“圆形”按钮绘制旋转截面，如图 2-69a 所示。

4）选取直线和圆，单击“形状”→“创建形状”下拉列表中的“实心形状”按钮，系统自动创建如图 2-69b 所示的旋转模型。

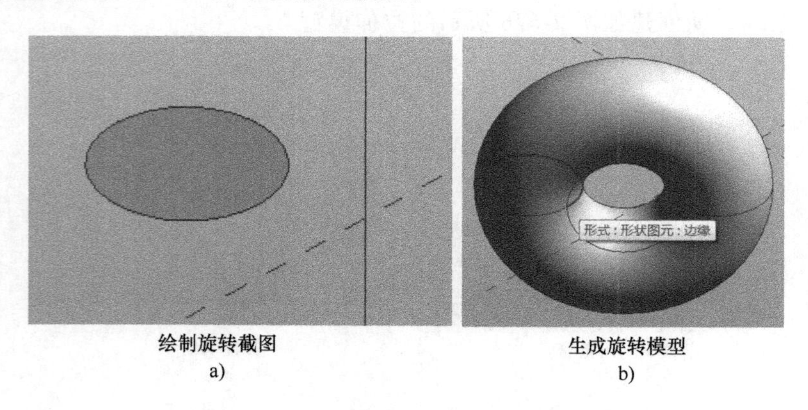

绘制旋转截图
a)

生成旋转模型
b)

图 2-69

5）选取模型上的面，拖动模型上的操作控件上的橙色箭头可以移动模型，如图 2-70a 所示。

6）选取旋转模型上的面或边线，拖动操作控件上的橙色箭头可以改变模型大小，如

图 2-70b所示。

7）选取旋转轮廓的外边缘，拖动操纵控件上的橙色箭头可以更改旋转角度，如图 2-70c 所示。也可以在“属性”选项板中更改起始角度（0.00）和结束角度（120），单击“应用”按钮，更改模型的旋转角度，如图 2-70d 所示。

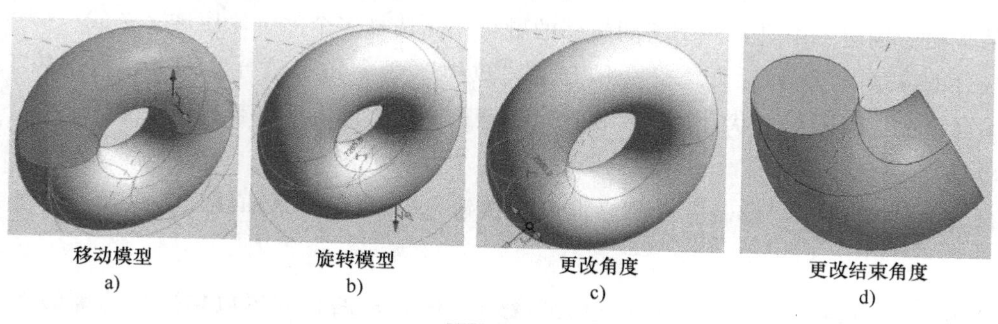

移动模型 a)　旋转模型 b)　更改角度 c)　更改结束角度 d)

图 2-70

2.5.3 放样

使用放样工具可以创建沿路径拉伸二维轮廓的三维形状，可以使用放样方式创建饰条、栏杆扶手或简单的管道。其操作方法如下：

1）新建概念体量文件。

2）单击“创建”→“绘制”→“圆心 端点弧”按钮，绘制一条曲线作为放样路径，如图 2-71a 所示。

3）单击“创建”→“绘制”→“点图元”按钮，在路径上放置参照点，如图 2-71b 所示。

4）选择参照点，放大图形，将工作平面显示出来，如图 2-71c 所示。

5）单击“绘制”→“圆形”按钮，在选项栏中取消“根据闭合的环生成表面”复选框，以参考点为圆心绘制圆截面轮廓，如图 2-71d 所示。

6）选取路径和截面轮廓，单击“形状”→“创建形状”下拉列表中的“实心形状”按钮，系统自动创建如图 2-71e 所示的放样模型。

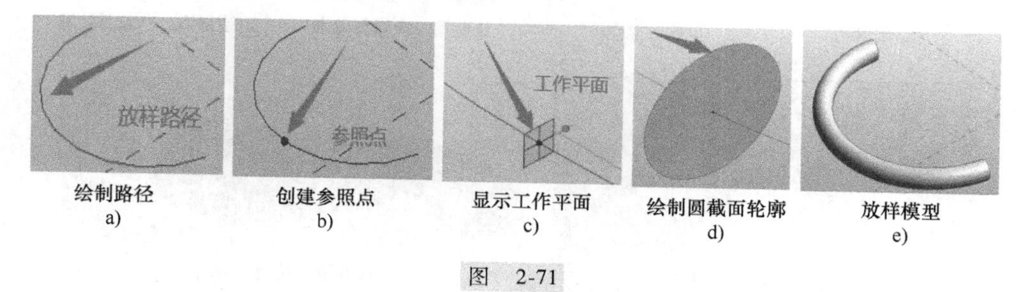

绘制路径 a)　创建参照点 b)　显示工作平面 c)　绘制圆截面轮廓 d)　放样模型 e)

图 2-71

需要注意的是，对于特定的路径，特别是多段的弧形或折线的路径，如果轮廓特别大，那么可能会因为将要生成的形状与自身产生相交而导致无法最后生成形状，这时软件会报错。如果使用“拾取路径”工具创建放样路径，则绘制时可以拖拽路径线的起点和终点。

2.5.4 放样融合

放样融合的形状由起始图形、最终图形和指定的二维路径确定。通过放样融合工具，可以沿某个路径创建一个具有两个不同轮廓的融合体。选择多个闭合轮廓和多条线，可以生成放样融合的体量。“放样融合”命令结合了“放样”命令和“融合”命令，通常用于融合两个不同平面上的不同形状，且需要在规定的路径上进行融合。其操作方法如下：

1）新建概念体量文件。

2）单击“创建”→“绘制”→“样条曲线”按钮，绘制一条曲线作为路径，如图 2-72a 所示。

3）单击“创建”→“绘制”→“点单元”按钮，沿路径放置放样融合轮廓的参照点，如图 2-72b 所示。

4）选择起点参照点，放大图形，将工作平面显示出来，单击“绘制”→“圆”按钮，在工作平面上绘制第一个截面轮廓，如图 2-72c 所示。

5）选择中间的参照点，放大图形，将工作平面显示出来，单击“绘制”→“内接多边形”按钮，在工作平面上绘制第二个截面轮廓，如图 2-72d 所示。

6）选择终点的参照点，放大图形，将工作平面显示出来，单击“绘制”→“内接多边形”按钮，在选项栏中更改边数为 5，在工作平面上绘制第三个截面轮廓，如图 2-72e 所示。

7）选取所有的路径和截面轮廓，单击“形状”→“创建形状”命令下拉列表中的“实心形状”按钮，系统自动创建如图 2-72f 所示的放样融合模型。

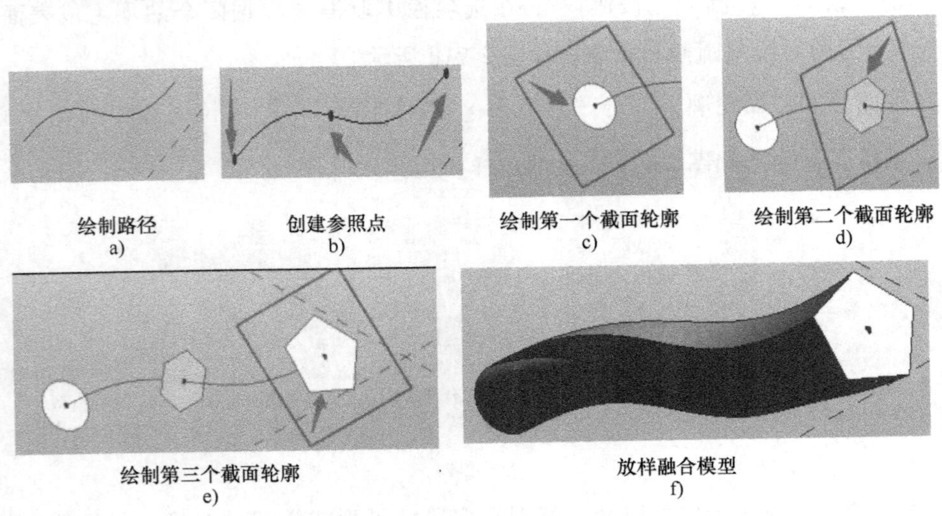

绘制路径 a)　创建参照点 b)　绘制第一个截面轮廓 c)　绘制第二个截面轮廓 d)　绘制第三个截面轮廓 e)　放样融合模型 f)

图 2-72

练　习　题

一、单项选择题

1. 下列哪个是打开一个已有 Revit 文件的正确方式（　　）。

A. 主界面中间的“项目”栏下面的“打开”命令

B. 直接双击 Revit 文件

C. 应用程序菜单中的“打开”命令

D. 以上都是

2. Revit 的族文件的扩展名为（　　）。

A. rvp　　B. rvt　　C. rfa　　D. rft

3. 视图详细程度不包括（　　）。

A. 精细　　B. 粗略　　C. 中等　　D. 一般

4. 在以下 Revit 用户界面中可以关闭的界面为（　　）。

A. 绘图区域　　B. 项目浏览器　　C. 功能区　　D. 视图控制栏

5. 下列哪个不是创建族的工具（　　）。

A. 扭转　　B. 融合　　C. 旋转　　D. 放样融合

6. 下列“放样”命令的用法，错误的是（　　）。

A. 必须指定轮廓和放样路径

B. 路径可以是一条曲线

C. 轮廓可以是不封闭的线段

D. 路径可以是不封闭的线段

7. 图 2-73 所示模型用（　　）命令可一次性进行创建。

图　2-73

A. 拉伸　　B. 融合　　C. 放样　　D. 旋转

8. 将临时尺寸标注更改为永久尺寸标注的命令是（　　）。

A. 单击临时尺寸标注符号　　B. 双击临时尺寸标注符号

C. 锁定临时尺寸标注　　D. 不能更改

答案：1. D；2. C；3. D；4. B；5. A；6. C；7. C；8. A

二、多项选择题

1. 以下属于 BIM 模型交付格式的是（　　）。

A. RVT　　B. PPT　　C. DXF　　D. DWG　　E. IFC

2. 选用预先做好的体量族，以下错误的是哪些（　　）。

A. 使用“创建体量”命令
B. 使用“放置体量”命令
C. 使用“构件”命令
D. 使用“导入/链接”命令
E. 使用“内建模型”命令

3. 图 2-74 所示模型可以采用（　　）命令一次性创建。

图　2-74

A. 拉伸　　B. 融合　　C. 放样　　D. 旋转　　E. 放样融合

4. BIM 模型在不同平台之间转换时，下列有助于解决模型信息丢失问题的做法是（　　）。

A. 尽量避免平台之间的转换
B. 对常用的平台进行开发，增强其接收数据的能力
C. 尽量使用全球统一标准的文件格式
D. 禁止使用不同平台
E. 禁止使用不同软件

5. BIM 技术的特性包括（　　）。

A. 可视化　　B. 可协调性　　C. 可模拟性
D. 可出图性　　E. 可复制性

6. 下列关于 Revit 过滤器功能的描述，正确的是（　　）。

A. 可以调整构件的显示颜色
B. 可以修改构件出厂信息
C. 可以修改构件材质
D. 可以修改构件的名称
E. 可以根据构件名称来设定

7. 通过 BIM 技术协调施工现场各专业的工作，最大化减少专业间在（　　）的冲突，力求在预定的工期内或者提前完成施工任务。

A. 模型精度　　B. 建筑高度　　C. 施工顺序
D. 施工场地　　E. 工作面

答案：1. ACDE；2. ACDE；3. BDE；4. ABC；5. ABCD；6. AE；7. CDE

三、操作训练题

1. 根据图 2-75 给定尺寸，创建柱结构，请将模型以文件名“柱体”进行保存。（2019 年第二期“1+X” BIM 职业技能等级初级考试实操题第一题）

2. 根据给定尺寸（图 2-76 和图 2-77），用体量方式创建高塔模型，未标明尺寸的部分不作要求，请将模型以“高塔”为文件名进行保存。（图学会第十六期“全国 BIM 技能等级考试”一级试题）

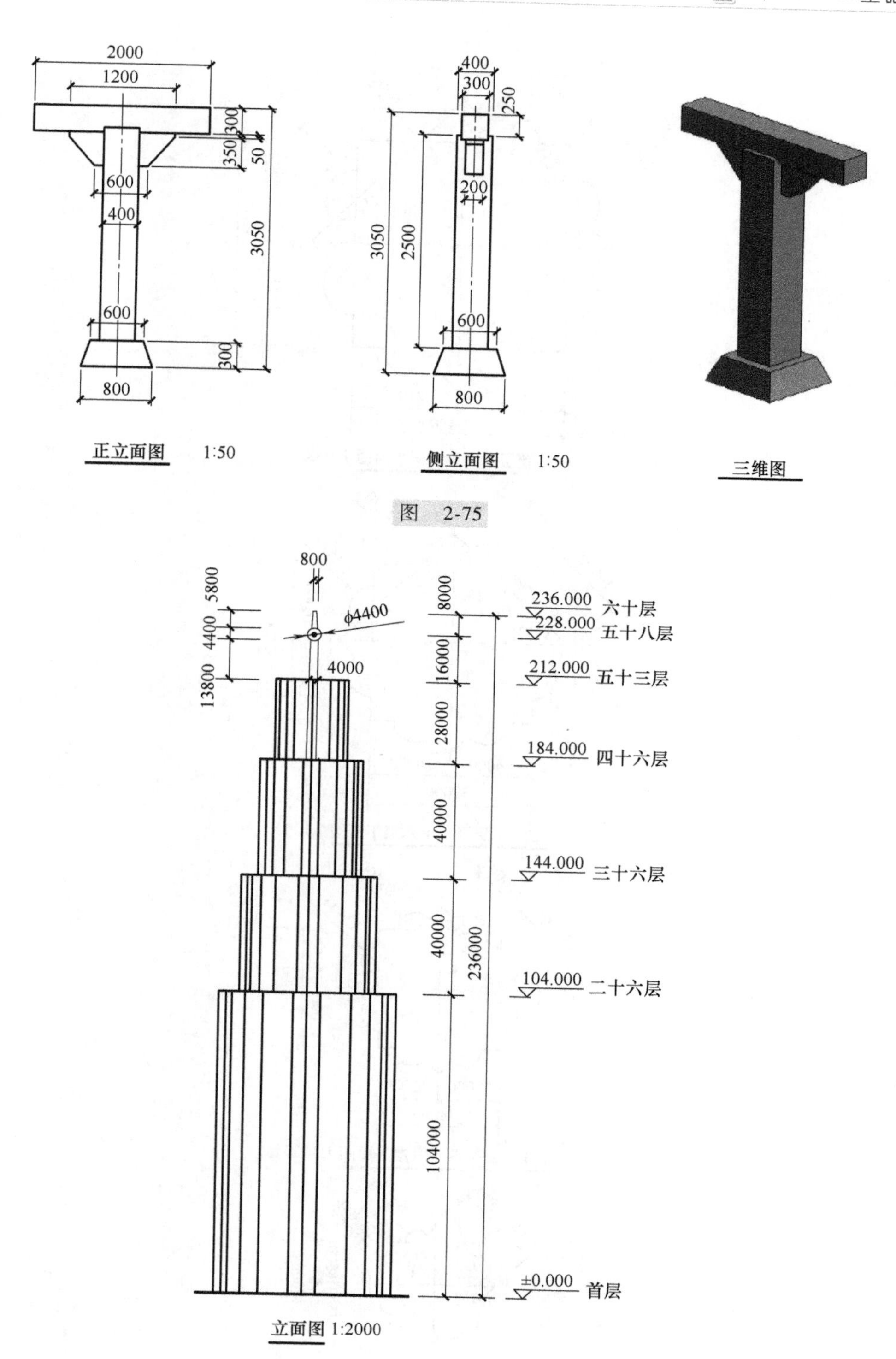

图 2-75

图 2-76

3. 根据给定的投影图及尺寸（图 2-78 和图 2-79）创建模型，将模型文件以“纪念碑”为文件名保存。

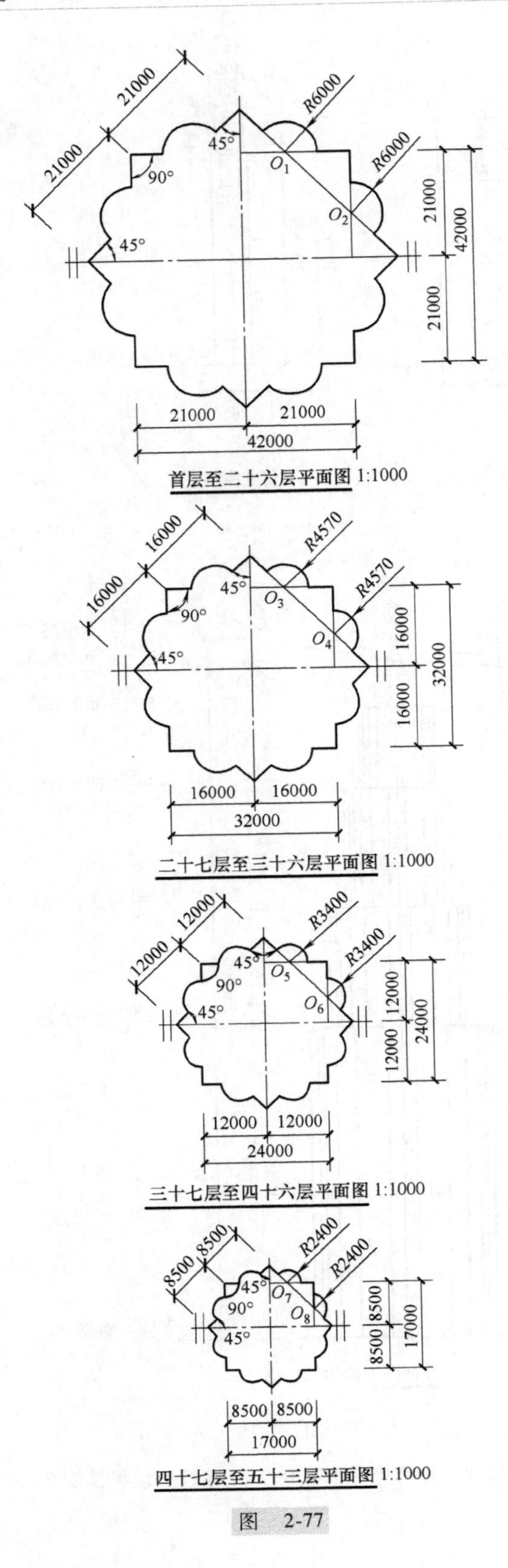
21000
21000
R6000
45°
O_1
R6000
90°
O_2
21000
42000
45°
21000
21000
21000
42000
首层至二十六层平面图 1:1000
16000
16000
R4570
45°
O_3
R4570
90°
O_4
16000
45°
32000
16000
16000
16000
32000
二十七层至三十六层平面图 1:1000
12000
12000
R3400
45°
R3400
O_5
90°
O_6
12000
45°
24000
12000
12000
12000
24000
三十七层至四十六层平面图 1:1000
8500
8500
R2400
R2400
45°
O_7
90°
O_8
8500
45°
17000
8500
8500
8500
17000
四十七层至五十三层平面图 1:1000

图 2-77

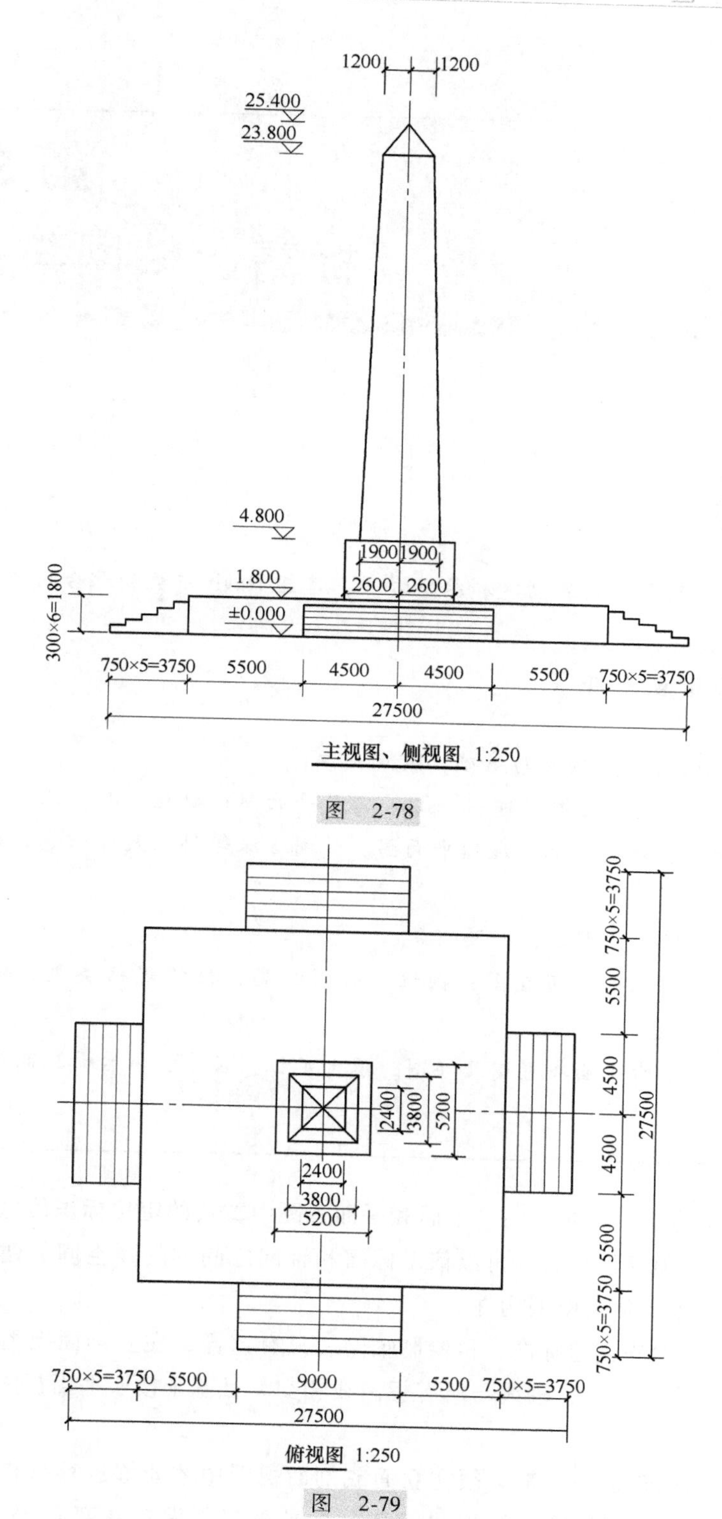
1200
1200
25.400
23.800
4.800
1900
1900
1.800
2600
2600
±0.000
300×6=1800
750×5=3750
5500
4500
4500
5500
750×5=3750
27500
主视图、侧视图 1:250
2400
3800
5200
2400
3800
5200
750×5=3750
5500
4500
4500
5500
750×5=3750
27500
750×5=3750
5500
9000
5500
750×5=3750
27500
俯视图 1:250

图 2-78

图 2-79

第3章 标高、轴网与基础

■ 学习目标

掌握 Revit 中标高和轴网的创建和编辑方法，掌握 Revit 中桩和承台的使用方法。

■ 案例工程图重点分析

创建案例工程的标高、轴网与基础，重点关注：

1）建施—01，一层平面图；建施—02，二层平面图；建施—03，三层平面图；建施—04，四~九层平面图；建施—05，屋顶平面图。开间进深等轴网尺寸信息，对应楼层标高等信息。

2）建施—11，16-1 立面图；标高信息。

3）结施—01，桩位平面布置图；桩位、桩顶标高、桩的规格类型、桩顶嵌入承台高度、桩长、桩数等信息。

4）结施—02，承台平面布置图及详图；承台定位、尺寸、承台面标高等信息。

3.1 标高

标高和轴网是建筑设计时立面、剖面和平面视图中重要的定位标识信息，二者的关系密切。利用 Revit 进行项目设计时，可以依据标高和轴网之间的间隔空间创建墙、门、窗、梁柱、楼梯、楼板屋顶等建筑模型构件。

在 Revit 中，一般先创建标高，再绘制轴网。只有这样，在立剖面视图中，创建的轴线标头才能在顶层标高线之上，轴线与所有标高线相交，且基于楼层平面视图中的轴网才会全部显示。

Revit 中，标高的创建与编辑必须在立面或剖面视图中才能够进行操作。因此，在项目设计时，须首先进入立面视图。使用“标高”工具可定义垂直高度或建筑内的楼层高度，为每个已知楼层或其他必要的建筑参照创建标高。

每个标高都可以创建一个相关的平面视图和天花板视图。标高可以用作屋顶、楼板和天花板等以标高为主体的图元的参照。

3.1.1　标高的分类

标高创建

标高按基准面选取的不同分为“绝对标高”和“相对标高”。

绝对标高：以一个国家或地区统一规定的基准面作为零点的标高，我国规定以青岛附近黄海夏季的平均海平面高度作为标高的零点，所计算的标高称为绝对标高。

相对标高：一般以建筑室内地坪作为标高的起点，所计算的标高称为相对标高。在相对标高中，按选取的完成面不同分为“建筑标高”和“结构标高”。

建筑标高：在相对标高中，包括装饰层厚度的标高称为建筑标高。

结构标高：在相对标高中，不包括装饰层厚度的标高称为结构标高。结构标高标注在结构完成面上，分为结构底标高和结构顶标高。

3.1.2　创建标高

在本案例工程中，创建标高时涉及的工程标高数据见表 3-1。

表 3-1　工程标高数据

序　号	案例工程图编号	图　名	数值/m
1	建施—11	女儿墙顶结构标高	34. 100
2	建施—11	屋面建筑标高	32. 700
3	建施—11	屋面结构标高	32. 400
4	建施—11	一～九层层高	3. 600
5	建施—11	室外地坪标高	-0. 150
6	结施—02	桩承台面（基础顶）标高	-1. 000
7	结施—01	桩顶标高	-2. 250

桩顶嵌入承台 50mm，除施工图注明外，桩顶标高为-2. 250m。

常用创建标高的方法有 4 种：绘制、复制、阵列和拾取线。

1. 绘制标高

绘制标高是最基本的创建标高方法，对低层建筑可以用该方法直接手工绘制标高。绘制标高的步骤如下：

1）单击“文件”→“新建”→“项目”命令。在弹出的“新建项目”对话框中，选择“建筑样板”命令，新建项目，单击“确定”按钮，创建一个新项目。创建新项目后，单击“文件”选项卡选择“另存为”（项目），将其另存为“学生公寓 1#楼 . rvt”项目文件。

2）在“项目浏览器”中双击“立面（建筑立面）”→“东/南/西/北”任意一个立面视图，如选择“南”，即打开南立面视图。项目样板自带初始标高，如图 3-1a 所示。标高值在两个地方分别以单位为米（m）和毫米（mm）显示，如图 3-1b 所示。

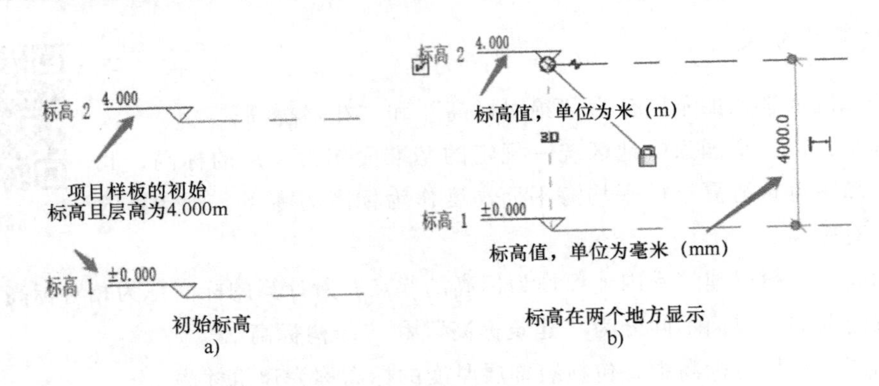

图　3-1

3）修改初始标高值。案例工程“学生公寓 1#楼”的层高为 3.6m，项目样板的初始层高为 4m，需要修改为 3.6m。单击标高线，此标高线以蓝色高亮显示，同时显示标高值，如图 3-1b 所示。单击选中两处标高值的任意一处，输入案例工程图的标高值“3.6”（标高头处），如图 3-2a 所示；或输入“3600”（中间标高值处），如图 3-2b 所示。

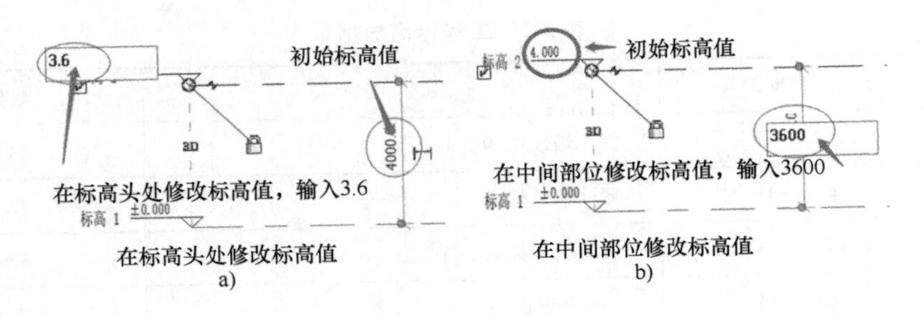

图　3-2

4）修改标高显示。项目样板默认标高显示为“标高 1”和“标高 2”，为与习惯显示一致，需修改为“F1”和“F2”。单击“标高 1”，输入“F1”，弹出“是否希望重命名相应视图”提示框，单击“是”，如图 3-3a 所示；同样，将“标高 2”重新命名为“F2”，修改后的标高如图 3-3b 所示。

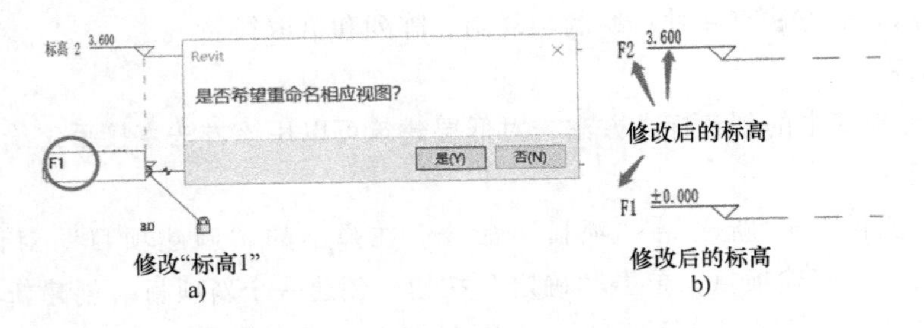

图　3-3

5）绘制室外地坪标高。单击功能区“建筑”选项卡“基准”面板中的“标高”工具，在“修改｜放置标高”子选项卡及选项栏，选择“绘制”→“线”工具。将鼠标指针移动到绘图区域“F1”左标高头下方附近，当出现竖直的绿色对齐虚线时，单击鼠标左键，水平向右移动鼠标指针到“F1”右标高头下方附近，当出现竖直的绿色对齐虚线时，再次单击鼠标左键。选中刚刚绘制的标高线，修改标高值为“-0.150m”，标高显示名称为“室外地坪”，在“属性”栏，将标高头修改为“下标头”，完成室外地坪标高绘制，如图 3-4 所示。

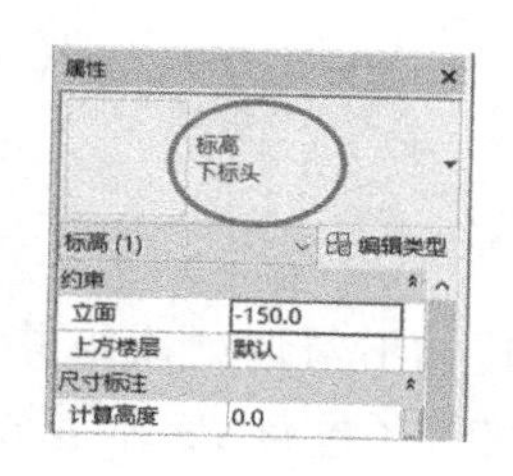

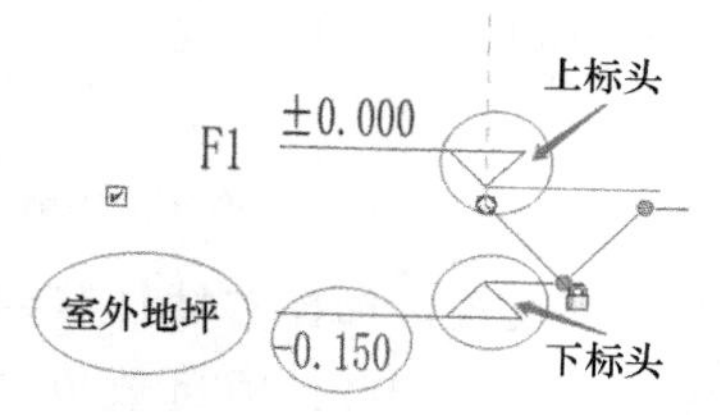

图　3-4

注意：将鼠标指针移动到绘图区域“F1”左标高头下方附近，当出现竖直的绿色对齐虚线时，先输入标高值“150”，再单击鼠标左键；然后水平向右移动鼠标指针到“F1”右标高头下方附近，当出现竖直的绿色对齐虚线时，再次单击鼠标左键。这样可以一次性绘制包括标高值的所有标高线。

6）采用同样的方法，绘制完成桩承台面（基础顶）标高（-1.000）和桩顶标高（-2.250），如图 3-5 所示。

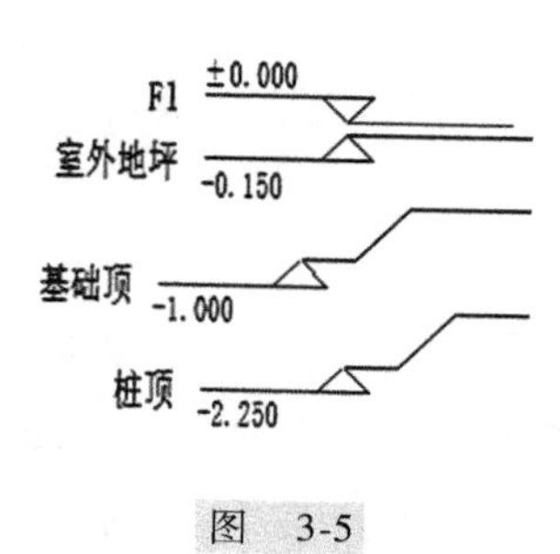

图　3-5

7）采用同样的方法，可以逐一绘制“F2”以上各层的标高。根据本案例工程的特点，一～九层的层高都是 3.6m，为提高绘制效率，可以采用复制或阵列的方法绘制。下面分别介绍用复制和阵列的方法绘制二～九层的标高。

2. 复制标高

单击选中“F2”标高线，单击“修改”→“复制”命令，将鼠标指针移动到“F2”标高线附近，当捕捉到“F2”标高线时（出现红色剪刀叉）单击鼠标左键，垂直向上移动鼠标，输入标高值“3600”（图 3-6a），再按〈Enter〉键，修改标高名称显示为“F3”，完成“F3”标高绘制（图 3-6b）。采用同样方法，再复制 6 次，可以完成四～九层标高线的绘制。

3. 阵列标高

用复制标高方法，可以一定程度提高绘制效率。采用陈列方法，可以更快地绘制四～九层标高线，方法如下：

1）单击选中“F3”标高线，单击“修改”→“阵列”命令，鼠标移动到“F3”标高线附近，当捕捉到“F3”标高线时单击鼠标左键，垂直向上移动鼠标指针，输入标高值

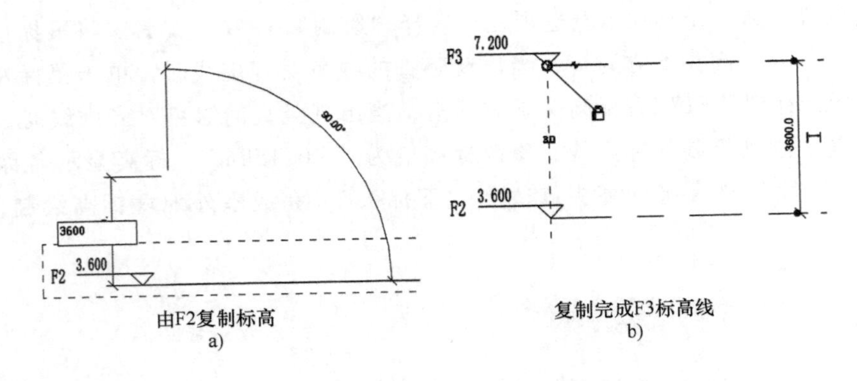

图 3-6

“3600”。同时，并做好以下设置：选择“线性阵列”；不勾选“成组并关联”（若勾选，后面阵列的标高图元将按“组”对待）；项目数填“7”（包含 F3 本身至 F9）；选择“移动到：”一栏中的“第二个”（表示从“第二个”开始，每个的间距都是 3600mm；若选择“最后一个”，表示“F3”与“F9”的总距离是 3600mm），勾选“约束”，如图 3-7 所示。最后，按住〈Enter〉键，完成四~九层标高线绘制。标高名称按从“F4”自动排序。

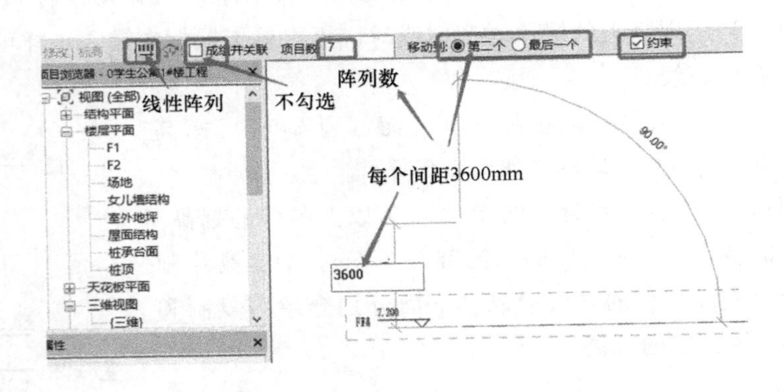

图 3-7

2）此时，楼层平面视图中还没有创建已通过复制和阵列等批量方法创建的标高对应的平面视图，需要手动添加。单击功能区“视图”选项卡“创建”面板中的“平面视图”工具，从下拉菜单中选择“楼层平面”命令，打开“新建平面”对话框，如图 3-8 所示。按住〈Shift〉键，单击“F9”选择所有参照标高名称，单击“确定”按钮，在“项目浏览器”中创建了所有的楼层平面视图，并自动显示最后创建的“F9”楼层平面视图。此时，所建的楼层平面均在“项目浏览器”中显示，如图 3-9 所示。

4. 拾取线创建标高

拾取线创建标高是高效创建标高的方法，是指通过拾取图形中已有的标高线或其他图元（例如事先导入的 DWG 立面图的标高）快速创标高。下面用拾取线方法完成屋面结构标高和女儿墙顶结构标高。

1）单击功能区“建筑”→“基准”→“标高”工具，在弹出的“修改 | 放置标高”面板

中单击“拾取线”工具。同时，完成以下设置：勾选“创建平面视图”（若不勾选，需要手动创建标高线对应的平面视图）；将“偏移量”设为“3600”（屋面结构标高与“F9”的距离是 3600mm）。

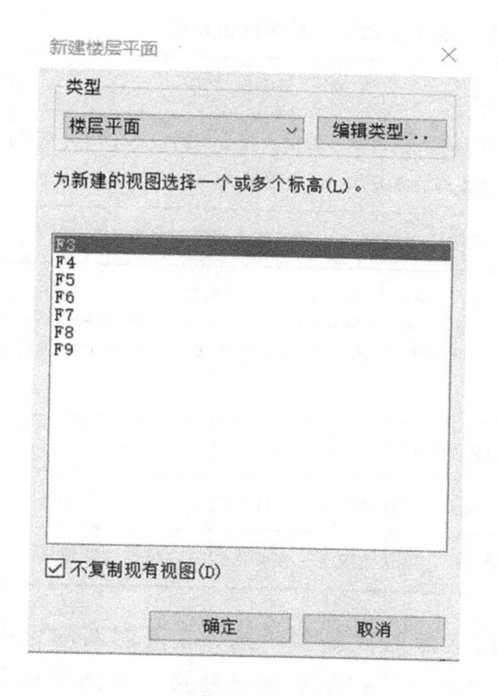

图 3-8

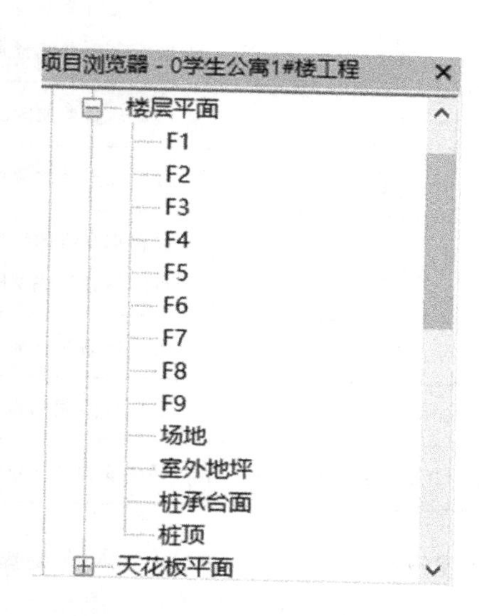

图 3-9

2）移动光标到“F9”标高上偏上一点（表示向“F9”上方绘制标高线；若偏下一点，则向“F9”下方绘制标高线），“F9”亮显同时在“F9”上方“3600”位置出现浅蓝色虚线，单击鼠标左键，创建标高“F10”。选中“F10”标高线，将显示的名称修改为“屋面结构”，按〈Enter〉键确定，同时在“项目浏览器”中新建了“屋面结构”楼层；平面视图（连续单击拾取即可快速创建其他楼层标高）。

3）采用同样的方法，完成“女儿墙顶结构”标高线的绘制，按〈Esc〉键结束“标高”命令，保存文件。其他立面标高无须绘制，自动显示。

3.1.3 编辑标高

当初始标高绘制完成，需要修改标高参数时，可以再次编辑标高。在“项目浏览器”中打开任意一个立面视图（如南立面），可以看到轴网标头自动显示在顶部标高之上。对于任意一根标高线，也会显示临时尺寸标注、一些控制符号和复选框。此时，可以进行编辑尺寸值，单击控制符号调整轴网标头位置，控制标头隐藏或显示、进行标头偏移等操作。

1）单击选择“F3”标高，左侧的“属性”选项板中显示该标高的类型和实例属性参数。从类型选择器下拉列表中可以选择“上标头”“下标头”“正负零标高”等类型，以改变选择的“F3”标高的类型和显示。

2）实例属性参数：编辑实例属性参数只影响当前选择的标高，如可以修改标高“名称”。

3）类型属性参数：单击“编辑类型”按钮，打开“类型属性”对话框。编辑各项参数将影响和当前选择标高同类型的所有标高的显示，各个参数以及相应的值设置见表 3-2。

表 3-2　标高“类型属性”对话框中各个参数以及相应的值设置

参　　数	值
基面	若该选项设置为“项目基点”，则在某一标高上报告的高程基于项目原点；若该选项设置为“测量点”，则报告的高程基于固定测量点
线宽	设置标高类型的线宽。可使用“线宽”工具来修改线宽编号的定义
颜色	设置标高线的颜色。可选择 Revit 定义的颜色，也可自定义颜色
线型图案	设置标高线的线型图案。可选择 Revit 定义的虚线图案，也可自定实线或虚线和圆点的组合等线型图案
符号	确定标高线的标高头的显示形状
端点 1 处的默认符号	显示或隐藏标高起点标高头。默认情况下，在标高线的左端点放置编号
端点 2 处的默认符号	显示或隐藏标高终点标高头。默认情况下，在标高线的右端点放置编号

4）新建标高类型。单击“属性类型”对话框的“复制”按钮，复制新的标高类型（建议命名新的名称），设置上述参数，单击“确定”按钮后将只替换当前选择标高线的类型。

5）临时尺寸标注：调整层高。选择轴线，出现蓝色的临时尺寸显示标注，用鼠标左键单击尺寸值即可修改标高间距。

6）标高头位置调整。标高标头位置调整有整体标高头调整、单根标高标头调整、平行视图同步调整与仅当前视图调整几种情况，分别说明如下，可根据情况灵活使用。

① 整体标高头调整：如图 3-10 所示，选择标高后，标高端点位置会出现一个蓝色的空心圆、一条绿色虚线和一条引线连接的锁，说明这些标头是端点自动对齐并锁定的。移动光标在蓝色的空心圆上单击鼠标左键并按住不放，然后左右拖拽鼠标即可整体调整标高标头的位置。

② 单根标高标头调整：单击标头对齐锁可解除对齐锁定，此时在蓝色空心圆上单击并拖拽鼠标即可调整单根标高标头的位置。

③ 平行视图同步调整：在选择的标高标头附近有一个蓝色的“3D”符号，在此状态下，无论是整体标头调整，还是单根标高标头调整，平行视图都是同步联动的。例如，当调整“F3”平面视图标高标头位置时，平行的其他楼层平面视图也会自动同步调整。

④ 仅当前视图调整：单击蓝色的“3D”符号变成“2D”，蓝色空心圆变成实心点，同时标头对齐锁消失。在此状态下，在蓝色的实心点上单击并拖拽鼠标仅调整当前视图的标头位置，其他平行视图不动。

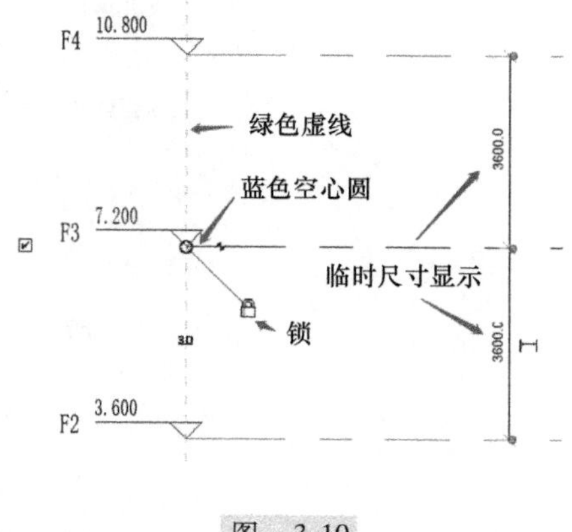

图　3-10

在南立面视图和东立面视图中按前述方法，分别拖拽左右标高标头到两侧轴线位置附近。

7）隐藏/显示标头。

① 逐个隐藏/显示：选择一根轴线，标高标头附近显示一个正方形“隐藏/显示标头”复选框☑，取消勾选或勾选该选项，即可隐藏或显示标高标头。

② 批量隐藏/显示：选择要隐藏或显示标头的标高，在“属性”选项板的类型选择器中选择“起点标头”或“终点标头”标高类型，即可替换现有双标头类型，或在标高“类型属性”对话框中，取消勾选或勾选“端点 1（或 2）（默认符号）”参数。

8）标高头偏移。如图 3-11a 所示，当标高间距较近的标头发生干涉时，可以选择标高线，单击标头附近的蓝色“Z”字形“添加弯头”符号，将标高线截断并按住鼠标左键拖拽两个蓝色实心点调整到合适位置，如图 3-11b 所示。

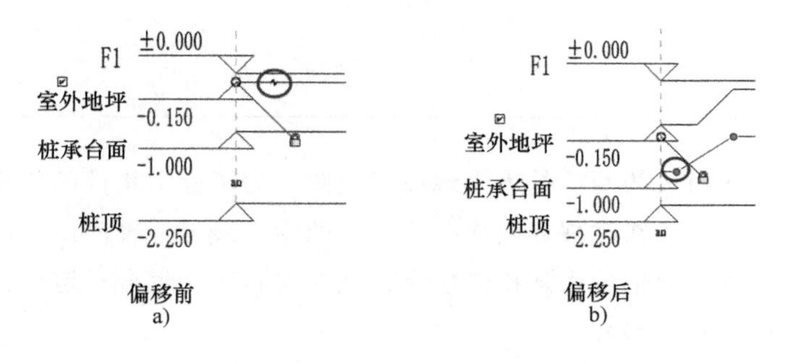

图　3-11

9）影响范围。在当前视图中按上述方法调整单根标高的标头位置、标头显示、标头偏移等后，可以快速将这些调整应用到其他立面视图中。方法是选择调整后的标高，在功能区“修改｜标高”子选项卡的“基准”面板中单击“影响范围”工具，在“影响基准范围”对话框中勾选需要应用的立面视图名称，单击“确定”按钮即可。

图 3-12 为依据案例工程“学生公寓 1#楼”的工程图创建及编辑完成后的标高。

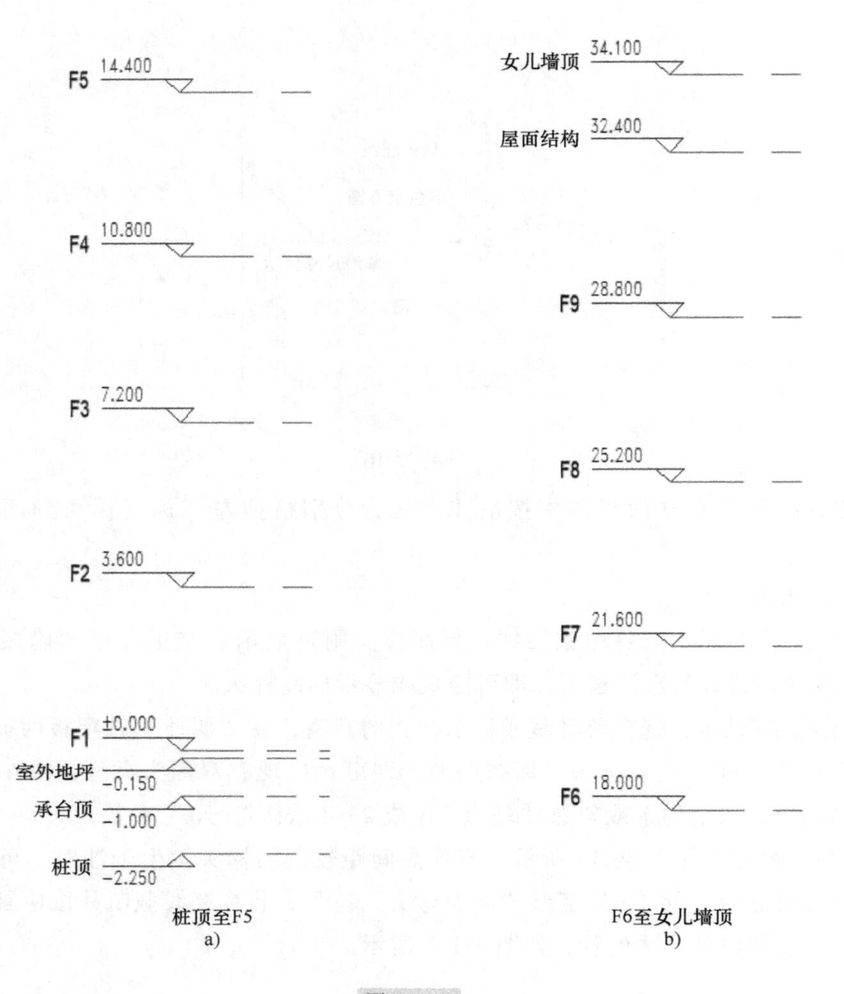

图 3-12

3.2 轴网

轴网是由建筑轴线组成的网，是人为地在建筑图中为了标示构件的详细尺寸，按照一般的习惯标准虚设的，它标注在对称界面或截面构件的中心线上。轴网由定位轴线、标志尺寸和轴号组成。定位轴线横向轴号用阿拉伯数字，从左向右顺序编号；定位轴线纵向轴号用大写英文字母，从下往上顺序编号。

3.2.1 绘制轴网

轴网绘制

在 Revit 中，轴网属于可帮助平面定位的注释图元。使用“轴网”工具可以在任意一个平面视图中绘制轴网线，其他平面和立面、剖面视图中都将自动显示。

根据学生公寓 1#楼案例工程图，绘制轴网时涉及的数据见表 3-3。

表 3-3 案例工程轴网数据

名　称	数　值
上开间	从左至右：3600mm，7200mm×7，3600mm×2
下开间	从左至右：2360mm，5480mm，2800mm，5480mm，2360mm，6720mm，7200mm×4，3600mm×2
左进深	从下至上：3600mm，7200mm×2，3600mm，7070mm，2800mm，5480mm，2360mm
右进深	从下至上：3600mm，7200mm×2，5190mm，5480mm，2800mm，5480mm，2360mm

根据表 3-3，得到案例工程轴网绘制的开间、进深数据，见表 3-4。

表 3-4 案例工程轴网绘制的开间、进深数据

名　称	数　值
开间	从左至右：2360mm，1240mm，4240mm，2800mm，160mm，5320mm，1880mm，480mm，6720mm，7200mm×4，3600mm×2
进深	从下至上：3600mm，7200mm×2，3600mm，1590mm，5480mm，2800mm，5480mm，2360mm

常用创建轴网的方法与创建标高一样有 4 种：绘制、拾取线、复制和阵列。其中，拾取线、复制和阵列命令的使用方法与创建标高类似。

接 3.1 节，在功能区“视图”选项卡“窗口”面板中单击“切换窗口”工具，从下拉列表中选择“学生公寓 1#楼-楼层平面：F1”（或“项目浏览器”→“楼层平面”，双击“F1”），回到一层平面视图创建轴网。

1）单击功能区“建筑”选项卡“基准”面板中的“轴网”工具，进入“修改 | 放置轴网”子选项卡及选项栏。默认选择“绘制”面板“线”工具。在“属性”选项板的类型选择器中选择“6.5mm 编号间隙”轴网类型，单击“编辑类型”，进入“类型属性”对话框进行如下设置：轴线中段，选择“连续”；勾选“平面视图轴号端点 1”和“平面视图轴号端点 2”，单击“确定”按钮。选项栏“偏移”设为 0。

2）移动光标在绘图区域内偏左下角位置单击捕捉一点作为轴线起点，向上垂直移动光标到合适位置再次单击捕捉一点作为轴线终点，绘制①号轴起始轴线。

3）移动光标到①号轴线下方标头正右方位置，出现一条浅蓝色虚线表示端点对齐（光标旁显示“延伸”），然后向右移动光标，根据变化的灰色临时尺寸捕捉“2360”位置（或键盘输入“2360”），如图 3-13a，单击鼠标左键（或按〈Enter〉键）捕捉②号轴线起点。向上垂直移动光标到①号轴线上方标头正右方位置，当出现浅蓝色对齐虚线时再次单击鼠标左键，即可绘制②号轴线，如图 3-13b 所示（单击上面的蓝色临时尺寸标注可调整开间尺寸）。按〈Esc〉键或功能区单击“修改”结束“轴网”命令。用“注释/尺寸标注”的“对齐”命令，分别单击①号轴线和②号轴线，进行尺寸标注，如图 3-13c 所示。

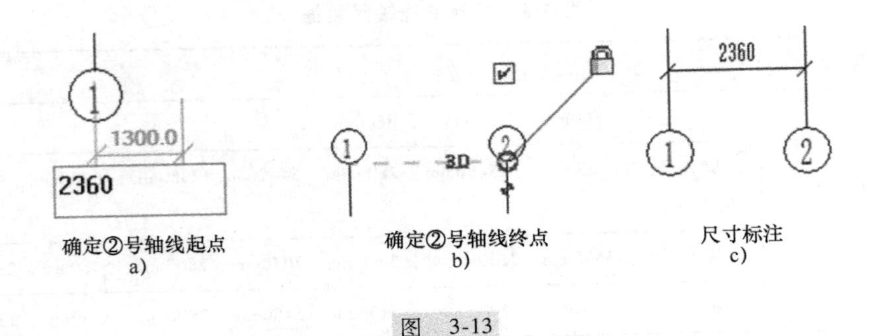

图　3-13

4）用“复制”命令绘制③号～⑩号轴线。单击选中②号轴线，单击“修改”功能区的“复制”命令按钮，捕捉到②号轴线，鼠标水平向右移动，键盘输入“1240”，按〈Enter〉键确定，③号轴线绘制完成。采用同样的方法绘制④号～10号轴线。绘制④号～⑩号轴线时，键盘输入值表 3-4 中的开间数值，即分别为 4240mm、2800mm、160mm、5320mm、1880mm、480mm 和 6720mm。

5）用“阵列”命令绘制⑪号～⑭号轴线。选中⑩号轴线，单击“修改”功能区的“阵列”命令按钮，进行以下设置：选择“线性阵列”；不勾选“成组并关联”（若勾选，后面阵列的轴线图元将按“组”确定）；“项目数”填“5”（包含“10 轴线”～“14 轴线”）；选择“移动到：”栏的“第二个”（表示从“第二个”开始，每个的间距都是 7200mm；若选择“最后一个”，表示“⑩轴线”与“⑭轴线”的总距离是 7200mm）选项，勾选“约束”选项。鼠标移动到“⑩轴线”附近，当捕捉到“⑩轴线”时单击鼠标左键，水平移动鼠标，输入开间值“7200”，再按键盘〈Enter〉键，完成⑪轴线～⑭轴线的绘制。轴号名称自⑪开始自动排序。

6）用绘制、复制或阵列方法，均可绘制⑮轴线和⑯轴线。至此，开间方向的轴线绘制完成。全选东立面符号，将其移到⑯号轴线之外（东面）。

7）绘制 A 轴线。单击功能区“建筑”选项卡“基准”面板中的“轴网”工具，进入“修改｜放置轴网”子选项卡及选项栏。默认选择“绘制”面板中的“线”工具。在“属性”选项板的类型选择器中选择“6.5mm 编号间隙”轴网类型。选项栏“偏移”设为 0。移动光标在绘图区域内偏左下角①号轴线外侧（西面）适当位置单击捕捉一点作为Ⓐ轴线起点，水平向右移动光标到⑯号轴线外侧（东面）适当位置，再次单击捕捉一点作为Ⓐ轴线终点。

在默认情况下，不论是绘制水平轴线还是竖向轴线，第一个轴线系统都会自动命名为①轴，并连续编号。故刚刚绘制的轴线显示的轴号是⑰，如图 3-14a 所示，需要修改。移动鼠标到标头位置附近，单击标号头，将轴号改为Ⓐ，如图 3-14b 所示，Ⓐ轴线绘制完成。

8）采用类似方法，继续绘制Ⓑ～Ⓚ轴线。根据规范要求，其中，英文字母的 I、O、Z 不得用作轴线编号，将软件自动编号的轴号由 I 修改为 J，将轴号由 J 修改为 K。全选北立面符号，将其移到Ⓚ轴线之外（北面）。

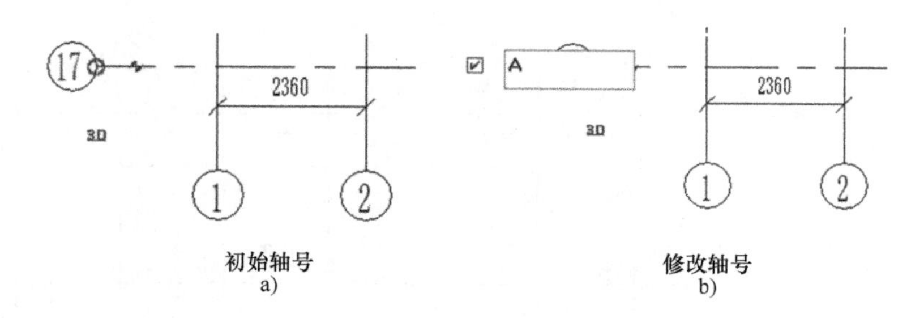

图 3-14

9）添加附加轴线。附加轴线可以用手工绘制或复制的方法创建，并手动编辑轴号。根据案例工程图“建施—01”，Ⓓ轴与Ⓕ轴之间需设置附加轴线。选中Ⓕ轴线，单击复制命令，至此单击 F 轴，鼠标竖直向下移动，键盘输入“2480”，按〈Enter〉键确定，自动编号为Ⓚ。选中Ⓚ轴，单击编号“K”，输入 1/D 后再按〈Enter〉键确定，附加轴线1/D绘制完成。

10）轴网尺寸标注。用“注释/尺寸标注”的“对齐”命令，参照学生公寓 1#楼案例工程图“建施—01”，对轴网进行尺寸标注。

11）调整轴网。首先将开间方向轴线的上部轴号移至 K 轴线之外（北边）。然后，参照学生公寓 1#楼案例工程图“建施—01”修剪轴线，以便看图。以②号轴线为例，根据图“建施—01”，与②轴相交的进深轴线是Ⓐ轴～Ⓗ轴，需将②轴从Ⓚ轴缩减至Ⓗ轴外（北边）。操作步骤如下：选中②轴，出现蓝色移动手柄和锁定标示，如图 3-15a 所示。单击锁定标示，解锁②轴与其他轴线；将蓝色手柄向下移动至Ⓗ轴附近，不勾选轴线标头显示，如图 3-15b 所示，修改结果如图 3-15c 所示。

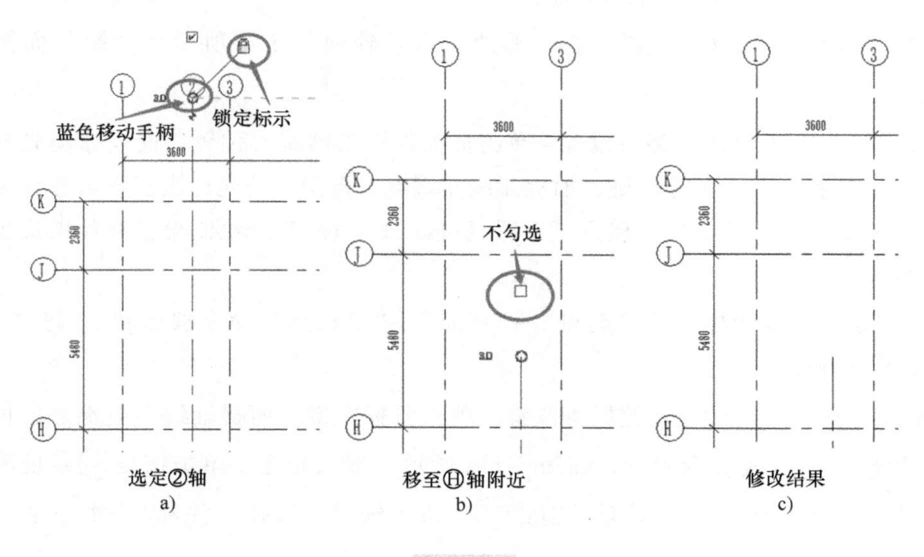

图 3-15

12）采用同样的方法，参照学生公寓 1#楼案例工程图“建施—01”，修剪其他轴线。至此，轴网绘制完成，如图 3-16 所示。

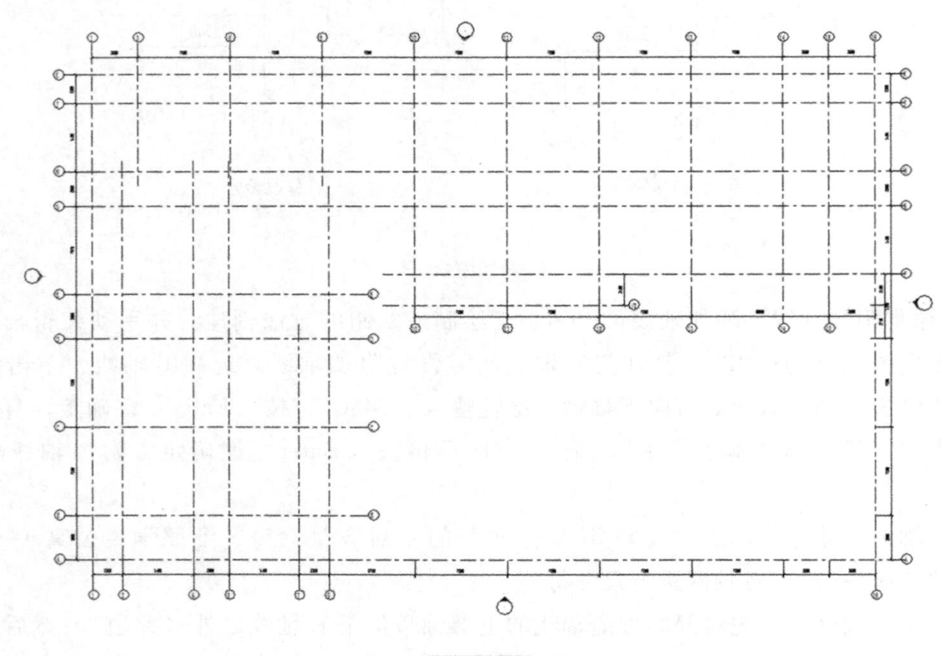

图 3-16

13）绘制弧形轴网。弧形轴网的创建只能用绘制方法创建。本案例工程没有弧形轴网，因此以下内容并未结合案例工程图，只是介绍绘制弧形轴网的步骤。

可以用“圆心”→“端点弧”命令（ ）与“起点”→“终点”→“半径弧”命令（ ）命令结合的方法快速绘制弧形轴网。

① 单击功能区“轴网”工具，在“修改 | 放置轴网”子选项卡“绘制”面板中单击“圆心-端点弧”按钮 。

② 在“F1”平面视图中旁边位置，单击捕捉弧形轴网圆心位置。向左移动光标至捕捉半径 4000mm 位置，单击鼠标左键，捕捉弧线左端点，再向移动光标出现弧形轴线预览后单击捕捉右端点，单击标头文字，输入“2-1”后按〈Enter〉键，绘制分区起始弧形轴线，如图 3-17a 所示。

③ 在“绘制”面板中单击“起点”→“终点”→“半径弧”命令按钮 ，将“偏移量”栏设置为“−2400mm”。

④ 移动光标到2-1号轴线左侧标头位置，单击鼠标左键，捕捉轴线左侧端点，再移动光标，单击捕捉2-1号轴线右侧端点，如图 3-17a 所示。移动光标，单击捕捉2-1号轴线顶部象限点或轴线上任意一个最近点后即可创建2-2号弧形轴线。选择“注释/尺寸标注”的“半径”命令按钮 进行标注，如图 3-17b 所示。

⑤ 综合运用轴网的绘制命令，可以绘制不同项目的不同轴网，此处不再赘述。

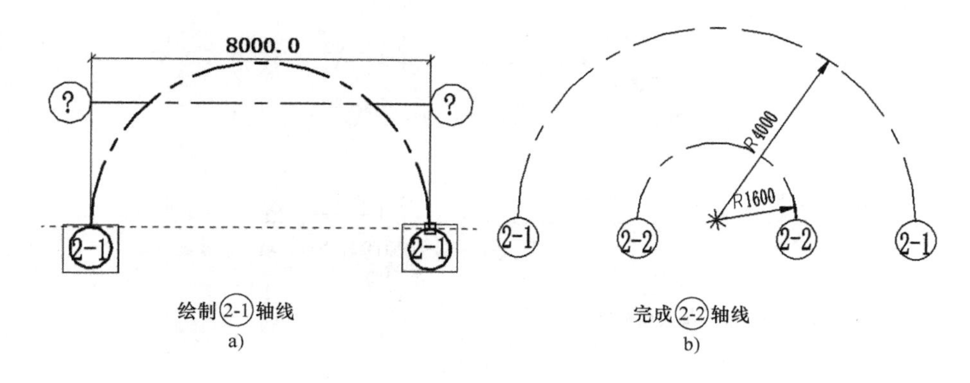

图 3-17

3.2.2 项目基点

项目基点

Revit 中测量点、项目基点、坐标原点三者的含义如下：

测量点：项目在世界坐标系中实际测量定位的参考坐标原点，需要和总图专业配合，从总图中获取坐标值，一般可以理解为项目在城市坐标系统中的位置。在 Revit 中，将测量点的坐标定义为（0，0，0）。

项目基点：项目在用户坐标系中测量定位的相对参考坐标原点，需要根据项目特点确定此点的合理位置。项目基点用于测量距离并对模型进行对象定位。一般使用项目基点作为参考点在场地中进行测量，将其放置在建筑的边角或模型中的其他位置以简化现场测量。在 Revit 中，项目基点的坐标默认为（0，0，0）。

坐标原点：在新建的项目文件中创建轴网时，左下角两根轴网的交点，即Ⓐ轴和①轴的交点。

BIM 技术的核心在于能实现协同作业、数据共享。在做项目的过程中，经常会遇到需要将各专业模型链接整合的情况，这就要求各专业模型在链接时的测量点、项目基点、坐标原点位置一致。

1）在案例工程图中，选择Ⓐ轴与①轴的交点作为项目基点，将轴网交点移动至项目基点。

2）打开“楼层平面-场地”视图，选择所有的轴网，单击“修改 | 选择多个”选项卡“过滤器”面板（过滤器），在弹出的“过滤器”对话框中只勾选“轴网”。

3）在选中所有轴线的情况下，使用“移动”工具，选项卡中不勾选“约束”，将轴网Ⓐ轴与①轴的交点移动至项目基点的位置，如图 3-18a 所示。此时，测量点与项目基点还不重合，再次移动。只选中测量点图标，利用“移动”命令，将测量点移至项目基点，让坐标原点、项目基点和测量点三者重合，如图 3-18b 所示。

4）在选中所有轴网的情况下（可以用过滤器，只选中轴网；也可以全部选中“场地”视图中的所有图元，在按住〈Shift〉键，逐个单击东、南、西、北视图及尺寸标注，取消其选中状态，保证最后只有完整的轴网被选中），单击“修改 | 选择多个”选项卡“修改”面

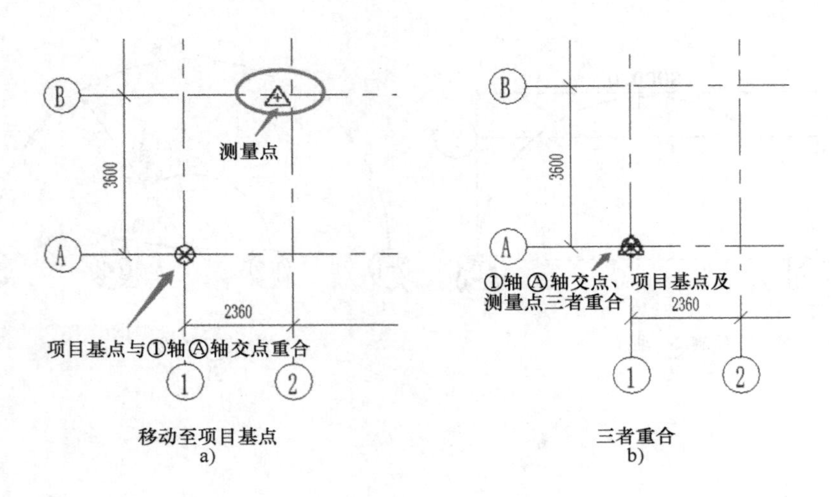

图 3-18

板的“锁定”命令 ，将整个轴网锁定，如图 3-19 所示。这样，可以避免因误移动导致建筑构件定位错误。

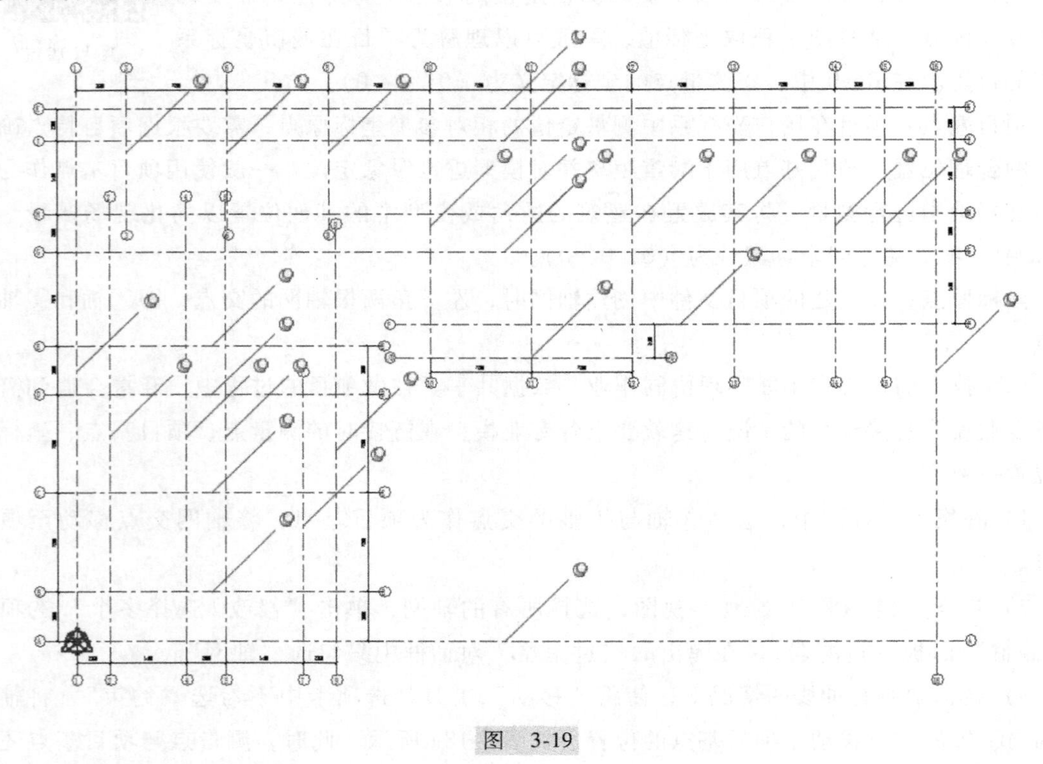

图 3-19

3.2.3 设置项目北

所有模型都有两个北方向：项目北和正北。

项目北通常基于建筑几何图形的主轴。设计师通常将项目北与绘图区域顶部对齐，这会影响视图在图纸上的放置方式。可以理解为在 CAD 绘图中，它是为了使用方便，根据建筑方向设置的用户坐标系（User Coordinate System，UCS）。

正北是基于场地情况的真实世界北方向。场地平面中显示的北向箭头注释符号表示正北方向。

在当前项目中，项目平面尚未处于正交的状态，这样不便于进行项目的完善。为了设计方便可以在平面视图中为整个模型“旋转正北”。调整正北方向的方法如下：

1）在“项目浏览器”中双击“楼层平面”→“场地”，进入场地平面视图。

2）在场地平面视图中，选择“属性”面板中的“方向”，将方向由“项目北”切换为“正北”方向。

3）向实际项目的朝向旋转（东偏南 10°）。双击进入“场地”平面视图，单击“管理”选项卡“项目位置”面板的“位置”下拉菜单以旋转正北，以项目基点为中心，捕捉到Ⓐ轴，单击Ⓐ轴上任意一处，向东南方向旋转，输入“10”，如图 3-20a 所示，按〈Enter〉键确定，旋转后的轴网如图 3-20b 所示。在“场地”平面视图设置好后，其他平面视图将自动调整。

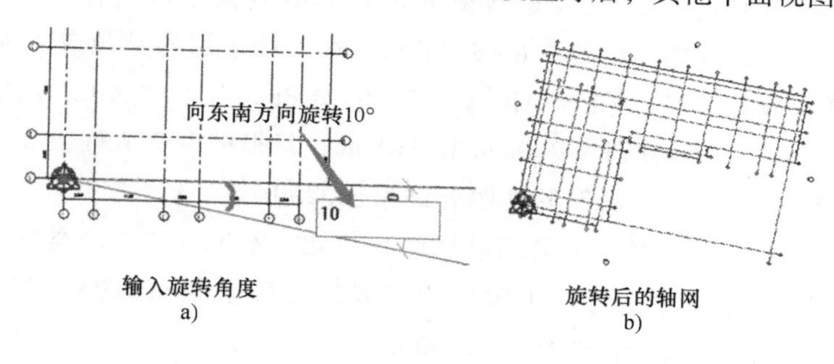

输入旋转角度
a)

旋转后的轴网
b)

图　3-20

4）旋转正北方向后，单击“注释”选项卡的“符号”面板的“符号”命令；再单击“插入”选项卡的“从库中载入”面板的“载入族”命令，找到“指北针”注释符号族，在场地平面图适当布置指北针，如图 3-21a 所示。完成指北针布置后，再次切换至场地平面视图，将方向由“正北”切换为“项目北”，如图 3-21b 所示。

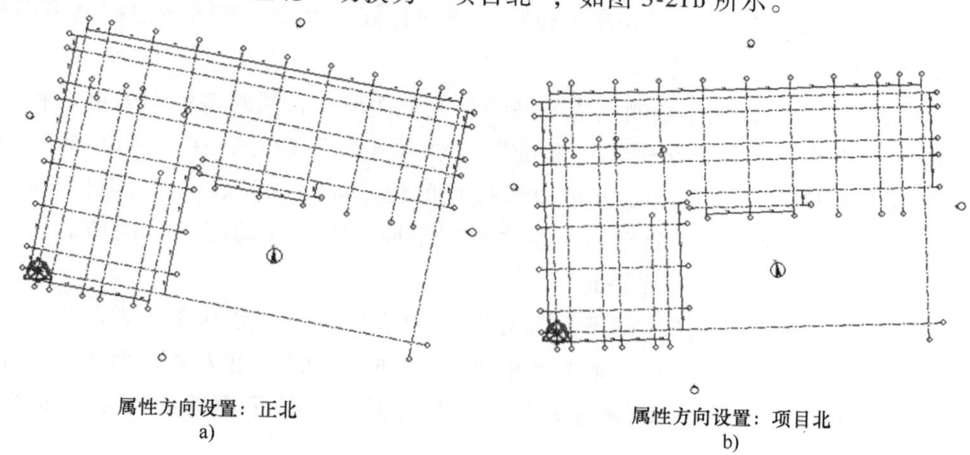

属性方向设置：正北
a)

属性方向设置：项目北
b)

图　3-21

3.3 桩

基础是建筑物的组成部分，是建筑物地面以下的承重构件，它支撑着其上部建筑物的全部荷载，并将这些荷载及基础自重传给下面的地基。基础必须坚固、稳定而可靠。本书中的案例工程的基础包含桩和桩承台。

3.3.1 案例工程图基础解读

打开图“结施—01”中的“桩位平面布置图”。从该图可知，本工程的基础为预应力混凝土空心方桩，类型分别为 ZH1 PHS AB450（260）-14、14 和 ZH2 PHS AB550（310）-14、14。根据《预应力混凝土空心方桩》（JG/T 197—2018），空心方桩按混凝土强度等级分为预应力高强混凝土空心方桩 C80（代号 PHS）和预应力混凝土空心方桩 C60（代号 PS）。空心方桩按有效预压应力分为 A 型、AB 型和 B 型，其有效预压应力值分别是：A 型 3.8~4.2MPa，AB 型 5.7~6.3MPa，B 型 7.6~8.4MPa。本工程采用的是预应力高强混凝土空心方桩（PHS），其有效预压应力值为 AB 型 5.7~6.3MPa。ZH1 和 ZH2 方桩的边长分别为 450mm 和 550mm，空心直径分别为 260mm 和 310mm；每根桩由 2 节桩组成，每节 14m，总长 28m；嵌入承台 50mm。桩顶标高除注明外都为-2.250。

由图“结施—02”（承台平面布置图及详图）可知，本工程有 8 种类型承台，分别为单桩承台 ACT01、BCT01，二桩承台 ACT02、BCT02，三桩承台 ACT03、BCT03，四桩承台 ACT04、BCT04。基础顶标高除注明外为-1.000m。

3.3.2 空心方桩族

方桩族创建

Revit 软件自带的桩族中没有空心方桩族，因此需要新创建空心方桩族。

1）打开 Revit 软件，新建“族”，打开“公制常规模型”族样板文件，另存为“方桩族”族文件到指定文件夹。

2）在“项目浏览器”双击“楼层平面”→“参照标高”命令，进入参照标高平面视图，在此绘制空心方桩的相关平面尺寸。

3）绘制参照平面，以便于绘制空心方桩的相关平面尺寸，同时将空心方桩的相关平面与参照平面建立约束。单击“创建”→“基准”→“参照平面”命令，在“修改/放置参照平面”的“偏移”栏输入一个与空心方桩边长接近的值，如“250”，在“参照平面：中心（左/右）”的左右各绘制一个参照平面，在“参照平面：中心（前/后）”的前后各绘制一个参照平面，这样一共是 4 个参照平面。

4）标注尺寸。单击“注释”→“尺寸标注”→“对齐”命令，依次单击左、中、右参照平面，标注尺寸，如图 3-22a 所示，单击尺寸标注上方的“EQ”，让左右参照平面与中心参照平面间的距离相等，如图 3-22b 所示；同样，标注其他参照平面间的尺寸，如图 3-22c 所示。

EQ
250 250
EQ
EQ EQ
EQ EQ
EQ
EQ
500
500
a)
b)
c)

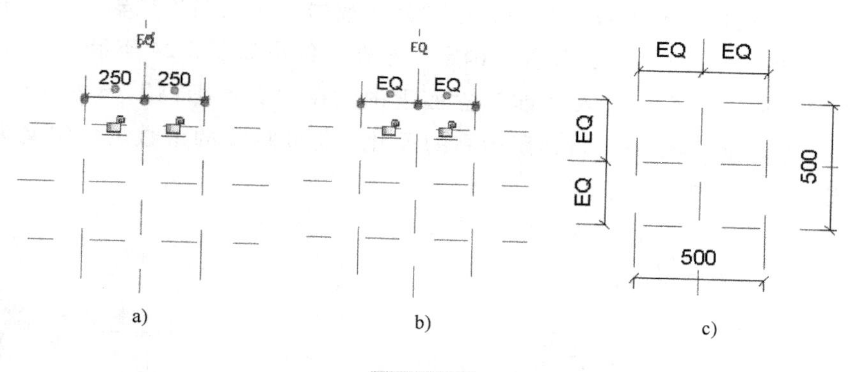

图　3-22

5）创建参数。选中新建的左右参照平面间的标注线，激活“修改 | 尺寸标注”命令，在“标签尺寸标注”的“标签”栏单击“参加属性”按钮，弹出“参数属性”对话框。在“参数类型”栏勾选“族参数”选项，在“参数数据”中的名称栏输入“边长 a”，“参照分组方式”选择“尺寸标注”，如图 3-23 所示，单击“确定”完成创建。

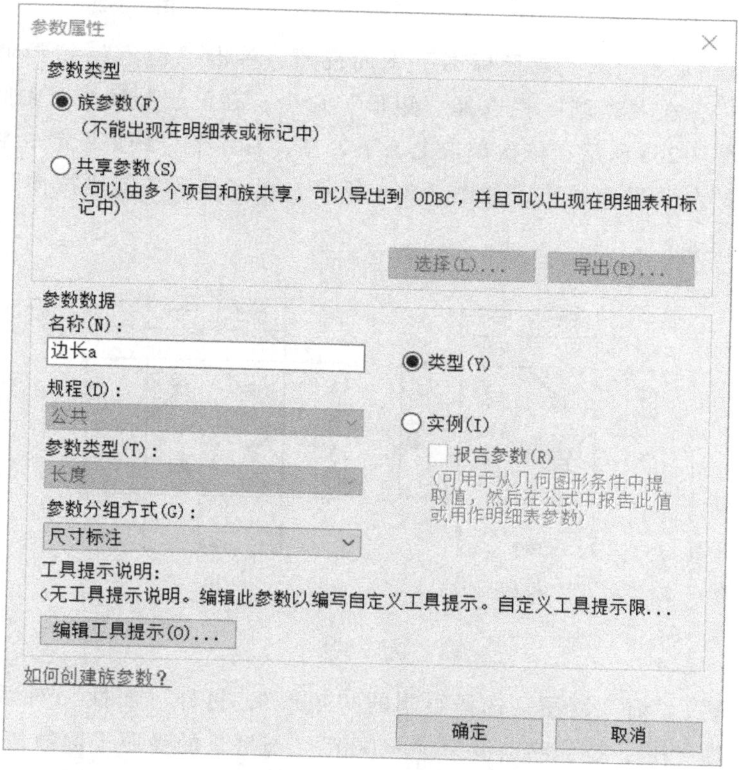

参数属性
参数类型
族参数(F)
(不能出现在明细表或标记中)
共享参数(S)
(可以由多个项目和族共享，可以导出到 ODBC，并且可以出现在明细表和标记中)
选择(L)...
导出(E)...
参数数据
名称(N)：
边长a
类型(Y)
规程(D)：
公共
实例(I)
参数类型(T)：
长度
报告参数(R)
(可用于从几何图形条件中提取值，然后在公式中报告此值或用作明细表参数)
参数分组方式(G)：
尺寸标注
工具提示说明：
<无工具提示说明。编辑此参数以编写自定义工具提示。自定义工具提示限...
编辑工具提示(O)...
如何创建族参数？
确定
取消

图　3-23

6）同样，选中新建的前后参照平面间的标注线，激活“修改/尺寸标注”命令，在“标签尺寸标注”的“标签”栏，单击“参加属性”按钮，弹出“参数属性”对话框。

在“参数类型”栏选择“族参数”选项，在“参数数据”中的名称栏输入“边长 b”，“参照分组方式”选择“尺寸标注”，单击“确定”按钮。结果如图 3-24 所示。

7）双击“立面”命令，进入“前”立面视图。在“参照标高”下方（取 10000mm）绘制参照平面，标注此参照平面与参照标高的尺寸，将此标注的参数名称定义为“桩长”，以确定桩长参数，如图 3-25 所示。

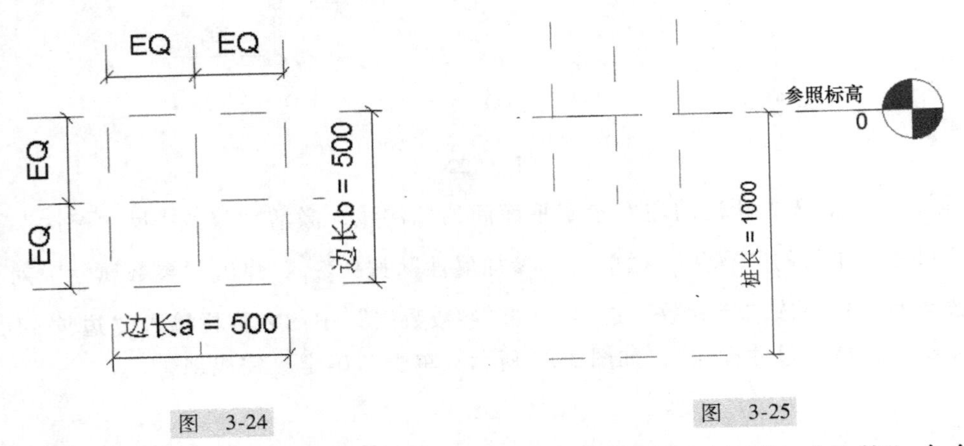

图 3-24

图 3-25

8）绘制方桩。双击进入“参照标高”平面视图，单击“创建”→“拉伸”命令，激活“修改 | 创建拉伸”，在“绘制”栏选择“矩形”命令，在已绘制的 4 个参照平面所包围区域进行绘制，如图 3-26a 所示；依次单击上、下、左、右 4 个“约束”锁，将刚才绘制矩形的 4 个边与相应的参照平面锁定，如图 3-26b 所示。在“修改 | 创建拉伸”的“模式”面板，单击绿色按钮 ✔ 。

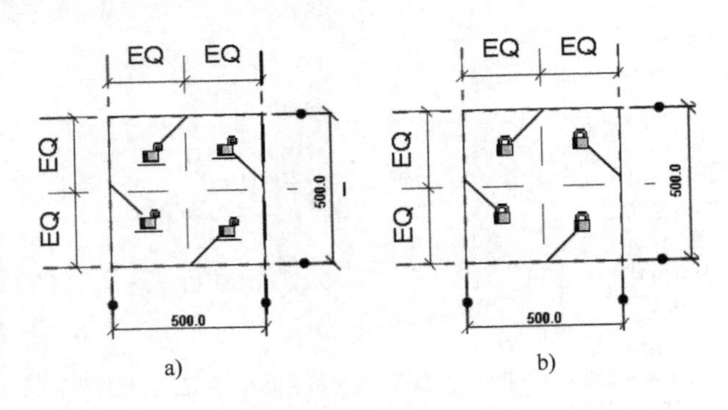

a)

b)

图 3-26

9）拉伸。进入“前”视图，选择绘制的“矩形”，打开“属性”对话框，将“约束”栏的拉伸起点设为“0”，拉伸终点设为“-1000”（与桩长的参照平面数值相同，负值表示相对于“参照标高”向下拉伸），其他为默认值，如图 3-27 所示。同时，将桩的上部与“参照标高”锁定，下部与新建的参照平面锁定。

10）绘制方桩的空心部分。进入“参照标高”视图，单击“创建”命令，在“形状”→“空心形状”下拉菜单选择“空心拉伸”命令（此处不能选择“拉伸”命令），弹出

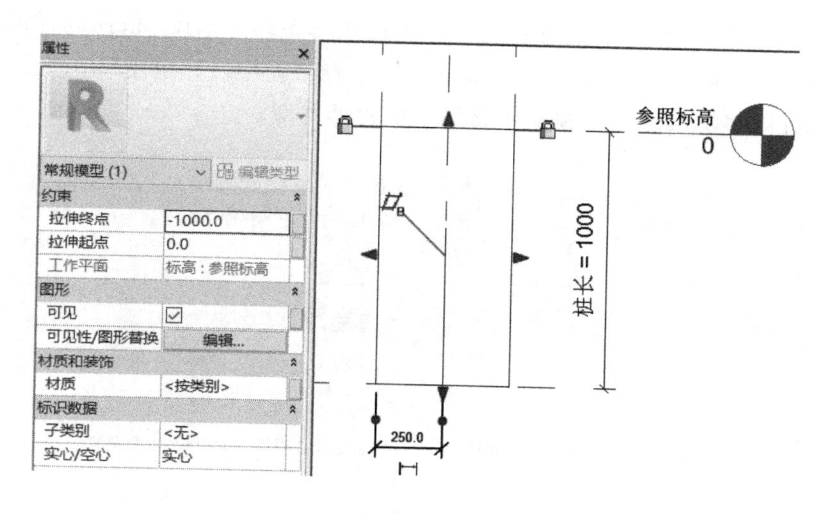

图　3-27

“修改｜创建空心拉伸”栏，在“绘制”栏选择“圆形”命令，再以两中心参照平面的交点为圆心、130mm为半径（大于0、小于边长的一半即可）绘制圆。在“修改｜创建拉伸”→“模式”面板单击绿色按钮 完成绘制。

11）空心拉伸。进入“前”视图，选择绘制的“圆”，打开“属性”对话框，将“约束”栏的拉伸起点设为“0”，拉伸终点设为“-1000”（与桩长的参照平面数值相同，负值表示相对于“参照标高”向下拉伸），其他为默认值。同时，将空心桩的上部与“参照标高”锁定，下部与新建的参照平面锁定。保存族。

3.3.3　绘制桩

绘制桩

1）调整“桩顶”平面视图的视图范围。进入桩顶平面视图，为使桩在桩顶平面视图中可见，需要调整视图范围。进入“属性”→“视图范围”对话框，单击“编辑...”按钮，进入“视图范围”对话框，将主要范围的“底部”设为相关标高为“桩顶”，偏移值小于零，将视图深度的“标高”设为相关标高为“桩顶”，偏移值小于零，单击“确定”退出。

2）载入桩族。本工程的空心方桩有两种类型：ZH1，截面边长450mm，空心直径为260mm；ZH2，截面边长为550mm，空心直径为310mm，桩长都是28m，载入前文定义好的方桩族。步骤如下：单击“插入”选项卡下“载入族”命令，找到对应的桩族，单击“打开”按钮。

3）放置桩构件。切换到“学生公寓1#楼工程”项目“桩顶”平面视图，单击“建筑”选项卡“构件”下拉菜单中的“放置构件”工具，就可以找到载入项目中的“方桩族”构件。

4）定义桩的类型属性。单击“属性”面板中的“编辑类型”命令，打开“类型属性”窗口，单击“复制”按钮，弹出“名称”窗口，输入“ZH1-PHS-AB450（260）”，单击

“确定”关闭窗口；根据 ZH1 的信息，定义其信息如图 3-28a 所示。依照同样的方法，定义“ZH2-PHS-AB550（310）”属性，如图 3-28b 所示。输入完毕后，单击“确定”按钮，退出“类型属性”窗口。“类型属性”窗口中将显示桩构件类型。

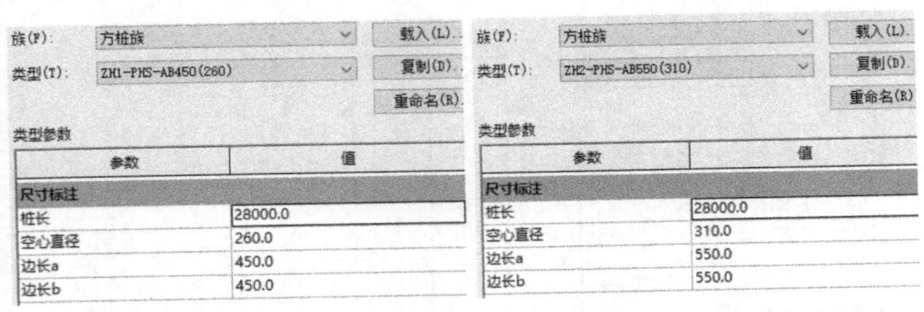

定义ZH1-PHS-AB450(260)类型属性
a)

定义ZH2-PHS-AB550(310)类型属性
b)

图 3-28

5）布置桩构件。构件定义完后，根据图“结施—01”布置桩构件。左下角（Ⓐ轴与②轴交点）的桩是“ZH2”桩，在“属性”面板中找到“ZH2-PHS-AB550（310）”，将鼠标指针移动到Ⓐ轴与②轴交点位置处，单击鼠标左键，布置“ZH2-PHS-AB550（310）”构件。检查桩在竖直方向的标高位置：根据案例工程图的图信息，在该桩的“属性”对话框的“约束”栏，将“标高”选为“桩顶”，“偏移”设为“0”。

6）定位Ⓐ轴与②轴交点处的“ZH2”构件位置。单击选中该桩，切换至“修改 | 常规模型”上下文选项，单击“移动”命令，进入移动编辑状态，单击任意一点作为移动操作的基点，沿水平方向向左移动鼠标指针，出现临时标注时输入“280”，按〈Enter〉键确认；再单击“移动”命令按钮，沿垂直方向向上移动鼠标指针，出现临时标注时输入“75”，按〈Enter〉键确认；按两次〈Esc〉键退出编辑模式。利用“注释 | 尺寸标注”的“对齐”命令，对该桩位进行标注，如图 3-29 所示。

7）分析图“结施—01”中刚才布置的桩与其右边相邻的桩，其桩型一样，垂直方向位置一样，只是水平方向相距 2200mm，可用“复制”命令快速布置。选中刚才布置的桩，切换至“修改 | 常规模型”上下文选项，单击“复制”命令按钮，进入复制编辑状态，单击任意一点作为移动操作的基点，沿水平方向向右移动鼠标指针，出现临时标注时输入“2200”，按〈Enter〉键确认。利用“注释 | 尺寸标注”的“对齐”命令，对该桩位进行标注，如图 3-30 所示。

8）布置Ⓐ轴与④轴交点处的桩。与布置Ⓐ轴与②轴交点处的桩类似，再准确定位；不同的是，根据施工图，该桩的“桩顶标高”为“-1. 950m”，而不是默认的“-2. 250m”。为此，选中该桩，在该桩的“属性”对话框的“约束”栏，将“标高”选为“桩顶”，“偏移”设为“300”（即-1. 950m 与-2. 250m 的差值，单位 mm）。

9）按照上述办法，布置其他的桩构件。在布置的过程中可采取复制、镜像等方法。全部布置完成后如图 3-31 所示。

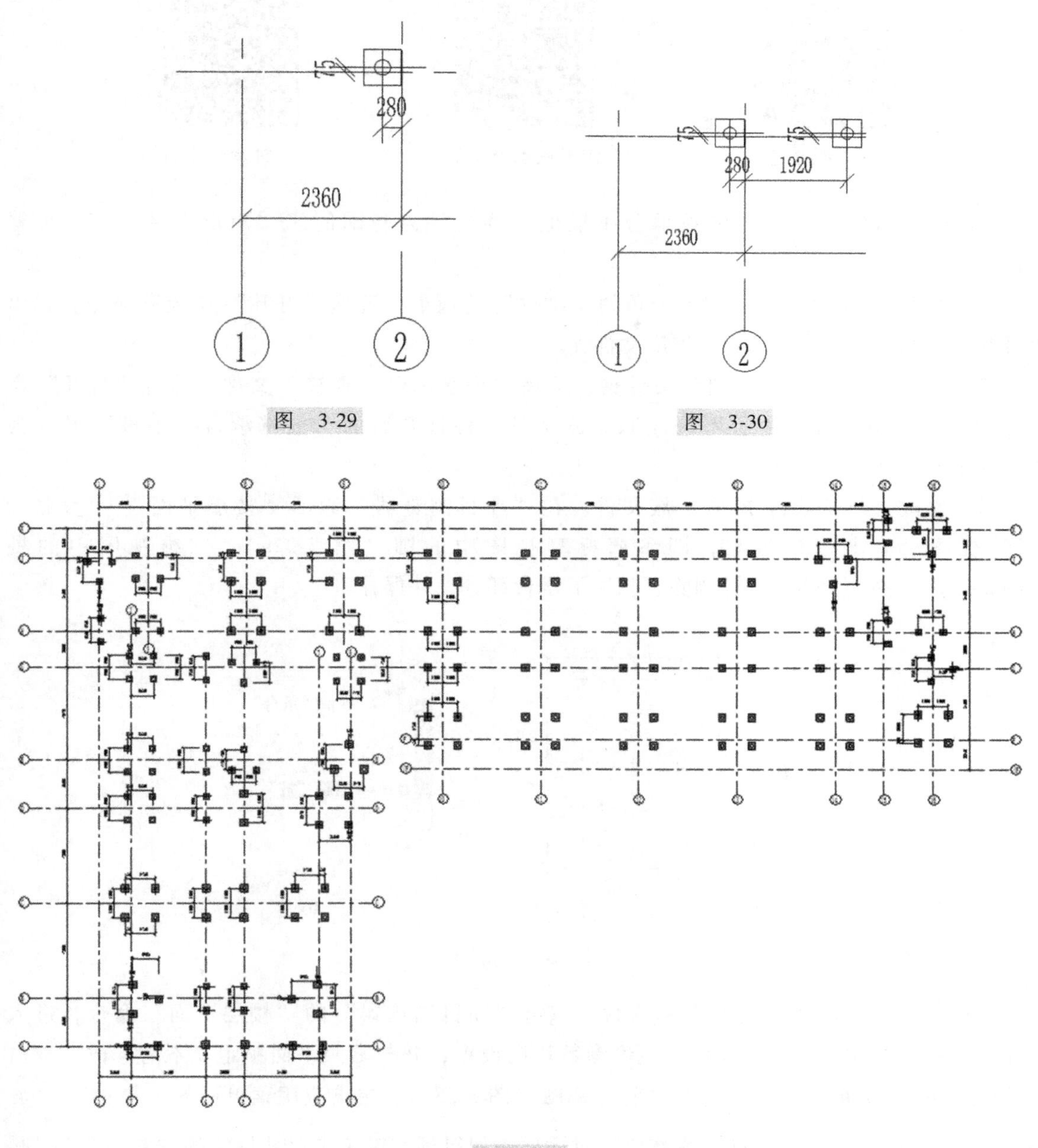

图　3-29

图　3-30

图　3-31

3.3.4　桩承台

Revit 软件自带有桩基承台族，但该族与本项目的要求有差异，需要在此基础上进行修改。本项目有单桩承台（ACT01、BCT01）、两桩承台（ACT02、BCT02）、三桩承台（ACT03、T03）和四桩承台（ACT04、BCT04）。其中，单桩承台、两桩承台和四桩承台均为矩形，三桩承台为六边形。为此，只需修改得到矩形和六边形 2 个承台族即可。

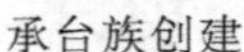

承台族创建

矩形桩承台绘制

三桩承台绘制

以 Revit 软件自带的“桩基承台-1 根桩”族文件为基础创建“矩形承台”族。步骤如下：

1）打开 Revit 文件，单击左上角的“文件”选项卡，选择“打开”→“族”命令，弹出“打开”窗口，默认进入 Revit 族库文件夹。

2）选择“结构”→“基础”文件夹，选择“桩基承台-1 根桩”文件，单击“打开”命令，进入编辑族界面。为了不修改原始族文件，将打开后的“桩基承台-1 根桩”另存为“桩基承台-矩形”族文件。

3）修改“桩基承台-矩形”族文件。在“项目浏览器”激活“楼层平面”→“参照标高”视图，单击选中管桩，即参照标高视图中的圆（图 3-32a）、三维视图中的桩（图 3-32b），按〈Delete〉键删除，只留下承台部分，并保存。

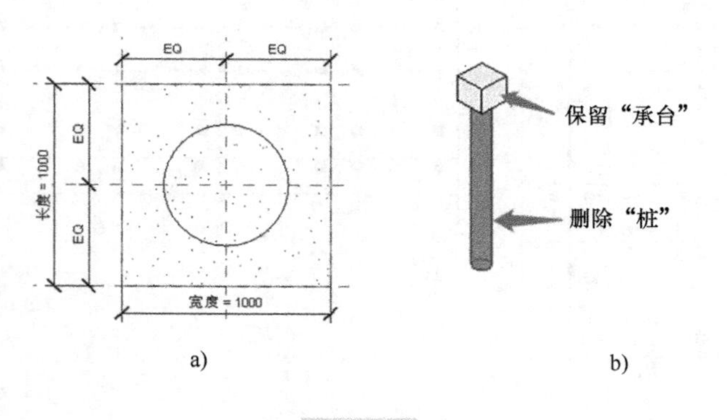

图 3-32

4）检查“桩基承台-矩形”族文件。双击“项目浏览器”的“楼层平面”命令，进入“参照标高”视图，承台的长度、宽度参数均已设置，并与参照平面锁定，不需修改。双击目浏览器的“立面”命令，进入“前”视图（图 3-33a）。单击应用菜单栏的“属性”→“族类型”按钮，在调出的“族类型”对话框中用鼠标左键单击尺寸标注的“桩嵌固”项，再单击下方的“删除”按钮，删除此多余的参数，“宽度”“长度”和“基础厚度”参数保留（图 3-33b），单击“确定”完成参数修改。在“前”视图中，删除“150”尺寸标注，删除多余的参照平面（水平方向中间的那个参照平面）。保存“桩基承台-矩形”族文件。

以 Revit 软件自带的“桩基承台-3 根桩”族文件为基础创建“桩基承台-3 桩”族。步骤如下：

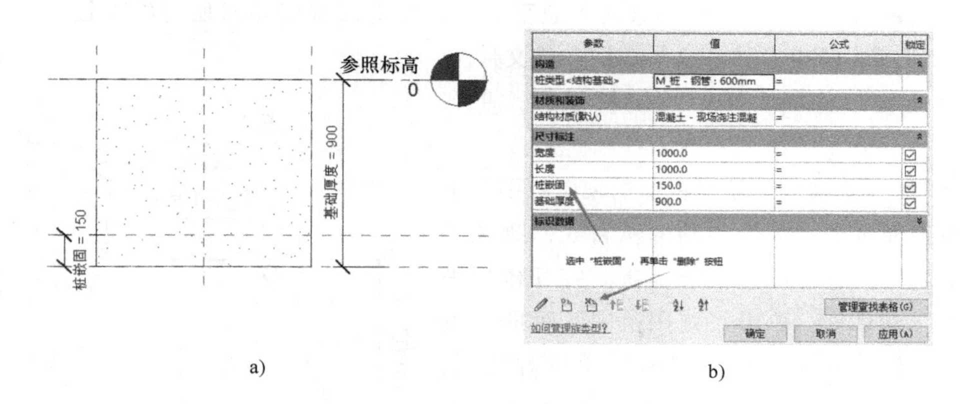

a)　　b)

图　3-33

1）打开 Revit 文件，单击左上角的“文件”选项卡，选择“打开”→“族”命令，弹出“打开”窗口，默认进入 Revit 族库文件夹。

2）选择“结构”→“基础”文件夹，选择“桩基承台-3 根桩”文件，单击“打开”命令，进入编辑族界面。为了不修改原始族文件，将打开后的“桩基承台-3 根桩”另存为“桩基承台-3 桩”族文件。

3）修改“三桩承台”族文件。在“项目浏览器”激活“三维视图”界面，进入“视图 1”，选中视图中的三根桩，按〈Delete〉键删除，只留下承台部分，并保存。在“项目浏览器”激活“楼层平面”界面，进入“参照标高”视图，如图 3-34a 所示；打开配套图“结施—02”，找到 ACT—03 三桩承台平面图，如图 3-34b 所示。

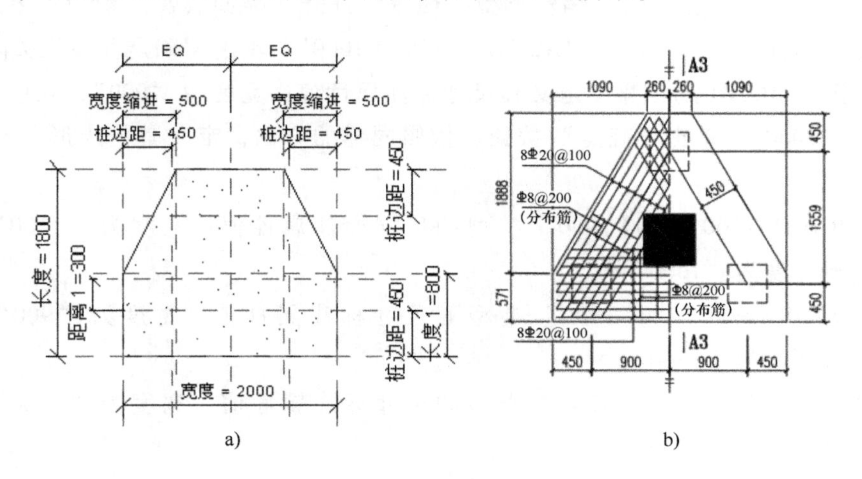

a)　　b)

图　3-34

4）检查“桩基承台-3 桩”族文件。对照图 3-34a 和 b，明确需要删除的多余的族参数和参照平面。单击应用菜单栏的“属性”→“族类型”按钮，在调出的“族类型”对话框中删除参数“距离 1”“桩边距”“宽度缩进”“桩嵌固”，保留参数“长度”“长度 1”“宽度”，单击“确定”按钮；在“前”视图中，删除“150”尺寸标注及对应的参照平面。

进入“参照标高”视图，删除多余的参照平面。标注上部宽度并添加为族参数“宽度 1”，如图 3-35 所示。保存“桩基承台-3 桩”族文件。

承台族修改好后，开始绘制桩承台，步骤如下：

1）调整“基础顶”平面视图的视图范围。进入基础顶平面视图，为使绘制的承台在基础顶平面视图中可见，需要调整视图范围。打开楼层平面“属性”对话框，单击“视图范围”后的“编辑...”按钮，进入“视图范围”调整对话框，将主要范围的“底部”设为相关标高为“基础顶”，偏移值小于零，将视图深度的“标高”设为相关标高为“基础顶”，偏移值小于零，单击“确定”按钮退出。

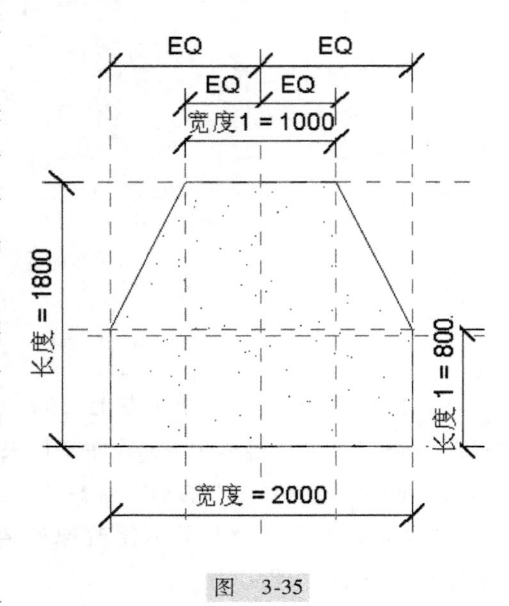

图 3-35

2）载入桩族。本工程的桩承台有两种类型：矩形承台和三桩承台。载入前文定义好的桩承台族，步骤如下：单击“插入”选项卡下的“载入族”命令，依次载入“桩基承台-矩形”族和“桩基承台-3 桩”族。

3）定义“桩基承台-矩形”的类型属性。切换到“基础顶”平面视图，单击“建筑”选项卡中“构件”下拉菜单中的“放置构件”工具，找到载入项目中的“桩基承台-矩形”构件。单击“属性”面板中的“编辑类型”命令，打开“类型属性”窗口，单击“复制”按钮，弹出“名称”窗口，输入“ACT01 900×900-1000”，单击“确定”按钮关闭窗口；根据案例工程图中 ACT01 的信息，定义其尺寸标注属性值：宽度为“900”，长度为“900”，基础厚度为“1000”，单击“确定”按钮。依照同样的方法，定义其他矩形承台的类型属性值：

定义“BCT01 1100×1100-1000”类型的尺寸标注属性值：宽度为“1100”，长度为“1100”，基础厚度为“1000”。

定义“ACT02 900×2700-1300”类型的尺寸标注属性值：宽度为“900”，长度为“2700”，基础厚度为“1300”。

定义“BCT02 1100×3300-1300”类型的尺寸标注属性值：宽度为“1100”，长度为“3300”，基础厚度为“1300”。

定义“ACT04 2700×2700-1300”类型的尺寸标注属性值：宽度为“2700”，长度为“2700”，基础厚度为“1300”。

定义“BCT04 3300×3300-1300”类型的尺寸标注属性值：宽度为“3300”，长度为“3300”，基础厚度为“1300”。输入完毕后，单击“确定”按钮，退出“类型属性窗口”。类型属性窗口中将显示“桩基承台-矩形”的 6 个构件类型。

4）定义“桩基承台-3 桩”的类型属性。切换到“基础顶”平面视图，单击“建筑”

选项卡中“构件”下拉菜单中的“放置构件”工具，找到载入项目中的“桩基承台-3 桩”构件。单击“属性”面板中的“编辑类型”命令，打开“类型属性”窗口，单击“复制”按钮，弹出“名称”窗口，输入“ACT03 2700（520)×2459（571)-1300”，单击“确定”按钮关闭窗口；根据案例工程图中 ACT03 的信息，定义其尺寸标注属性值：宽度为“2700”，宽度 1 为“520”，长度为“2459”，长度 1 为“571”，基础厚度为“1300”，单击“确定”按钮。依照同样的方法，定义 BCT03 承台的类型属性值：

定义“BCT03 3300（636）× 3005（697)-1300”类型的尺寸标注属性值：宽度为“3300”，宽度 1 为“636”，长度为“3005”，长度 1 为“697”，基础厚度为“1300”，单击“确定”按钮，退出“类型属性”窗口。“类型属性”窗口中将显示“桩基承台-3 桩”的 2 个构件类型。

5）布置桩基承台。桩基承台构件定义完后，根据图“结施—02”布置承台构件。左下角（Ⓐ轴与②轴交点）的桩是“BCT02”承台，在“属性”面板中找到“BCT02 1100×3300-1300”，将鼠标指针移动到Ⓐ轴与②轴交点位置处，单击鼠标左键，布置“BCT02 1100×3300-1300”构件。检查桩在竖直方向的标高位置：根据案例工程图信息，在该桩的“属性”对话框中的“约束”栏，“标高”选为“基础顶”，“偏移”设为“0”。对照案例工程图信息，利用“旋转”和“移动”命令对该桩进行准确定位，并用“注释”的“对齐”命令进行尺寸标注，结果如图 3-36 所示。

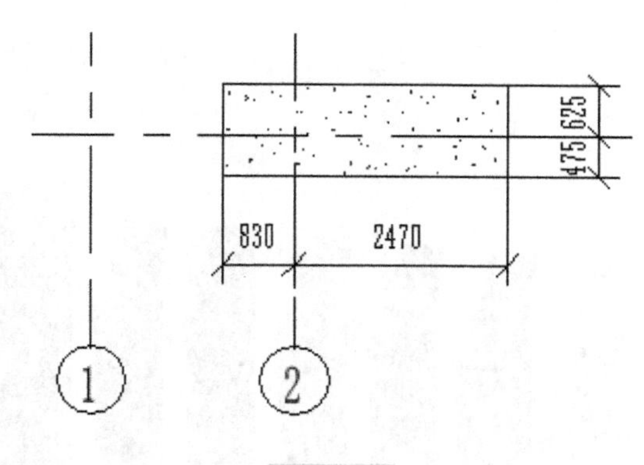

图 3-36

6）按照上面的办法，布置其他的承台构件。在布置的过程中可采取复制、镜像等方法。全部布置完成后如图 3-37 所示，保存当前项目成果。

7）局部调整基础顶标高。根据图“结施—02”发现Ⓔ轴与⑤轴交界处的 3 桩基础顶标高为-1. 800m，切换到“基础顶”楼层平面视图，设置其偏移量为“-800”。

注意：调整该承台的标高后，该承台在“基础顶”楼层平面视图中不可见，需要调整“基础顶”楼层平面视图的视图范围。

8）单击快速访问工具栏中三维视图按钮，切换到三维视图进行查看，如图 3-38 所示。

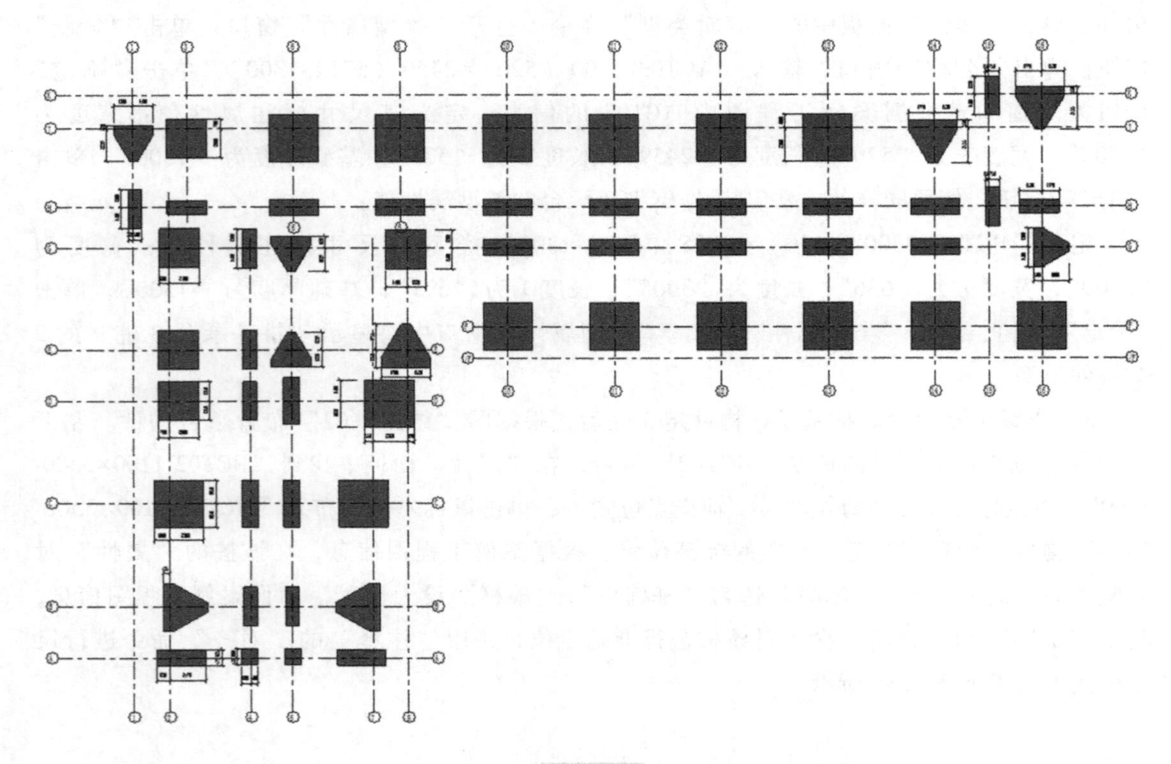

图 3-37

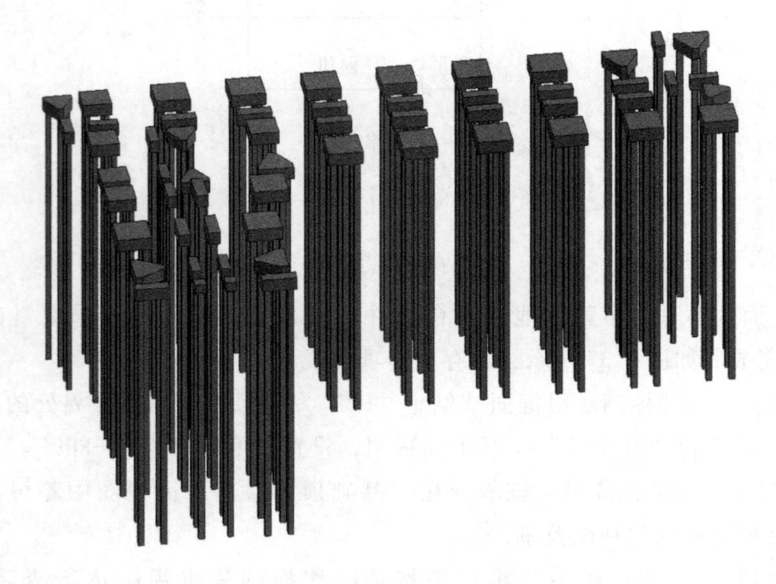

图 3-38

3.4 场地设计

在建筑学中，场地广义上是指基地中包含的全部内容组成的整体，如建筑物、构筑物、交通设施、室外活动设施、绿化及环境景观设施和工程系统等。场地设计是将场地内建筑物、广场、道路、停车场、绿化、管线及其他工程设施进行系统分析，确定空间布局、竖向高程等的综合性工作。

本节内容涉及的是狭义上的场地设计，即使用 Revit 在项目中绘制一个地形表面，然后添加建筑地坪以及停车场和场地构件等内容的设计工作。

3.4.1 导入建筑总平面图

在项目开始阶段，项目委托方一般会向设计方提供一些相关资料，例如项目地方位置、大小、周边环境等信息，这些信息一般会以 CAD 电子图、图片或文档等形式提供。在项目设计阶段，可以将这些信息导入 Revit 中，作为项目设计的依据和参照。

在“项目浏览器”中双击“场地”视图，将视图切换至场地平面视图中。单击“插入”选项卡“导入”面板（导入 CAD）。导入“学生公寓 1#楼总平面 . dwg”施工图文件，如图 3-39 所示。

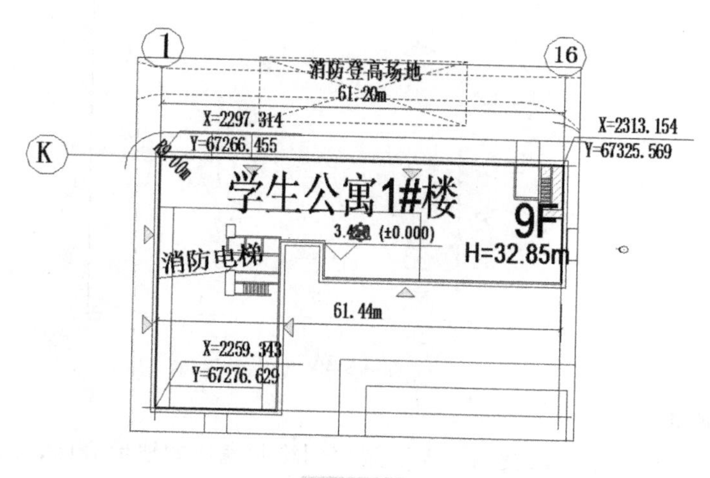

图 3-39

在“导入 CAD 格式”窗口设置中，需要做以下调整：

1）勾选“仅当前视图（U）”。

2）导入单位为 mm（不同施工图单位各不相同，需先明确单位再选择）。

3）定位为“自动-原点到原点”（必须保证 CAD 图中原点与 Revit 项目基点位置一致才可采用这种定位方式）。

注意：如果导入的 CAD 图包含等高线信息，设计师想通过拾取 CAD 图中的等高线创建地形，需勾选“仅当前视图（U）”，否则将无法通过直接拾取导入 CAD 图中的等高线来创建地形。

本书案例工程的教学楼场地为平整过的场地，地形表面相对室内标高为“-0. 150m”。

3.4.2 建立 Revit 地形

1. 建立地形表面

Revit 中地形表面可通过“放置点”和“通过导入创建”两种方式建立，前者是直接在 Revit 中单击放置地形控制点并输入高程值的方式创建地形；后者是通过选择导入的 DWG 等高线工程图或 CSV 点文件来创建地形。鉴于本案例工程的场地为平整后的场地，故而使用“放置点”放置直接创建地形。

1）单击“体量和场地”选项卡中的“场地建模”面板（地形表面），选择“放置点”命令进入绘制模式。

2）在修改栏中设置放置点的高程为“-150.0”，选择“绝对高程”选项。

3）依次单击导入的 CAD 图中场地边界的四个角点，如图 3-40 所示。完成后在功能栏中单击（完成表面）。

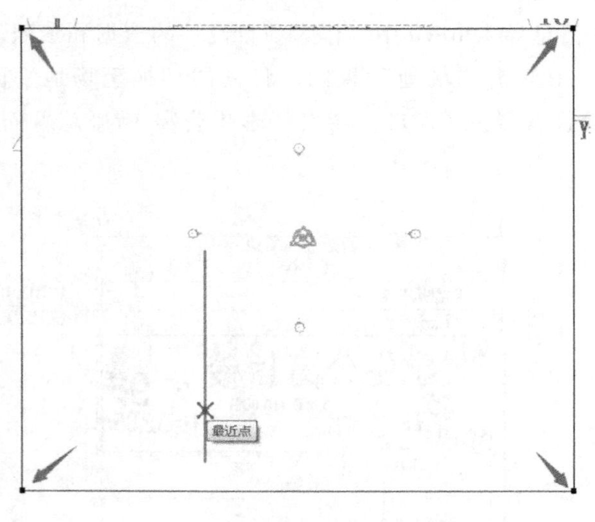

图 3-40

2. 建立园区道路

建立完地形后，在场地平面视图中无法观察到绘制完成的地形表面，这是因为所绘制的地形表面不在当前平面视图范围内。在属性面板中找到视图范围，单击“编辑”按钮，分别更改主要范围与视图深度的参数，偏移值均设为负值。

更改视图范围后，即可在平面视图中再次观察到地形表面。接着根据导入进来的 CAD 图中道路的布置情况，使用 Revit“子面域”工具创建道路。

1）选择已绘制好的地形表面，单击“修改 | 地形”→“视图”→“在视图中隐藏”按钮，在下拉菜单中选择“隐藏图元”。单击“体量和场地”选项卡的“修改场地”面板（子面域），进入草图编辑模式。

2）单击后（拾取线），依次拾取道路的边界线，直至子面域的边界线形成闭合的轮廓线，如图 3-41 所示。

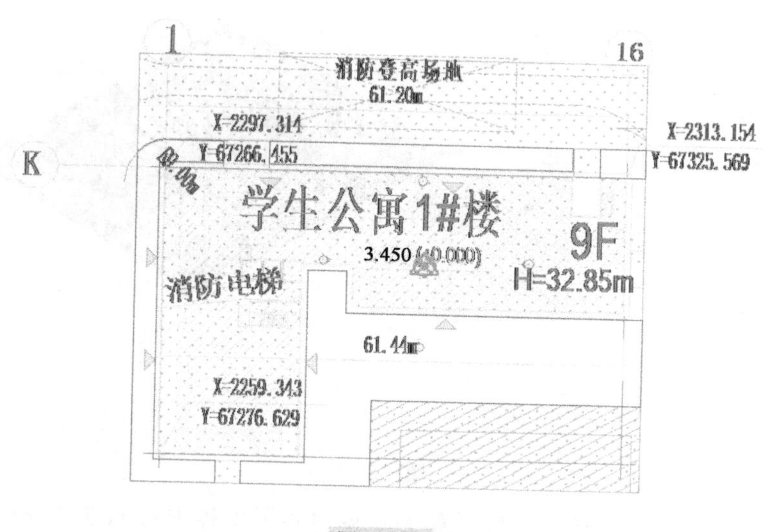

图 3-41

3）单击完成子面域的创建，如图 3-42 所示。

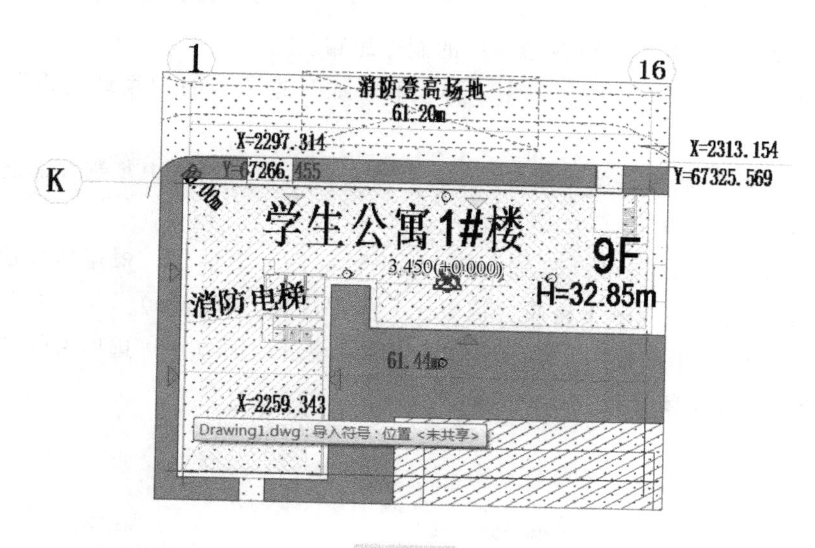

图 3-42

4）切换至三维视图，选择道路子面域，在“属性”面板中为道路添加“沥青”材质（默认建筑样板已提供沥青材质，可直接调用），如图 3-43 所示。

3.4.3 绘制地坪层

在原始地基上面进行平整（挖土或填土）后，需要对原土层进行一定的处理，使填土达到一定密实度和强度。一般在采取碾压或夯实后，才能进行绘制地坪层基层的施工。这一过程，在 Revit 中可通过在地形表面添加建筑地坪来实现。

建筑地坪需要根据建筑功能的不同、建筑规模的大小、地基的特性与环境特征，进行地坪层的构造做法设计。

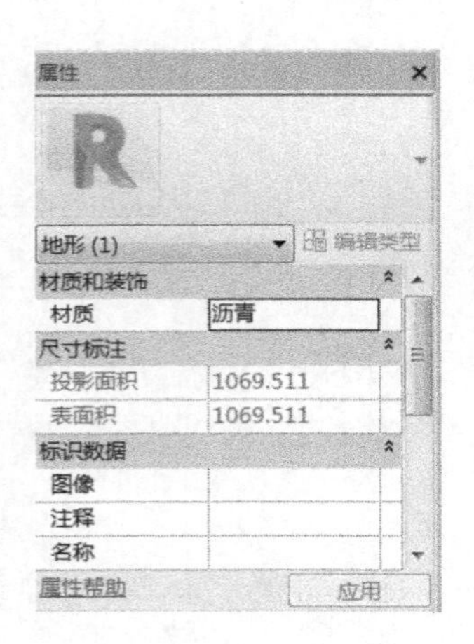

图　3-43

注意："300mm 厚 3∶1 灰土"与"素土夯实"属于工程中对地基处理的做法，不属于建筑物基础的一部分，故学生公寓楼地坪层的功能设计不含地基处理部分，请注意工程中地基与基础的区别和联系。

Revit 中地坪层设计的方法可参考楼层的制作思路。

1）在"平面视图-场地"中，单击"体量和场地"选项卡的"场地建模"面板（建筑地坪）。

2）单击"属性"面板（类型属性），在"类型属性"对话框中复制并命名新的地坪层为"学生公寓楼一室内地坪"。

3）单击"编辑..."按钮，进入"地坪层编辑部件"对话框，根据地坪层构造做法添加地坪功能层，并分别为其赋予材质（混凝土）与厚度值（300mm）。

4）切换至"F1"平面视图，单击"修改 | 创建建筑地坪边界"选项卡的"绘制"面板（线），沿建筑外墙绘制闭合线，如图 3-44 所示。

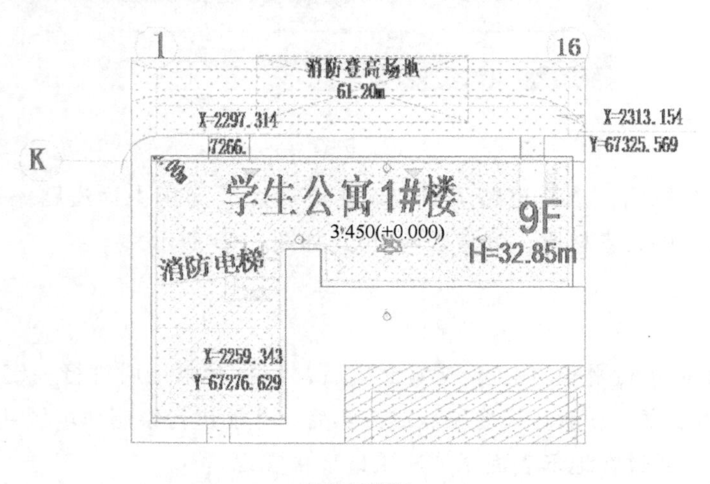

图　3-44

5）单击"√"按钮完成建筑地坪的创建，如图 3-45 所示。

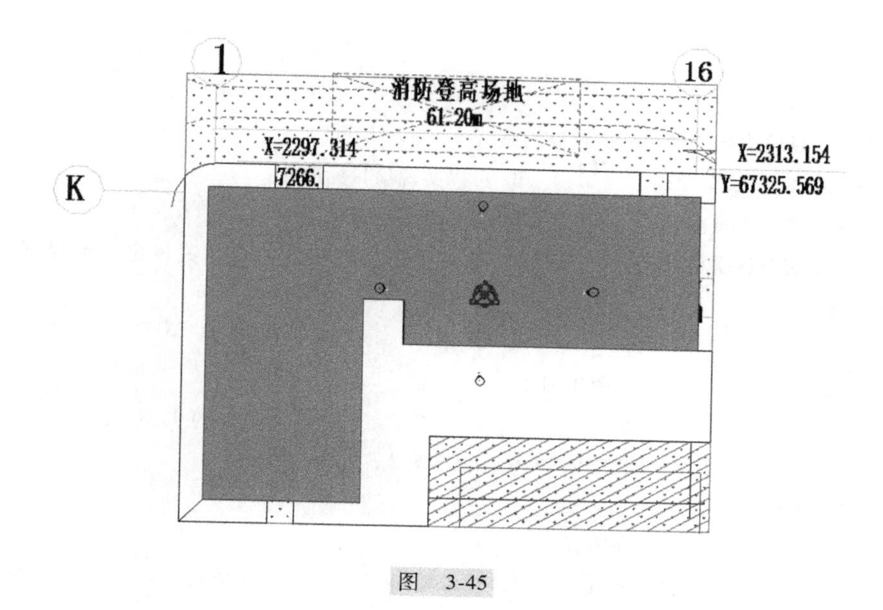

图 3-45

练　习　题

一、单项选择题

1. 在建筑日照分析中，一栋住宅为遮挡建筑，其屋面结构顶板标高为 99.000m，女儿墙高 1.5m，首层室外标高为 0.300m，在日照软件中设置其建筑高度为（　　）m。

A. 100.5　　B. 100.2　　C. 100.8　　D. 99.3

2. 绘制模型时，平面内立即提示构件不可见，以下描述不正确的是（　　）。

A. 视图范围影响可见性　　B. 构件类别被隐藏

C. 被临时隐藏　　D. 位于视图框外

3. 在线样式中不能实现的设置是（　　）。

A. 线型　　B. 线宽　　C. 线的颜色　　D. 线比例

4. 关于构件创建的描述，正确的是（　　）。

A. 空心形状不是创建的工具

B. 拉伸编辑完成后，还能修改该构件的高度（厚度）

C. 放样中轮廓可以不是封闭的线段

D. 拉伸中，轮廓可沿弧线路径拉伸

5. 如何实现轴线的轴网标头偏移（　　）。

A. 选择该轴线，修改类型属性的设置

B. 单击标头附近的折线符号，按住“拖拽点”即可调整标头位置

C. 以上两种方法都可

D. 以上两种方法都不可

6. 下列关于族制作中参数属性的描述，错误的是（　　）。

A. 参数可以是类型参数也可以是实例参数

B. 不可添加文字参数

C. 可添加材质参数

D. 可添加角度参数

7. 下列对项目结构样板功能描述错误的是（　　）。

A. 可以提高工作效率　　B. 可以实现项目标准化

C. 可以统计项目人员数量　　D. 可以管理项目质量

8. 根据《建筑信息模型设计交付标准》，在满足项目需求且符合相关规定的前提下，宜采用（　　）的建模精细度。

A. 较低　　B. 较高　　C. 最高　　D. 任意

9. 新建视图样板时，默认的视图比例是（　　）。

A. 1∶50　　B. 1∶75　　C. 1∶100　　D. 1∶200

答案：1. C；2. C；3. D；4. B；5. B；6. B；7. C；8. A；9. C

二、多项选择题

1. 在项目中可以创建轴网的视图有（　　）。

A. 楼层平面　　B. 结构平面　　C. 三维视图　　D. 东立面　　E. 天花板平面

2. 下列关于轴网的描述，错误的是（　　）。

A. 可以通过修改类型属性修改轴号的显隐

B. 可以直接对轴网上的小框打钩，控制轴号的显隐

C. 可以通过修改类型属性修改轴线的样式

D. 可以通过修改类型属性修改轴线的颜色

E. 可以通过修改类型属性修改轴网标头的偏移

3. 建筑信息模型信息结构分类中包含有建设进程，建设进程包括（　　）三个分类表。

A. 建筑产品　　B. 组织角色　　C. 工程建设项目阶段

D. 行为　　E. 专业领域

4. 在楼层平面中，绘制完成的一个构件图元，发现在三维中能够看到，但在当前平面不能看到，主要是由于（　　）的影响。

A. 视图范围　　B. 视图规程　　C. 详细程度　　D. 可见性/图形替换　　E. 详细程度

5. 下列属于三维投影图的是（　　）。

A. 正投影图　　B. 正轴测图　　C. 斜轴测图　　D. 透视图　　E. 平面图

6. Revit 可以直接打开以下文件格式（　　）。

A. dwg　　B. rvt　　C. rfa　　D. max　　E. nwc

7. 基于 BIM 的建筑性能化分析包含（　　）。

A. 室外风环境模拟　　B. 自然采光模拟　　C. 室内自然通风模拟

D. 小区热环境模拟分析　　E. 建筑结构计算分析

8. 下面关于 BIM 结构设计基本流程说法正确的是（　　）。

A. 不能使用 BIM 软件直接创建 BIM 结构设计模型

B. 可以从已有的 BIM 建筑设计模型提取结构设计模型

C. 可以对 BIM 结构模型进行同步修改，使 BIM 结构模型和结构计算模型保持一致

D. 可以提取结构构件工程量

E. 可以绘制局部三维节点图

答案：1. ABDE；2. ABE；3. CDE；4. ABCD；5. ABC；6. BC；7. ABCD；8. BCDE

三、操作训练题

1. 某建筑共 50 层，其中首层地面标高为±0. 000m，首层层高 6. 0m，第二至四层层高 4. 8m，第五层及以上均层高 4. 2m。请按要求建立项目标高，并建立每个标高的楼层平面视图，并请按平面图（图 3-46和图 3-47）中的轴网要求绘制项目轴网。最终结果以“标高轴网”为文件名保存下来。（图学会第三期 BIM 技能一级考试试题第一题）。

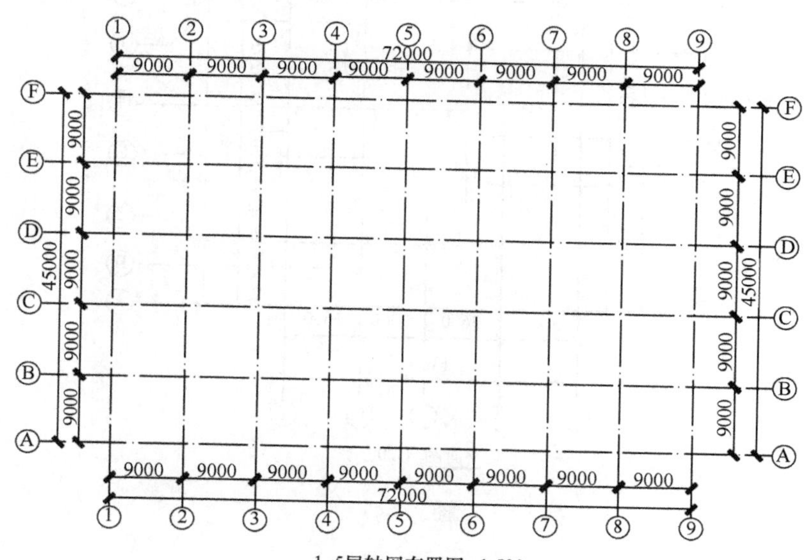

图　3-46

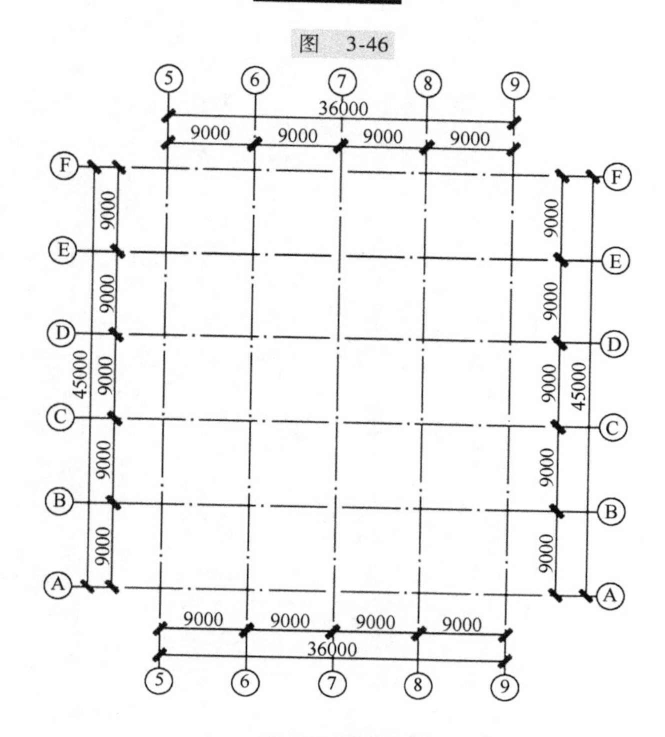

图　3-47

2. 根据图 3-48 给定数据创建轴网并进行尺寸标注，显示方式参考图 3-48。请将模型文件以“轴网”为文件名保存到文件夹中（图学会第十期全国 BIM 技能等级考试一级试题第一题）。

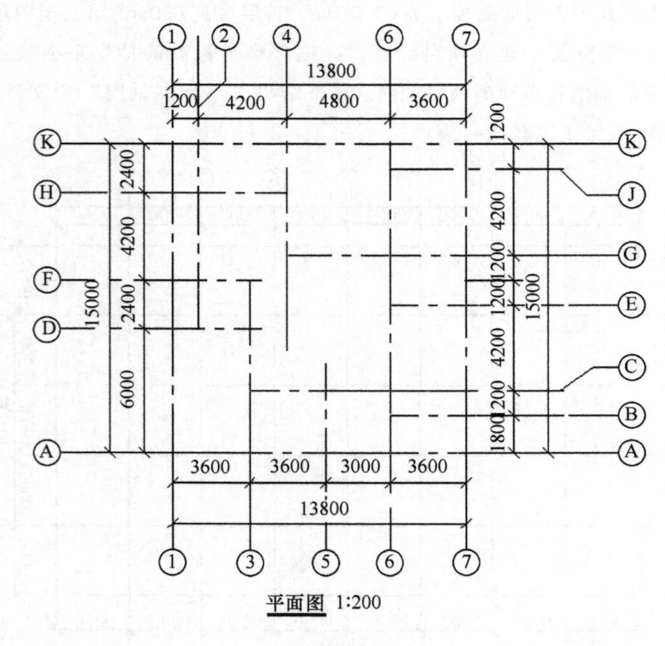

图 3-48

第4章 框架柱与剪力墙

■ 学习目标

了解 Revit 中建筑柱与结构柱的区别，掌握柱的创建与编辑方法，掌握剪力墙的创建与编辑方法。

■ 案例工程图重点分析

绘制案例工程的框架柱与剪力墙，重点关注：

结施—03，基础面~二层板面墙柱定位平面图；结施—04，二层板面~四层板面墙柱定位平面图；结施—05，四层板面以上墙柱定位平面图。

剪力墙墙体厚度、墙柱顶标高、剪力墙位置、约束边缘柱的定位及截面尺寸、框架柱的定位及截面尺寸。

4.1 软件中的柱

Revit 提供了两种不同用途的柱：建筑柱和结构柱。建筑柱可以单击“建筑”选项卡的“构建”面板中的“柱”→“柱：建筑”命令调用，结构柱可以单击“建筑”选项卡的“构建”面板中的“柱”→“结构柱”命令以及“结构”选项卡“结构”面板中的“柱”命令调用。

建筑柱和结构柱在 Revit 中所起的功能与作用各不相同。建筑柱主要起到装饰和维护作用，而结构柱作为结构体系中的垂直承重图元，不仅承受竖向的压力，还承受横向的拉力，并从上往下传递荷载。对于大多数结构体系，可采用结构柱这个构件。可以根据需要在完成标高和轴网定位信息后创建结构柱，也可以在绘制墙体后再添加结构柱。

在 Revit 中，建筑柱和结构柱之间共享许多属性，但由于二者属于不同的类别，所以有很大的差异。建筑柱和结构柱的差异主要体现在属性差异、样式差异、绘制方式差异、连接方式差异这四个方面。这些差异都是基于两种柱子在实际使用中的功能差异。

（1）属性差异

在建筑中，建筑柱的作用主要在于装饰功能，而结构柱则有承受荷载的作用，针对这一差异，Revit 中的结构柱有一个可用于数据交换的分析模型，柱子两端自带两个分析节点，相比建筑柱多了一个分析属性。

（2）样式差异

在 Revit 中，建筑柱只能垂直于平面放置，而结构柱由于在部分大型建筑结构中会使用部分斜柱，因此结构柱在样式上又分成“垂直柱”和“斜柱”两种，相比建筑柱多了一种斜柱的放置方式。

（3）绘制方式差异

在 Revit 中，建筑柱的绘制方式需要一个个地添加，而结构柱则可以基于轴网批量添加，或基于建筑柱放置。这是由于建筑柱作为装饰构件时和轴网之间不存在绑定关系，而结构柱的定位是通过轴网确定的，所以和轴网是对应的关系，并且可以设定结构柱随轴网移动。此外，部分建筑中会使用建筑柱围绕结构柱创建柱框外围模型，因此可以在建筑柱中添加结构柱，必须注意的是这一绘制方式不可逆，即无法在结构柱中添加建筑柱。

（4）连接方式差异

在 Revit 中，由于建筑柱属于建筑图元，而结构柱属于结构图元，所以它们各种连接的对象存在差异。其中：

1）结构柱能够与结构图元相连接，如梁、板撑和独立基础，而建筑柱则不能。

2）建筑柱作为建筑图元，能够与建筑墙相连接。与之相连的建筑墙体上的面层能够自动延伸到建筑柱上，形成包络。因此，建筑柱将继承连接到的其他图元的材质，而结构柱则保持独立。

4.2 首层剪力墙及柱

4.2.1 首层框架柱

首层柱布置

（1）案例工程图的框架柱解读

打开学生公寓 1#楼工程图，找到结施—03 基础面~二层板面墙柱定位平面图、结施—04 二层板面~四层板面墙柱定位平面图、结施—05 四层板面以上墙柱定位平面图，可知各层板面墙柱平面定位信息，且包含框架柱和剪力墙约束边缘柱两种大的类型，基础层~三层墙柱混凝土强度等级为 C40，四~六层墙柱混凝土强度等级为 C35，七层以上墙柱混凝土强度等级为 C30。

其中框架柱截面为矩形，共 5 种类型：KZ1—500×600、KZ1a—500×600、KZ1b—500×600、KZ2—500×800、KZ4—600×600。KZ1、KZ1a、KZ1b 的截面尺寸相同，差别在于部分配筋不同。

（2）载入矩形截面“结构柱”族文件

1）选择“项目浏览器”展开“楼层平面”视图类别，双击“基础顶”楼层平面视图。单击“结构”选项卡，选择结构面板中的“柱”（或者选择路径：“建筑”→“柱”→“结构柱”）工具。单击“属性”面板中的“编辑类型”命令，打开“类型属性”窗口，单击

“载入”按钮，弹出“打开”窗口，默认进入 Revit 族库文件夹。

2）单击“结构”→“柱”→“混凝土”文件夹，找到“混凝土-矩形-柱 .rfa”文件，单击“打开”命令，载入“学生公寓 1#楼”项目中。

（3）建立矩形截面框架柱“KZ1-500×600”的族类型

1）单击“复制”按钮，弹出“名称”窗口，输入“KZ1-500×600”，单击“确定”按钮，关闭窗口。

2）在类型参数的“b”位置输入“500”，“h”位置输入“600”。单击“确定”按钮，退出类型属性窗口。

3）单击“属性”面板中的“结构材质”的右侧按钮，弹出“材质浏览器”选项卡。

4）单击鼠标右键复制，更改其名称为“混凝土-现场浇筑混凝土-C40”，如图 4-1 所示，单击“确定”按钮退出。

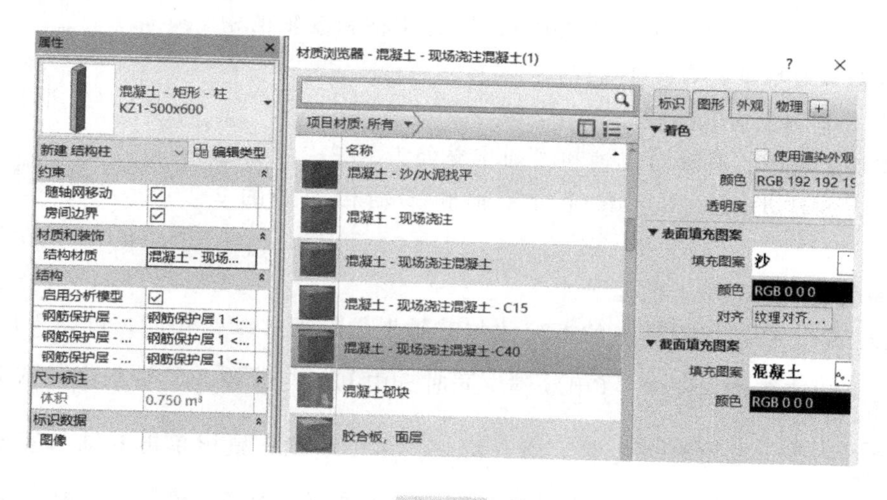

图 4-1

（4）建立项目其他矩形柱类型

根据“结施—03 基础面~二层板面墙柱定位平面图”可知，项目矩形截面除了 KZ1—500×600，还有 KZ1a—500×600、KZ1b—500×600、KZ2—500×800、KZ4—600×600 几种框架柱。按照同样的方法，复制结构柱类型并进行相应尺寸及结构材质的设置。构件定义完后，可开始构件布置。

（5）布置Ⓐ轴上的框架柱

根据“结施—03 基础面~二层板面墙柱定位平面图”可知，Ⓐ轴与④轴和⑤轴相交处为 KZ1（与定义的 KZ1 族类型旋转了 90°）。

1）双击进入“基础顶”平面视图。单击“结构”→“柱”命令，在“属性”面板中找到“KZ1—500×600”，Revit 自动切换至“修改 | 放置结构柱”上下文选项卡。在Ⓐ轴与④轴相交处单击布置 KZ1。此时弹出“附着的结构基础将被移动到柱的底部”警告对话框，关闭此对话框。按 2 次〈Esc〉键，退出布置“KZ1”命令。

2）选中已完成布置的 KZ1，在“属性”栏修改此 KZ1 的属性值：“顶部标高”为

"F1"，"顶部偏移"为"-40"（因为施工图中，结构标高比建筑标高低 40mm）；"底部标高"为"基础顶"，"底部偏移"为"0"（此时弹出"附着的结构基础将被移动到柱的底部"警告对话框，关闭此对话框）。

3）选中已完成布置的 KZ1，利用"旋转"命令将该柱子旋转 90°。

4）选中已完成布置的 KZ1，利用"移动"命令将该柱子水平向左移动 50mm，垂直向上移动 130mm。

5）选择"注释"→"尺寸标注"→"对齐"命令，对该柱子的定位尺寸进行标注，结果如图 4-2 所示。

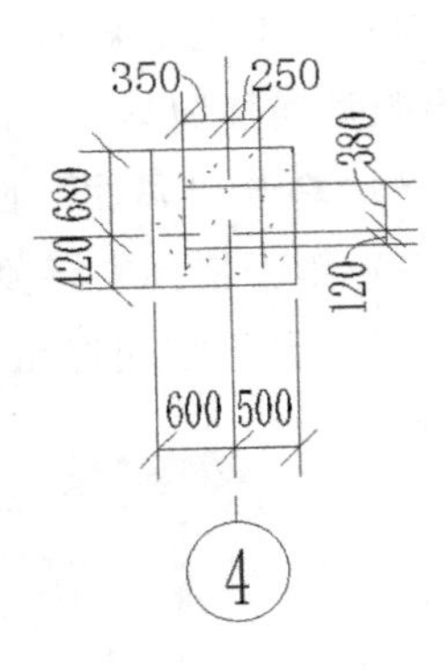

图 4-2

6）对照案例工程图，Ⓐ轴与⑤轴相交处的 KZ1 与已完成布置的Ⓐ轴与④轴相交处的 KZ1 对称，可用"镜像"命令快速布置。选中Ⓐ轴与④轴相交处的 KZ1，单击"修改 | 结构柱"的"镜像-绘制轴"命令（快捷命令"DM"），绘制④轴和⑤轴的中间垂直线为镜像对称轴，直接布置。

（6）布置Ⓑ轴上的框架柱

对照案例工程图，Ⓑ轴与④轴和⑤轴相交处为 KZ2。与上述步骤（5）的方法类似，布置Ⓑ轴与④轴和⑤轴相交处的 2 个 KZ2。

（7）布置Ⓒ轴和Ⓓ轴上的框架柱

对照施工图，Ⓒ轴和Ⓓ轴上的框架柱与Ⓑ轴上的框架柱维权相同，可以采用"复制"按钮 命令快速布置。按住〈Ctrl〉键，同时选中Ⓑ轴与④轴和⑤轴相交处的 2 个 KZ2，单击按钮 命令，不勾选"约束"项，勾选"多个"项；鼠标单击Ⓑ轴与④轴的交点，垂直向上移动鼠标，鼠标单击Ⓒ轴与④轴的交点；再垂直向上移动鼠标，鼠标单击Ⓓ轴与④轴的交点。这样快速布置好Ⓒ轴和Ⓓ轴上的框架柱。

（8）布置其他的框架柱构件

按照上面的办法，布置其他的框架柱构件。在布置的过程中可采取复制、镜像等方法。全部布置完成后如图 4-3 所示。

4.2.2 首层剪力墙

本工程是框架剪力墙结构，剪力墙与柱类似是建筑物的竖向承重构件，同时增强建筑物

T 形和 L 形剪力墙族

Z 形剪力墙族

创建剪力墙族类型

首层剪力墙布置

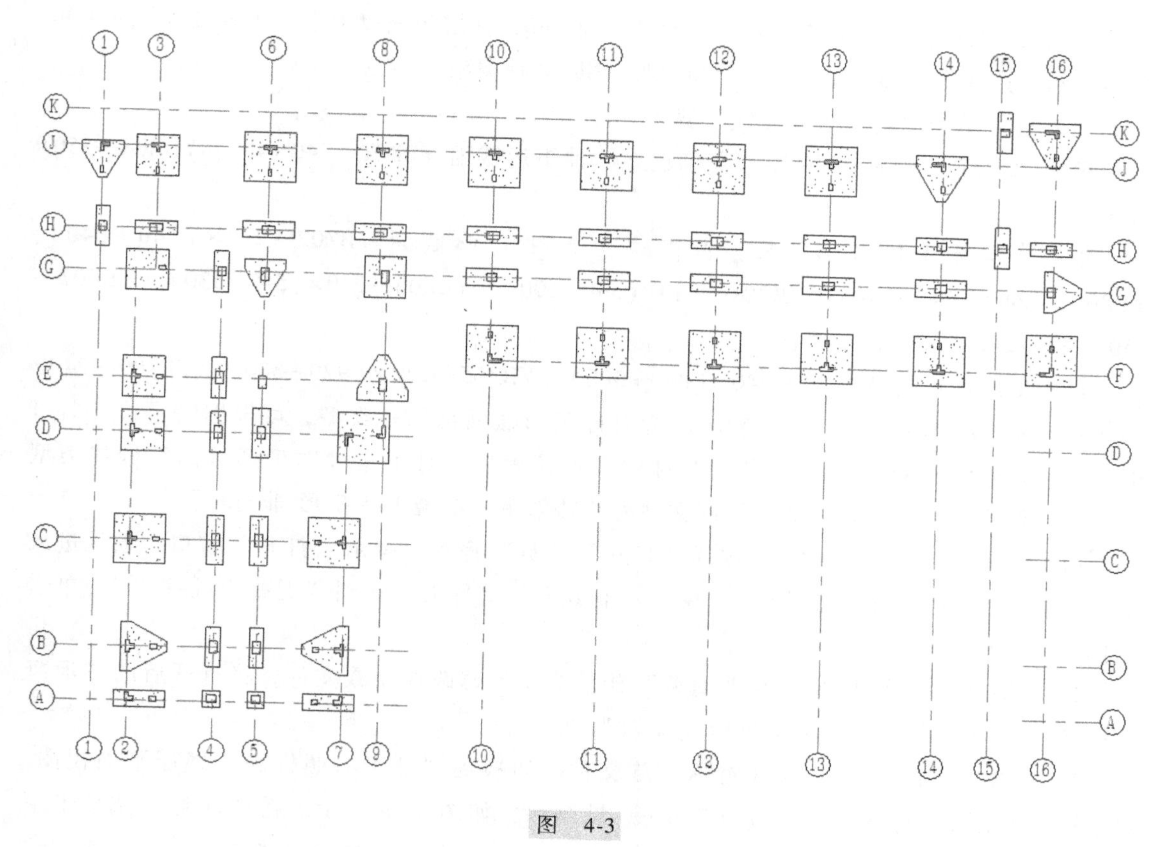

图 4-3

的横向刚度。

Revit 中“建筑”选项卡有建筑墙、结构墙、面墙、墙饰条、分割条五种命令；结构选项卡下有结构墙、建筑墙、墙饰条、分割条四种命令。剪力墙应采用“结构墙”命令进行绘制。

根据《混凝土结构施工图平面整体表示方法制图规则和构造详图（现浇混凝土框架、剪力墙、梁、板）》（16G101-1），剪力墙可视为剪力墙柱、剪力墙身和剪力墙梁三类构件构成。

从建模角度，有两种思路对剪力墙进行建模。第一种思路，把剪力墙（如本案例中的剪力墙 Q1）分为两端的约束边缘柱（YBZ01、YBZ03）以及中间的墙身，共三部分，并对它们分别建模。两端的约束边缘柱用“混凝土柱”族构建，墙身用“结构墙”族构建。第二种思路，从构造看，YBZ01 和 YBZ03 是对剪力墙墙身钢筋加强的区域，本身不是独立的构件。因此，把剪力墙 Q1 两端的约束边缘柱（YBZ01、YBZ03）以及中间的墙身作为一个整体构件来考虑。

1. 第 1 种建模思路

下面介绍第一种建模思路的具体步骤。

根据“结施—03 基础面～二层板面墙柱定位平面图”可知基础面～二层板面剪力墙平面定位信息，通过详图可知墙厚有 2 种类型，即 240mm 和 350mm，通过“结构层高表”可知，基础层~四层板面剪力墙混凝土强度等级为 C40，四层板面以上混凝土轻度等级为 C30。剪力墙约束边缘柱截面有矩形、L 形和 T 形，共 10 种类型。

（1）建立剪力墙约束边缘柱族类型

根据“混凝土-矩形-柱”族，直接建立 2 种矩形截面 YBZ01—240×400、YBZ08—350×400 族类型。

根据“混凝土柱-L 形”族，直接建立 5 种 L 形截面 YBZ02—240×(540+340)、YBZ02a—240×(540+340)、YBZ04—240×(540+600)、YBZ06—240×(540+530)、YBZ07—350×(590+240×230) 族类型。

对于 T 形截面柱 YBZ03—240×(840+300)、YBZ05—240×(920+300)、YBZ09—240×8400+350×350。其中，YBZ03、YBZ05 为对称 T 形截面结构柱类型，可根据“混凝土柱-T 形”族直接建立。Revit 族库本身只有对称 T 形截面柱，对于非对称 T 形截面结构柱类型 YBZ09，需要以“混凝土柱-T 形”族文件为基础创建“混凝土柱-T 形-非对称”族。

1）单击左上角的“文件”，选择“打开”→“族”命令，弹出“打开”窗口，默认进入 Revit 族库文件夹；选择“结构”→“柱”→“混凝土”文件夹，找到“混凝土柱-T 形”，单击“打开”命令。

2）另存为“混凝土柱-T 形-非对称”族。为了不修改原始族文件，将打开后的“混凝土柱-T 形”另存为“混凝土柱-T 形-非对称”族。

3）修改“混凝土柱-T 形-非对称”族文件。切换到“低于参照标高”楼层平面视图。单击选中等分尺寸标注样式，按〈Delete〉键删除，如图 4-4a 所示。在“注释”选项卡下选择“对齐”进行尺寸标注，并单击按钮创建尺寸约束，如图 4-4b 所示。

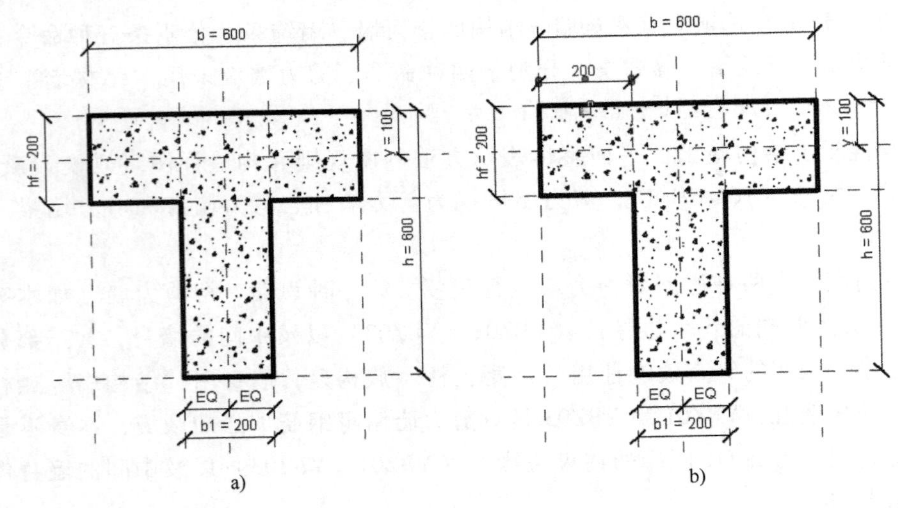

图 4-4

创建参数。单击新建的尺寸标注，进入“修改”→“尺寸标注”命令。单击“标签尺寸标注”→“创建参数”，在弹出的“参数类型”对话框中进行族参数命名和设置。将参数数据“名称”设为“b2”，其他为默认值，如图 4-5a 所示。单击“确定”按钮，结果如图 4-5b 所示。

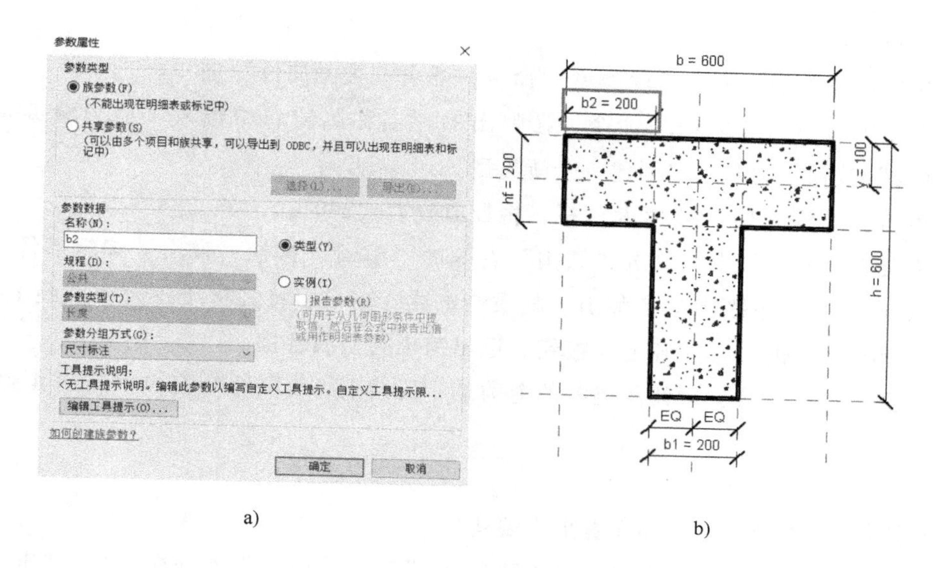

a) b)

图 4-5

将修改后的族载入项目。修改“混凝土柱-T 形-非对称”类型属性。单击“属性”面板中的“编辑类型”，打开“类型属性”窗口，单击“复制”按钮，弹出“名称”窗口，输入“YBZ09—240×8400+350×350”，修改其“尺寸标注”值，如图 4-6 所示，单击“确定”按钮关闭窗口。

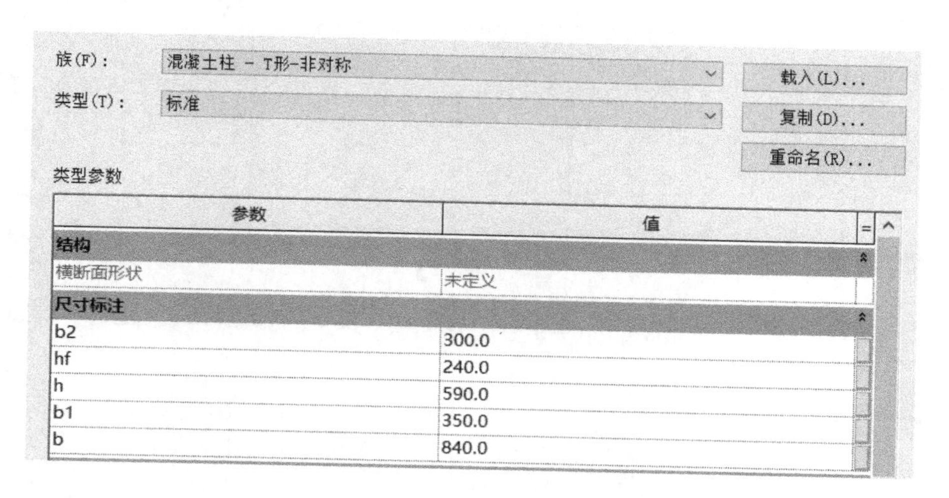

参数	值
结构	
横断面形状	未定义
尺寸标注	
b2	300.0
hf	240.0
h	590.0
b1	350.0
b	840.0

图 4-6

（2）新建剪力墙类型

本案例工程剪力墙有 240mm 厚和 350mm 厚两种类型。

1）进入“基础顶”楼层平面视图。

2）单击“结构”面板的“墙”下拉菜单，选择“墙/结构”命令，系统切换到“修改 | 放置结构墙”选项卡。

3）在属性浏览器中，选择列表中的“基本墙”族中的“常规-200mm”类型，以此类型为基础创建新的结构墙类型。

4）单击属性面板中的“编辑类型”命令，弹出“类型属性”窗口。

5）单击窗口中的“复制”命令，在弹出的“名称”窗口中输入“剪力墙-240-C40”，单击“确定”按钮，为基本墙创建一个新类型。

6）单击“结构［1］”→“厚度”栏，将数值改为“240”。

7）在类型属性面板中，单击“结构”右侧的“编辑”按钮，弹出“编辑部件”窗口，单击“〈按类别〉”右侧按钮…，弹出“材质浏览器”窗口，将其材质改为“混凝土-现场浇注混凝土-C40”。单击3次“确定”按钮，退出编辑类型属性框。

8）依照同样的方法创建其他类型的剪力墙，完成后，“属性”窗口中新增4中类型的剪力墙。

（3）布置剪力墙构件

新建完建立墙类型后，开始布置剪力墙构件。

1）双击“项目浏览器”中的“基础顶”命令，进入“基础顶”平面视图中。单击“墙：结构”命令，选择墙体类型为“剪力墙-240-C40”，接着在选项栏中设置“高度”为“F1”，设置“定位线”为“核心层中心线”，取消勾选“链”和“半径”复选框，偏移为0，连接状态“允许”。

2）参照“结施—03基础面~二层板面墙柱定位平面图”中剪力墙所在位置绘制剪力墙。单击各道墙体的起点和终点位置，依次绘制基础层剪力墙，完成后如图4-7所示。

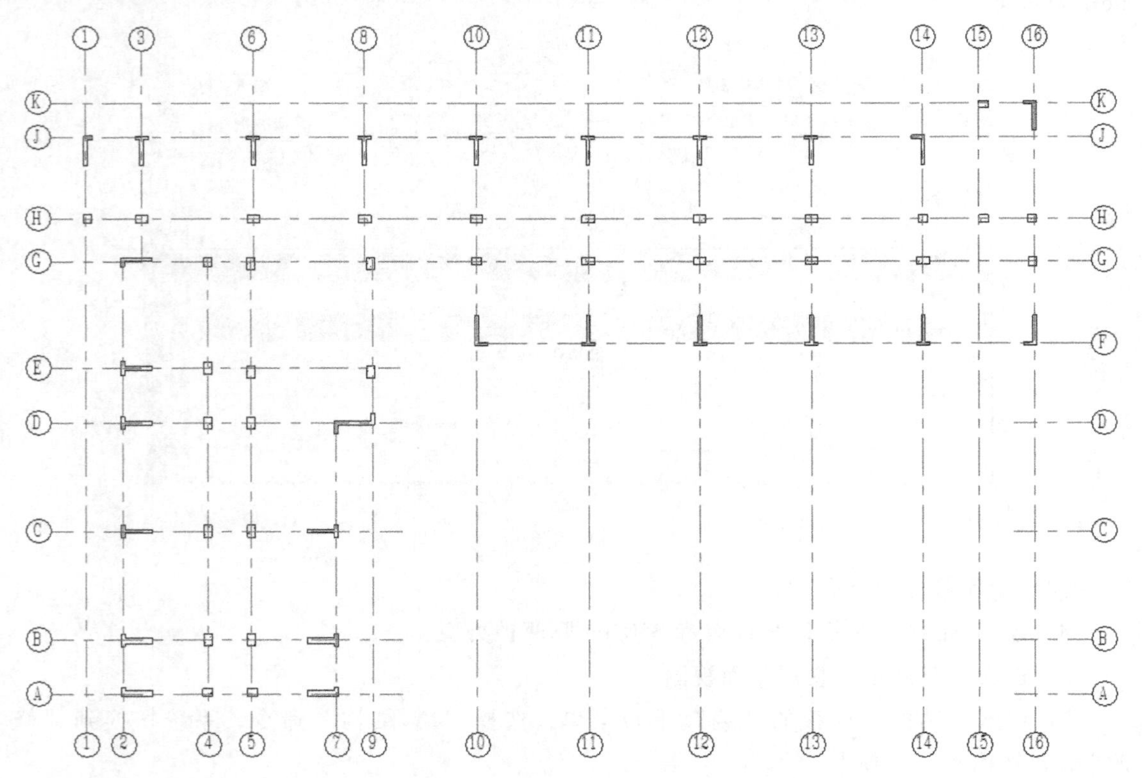

图 4-7

3）切换到“基础顶”楼层平面视图，单击“过滤器”选择“墙”，在属性框将其“顶部约束”改为“直到标高：F1”，“顶部偏移”改为“-40”。

2. 第二种建模思路

下面介绍第二种建模思路的具体步骤。

根据“结施—03 基础面～二层板面墙柱定位平面图”可知，剪力墙共有 8 种类型，如图 4-8 所示。

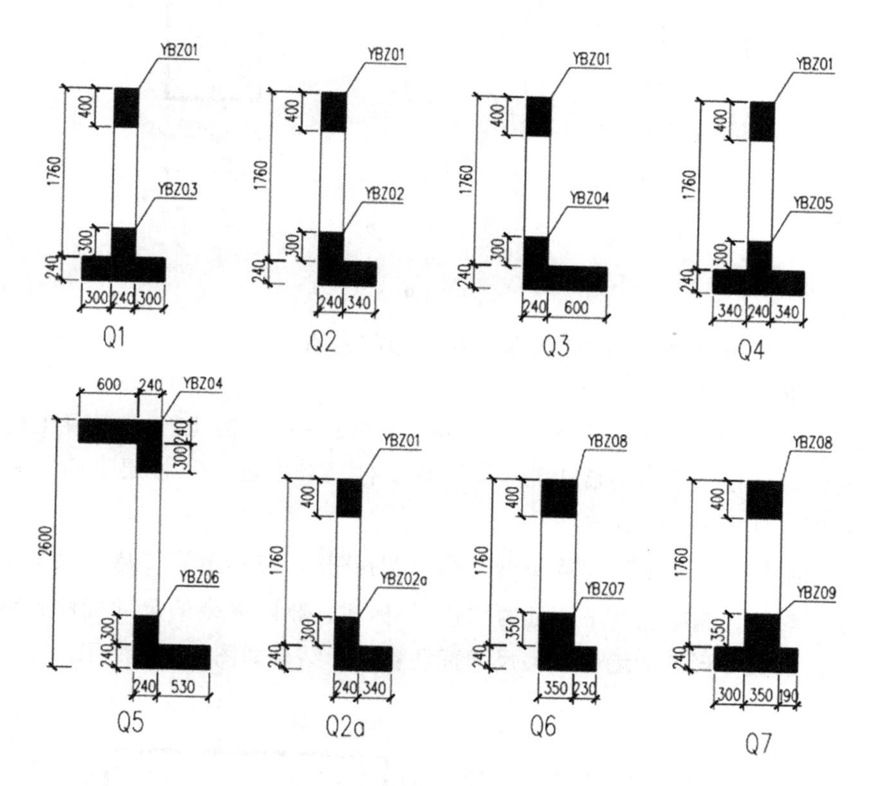

图 4-8

其中，对称 T 形剪力墙 2 种（Q1、Q4）、非对称 T 形剪力墙 1 种（Q7）、L 形剪力墙 4 种（Q2、Q2a、Q3、Q6）、Z 形剪力墙 1 种（Q5）。剪力墙是钢筋混凝土构件，可以用“结构柱”族来绘制构建。

（1）创建 T 形剪力墙族

1）单击“文件”→“打开”→“族”→“结构”→“柱”→“混凝土”→“混凝土柱-T 形”命令，打开族文件。另存为“剪力墙-T 形 . rfa”族文件。双击进入“楼层平面”→“低于参照标高”平面视图，如图 4-9a 所示。

2）单击“创建”→“属性”→“族类型”命令按钮，在弹出的“族类型”对话框中删除所有尺寸标注参数，删除上、下两处的“EQ”标注，删除多余的尺寸标注；增加 T 形翼缘的尺寸标注；添加 T 形剪力墙相关尺寸的尺寸标注参数，结果如图 4-9b 所示。

该族能满足对称和非对称 T 形剪力墙的建模要求。当“t1”等于“t2”时，为对称 T 形

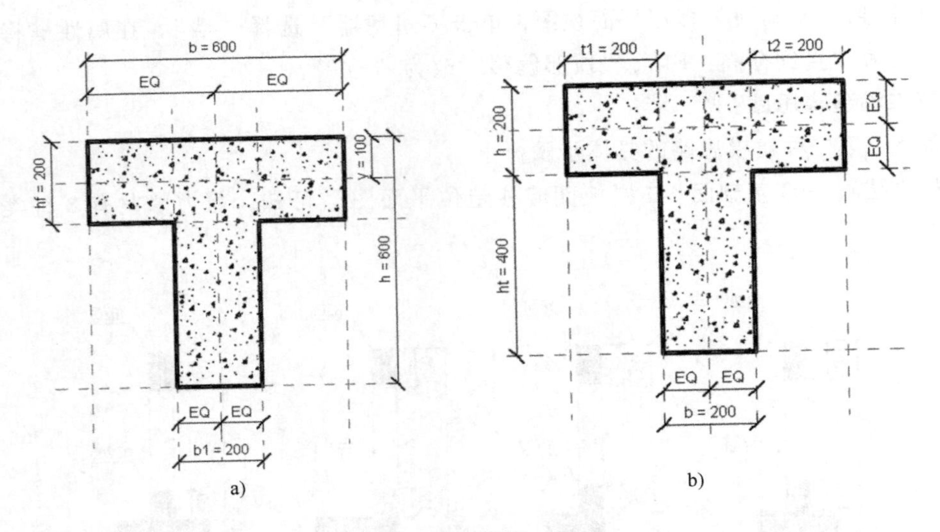

a)　　b)

图 4-9

剪力墙；当“t1”不等于“t2”时，为非对称T形剪力墙。

（2）创建L形剪力墙族

1）单击“文件”→“打开”→“族”→“结构”→“柱”→“混凝土”→“混凝土柱-L形”命令，打开族文件。另存为“剪力墙-L形 . rfa”族文件。双击进入“楼层平面”→“低于参照标高”平面视图，如图4-10a所示。

2）单击“创建”→“属性”→“族类型”命令按钮，在弹出的“族类型”对话框中删除所有尺寸标注参数，删除上、下两处的“EQ”标注，删除多余的尺寸标注；增加L形翼缘的尺寸标注；添加L形剪力墙的相关尺寸标注参数，结果如图4-10b所示。

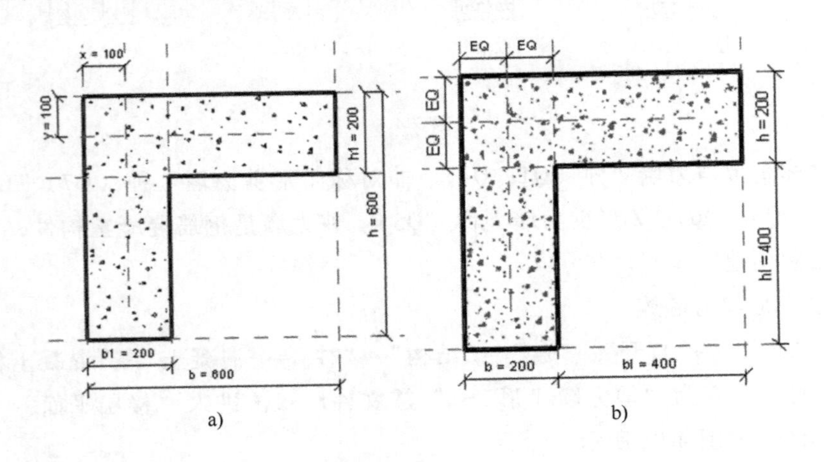

a)　　b)

图 4-10

（3）创建Z形剪力墙族

1）Revit自带的族中没有Z形柱族，需要在已创建的L形剪力墙族基础上进行修改。打开“剪力墙-L形”族文件，另存为“剪力墙-Z形 . rfa”族文件。双击进入“楼层平面”→

“低于参照标高”平面视图，单击“创建”→“属性”→“族类型”命令按钮，在弹出的“族类型”对话框中删除所有尺寸标注参数，删除上、下两处的“EQ”标注，删除多余的尺寸标注，结果如图 4-11a 所示。

2）在下方添加水平和垂直两个参照平面，如图 4-11b 所示。

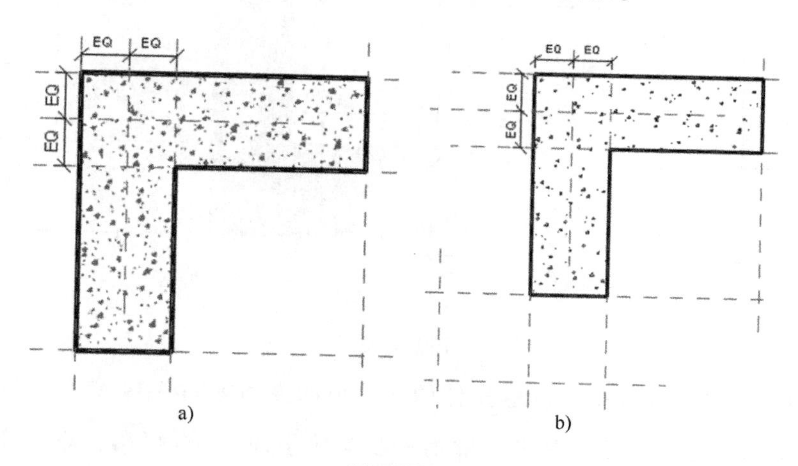

图　4-11

3）查看原来族的属性值。单击选中原来的族，其属性值如图 4-12 所示。

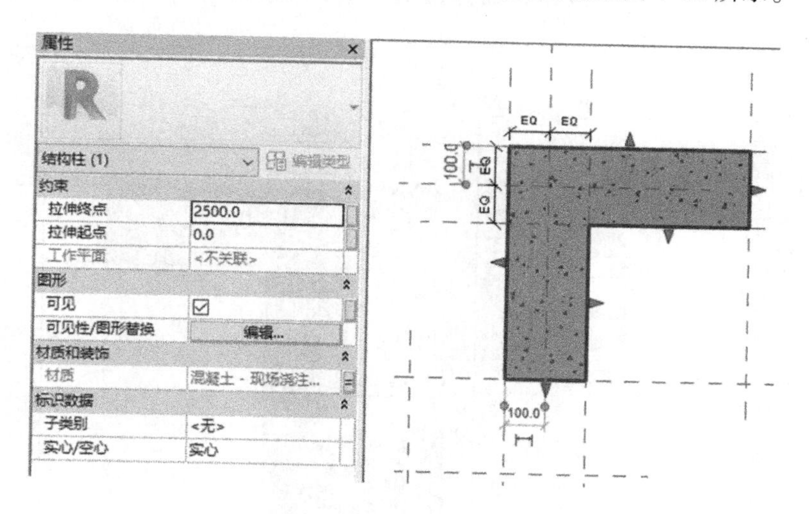

图　4-12

4）修改族。先删除原来的 L 形族，单击“创建”→“拉伸”命令，选择“修改”→“创建拉伸”面板的“绘制”→“直线”命令，在参照平面围成的 Z 区域绘制，如图 4-13a。单击“修改”→“创建拉伸”面板的“模式”面板中的按钮，结果如图 4-13b 所示。

5）锁定参照平面。用鼠标左键按住其中一个“▲”手柄，在参照平面附近轻轻移动，再放开鼠标，出现约束手柄，单击该手柄与参照平面锁定，手柄变为。按此方法依次将其他 7 个锁定。

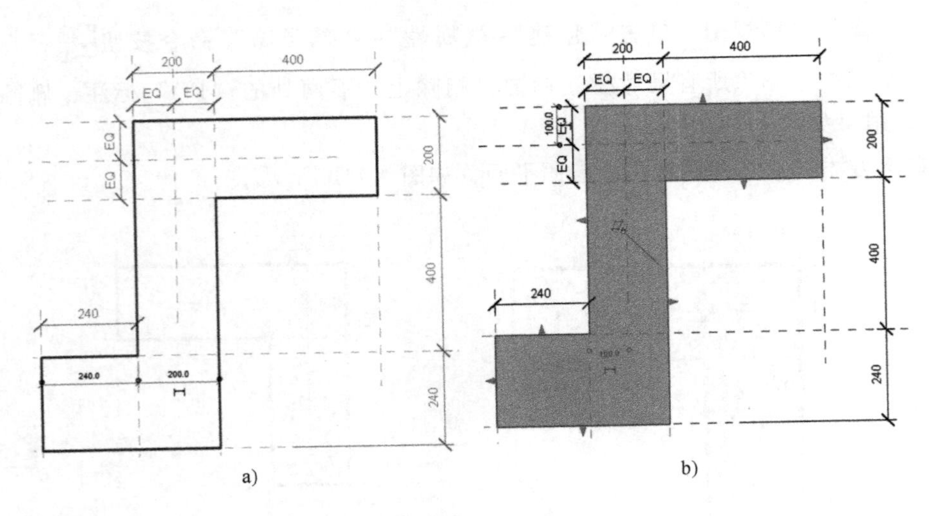

图 4-13

6）修改新建拉伸的属性值。新建拉伸的属性值的界面如图 4-14 所示，与图 4-12 中原来族的属性值不同，需要修改。单击“取消关联参照平面”手柄，将工作平面由“标高：低于参照标高”修改为“<不关联>”，“拉伸终点”设为“2500”。单击“材质”栏右边“〈按类别〉”旁边的“…”按钮，在弹出的“材质浏览器”中选择“混凝土-现场浇筑混凝土”项，按“确定”退出。

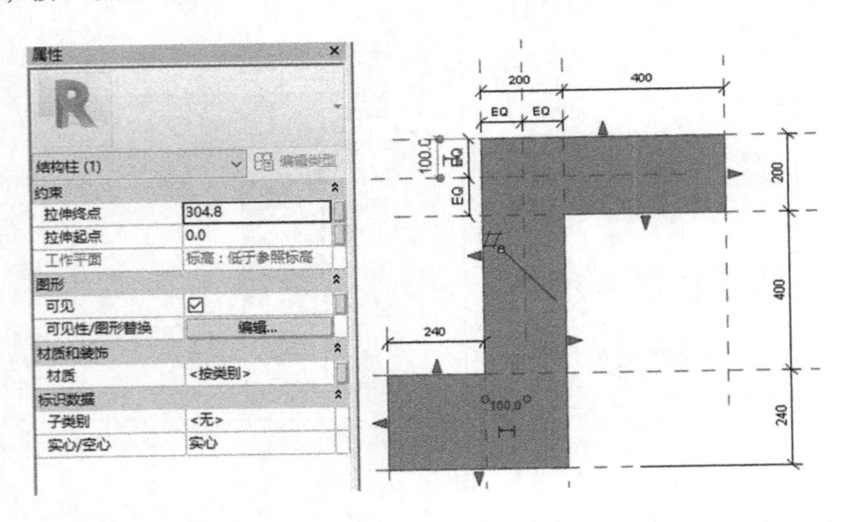

图 4-14

进入“立面（立面 1）”的任一视图，如“前”视图。轻轻移动上方的“▲”手柄，再放开鼠标，出现锁状手柄，单击该手柄，让拉伸的模型上部与“高于参照标高”参照平面锁定；轻轻移动下方的“▲”手柄，再放开鼠标，出现锁状手柄，单击该手柄，让拉伸的模型下部与“低于参照标高”参照平面锁定。

7）参加族参数。双击进入“楼层平面”→“低于参照标高”平面视图，单击“注释”→

“尺寸标注”→“对齐”命令，标注相关尺寸。逐个选中尺寸标注，单击“修改”→“尺寸标注”的“标签”→“创建参数”项中，添加对应的族参数。然后保存族，结果如图 4-15 所示。

（4）绘制首层剪力墙

1）建立 T 形剪力墙族类型。打开已创建的“剪力墙-T 形”族文件，载入“学生公寓 1#楼工程”项目文件中。单击“属性”→“编辑类型”命令，弹出“类型属性”对话框，单击“复制”命令，输入名称“剪力墙-T 形 Q1”，单击“确定”按钮。对照案例工程图尺寸，在“尺寸标注”录入参数值：b = 240，h = 240，ht = 1760，t1 = 300，t2 = 300，单击“确定”按钮。同样，建立“剪力墙-T 形 Q4”，在“尺寸标注”录入参数值：b = 240，h = 240，ht = 1760，t1 = 340，t2 = 340；建立“剪力墙-T 形 Q7”，在“尺寸标注”录入参数值：b = 350，h = 240，ht = 1760，t1 = 300，t2 = 190。

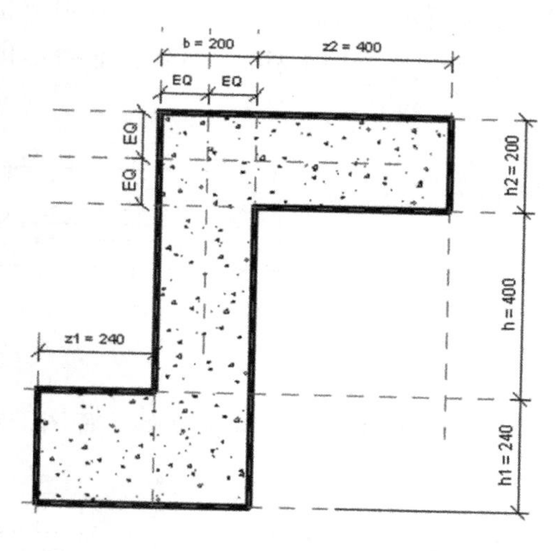

图　4-15

2）建立 L 形剪力墙族类型。打开已创建的“剪力墙-L 形”族文件，载入“学生公寓1#楼工程”项目文件中。单击“属性”→“编辑类型”命令，弹出“类型属性”对话框，单击“复制”命令，输入名称“剪力墙-L 形 Q2”，单击“确定”按钮。对照案例工程图尺寸，在“尺寸标注”录入参数值：b = 240，b1 = 340，h = 240，h1 = 1760，单击“确定”按钮。同样，建立“剪力墙-L 形 Q2a”，在“尺寸标注”录入参数值：b = 240，b1 = 340，h = 240，h1 = 1760；建立“剪力墙-L 形 Q3”，在“尺寸标注”录入参数值：b = 240，b1 = 600，h = 240，h1 = 1760；建立“剪力墙-L 形 Q6”，在“尺寸标注”录入参数值：b = 350，b1 = 230，h = 240，h1 = 1760。

3）建立 Z 形剪力墙族类型。打开已创建的“剪力墙-Z 形”族文件，载入“学生公寓1#楼工程”项目文件中。单击“属性”→“编辑类型”命令，弹出“类型属性”对话框，单击“复制”命令，输入名称“剪力墙-Z 形 Q5”，单击“确定”按钮。对照案例工程图尺寸，在“尺寸标注”录入参数值：b = 240，h = 2120，h1 = 240，h2 = 240，z1 = 600，z2 = 530，单击“确定”按钮。

4）布置剪力墙。对照案例工程图结施—03，Ⓐ轴与②轴相交处是 L 形剪力墙 Q6。单击“结构”→“柱”命令，调出已经载入项目的剪力墙族。选择“剪力墙-L 形 Q6”族类型，此时在绘图区域显示 Q6 是竖直状态，而案例工程图中Ⓐ轴与②轴相交处的 Q6 是水平状态。按键盘的空格键可以改变即将布置到模型中的族 Q6 的方向，使其与图中一致。将鼠标指针移到Ⓐ轴与②轴相交处，单击左键。此时出现“附着的结构基础将被移动到柱的底部”警告信息，单击“确定”按钮关闭此信息。按〈Esc〉键 2 次，退出布置状态，选中刚刚布置的 Q6，在“属性”栏，将“顶部标高”设为“F1”，“顶部偏移”设为“-40”；将“底部标高”设为“基础顶”，此时弹出“附着的结构基础将被移动到柱的底部”警告信息，单击“确定”关闭此信息，将“底部偏移”设为“0”。

单击“注释”→“尺寸标注”→“对齐”命令，对此处 Q6 的相关定位尺寸进行标注，如图 4-16a 所示。对照案例工程图，发现定位不准确，需要调整。选中此处的 Q6，利用“移动”命令，竖直向上移动“55”，如图 4-16b 所示。

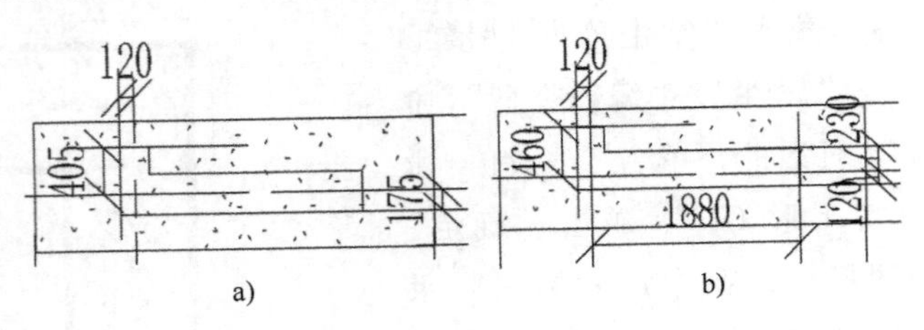

图 4-16

采用相同的方法，对照案例工程图，布置其他剪力墙。结果如图 4-17 所示。

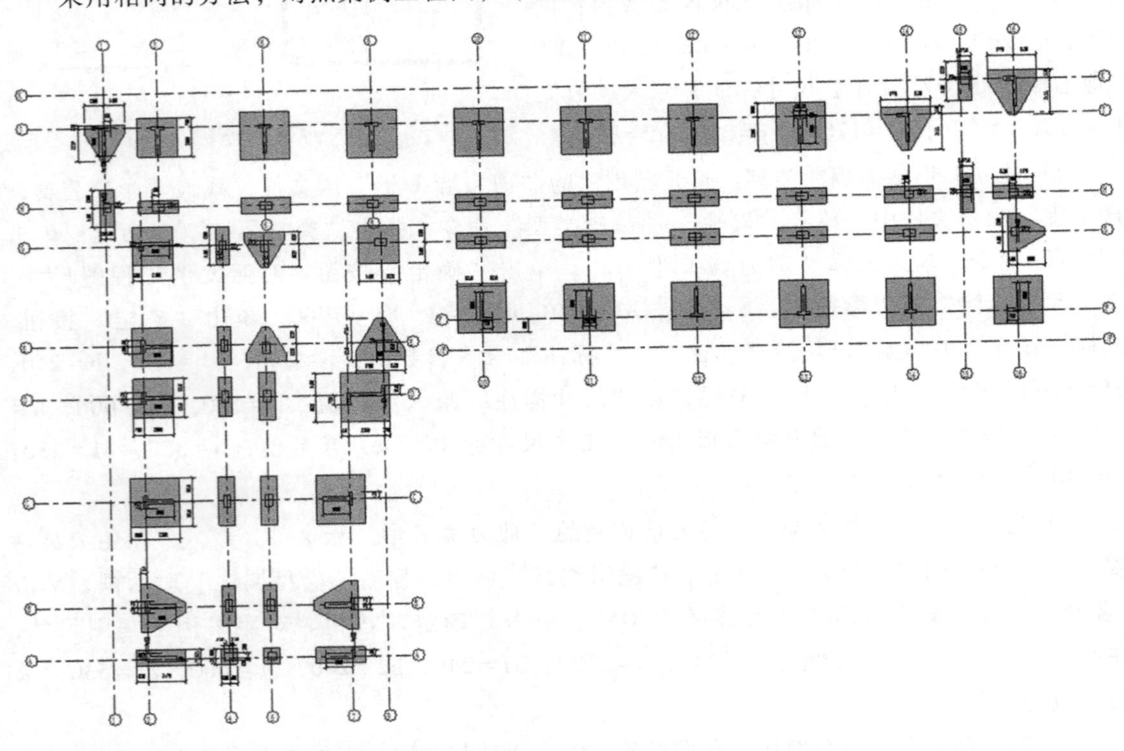

图 4-17

4.3 二~九层剪力墙及柱

4.3.1 二层剪力墙及柱

1）双击“F1”，进入“F1”楼层平面视图。绘图区域未见前面绘制的剪力墙和框架柱，这是因为“F1”的结构标高比建筑标高低 40mm，而前面绘制的剪力墙和框架柱的顶部标高为“F1”偏移“-40”，所以需要设置楼层平面的“视图范围”。单击“视图范围”右边的“编辑...”按钮，在弹出的“视图范围”对话框中，将“主要范围”→“底部”→“相关标高（F1）”的偏移值设为小于-40 的值（如设为-50），“视图深度”→“标高”→“相关标高（F1）”的偏移值设为小于-40 的值（如设为-50），单击“确定”按钮。这样，在“F1”楼层平面视图中即可看见剪力墙和框架柱。

二层剪力墙、柱布置

2）复制完成“F2”层剪力墙和框架柱。

由施工图“结施—03”可知，二层的剪力墙及柱与首层的剪力墙及柱完全相同，只是标高不同。因此，可采用复制的方法快速建模。

① 框选“F1”楼层平面视图中的所有图元，单击“修改”→“选择多个”→“过滤器”按钮，在弹出的“过滤器”对话框中只勾选“结构柱”（因为本案例工程在建模时，剪力墙和框架柱都是用“柱”族构建）选项，单击“确定”按钮。

② 单击“修改｜结构柱”→“剪贴板”→“复制到剪贴板”命令，再单击“粘贴”命令下方的三角形按钮，在弹出的选项中，选择“与选定的标高对齐”项，在弹出的“选择标高”对话框中选择“F2”，如图 4-18b 所示，单击“确定”按钮。

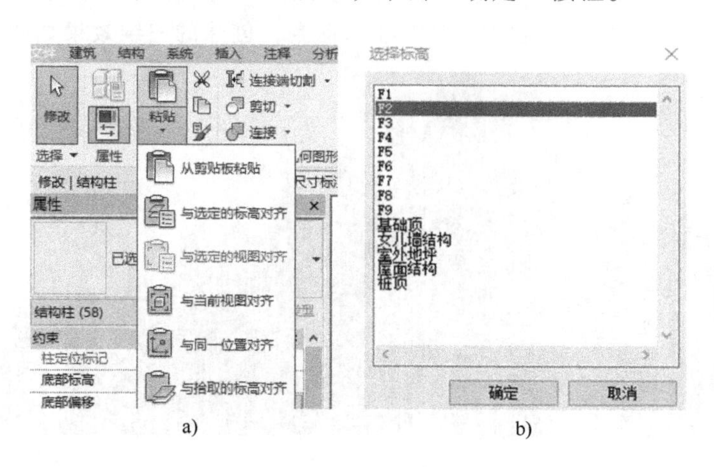

a)　　b)

图 4-18

③ 双击“F2”，进入“F2”楼层平面视图。由图“结施—03”可知，“F2”的结构标高比建筑标高低 80mm。单击“视图范围”右边的“编辑...”按钮，在弹出的“视图范围”对话框中，将“主要范围”→“底部”→“相关标高（F2）”的偏移值设为小于-80 的值（如设为-100），“视图深度”→“标高”→“相关标高（F2）”的偏移值设为小于-80 的值（如设为-100），单击“确定”按钮。

④ 框选“F2”楼层平面视图中的所有图元，单击“修改”→“选择多个”→“过滤器”按钮，在弹出的“过滤器”对话框中只勾选“结构柱”（因为本案例在建模时，剪力墙和框架柱都是用“柱”族构建的）项，单击“确定”按钮。弹出“结构柱”属性对话框，

如图 4-19a 所示，将“底部标高”设为“F1”，“底部偏移”设为“-40”，“顶部标高”设为“F2”，“顶部偏移”设为“-80”，如图 4-19b 所示。

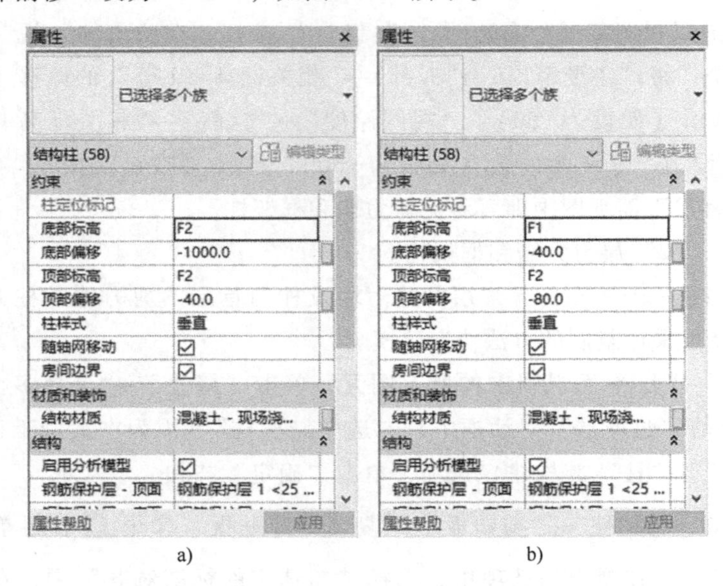

a) b)

图 4-19

⑤ 三维查看。双击“三维视图”→“三维”命令，创建的三维效果如图 4-20 所示。

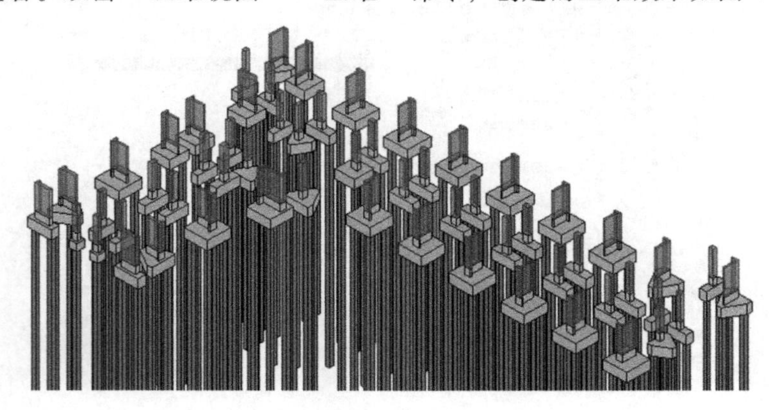

图 4-20

4.3.2 三层及以上剪力墙及柱

由施工图“结施—03”与图“结施—04”可知，三、四层的剪力墙及柱与首层的剪力墙及柱，除Ⓐ轴、②轴与⑦轴相交处的 2 处剪力墙均由 Q6 变为 Q2 外，其他完全相同，只是标高不同。因此，可采用复制的方法快速建模，再局部修改。

三层及以上剪力墙柱创建

1. 三层剪力墙及柱

1）框选“F2”楼层平面视图中的所有图元，单击“修改”→“选择多个”→“过滤器”按钮，在弹出的“过滤器”对话框中只勾选“结构柱”项，单击“确定”按钮。

2）单击“修改 | 结构柱”→“剪贴板”→“复制到剪贴板”按钮，再单击“粘贴”命令下方的三角形按钮，在弹出的选项中选择“与选定的标高对齐”项，在弹出的“选择标高”对话框中选择“F3”，单击“确定”按钮。

3）双击“F3”，进入“F3”楼层平面视图。由图“结施—04”可知，“F3”的结构标高比建筑标高低 80mm。单击“视图范围”右边的“编辑...”按钮，在弹出的“视图范围”对话框中，将“主要范围”→“底部”→“相关标高（F3）”的偏移值设为小于-80 的值（如设为-100），“视图深度”→“标高”→“相关标高（F3）”的偏移值设为小于-80 的值（如设为-100），单击“确定”按钮。

4）框选“F3”楼层平面视图中的所有图元，单击“修改”→“选择多个”→“过滤器”按钮，在弹出的“过滤器”对话框中只勾选“结构柱”项，单击“确定”按钮。弹出“结构柱”属性对话框，将“底部标高”设为“F2”，“底部偏移”设为“-80”，“顶部标高”设为“F3”，“顶部偏移”设为“-80”。

5）局部修改。单击选中 A 轴与 2 轴相交处的剪力墙，弹出“结构柱（1）”的属性对话框，如图 4-21 所示。单击“剪力墙-L 形 Q6”右侧的三角形下拉按钮，选择“剪力墙-L 形 Q2”项。

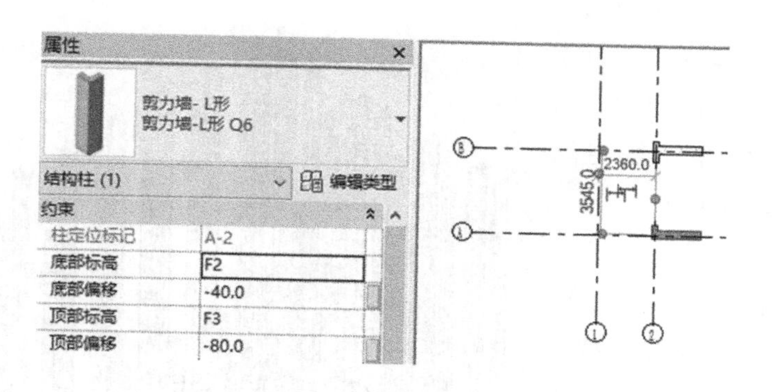

图 4-21

单击“注释”→“对齐”命令，标注此时Ⓐ轴与②轴相交处的剪力墙 Q2 的定位尺寸，如图 4-22a 所示，此时若定位尺寸与案例工程图的定位不一致。选中该 Q2，利用移动命令进行精确定位，结果如图 4-22b 所示。

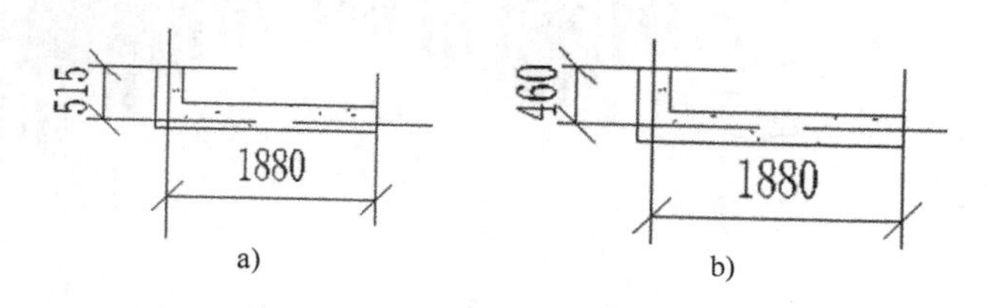

图 4-22

采用同样的方法，单击选中Ⓐ轴与⑦轴相交处的剪力墙，将“剪力墙-L 形 Q6”修改为“剪力墙-L 形 Q2”，同时进行精确定位。

2. 四层剪力墙及柱

因为三层与四层的剪力墙和框架柱完全一样，故可用上述第 1）至 4）步的操作方法，利用复制到剪贴板命令创建四层的剪力墙和框架柱。

3. 五层及以上剪力墙及柱

对比施工图“结施—04”与“结施—05”可知，四层以上的剪力墙及柱与三、四层的剪力墙及柱完全相同，只是标高不同。因此，可采用复制的方法快速建模。

1）双击“F4”，进入“F4”楼层平面视图。由图“结施—04”可知，“F4”的结构标高比建筑标高低 80mm。单击“视图范围”右边的“编辑...”按钮，在弹出的“视图范围”对话框中，将“主要范围”→“底部”→“相关标高（F4）”的偏移值设为小于-80 的值（如设为-100），“视图深度”→“标高”→“相关标高（F4）”的偏移值设为小于-80 的值（如设为-100），单击“确定”按钮。

2）框选“F4”楼层平面视图中的所有图元，单击“修改”→“选择多个”→“过滤器”按钮，在弹出的“过滤器”对话框中只勾选“结构柱”项，单击“确定”按钮。

3）单击“修改 | 结构柱”→“剪贴板”→“复制到剪贴板”按钮，再单击“粘贴”命令下方的三角形按钮，在弹出的选项中，选择“与选定的标高对齐”命令，在弹出的“选择标高”对话框中，按住〈Shift〉键，选择“F5-F9”，再按住〈Ctrl〉键，选择“屋面结构”，单击“确定”按钮。

4）调整“屋面结构”柱顶标高。根据案例工程图可知，“屋面结构”层的建筑标高和结构标高相同。双击进入“屋面结构”平面视图，选中所有的剪力墙和框架柱，将其顶部偏移改为“0”。这样，五层及以上的剪力墙和框架柱全部创建完成。切换到三维视图，如图 4-23所示。

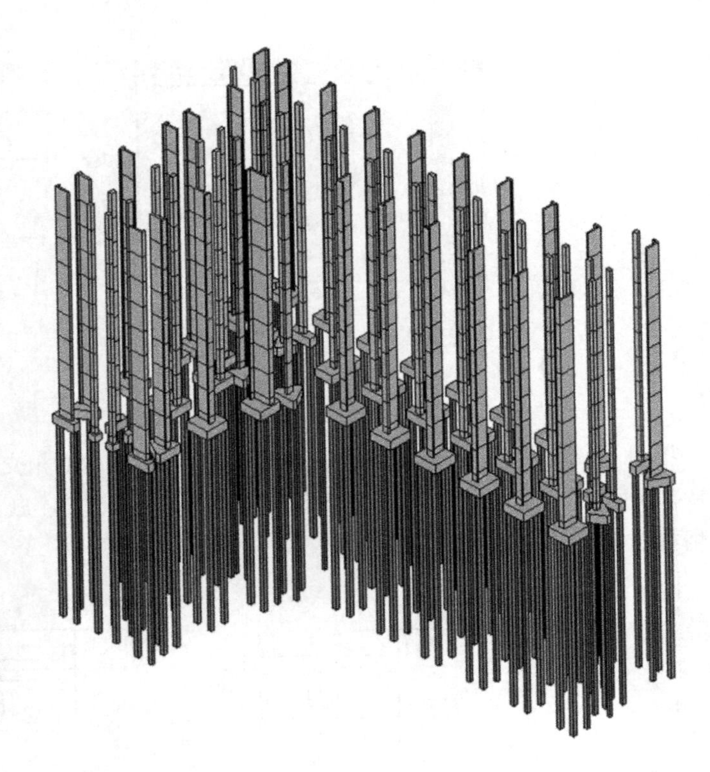

图 4-23

练 习 题

一、单项选择题

1. 结构模型和其他专业模型数据交互，基于的数据标准为（　　）。

A. DWG 模型格式　B. FBX 模型格式　C. 数据库　D. IFC 标准

2. 结构分析设计时要正确选择结构体系最主要的原因是（　　）。

A. 结构体系参数影响到设计规范的选择，直接影响指标统计、内力调整、构件设计等内容

B. 结构体系参数影响材料的密度

C. 结构体系参数影响施工模拟的算法

D. 结构体系参数影响荷载的定义和布置

3. 在建筑工程建模过程中，在混凝土强度相同的条件下，优先级较高的模型单元不宜被优先级较低的模型单元重叠或剪切，下列选项中优先等级为“3 级”的模型单元名称为（　　）。

A. 结构柱　B. 结构梁　C. 结构墙　D. 基础

4. 为保证构件正常工作，要求构件具备（　　）等几项功能。

A. 构件的强度、刚度和稳定性

B. 构件的强度、应力和稳定性

C. 构件的变形、刚度和稳定性

D. 构件的强度、刚度和变形

5. 下列不属于结构专业常用明细表的是（　　）。

A. 构件尺寸明细表　B. 门窗表　C. 结构层高表　D. 材料明细表

6. 下列选项不属于 BIM 技术在结构分析中的应用的是（　　）。

A. 基于 BIM 技术对建筑能耗进行计算、评估，开展能耗性能优化

B. 通过 IFC 或 Structure Model Center 数据计算模型

C. 开展抗震、抗风、抗火等性能设计

D. 结构计算结果储存在 BIM 模型信息管理平台中，便于后续应用

7. 剪力墙平法中，以下哪一种构件不属于剪力墙构件（　　）。

A. 连梁　B. 过梁　C. 暗梁　D. 边框梁

8. 有关建筑柱和结构柱，下列说法正确的是（　　）。

A. 结构柱必须在结构面板中绘制

B. 建筑柱的材质和墙体材质和自动匹配

C. 结构柱中不可以关闭分析模型

D. 建筑柱可以添加钢筋

答案：1. D；2. A；3. B；4. A；5. B；6. A；7. B；8. B

二、操作训练题

1. 绘制下图墙体，类型、高度自定义，参照图 4-24 中标注的信息，在墙上开一个门洞，以内建常规模型的方式沿洞口生成装饰门框，门框轮廓如图 4-24 所示，材质自定义。将模型文件以“门框”为文件名保存下来。

2. 根据图 4-25 创建牛腿柱，混凝土强度等级为 C30。请将模型以“牛腿柱”为文件名保存下来［此题为 2019 年第二期“1+X”BIM 职业技能等级中级考试（结构工程方向）第二题］。

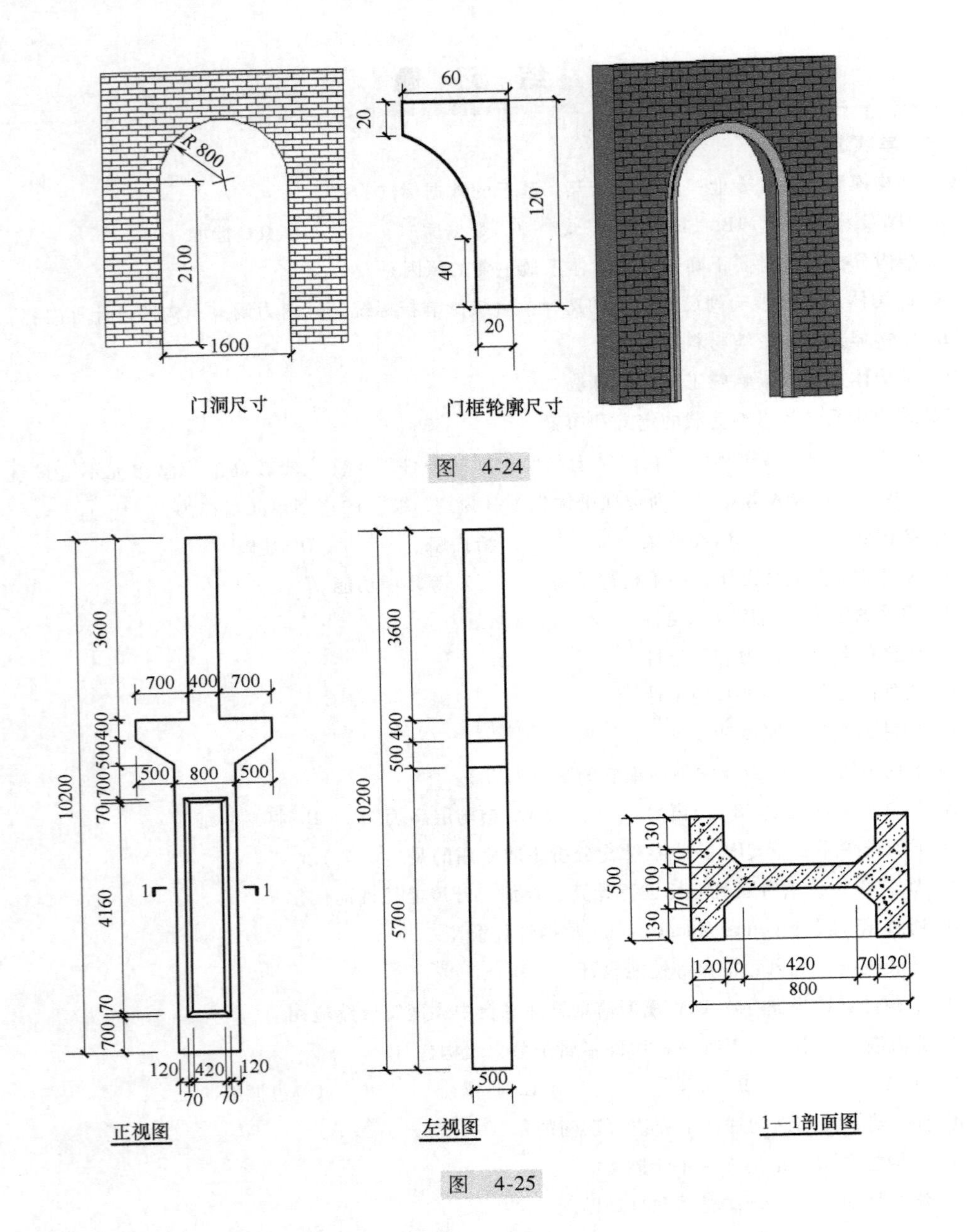
R 800
2100
1600
门洞尺寸
60
20
120
40
20
门框轮廓尺寸
3600
700
400
700
500
800
500
10200
4160
1
1
70
700
120
420
120
70
70
正视图
3600
400
500
10200
5700
500
左视图
500
130
70
100
70
130
120
70
420
70
120
800
1—1剖面图

图 4-24

图 4-25

第5章 梁、板与楼梯

■ 学习目标

掌握 Revit 中梁、板和楼梯的绘制方法。

■ 案例工程图重点分析

案例工程“学生公寓1#楼”的结构施工图包括“结施—01”~“结施—19”共20张图，以及通用图中的结构设计总说明。重点关注：

1）结施—06，基础结构平面布置图，重点关注基础底板的区域位置、板面标高、板厚等信息。

2）结施—07，基础梁配筋图；结施—10，二层（*X* 向）梁配筋图；结施—11，二层（*Y* 向）梁配筋图；结施—13，三~九层（*X* 向）梁配筋图；结施—14，三~九层（*Y* 向）梁配筋图；结施—16，屋顶（*X* 向）梁配筋图；结施—17，屋顶（*Y* 向）梁配筋图。重点关注梁顶标高、梁定位及截面尺寸等信息。

3）结施—08，一层结构平面布置图；结施—09，二层结构平面布置图；结施—12，三~九层结构平面布置图；结施—15，屋顶结构平面布置图。重点关注梁的定位、楼板板厚及板面标高、构造柱的定位及截面尺寸等信息。

4）结施—18，1#楼梯详图；结施—19，2#楼梯详图。重点关注平台板的板面标高及厚度，梯柱标高、定位及截面尺寸，梯梁标高、定位及截面尺寸，踏步尺寸及级数等信息。

5.1 基础梁、板

梁是承受竖向荷载，以受弯为主的构件。梁一般水平放置，用来支撑板并承受板传来的各种竖向荷载和梁的自重，梁和板共同组成建筑的楼面和屋面结构。

5.1.1 基础梁

基础梁布置

基础结构布置

由图“结施—07”和图“结施—0701”可知，基础梁的平面定位信息、截面尺寸、钢筋等信息，未注明基础梁顶标高为-1.000m。通过“结施—03”（结构标高表）可知，基础梁混凝土强度等级为C35。34个梁编号以及基础梁的截面尺寸、钢筋配置等情况列于表5-1。

表 5-1 基础梁信息

序号	截面尺寸/mm×mm（长×宽）	梁编号	箍筋	纵筋
1	240×500	JLLX05	Φ8@200（2）	3Φ18；3Φ18；G4Φ10
		JLLY06	Φ8@200（2）	3Φ18；3Φ18；G4Φ10
2	240×800	JLLX07	Φ8@150（2）	2Φ20；3Φ20；G6Φ10
		JLLY12	Φ8@150（2）	2Φ20；3Φ20；G6Φ10
3	240×1050	JLLX09	Φ8@150（2）	3Φ18；6Φ20 3/3；G10Φ10
		JLLY10	Φ8@150（2）	3Φ20；3Φ20；G10Φ10
4	300×700	JLLX02	Φ8@150（2）	3Φ18；3Φ18；G6Φ10
		JLLX03	Φ8@150（2）	2Φ20；3Φ20；G6Φ10
		JLLX04	Φ8@150（2）	2Φ20；3Φ20；G6Φ10
		JLLX06	Φ8@150（2）	2Φ20；3Φ20；G6Φ10
		JLLX08	Φ8@150（2）	2Φ20；3Φ20；G6Φ10
		JLLX11	Φ8@150（2）	2Φ20；3Φ20；G6Φ10
		JLLX12	Φ8@150（2）	2Φ20；3Φ20；G6Φ10
		JLLX14	Φ8@150（2）	2Φ20；3Φ20；G6Φ10
		JLLX15	Φ8@150（2）	2Φ20；3Φ20；G6Φ10
		JLLX16	Φ8@150（2）	3Φ20；3Φ20；G6Φ10
		JLLY02	Φ8@150（2）	2Φ20；3Φ20；G6Φ10
		JLLY03	Φ8@150（2）	2Φ20；3Φ20；G6Φ10
		JLLY04	Φ8@150（2）	2Φ20；3Φ20；G6Φ10
		JLLY05	Φ8@150（2）	2Φ20；3Φ20；G6Φ10
		JLLY08	Φ8@150（2）	2Φ20；3Φ20；G6Φ10
		JLLY09	Φ8@150（2）	2Φ20；3Φ20；G6Φ10
		JLLY11	Φ8@150（2）	3Φ20；3Φ20；G6Φ10
		JLLY13	Φ8@150（2）	2Φ20；3Φ20；G6Φ10
		JLLY14	Φ8@150（2）	2Φ20；3Φ20；G6Φ10
		JLLY15	Φ8@150（2）	2Φ20；4Φ20；G6Φ10
		JLLY16	Φ8@150（2）	2Φ20；3Φ20；G6Φ10

（续）

序号	截面尺寸/mm×mm（长×宽）	梁编号	箍筋	纵筋
5	360×700	JLLY01	Φ8@200（4）	4Φ20；4Φ20；G6Φ12
6	400×800	JLLX10	Φ8@150（4）	4Φ20；5Φ20；G6Φ12
		JXLX01	Φ8@100（4）	6Φ22；4Φ16；G6Φ12
		JLLY07	Φ8@150（2）	4Φ20；5Φ20；G6Φ12
		JXLY02	Φ8@150（4）	6Φ22；4Φ16；G6Φ12
		JXLY03	Φ8@100（4）	6Φ22；4Φ16；G6Φ12
7	500×1000	JXLY01	Φ8@150（4）	12Φ22 8/4；4Φ20；G8Φ14

Revit 中提供了梁、支撑、梁系统和桁架四种创建结构梁的方式。其中，梁和支撑生成梁图元的方式与墙类似；梁系统则是在指定区域内按指定的距离阵列生成梁；而桁架则是通过放置“桁架”族构件生成复杂形式的桁架图元。

（1）载入矩形截面“结构梁”族文件

1）在“项目浏览器”中展开楼层平面视图类别，双击“基础顶”楼层平面视图。单击“结构”选项卡，选择结构面板中的“梁”工具。

2）单击“属性”面板中的“编辑类型”命令，打开“类型属性”窗口，单击“载入”按钮，弹出“打开”窗口，默认进入 Revit 族库文件夹。

3）单击“结构”文件夹→“框架”文件夹→“混凝土”文件夹，单击“混凝土-矩形梁”命令，单击“打开”→“确定”命令，载入到“学生公寓 1#楼工程”项目中。

（2）建立梁“JXLX01（1）-400×800”类型

1）单击“复制”按钮，弹出“名称”窗口输入“JXLX01（1）-400×800”，单击“确定”按钮，关闭窗口。

2）在“b”位置输入“400”，在“h”位置输入“800”。单击“确定”按钮，退出“类型属性”窗口。

3）单击“属性”面板中的“结构材质”右侧按钮，弹出“材质浏览器”。

4）单击右键复制，更改其名称为“混凝土-现场浇筑混凝土-C35”，单击“确定”按钮退出。

（3）建立 *X* 方向其他基础梁类型

按照同样的方法，复制基础梁 *X* 方向类型并进行相应尺寸设置。全部输入完成后，“类型属性”窗口中构件类型如图 5-1 所示。

（4）布置 *X* 方向基础梁

根据图“结施—07”布置 *X* 方向基础梁。

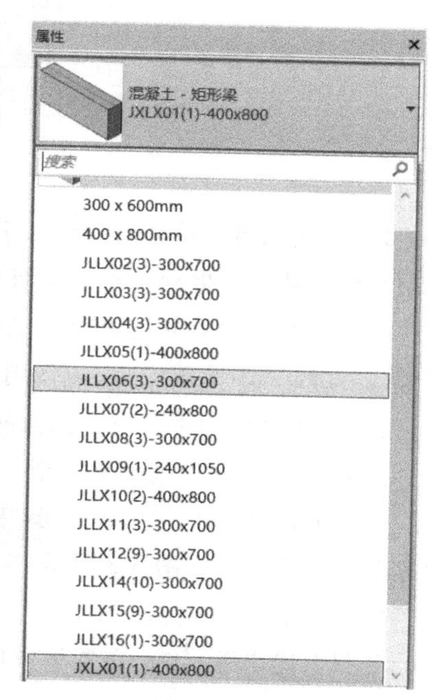

图　5-1

1）在“属性”面板中找到“JXLX01（1）-400×800”，Revit 自动切换至“修改｜放置梁”上下文选项，单击“绘制”面板中的“直线”工具，选项栏“放置平面”选为“标高：基础顶”。

2）建立参照平面，对梁进行精确定位。单击“工作平面”选项卡找到结构面板中的“参照平面”工具，或输入快捷命令“RP”；Revit 自动切换至“修改｜放置参照平面”上下文选项，单击“绘制”面板中的“直线”工具，在选项栏“偏移：”框中输入“-120”。将鼠标指针移动到Ⓑ轴与⑨轴交点位置处，单击左键作为参照平面的起点，向上移动鼠标指针，捕捉到Ⓓ轴与⑨轴交点位置时单击左键，作为参照平面的终点，如图 5-2 所示。

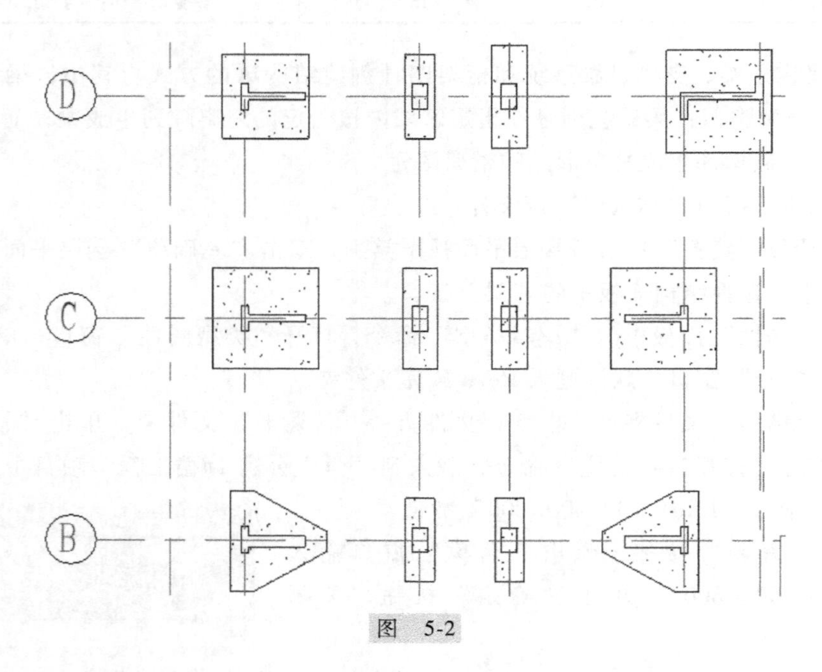

图 5-2

3）将鼠标指针移动到Ⓒ轴与⑦轴交点位置处，单击鼠标左键作为结构梁的起点，向右移动鼠标指针，捕捉到Ⓒ轴与参照平面交点位置时单击左键，作为结构梁的终点。

注意：在绘制梁的过程中可将承台隐藏。按“过滤器”工具选择“结构基础”，单击按钮，选择“隐藏图元”，或使用快捷命令“HH”。

4）按照同样的方式布置其他的梁。

（5）建立 *Y* 方向基础梁类型

参照上述第（2）、（3）步骤建立 *Y* 方向基础梁类型，全部完成后，“类型属性”窗口中显示的构件类型如图 5-3 所示。

（6）布置 *Y* 方向基础梁

参照上述步骤（4）布置 *Y* 方向基础梁，在布置梁的过程中灵活使用“对齐”“移动”等修改命令，对梁进行精确定位。完成后的效果如图 5-4 所示。

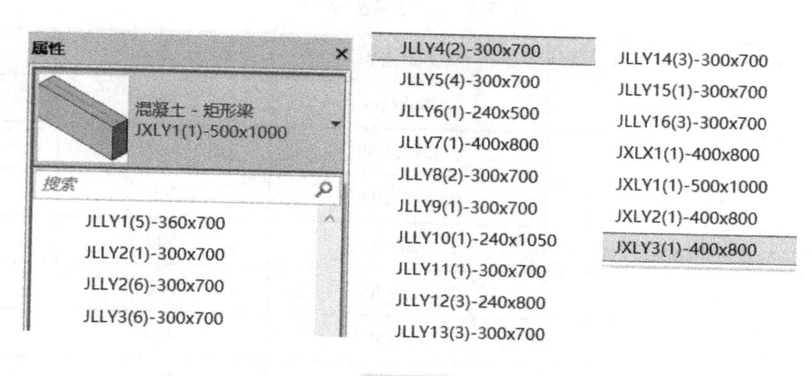

图 5-3

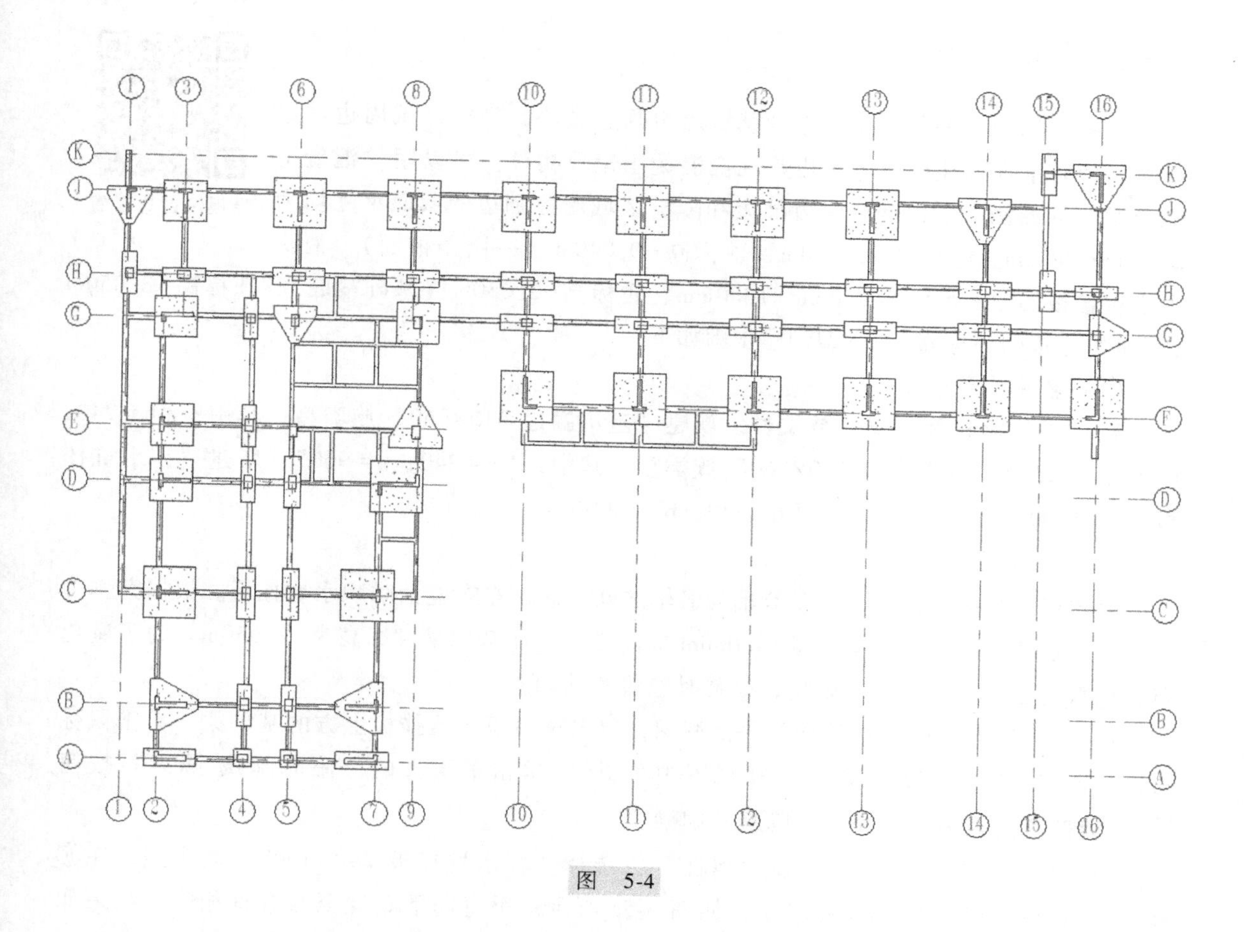

图 5-4

说明：案例工程图中对相同截面尺寸和相同钢筋配置的梁也给予不同的梁编号。从前面的梁布置可知，在 Revit 中布置梁时，只考虑梁的截面尺寸，没有考虑钢筋信息。因此，可以在设置“梁类型”的时候，只根据梁截面尺寸进行设置。根据表 5-1，基础梁类型只有 240×500、300×700、500×1000 等 7 种，建立的基础梁类型见表 5-2。

表 5-2 基础梁类型表

序号	截面尺寸/(mm×mm)	梁类型名称	b/mm	h/mm
1	240×500	JL 240×500	240	500
2	240×800	JL 240×800	240	800
3	240×1050	JL 240×1050	240	1050
4	300×700	JL 300×700	300	700
5	360×700	JL 360×700	360	700
6	400×800	JL 400×800	400	800
7	500×1000	JL 500×1000	500	1000

5.1.2 翻边、挂板

降板区翻边布置

由图“结施—06”可知，电梯基坑周边翻边做法、降板区域周边翻边做法、消防集水坑挂板做法，均是现浇混凝土矩形构件，可以用“混凝土矩形梁”族绘制。电梯基坑周边翻边和降板区域周边翻边的截面尺寸均为240mm×960mm、底标高-1.000m、顶标高-0.040m（一层楼板面），消防集水坑挂板的截面尺寸为240mm×1000mm、底标高-2.050m（基础梁底）、顶标高-3.050m（积水坑底板的底标高）。模型创建步骤如下：

（1）新建族类型

载入“混凝土-矩形梁”族文件，新建“基坑翻边 240×960”族类型，其中，“b=240，h=960”；新建“降板翻边 240×960”族类型，其中，“b=240，h=960”；新建“积水坑挂板 240×1000”族类型，其中，“b=240，h=1000”。

（2）布置积水坑挂板

消防积水坑挂板，南北位于Ⓓ轴与Ⓔ轴之间，⑤轴东布置消防积水坑挂板。根据案例工程图，积水坑挂板在基础梁底至-3.050m 标高之间，而基础梁底标高为-2.050m。为了避免布置积水坑挂板时基础梁的影响，要临时隐藏基础梁。

1）双击进入“基础顶”楼层平面视图，单击选中积水坑挂板上方的基础梁，单击鼠标右键，依次选择“全部实例”→“在视图中可见”，单击最下方的“临时隐藏/隔离”按钮 ，选择“隐藏图元”命令，隐藏基础梁。

2）单击“结构”→“梁”，在“属性”栏选择“积水坑挂板 240×1000”族类型，在Ⓔ轴与⑤轴交点的东 1350mm 处单击，如图 5-5a 所示；垂直向下布置至与Ⓓ轴相交，结果如图 5-5b 所示。采用类似的方法，可绘制该积水坑的另外 3 块挂板。

3）设置挂板的标高。选择刚才布置的挂板，在“消防积水坑挂板 240×1000”族类型的属性栏，将“Z 轴偏移值”设为“-1050”（基础梁顶标高为-1.000m，基础梁高为1050mm，积水坑挂板的顶部标高为-2.050m，相当于“基础顶”的标高为-1.050m）。设置后，该挂板在视图中不可见。

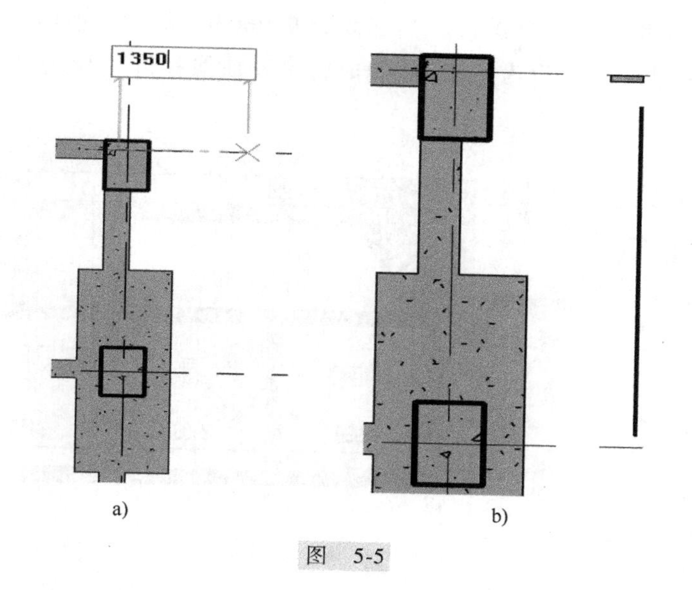

图 5-5

4）设置视图范围。单击“基础顶”楼层平面视图的任意空白处，在“属性”栏显示“楼层平面”的属性。单击“视图范围”右侧的“编辑...”按钮，弹出“视图范围”对话框，将主要范围的“底部”设为相关标高为“基础顶”，“偏移”值设为小于-1050（如“-1100”）；视图深度的“标高”设为相关标高为“基础顶”，“偏移”值设为小于-1050（如“-1100”）。设置后，该挂板即为可见，如图 5-6 所示。

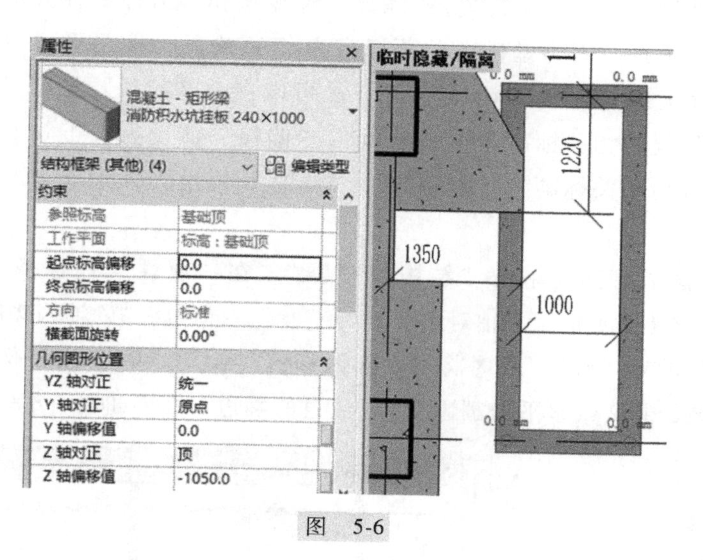

图 5-6

（3）布置电梯基坑翻边

与布置积水坑挂板的方法类似，在电梯井的位置布置电梯基坑翻边。根据案例工程图，电梯基坑翻边在电梯井基础梁的上方，应将“Z 轴对正”设为“顶”，同时将“Z 轴偏移值”设为“960”（基础梁顶标高与“基础顶”齐平，电梯基坑翻边高为 960mm，电梯基坑翻边的顶标高相对于“基础顶”的标高为 0.960m，故“Z 轴偏移值”应向上偏移 960mm)，或者“Z 轴对正”设为“底”，同时将“Z 轴偏移值”设为“0”。布置结果如图 5-7 所示。

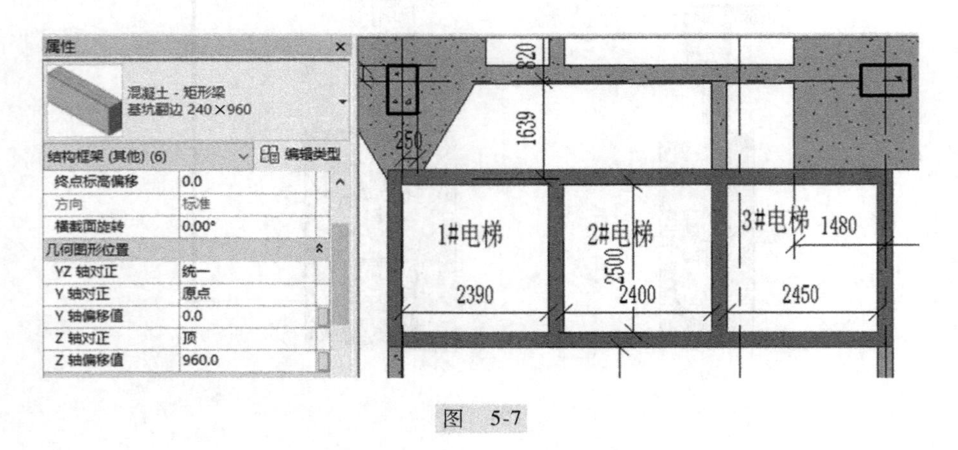

图 5-7

(4) 布置降板区域翻边

根据案例工程图可知有 4 个降板区域。下边以 F 轴、1/F 轴、10 轴与 12 轴围成的降板区域为例介绍降板区域翻边的绘制。

1) 临时隐藏该降板区域的基础梁。有两种方法，一种方法是按上述方法，先选中该区域的隐藏的基础梁，选择“临时隐藏/隔离”命令操作。另外一种方法是通过设置楼层平面的视图范围来隐藏。因为基础梁的顶标高为“基础顶”楼层平面标高，降板区域翻边是在基础梁顶往上绘制至-0.04m 标高处，故可以将“基础顶”楼层平面视图范围的主要范围的“底部”设为相关标高为“基础顶”，“偏移”值设为大于 0（如“10”），视图深度的“标高”设为相关标高为“基础顶”，“偏移”值设为大于 0（如“10”），即可隐藏基础梁。

2) 布置降板区域翻边。单击“结构”→“梁”，在“属性”栏选择“降板翻边 240×960”族类型，将该族类型的“Z 轴对正”设为“顶”，同时将“Z 轴偏移值”设为“960”，或者“Z 轴对正”设为“底”，同时将“Z 轴偏移值”设为“0”。按案例工程图给定的位置，在该降板区域绘制 2 条水平的翻边、5 条竖直的翻边，结果如图 5-8 所示。

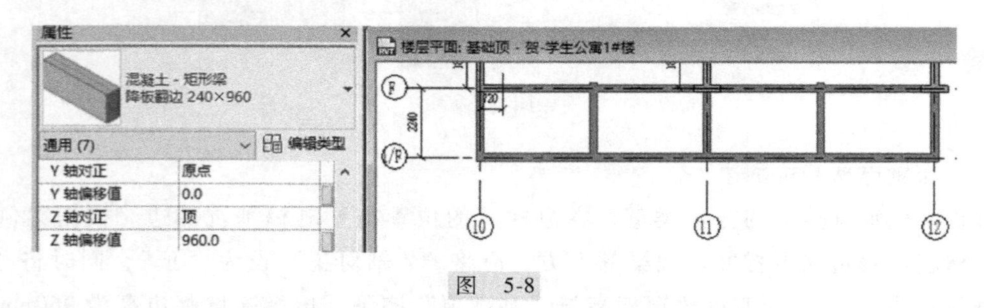

图 5-8

采用同样的方法，布置其他 3 个降板区域的翻边。选中任一降板区域翻边，单击鼠标右键，依次选择“全部实例”→“在视图中可见”，可以看到所绘制的全部降板翻边，如图 5-9 所示。

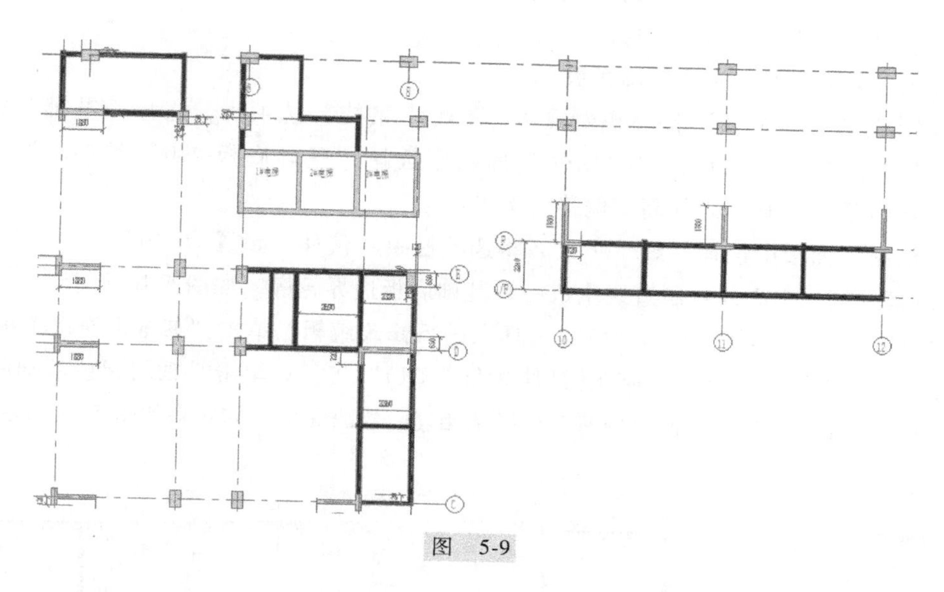

图 5-9

5.1.3 基础底板

基础底板布置

由图“结施—06”可知基础底板的平面位置。结合该图说明可知，大部分基础底板厚度为 200mm，板面标高为-1.000m（也为基础顶面标高）；电梯基坑底板厚度为 250mm，板面标高为-1.800m；消防积水坑底板厚度为 250mm，板面标高为-2.800m；基础底板混凝土强度等级均为 C35。

Revit 的“结构”选项卡提供了“楼板：结构”“楼板：建筑”“楼板：楼板边”三种创建方式；以及“基础”面板中的“结构基础：楼板”和“楼板：楼板边”两种创建方式。除了楼板边以外，其他三种楼板的创建方式类似。

（1）建立基础底板类型

1）在“项目浏览器”中展开“结构平面视图”类别，双击“基础顶”结构平面视图。单击“结构”选项卡，选择“基础”面板中的“结构基础：楼板”工具。

2）单击“属性”面板中的“编辑类型”命令，打开“类型属性”窗口，单击复制按钮，弹出“名称”窗口，输入“结构底板-250”，单击“确定”按钮关闭。

3）单击“类型属性”→“结构”右侧“编辑...”按钮；进入“编辑部件”窗口，修改“结构［1］”的“厚度”为“250”；单击“结构［1］”，材质“〈按类别〉”后的“...”按钮，进入“材质浏览器”窗口，选择“混凝土-现场浇筑混凝土-C35”项，单击“确定”关闭窗口。“基础底板-250”类型编辑完毕。

4）复制“基础底板-200”类型。以“基础底板-250”为基础复制“基础底板-200”类型。“类型属性”窗口，单击复制按钮，弹出“名称”窗口，输入“基础底板-200”，单击确定按钮关闭。单击“类型属性”框“结构”右侧“编辑”按钮，进入“编辑部件”窗口，修改“结构[1]”的“厚度”为“200”。单击“确定”按钮关闭窗口，再次单击“确定”，退出“类型属性”窗口，属性信息修改完毕。

（2）布置“基础底板-200”构件

根据图“结施—06”布置基础底板。

1）双击进入“基础顶”楼层平面视图，单击“结构”选项卡，选择“基础”面板中的“结构基础：楼板”工具，在“属性”面板中选择“基础底板-200”类型。设置“标高”为“基础顶”，“自标高的高度偏移”为“0”。

2）“绘制”面板中选择“线”方式，将选项栏中“偏移”设置为“0”。

3）沿板外侧梁中心线绘制直线生成一块基础底板边界轮廓，如图 5-10 所示。

4）应用“修改 | 延伸为角（TR）”工具来进行修改编辑。单击“修改 | 创建楼板边界”上下文选项“修改”面板中的“修改 | 延伸为角（TR）”工具，单击⑨轴的紫色基础底板线，然后单击Ⓔ轴的基础底板线，此时两条紫色线条相连。修改完成后的效果如图 5-11 所示。

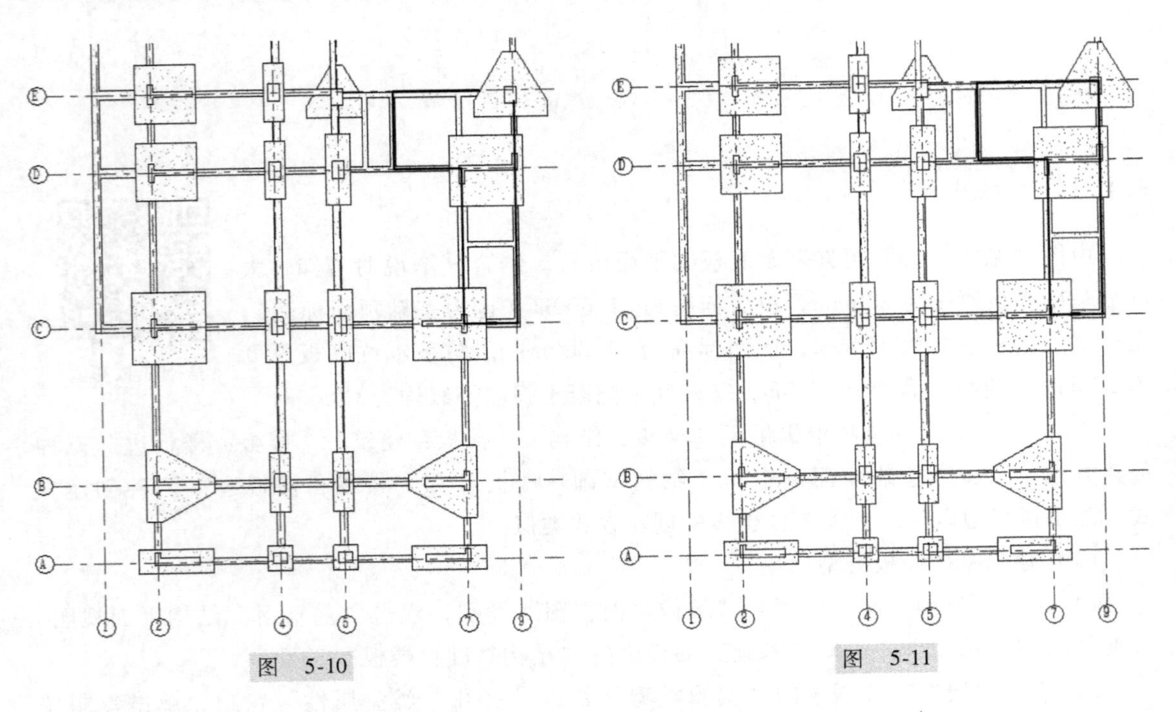

图 5-10　　图 5-11

5）再次单击“绘制”面板中选择“线”方式，选项栏中“偏移”设置为“0”，沿板外侧梁中心线绘制直线生成其他 3 块 200mm 厚基础底板边界轮廓，如图 5-12 所示。

6）完成后，单击“模式”面板中的绿色按钮 ✔，弹出“项目中未载入跨方向符号族。是否要现在载入？”提示，单击“否”。

7）如图 5-13 所示，若弹出“错误”提示窗口，则单击“显示”按钮，找到绘图区域高亮橘色显示位置，可继续使用“修改 | 延伸为角（TR）”工具或其他工具将此位置的线首尾闭合。

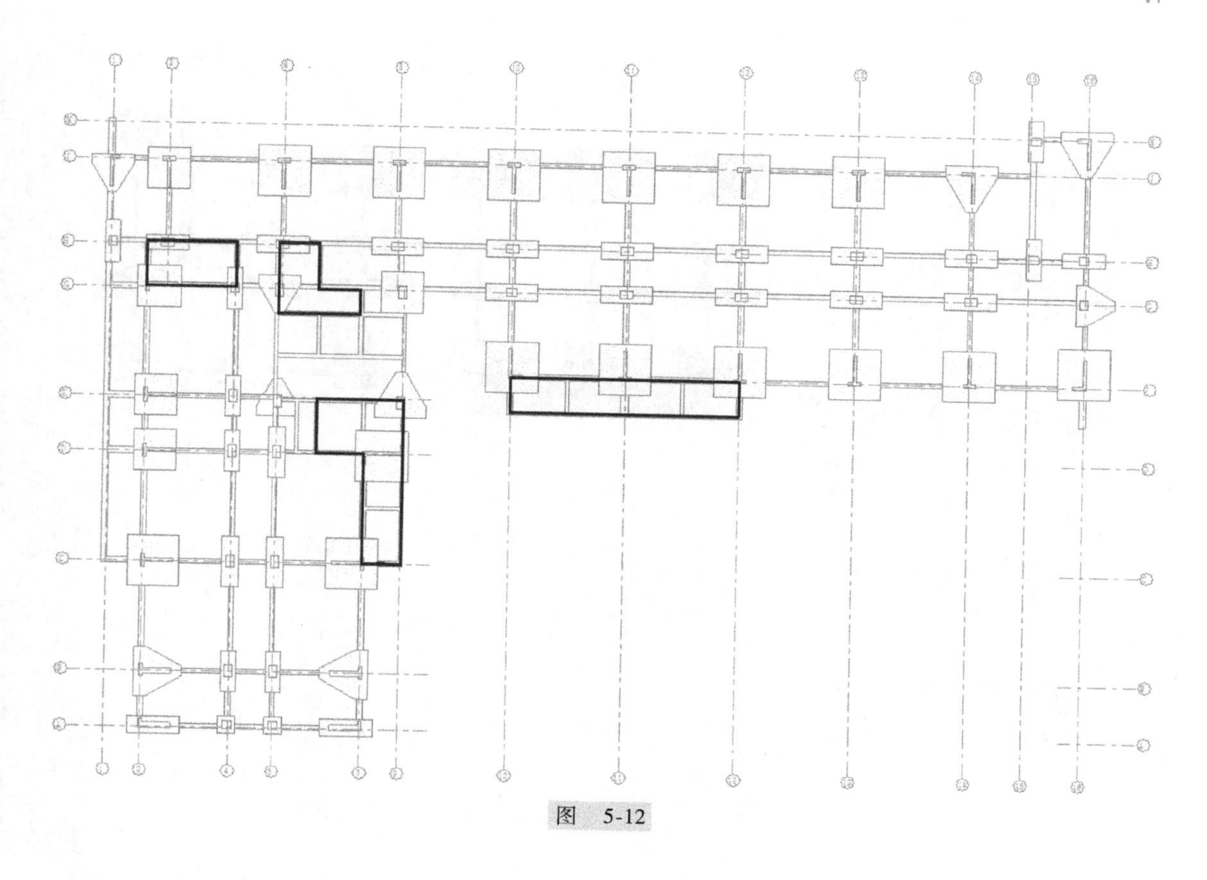

图　5-12

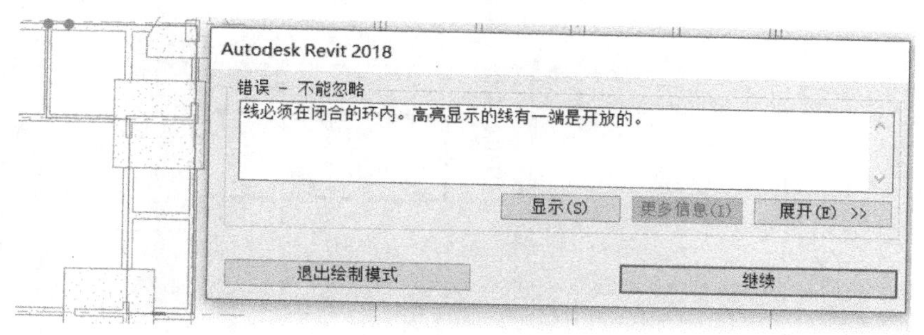

图　5-13

8）按〈Esc〉键退出绘制模式。此时绘制的整块结构板以蓝色选中状态显示。按〈Esc〉键退出板选择状态，切换至着色模式下，如图 5-14 所示。

（3）布置标高为-1.800m 的“基础底板-250”构件

1）双击进入“基础顶”楼层平面视图，单击“结构”选项卡，选择“基础”面板中的“结构基础：楼板”工具，在“属性”面板中选择“基础底板-250”类型。设置“标高”为“基础顶”，“自标高的高度偏移”为“-800”。

2）在“绘制”面板中选择“矩形”方式，将选项栏中“偏移”设置为“0”。

3）分别单击两个对角点，生成一块基础底板边界轮廓，如图 5-15 所示。

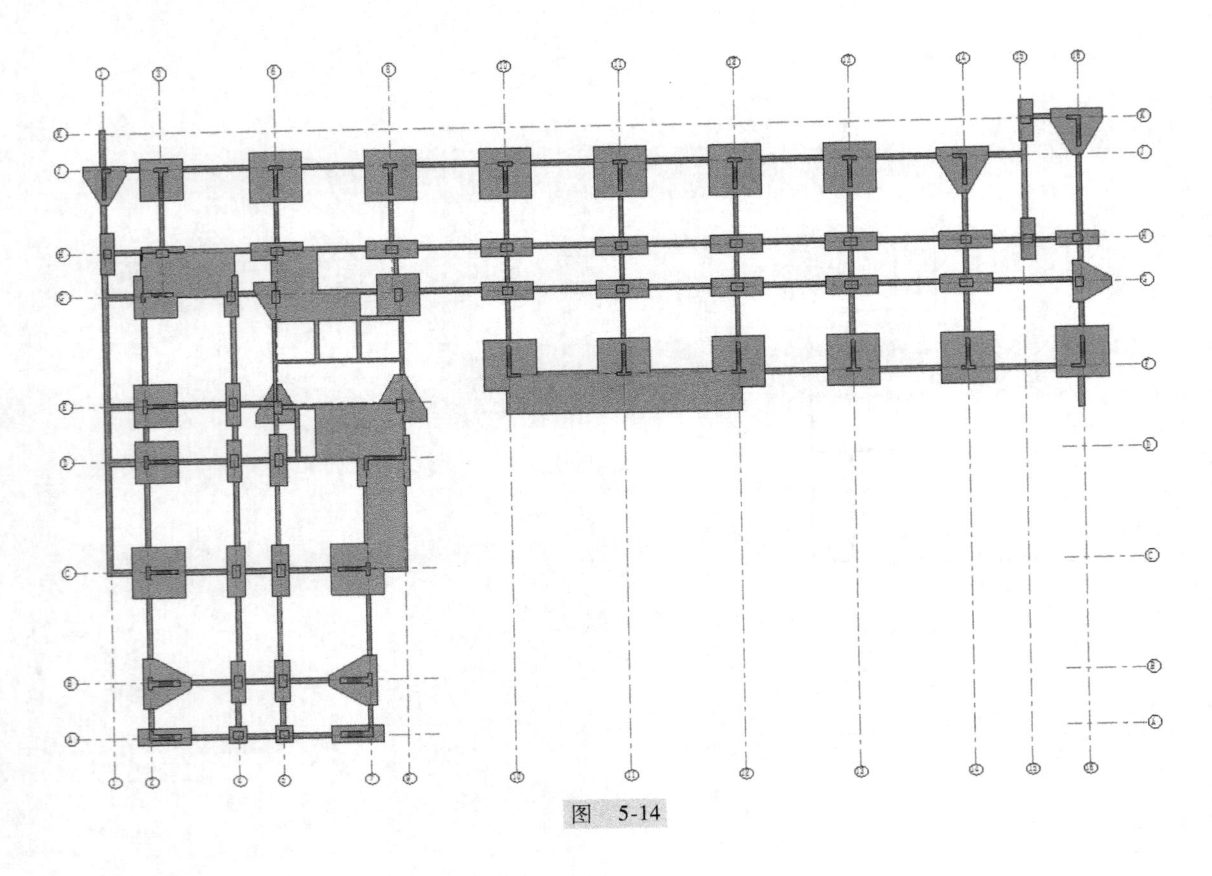

图 5-14

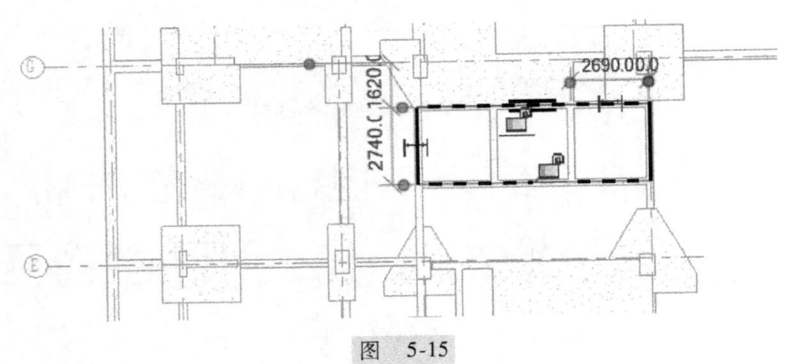

图 5-15

4）完成后，单击“模式”面板中的绿色✔工具，弹出“项目中未载入跨方向符号族。是否要现在载入?”提示，单击“否”。按〈Esc〉键退出，切换至着色模式下，如图 5-16 所示。

（4）布置标高为-2.800m 的“基础底板-250”构件

1）双击进入“基础顶”楼层平面视图，单击“结构”选项卡，选择“基础”面板中的“结构基础：楼板”工具，在“属性”面板中选择“基础底板-250”类型。设置“标高”为“基础顶”，“自标高的高度偏移”为“-1800”。

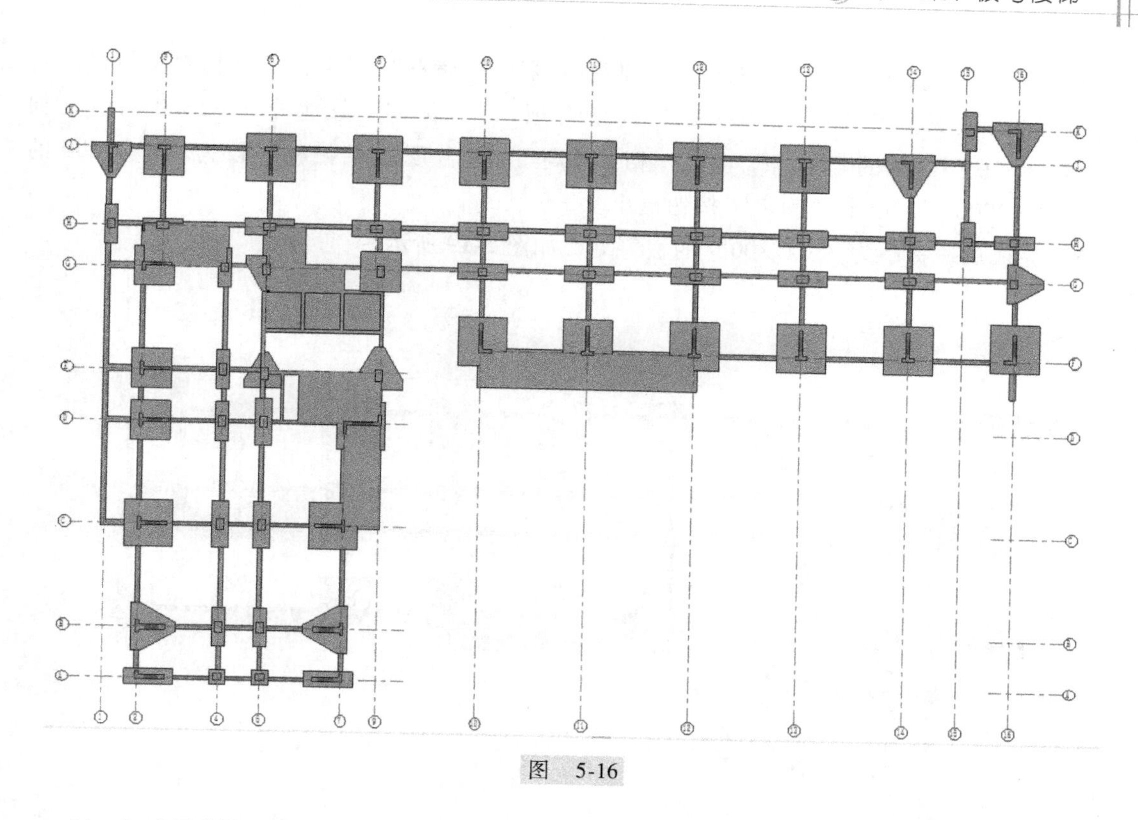

图　5-16

2）在“绘制”面板中选择“矩形”方式，选项栏中“偏移”设置为“0”，分别单击两个对角点，生成一块基础底板边界轮廓，如图 5-17 所示。

3）完成后，单击“模式”面板中的绿色✔工具，弹出“项目中未载入跨方向符号族。是否要现在载入？”提示，单击“否”，按〈Esc〉键退出。此时可发现，顶标高为 -2. 800m 的板在“基础顶”结构平面视图中不可见，如图 5-18 所示。

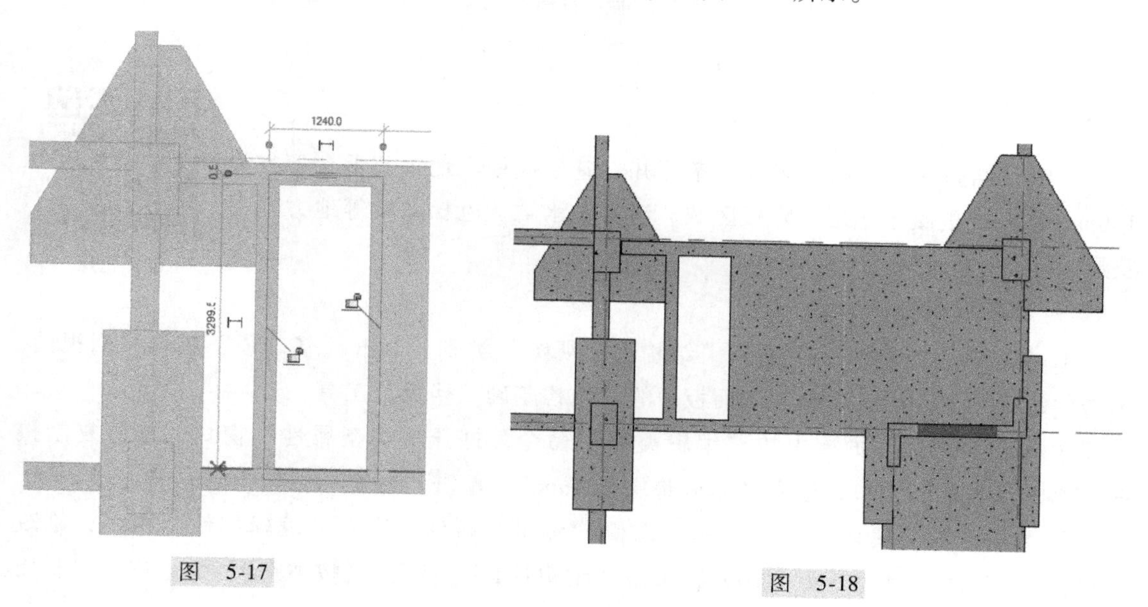

图　5-17

图　5-18

4）调整视图范围。单击“属性”→“视图范围”→“编辑”命令，更改其视图范围。将主要范围的“底部”设为“相关标高”（承台顶），“偏移”设为小于-1800的值（如“-2000”），视图深度的“标高”设为“相关标高”（承台顶），“偏移”设为小于-1800的值（如“-2000”），单击“确定”按钮退出。

5）完成后，标高为“-2.800”的板可见，如图5-19所示。

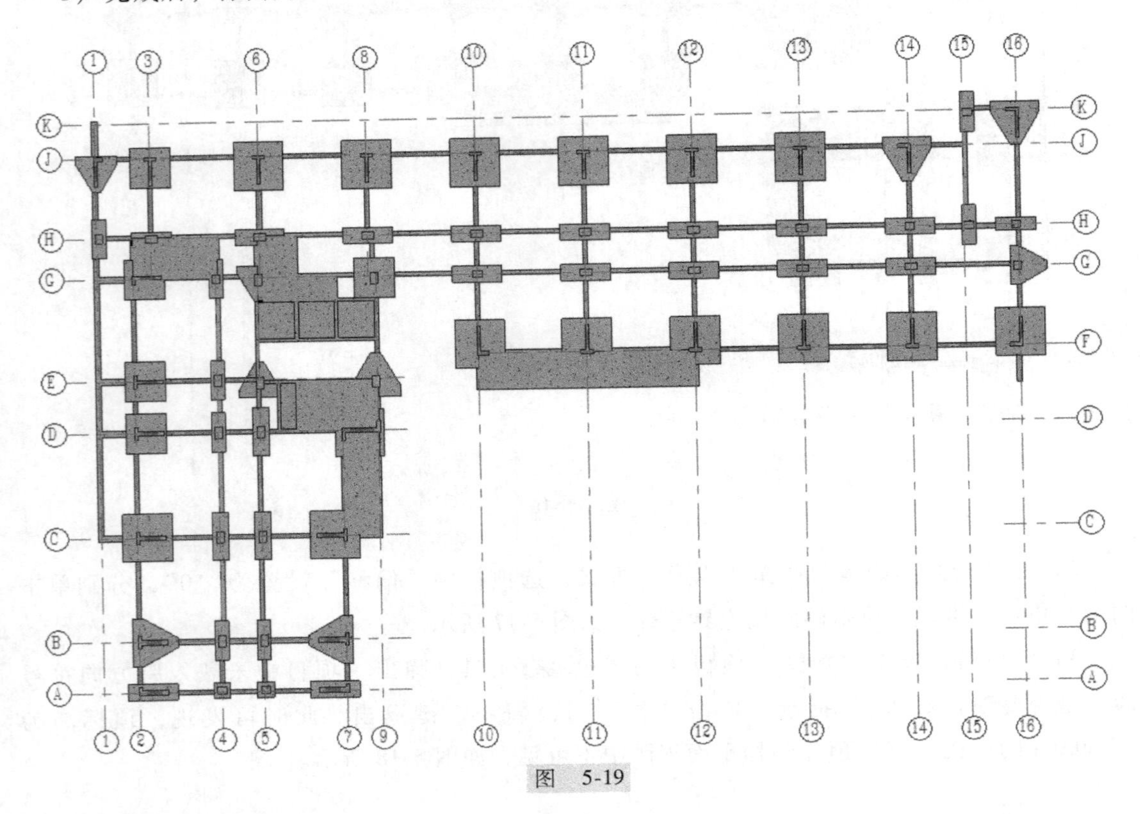

图 5-19

5.1.4 垫层

布置垫层

由图“结施—06”的说明第3条可知，基础底板、地梁及承台下方为100mm厚C15混凝土垫层，降板区域、消防积水坑、电梯基坑等地方也有垫层。

1）建立垫层类型。

① 在“项目浏览器”中展开“结构平面视图”类别，双击“基础顶”结构平面视图。单击“结构”选项卡，选择基础面板中的“结构基础：楼板”工具。

② 单击“属性”面板中的“编辑类型”命令，打开“类型属性”窗口，单击复制按钮，弹出“名称”窗口，输入“基础垫层-100mm”，单击“确定”按钮关闭。

③ 单击“类型属性”框“结构”右侧“编辑”按钮，进入“编辑部件”窗口，修改“结构［1］”的“厚度”为“100”，单击“结构［1］”材质“〈按类别〉”命令进入“材质

浏览器”窗口，选择“混凝土-素混凝土 C15”，单击“确定”按钮关闭窗口。

2）布置承台底面垫层，承台垫层放阶均为 100mm。

由图“结施—02”可知，单桩承台高为 1000mm，其他的承台高为 1300mm。

① 双击进入“基础顶”楼层平面视图。以Ⓐ轴和②轴交点的承台垫层为例，该承台为两桩承台，承台高为 1300mm。单击“结构”→“楼板”→“楼板：结构”，在“属性”面板中选择“基础垫层-100mm”类型。设置“标高”为“基础顶”，“自标高的高度偏移”为“-1300”。注意：若布置单桩承台下的垫层，“自标高的高度偏移”应为“-1000”。

②“绘制”面板中选择“线”→“拾取线”命令，选项栏中的“偏移”设置为“100”（垫层放阶 100mm）。

③ 生成垫层边界轮廓。将鼠标指针依次移到承台轮廓线附近，出现蓝色临时显示虚线。当此蓝色临时虚线在承台轮廓线外侧时，单击此轮廓线（注意：垫层放阶 100mm，要宽出承台 100mm，在绘制直线或拾取线时，蓝色临时显示虚线应在承台外侧）；若蓝色临时虚线在承台轮廓线内侧时，轻轻移动鼠标，蓝色临时虚线出现在承台轮廓线外侧，再单击此轮廓线。承台轮廓线全部单击后，出现封闭的红色区域，如图 5-20a 外侧线框所示。单击“模式”面板中的绿色按钮，弹出“项目中未载入跨方向符号族。是否要现在载入?”提示，单击“否”，结果如图 5-20b 所示。

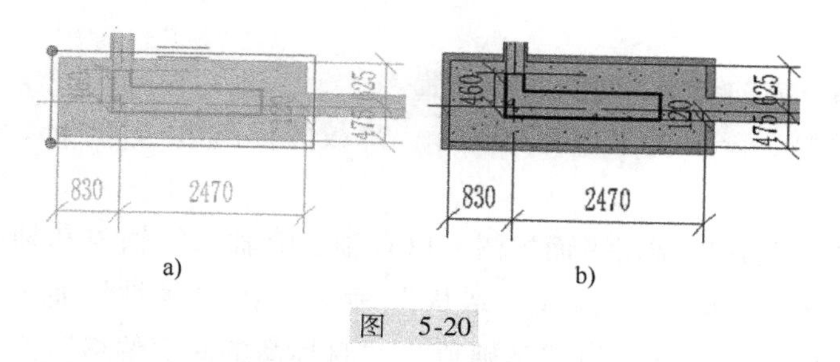

a)　　b)

图 5-20

对于个别承台，如⑤轴Ⓔ轴交点处的三桩承台，其轮廓线与其他构件平面显示重合，不方便拾取此处的轮廓线，需要将其他构件临时隐藏。

④ 同理，绘制其他承台垫层边界线，完成后如图 5-21 所示。

3）基础梁和地梁下方的垫层。不同梁的截面尺寸不一样，梁底标高不同。布置梁底垫层时，注意修改“自标高的高度偏移”的值。以Ⓐ轴上的梁（截面为 300mm×700mm）为例，其下方垫层的布置方法如下：

① 双击进入“基础顶”楼层平面视图。单击“结构”→“楼板”→“楼板：结构”命令，在“属性”面板中选择“基础垫层-100mm”类型。设置“标高”为“基础顶”，“自标高的高度偏移”为“-700”。

② 在“绘制”面板中选择“线”→“线”命令，选项栏中的“偏移”设置为“100”，沿着基础梁的外侧绘制封闭的降板区域。

③ 单击“模式”面板中的绿色按钮，弹出“项目中未载入跨方向符号族。是否要现在载入?”提示，单击“否”。

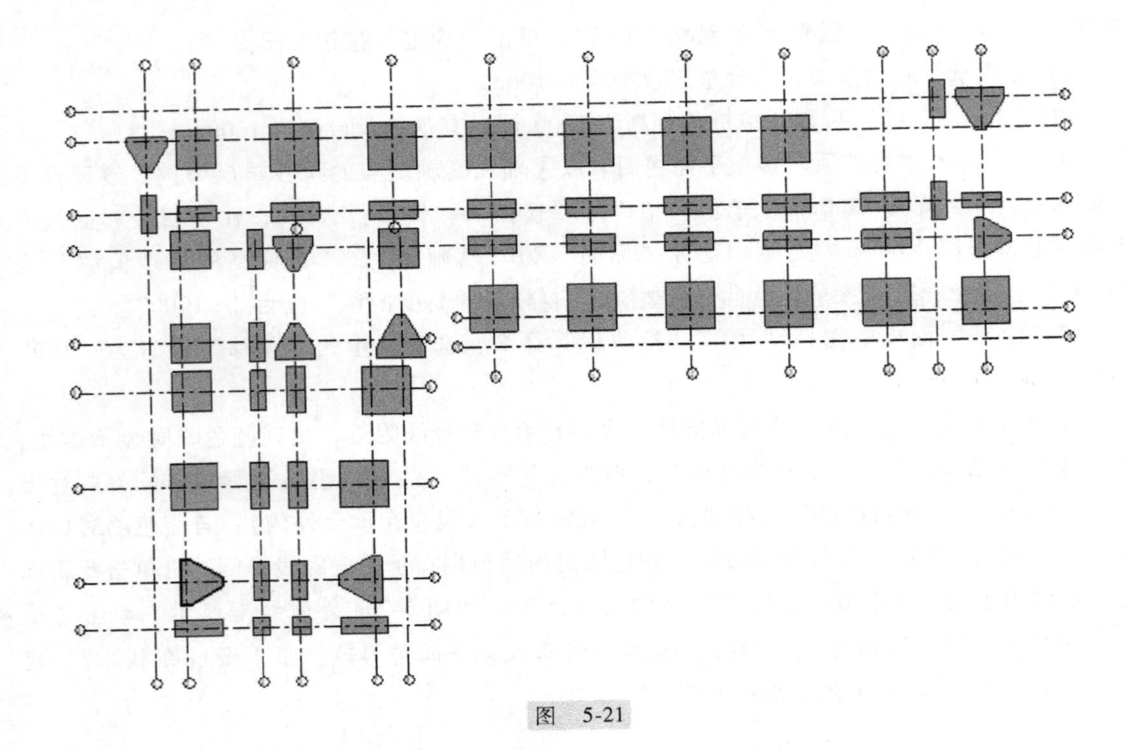

图 5-21

④ 对于其他梁下方的垫层，进行类似布置。

4）对于降板区域，降板板厚均为 200mm，降板的标高为-1.000m，也就是“基础顶”的标高。

① 双击进入“基础顶”楼层平面视图。以Ⓒ轴、Ⓓ轴、⑦轴与⑨轴围成的矩形区域为例。单击“结构”→“楼板”→“楼板：结构”命令，在“属性”面板中选择“基础垫层-100mm”类型。设置“标高”为“基础顶”，“自标高的高度偏移”为“-200”。

②“绘制”面板中选择“线”→“线”，将选项栏中的“偏移”设置为“0”（降板外侧是基础梁，垫层不需要放阶），沿着基础梁的内侧绘制封闭的降板区域。

③ 单击“模式”面板中的绿色按钮，弹出“项目中未载入跨方向符号族。是否要现在载入?”提示，单击“否”。

④ 对于其他降板区域的垫层，进行类似布置。

5）对于消防积水坑区域，底板标高为-2.800m，底板厚 250mm，则底板底标高为-3.050m，也就是基础顶标高-1.000m 往下 2.050m。

① 双击进入“基础顶”楼层平面视图。单击“结构”→“楼板”→“楼板：结构”命令，在“属性”面板中选择“基础垫层-100mm”类型。设置“标高”为“基础顶”，“自标高的高度偏移”为“-2050”。

② 在“绘制”面板中选择“线”→“线”命令，选项栏中的“偏移”设置为“100”（自消防积水坑挂板外侧培养 100mm），沿着消防积水坑外侧绘制封闭的区域。

③ 单击“模式”面板中的绿色按钮，弹出“项目中未载入跨方向符号族。是否要

现在载入?”提示，单击“否”。

6）电梯基坑区域底板标高为-1.800m，底板厚为250mm，则底板底标高为-2.050m；另外，底板边的基础梁顶标高为-1.000m，梁高为1050mm，梁底标高也为-2.050m，故此处的垫层以基础梁外侧为界，并放阶100mm。

① 双击进入“基础顶”楼层平面视图。单击“结构”→“楼板”→“楼板：结构”命令，在“属性”面板中选择“基础垫层-100mm”类型。设置标高为“基础顶”，“自标高的高度偏移”为“-1050”。

② 在“绘制”面板中选择“线”→“线”，选项栏中的“偏移”设置为“100”，沿电梯基坑处的基础梁外侧绘制封闭的区域。

③ 单击“模式”面板中的绿色按钮，弹出“项目中未载入跨方向符号族。是否要现在载入?”提示，单击“否”。

7）隐藏桩。切换到三维视图，单击选中任一桩，单击鼠标右键，选择“全部实例”→“在视图中可见”，单击下方“临时隐藏/隔离”命令按钮，在弹出的选项中单击选择“隐藏图元”命令，即可隐藏该类选中的实例（桩）；同样，再单击选中剩下的任一桩，单击鼠标右键，选择“全部实例”→“在视图中可见”，单击下方“临时隐藏/隔离”命令按钮，在弹出的选项中单击选择“隐藏图元”命令，即可隐藏该类选中的实例（桩）。因本案例工程的桩共2种类型，故这样操作两次，可隐藏全部的桩实例类型。

8）按住〈Shift〉键和鼠标中键，移动鼠标，将三维模型翻转180°，可以从底面看到垫层，如图5-22所示。

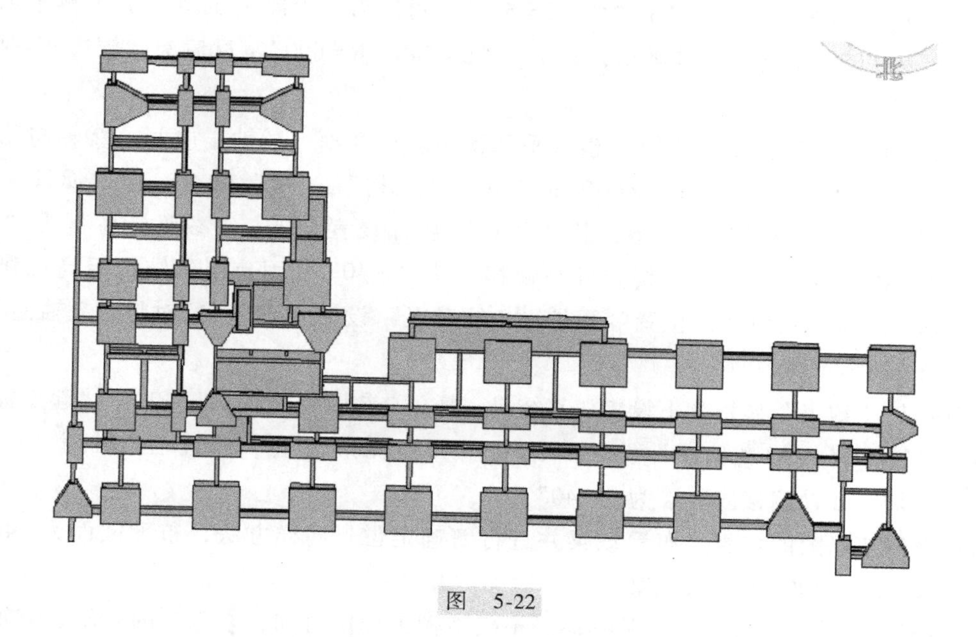

图 5-22

9）检查垫层是否布置正确，确认无误后保存模型。

5.2 一层梁、板

图“结施—08”中包括 6 部分构件：地梁、地垄墙、地垄墙圈梁、地垄墙构造柱、底层阳台翻边及空调机位翻边。

一层结构梁布置

5.2.1 地梁

由图“结施—08”可知地梁的平面定位信息、截面尺寸信息，列于表 5-3。未注明地梁顶面标高为“F1-0.040”，局部注明处梁顶标高为“F1-0.080”。从图中的结构层高表可知，地梁混凝土强度等级为 C35。

表 5-3 地梁信息表

序 号	截面尺寸/mm×mm（长×宽）	梁 编 号	箍 筋	纵 筋
1	240×400	L05	⌀8@200（2）	2⌀14；3⌀14
2	240×500	L04	⌀8@200（2）	2⌀16；3⌀16；G4⌀10
3	240×600	L01	⌀8@200（2）	2⌀16；5⌀18 2/3；G4⌀10
		L02	⌀8@200（2）	2⌀16；5⌀22 2/3；G4⌀10
		L03	⌀8@200（2）	3⌀16；4⌀18；G4⌀10

1）创建地梁族类型。载入“混凝土-矩形梁”族文件，新建“一层梁 L01 240×400”族类型，其中，“b=240，h=400”，材质为“混凝土-现场浇筑混凝土-C35”；新建“一层梁 L02 240×500”族类型，其中，“b=240，h=500”，材质为“混凝土-现场浇筑混凝土-C35”；新建“一层梁 L03 240×600”族类型，其中，“b=240，h=600”，材质为“混凝土-现场浇筑混凝土-C35”。

2）布置地梁。双击进入“F1”楼层平面视图。在Ⓑ轴、Ⓒ轴正中间、②轴与④轴之间的水平梁的截面尺寸为 240mm×600mm，单击“结构”→“梁”命令，在“属性”栏选择“一层梁 L01 240×600”族类型，其“约束”属性设置如下：“参照标高”为“F1”，“起点标高偏移”为“-40”，“终点标高偏移”为“-40”（因首层的结构标高比建筑标高低 0.04m），将“几何图形位置”属性“Z 轴对正”设为“顶”，同时将“Z 轴偏移值”设为“0”。

注意：其“约束”属性如下设置，其结果一样：“参照标高”为“F1”，“起点标高偏移”为“0”，“终点标高偏移”为“0”，将“几何图形位置”属性“Z 轴对正”设为“顶”，同时将“Z 轴偏移值”设为“-40”。

再按案例工程图的位置，布置该梁并进行精确定位。同样方法，布置截面为 240mm×500mm 和 240mm×400mm 的其他梁。

3）调整局部降板区域中地梁的标高。根据案例工程图可知，本工程的Ⓒ轴、Ⓓ轴、⑤轴与⑦轴的矩形区域，Ⓕ轴、Ⓖ轴、⑩轴与⑫轴的矩形区域属于降板区域，需要降低标高 40mm 的梁共有 3 根。选中这 3 根梁，将其“约束”属性设置如下：“参照标高”为“F1”，

“起点标高偏移”为“-80”，“终点标高偏移”为“-80”（因首层的结构标高比建筑标高低 0.04m，降板区域又在此基础上低 0.04m，总共低 0.08m），将“几何图形位置”属性“Z 轴对正”设为“顶”，同时将“Z 轴偏移值”设为“0”，如图 5-23 所示。

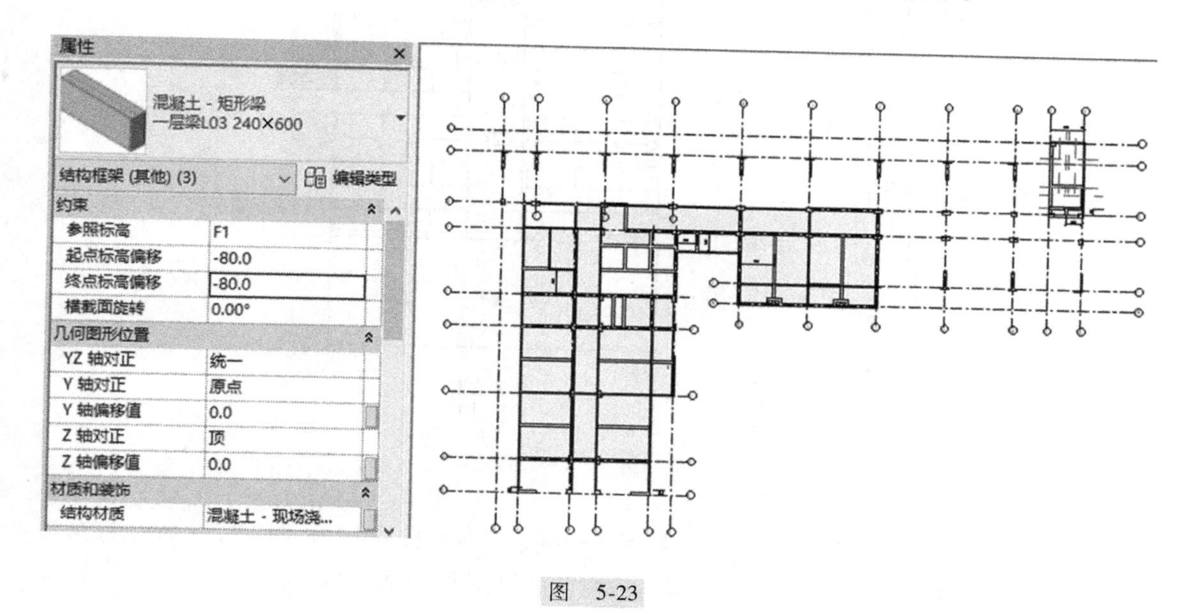

图 5-23

5.2.2 地垄圈梁

地垄墙圈梁布置

由“结施—08”可知本工程地梁上砌筑地垄墙，如图 5-24 所示。

1）创建圈梁族类型。载入“混凝土-矩形梁”族文件，新建“地垄墙圈梁 240×300”族类型，其中：“b = 240，h = 300”，材质为“混凝土-现场浇筑混凝土-C35”。

2）布置圈梁。双击进入“F1”楼层平面视图。单击“结构”→“梁”命令，在“属性”栏选择“地垄墙圈梁 240×300”族类型，按施工图的位置布置圈梁，并进行精确定位。

注意：降板区与非降板区的地垄墙圈梁要分开布置。如Ⓒ轴、Ⓓ轴、⑤轴与⑦轴的矩形区域，⑤轴上的圈梁（BC 段、CD 段及 DE 段）要分开布置；Ⓒ轴上的圈梁（④轴、⑤轴段，⑤轴、⑦轴段）也要分开布置。采用同样方法，将所有的地垄墙圈梁布置完成。

3）调整圈梁标高。选中任意一根地垄墙圈梁，单击鼠标右键，选择“全部实例”→“在视图中可见”命令，可以看到所绘制的全部圈梁。在其“约束”属性设置如下：“参照标高”为“F1”，“起点标高偏移”为“-40”，“终点标高偏移”为“-40”（因首层的结构标高比建筑标高低 0.04m），将“几何图形位置”属性“Z 轴对正”设为“顶”，同时将“Z 轴偏移值”设为“0”。

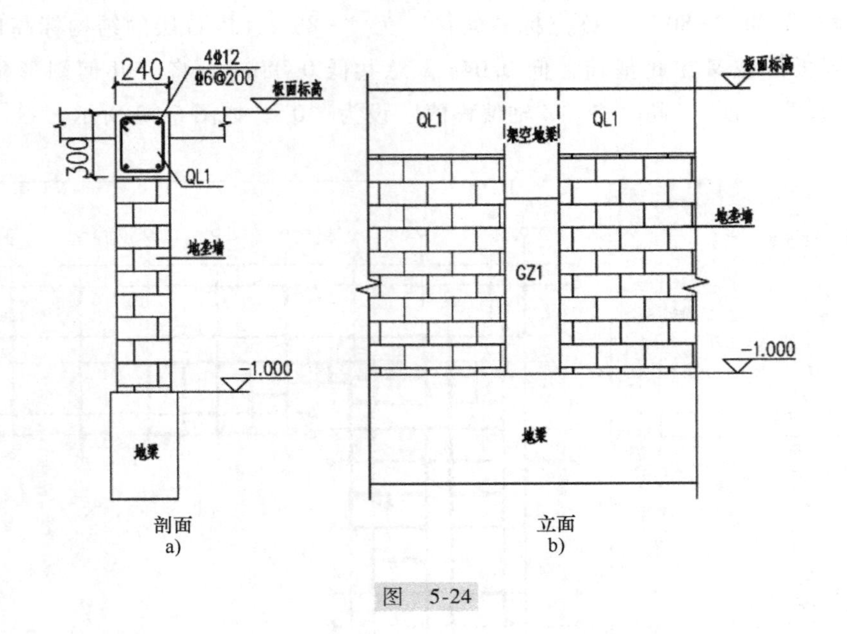

剖面
a)
立面
b)

图 5-24

注意：其“约束”属性如下设置，其结果一样：“参照标高”为“F1”，“起点标高偏移”为“0”，“终点标高偏移”为“0”，将“几何图形位置”属性“Z 轴对正”设为“顶”，同时将“Z 轴偏移值”设为“-40”。

4）调整降板区圈梁标高。按住〈Ctrl〉键，依次选中降板区圈梁，其“约束”属性设置如下：“参照标高”为“F1”，“起点标高偏移”为“-80”，“终点标高偏移”为“-80”（因首层的结构标高比建筑标高低 0.04m，降板区域又在此基础上低 0.04m，总共低 0.08m），将“几何图形位置”属性“Z 轴对正”设为“顶”，同时将“Z 轴偏移值”设为“0”。

5.2.3 底层翻边

底层阳台翻边

（1）底层空调机位翻边

由“结施—08”可知，本工程底层空调机位翻边为现浇钢筋混凝土矩形构件，可以用“混凝土-矩形梁”族直接绘制。

1）建立“底层空调机位翻边 150×1170”族类别。其中，“b=150，h=1170”。

2）布置底层空调机位翻边。双击进入“F1”楼层平面视图，根据图“建施—01”（一层平面图）中底层空调机位的位置，本工程共有 3 处需要布置底层空调机位翻边，就在Ⓒ轴、Ⓓ轴，⑩轴、⑪轴，⑪轴、⑫轴中间处，长度均为 1340mm。再选中该翻边，将其“约束”属性设置如下：“参照标高”为“F1”，“起点标高偏移”为“-1000”，“终点标高偏移”为“-1000”（因为该翻边是从-1.0m 开始布置的），将“几何图形位置”属性“Z 轴对正”设为“底”（注意，此处不要设为“顶”，因为此翻边以底标高为基准，向上

“翻”)，将“Z 轴偏移值”设为“0”。同时，利用“对齐”命令，将该翻边按案例工程图要求进行对齐。

（2）底层阳台翻边

由图“结施—08”可知，阳台翻边为现浇钢筋混凝土异截面构件，可以在“混凝土梁-边梁-翻”族的基础上修改后使用。

1）打开 Revit，选择“程序”→“新建”→“族”命令，在弹出的“新族-选择样板文件”对话框中选择“公制结构框架-梁和支撑 . rft”文件，单击“打开”按钮，进入“参照标高”楼层平面视图，如图 5-25a 所示。将其另存为“底层阳台翻边”族文件，删除视图中原有的构件，如图 5-25b 所示。

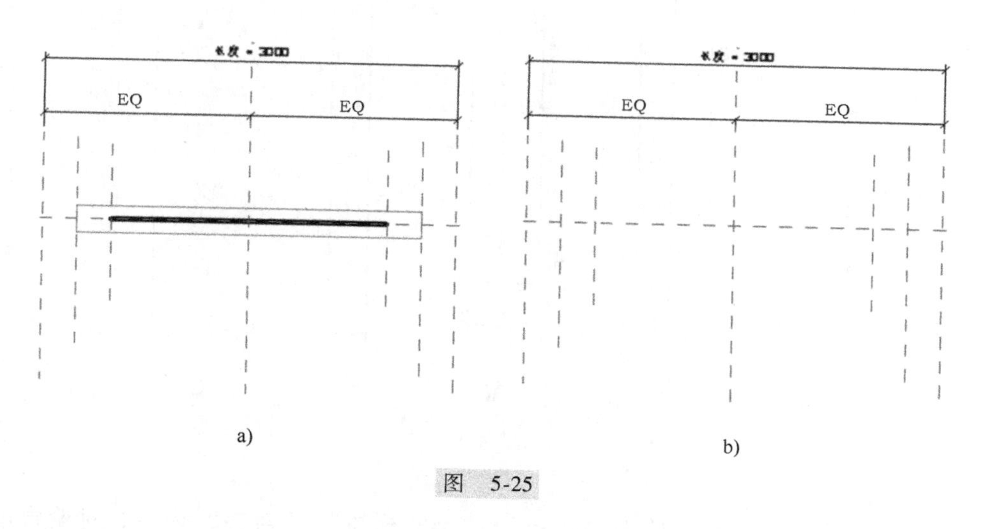

图 5-25

2）放样。单击“创建”→“形状”→“放样”按钮，选择“修改 | 放样”→“放样”→“绘制路径”命令，沿“中心（前/后）”参照平面，从左参照平面到右参照平面绘制放样路径，单击“模式”面板中的绿色按钮，完成绘制，如图 5-26a 所示。单击选中“参照标高”视图中“轮廓：轮廓”（视图中红色圆点处的竖线）命令，如图 5-26b 所示。

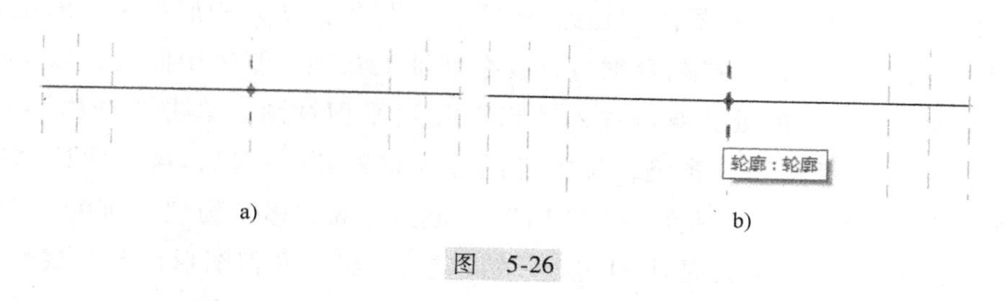

图 5-26

3）绘制底层阳台翻边轮廓。单击“修改 | 放样”→“放样”→“编辑轮廓”按钮（若没有前面“选中轮廓”的操作，“编辑轮廓”的按钮是灰色的，不能操作)，弹出“转

到视图”窗口，选择“立面：右”，单击“打开视图”，进入“右”立面。单击“修改|放样>编辑轮廓”→“绘制”→“直线”的按钮，按底层阳台翻边尺寸绘制构件截面轮廓封闭区域，如图 5-27a 所示。

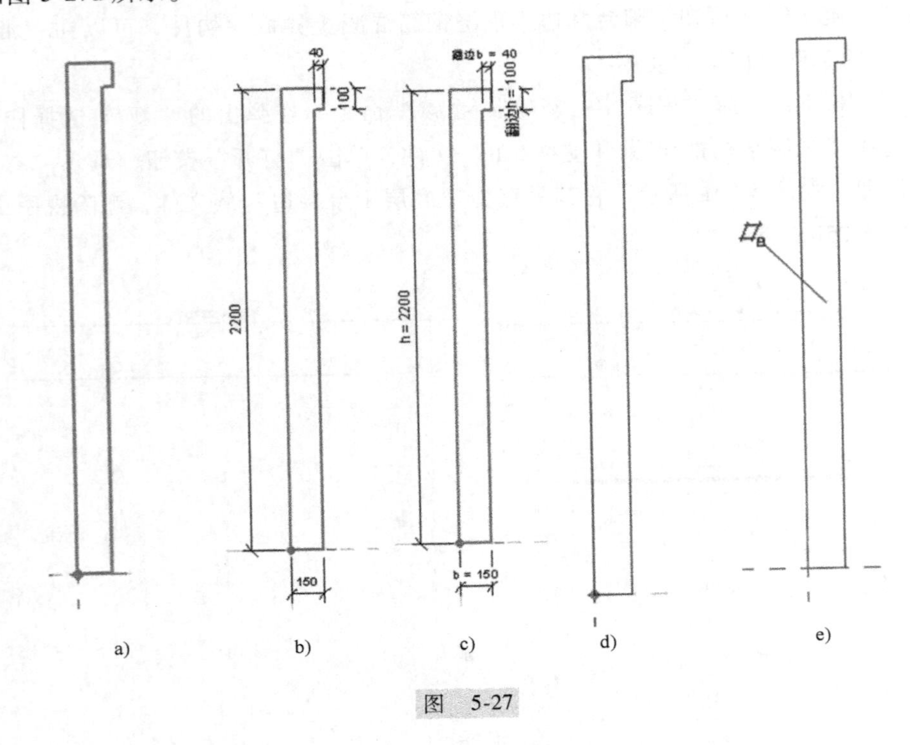

图 5-27

4）标注尺寸并添加参数。单击“注释”→“尺寸标注”→“对齐”命令，对轮廓尺寸进行标注，如图 5-27b 所示。选中其中一个尺寸标注，单击“标签尺寸标注”→“创建参数”按钮，创建并定义 4 个族，结果如图 5-27c 所示。单击“修改|放样>编辑轮廓”→“模式”面板中的绿色“完成编辑模式”按钮，结果如图 5-27d 所示，显示轮廓的颜色由红色变为蓝色。单击“修改|放样”→“模式”面板中的绿色“完成编辑模式”按钮，完成放样，结果如图 5-27e 所示。保存族，载入“学生公寓 1#楼”项目。

5）布置底层阳台翻边。根据图“建施—01”（一层平面图）中底层阳台的位置，可知本工程共有 3 处，需要布置底层阳台翻边，就在⑨轴上Ⓒ轴、Ⓓ轴中间处，以及①/F轴上⑩轴、⑪轴，⑪轴、⑫轴中间处。双击进入“F1”楼层平面视图，单击“结构”→“梁”命令，调出“底层阳台翻边”族类型，按施工图位置布置其中一段，再选中该翻边，将其“约束”属性设置如下：“参照标高”为“F1”，“起点标高偏移”为“-1000”，“终点标高偏移”为“-1000”（因该翻边是从-1.0m 开始布置），将“几何图形位置”属性“Z 轴对正”设为“底”（注意，此处不要设为“顶”，因为此翻边以底标高为基准，向上“翻”），将“Z 轴偏移值”设为“0”。再利用“对齐”命令，将该翻边按施工图要求进行对齐。⑨轴上Ⓒ轴、Ⓓ轴间的阳台翻边如图 5-28 所示。

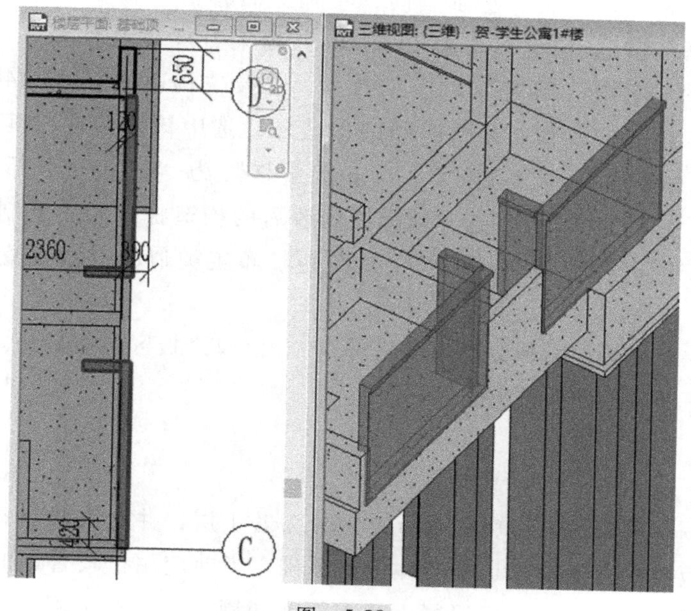

图　5-28

注意：翻边朝外，绘制时应顺时针绘制。另外，因阳台翻边是从“基础顶”开始布置，故也可以双击进入“基础顶”平面视图，此时应将翻边“约束”属性设置如下：“参照标高”为“基础顶”，“起点标高偏移”为“0”，“终点标高偏移”为“0”，将“几何图形位置”属性“Z 轴对正”设为“底”，同时将“Z 轴偏移值”设为“0”。

5.2.4　构造柱

根据案例工程图的“结构设计总说明”中第十一条有关砌体填充墙的规定，本工程砌体填充墙内的构造柱除各结构平面图中给出的以外，还应按以下原则设置：填充墙长度>5m时，沿墙长度方向每隔 4m 设置一根构造柱；外墙及楼梯间墙转角处设置构造柱，楼梯间墙构造柱间距不大于 4m；填充墙端部无翼墙或混凝土柱（墙）时，在端部增设构造柱；电梯井周圈砌体隔墙的四个角点设构造柱；宽度超过 1.8m 的门窗洞口两侧设构造柱；构造柱（GZ）尺寸：墙宽×240mm，配筋为 4⌀12 纵筋，⌀6@200 箍筋；楼梯两侧的填充墙和人流通道的围护墙，应设置间距不大于层高的钢筋混凝土构造柱；构造柱（GZ）尺寸：墙宽×240mm，配筋为 4⌀14 纵筋，⌀6@200 箍筋。

根据上述设计说明和图“结施—08”可知，本工程有两种截面尺寸的构造柱：GZ1 为 240mm×240mm，GZ2 为 300mm×240mm。

1）创建构造柱族类型。打开“混凝土-矩形-柱”族，创建“构造柱 GZ01 240×240”族类型，尺寸标注“b = 240，h = 240”；创建“构造柱 GZ02 300×240”族类型，尺寸标注“b = 300，h = 240”。

2）布置地垄墙构造柱。以Ⓑ轴、Ⓒ轴、②轴与④轴围成的矩形区域为例，有 2 根构造柱，分别位于②轴上的Ⓑ轴、Ⓒ轴中间，④轴上的Ⓑ轴、Ⓒ轴中间，构造柱的底部标高为-1.000m（基础顶），顶部标高为-0.360m（地梁 L01 的底标高）。双击进入“基础顶”楼层平面视图，单击“结构”→“柱”命令，选择“构造柱 GZ01 240×240”，在上述分析的位置布置 2 轴上的Ⓑ轴、Ⓒ轴中间的构造柱，选中该构造柱，其相关“约束”属性设置为：“底部标高”为“基础顶”，“底部偏移”为“0”；“顶部标高”为“基础顶”，“顶部偏移”为“360”。再选中该属性修改后的构造柱，利用复制的方法布置④轴上的Ⓑ轴、Ⓒ轴中间的构造柱。采用与上述分析、布置类似的方法布置剩余的地垄墙构造柱。

布置时，要注意构造柱的顶标高（梁底标高），以及降板区域的标高。如Ⓗ轴上的构造柱的顶标高为“基础顶+660”（圈梁底标高）。

5.2.5 一层板

一层楼板布置

板是一种分隔承重构件。将房间垂直方向分为若干层，并把人和家具等竖向荷载及楼板自重通过墙体、梁或柱传给基础。当前应用比较普遍的是钢筋混凝土楼板，这种楼板采用混凝土和钢筋共同制作，具有坚固、耐久、刚度大、强度高、防火性能好等特点。

由图“结施—08”可知一层楼板的平面位置。通过案例工程图的说明可知板厚为120mm，大部分板面标高为-0.040m（一层结构标高、一层建筑标高-0.040m），有Ⓒ轴、Ⓓ轴、⑤轴与⑦轴围成的矩形区域和Ⓕ轴、Ⓖ轴、⑩轴与⑫轴围成的矩形区域，这两个降板区域的板面标高为一层结构标高：-0.040m（一层建筑标高-0.080m），一层楼板混凝土强度等级为 C35。

（1）创建一层楼板族类型

1）双击进入“F1”结构平面视图。单击“结构”→“楼板”→“楼板：结构”工具。

2）单击“属性”面板中的“编辑类型”命令，打开“类型属性”窗口，单击复制按钮，弹出“名称”窗口，输入“一层楼板 120mm”，单击“确定”按钮关闭窗口。

3）单击“类型属性”→“结构”右侧“编辑...”按钮，进入“编辑部件”窗口，修改“结构 [1]”的“厚度”为“120”，单击“结构 [1]”材质“〈按类别〉”进入“材质浏览器”窗口，选择“混凝土-现浇钢筋混凝土 C35”，单击“确定”关闭窗口。

（2）布置楼板

1）双击进入“F1”楼层平面视图。单击“视图范围”右边的“编辑...”按钮，在弹出的“视图范围”对话框中，将“主要范围”→“底部”→“相关标高（F1）”的偏移值设为小于-80 的值（如设为“-100”），“视图深度”→“标高”→“相关标高（F1）”的偏移值设为小于-80 的值（如设为“-100”），单击“确定”按钮。

2）以Ⓖ轴、Ⓗ轴、⑩轴与⑪轴围成的区域为例，该区域为非降板区域，板面标高为结构标高（比建筑标高低 0.040m）。单击“结构”→“楼板”→“楼板：结构”，在“属性”面板中选择“一层楼板 120mm”类型。设置标高为“F1”，“自标高的标高偏移”值为

“-40”。注意，对于降板区域，此处“自标高的标高偏移”值应为“-80”。

3）在“绘制”面板中选择“线”→“拾取线”命令，将选项栏中的“偏移”设置为“0”，沿柱、梁边沿绘制，出现封闭的红色区域，如图 5-29 所示。

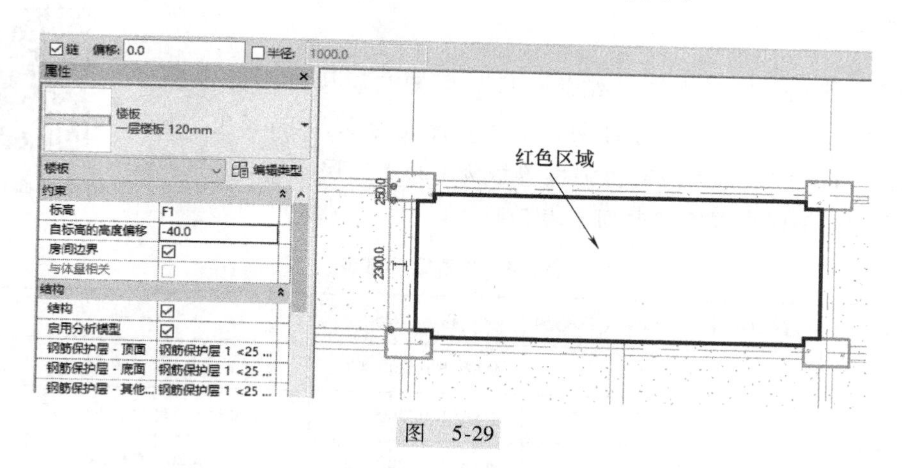

图　5-29

4）生成楼板。单击“模式”面板中的绿色按钮 ✔，弹出“项目中未载入跨方向符号族。是否要现在载入?”提示，单击“否”，完成该区域楼板布置。

与此类似，完成其他区域楼板布置，结果如图 5-30 所示，其中蓝色显示区域为降板区楼板。

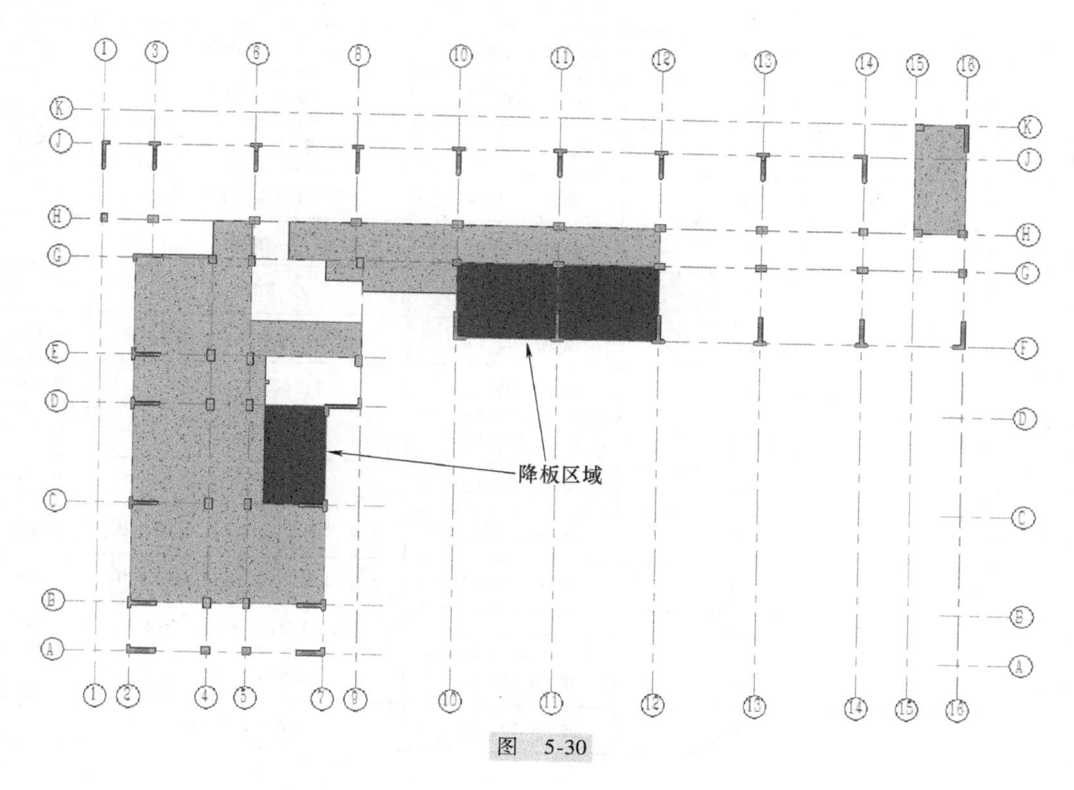

图　5-30

5.3 二层至屋面梁、板

5.3.1 二层梁

结构平面视图创建

打开图“结施—10”和图“结施—11”可知二层梁的平面定位信息、截面尺寸、钢筋等信息，未注明二层楼面标高为 3.520m（比“F2”建筑标高低 80mm）梁、板混凝土强度等级为 C35。二层梁的 50 个梁编号及截面尺寸、钢筋配置等情况列于表 5-4。

表 5-4 二层梁信息表

序号	梁编号	梁截面尺寸/mm×mm（长×宽）	箍 筋	纵 筋	标高/m
1	KLX01	240×500	⌽8@100/200（2）	3⌽18；3⌽18	0.530
2	KLX02a	240×600	⌽8@100/200（2）	3⌽18；3⌽18；N4⌽12	0.080
3	KLX02	240×700	⌽8@100/200（2）	2⌽20；G4⌽10	
4	KLX03	240×700	⌽8@100/200（2）	2⌽20；G4⌽10	
5	KLX04	240×700	⌽8@100/200（2）	2⌽20；G4⌽10	
6	KLX05	240×700	⌽8@100	2⌽20；G4⌽10	
7	KLX06	240×740	⌽8@100/200（2）	2⌽20；G6⌽10	0.040
8	KLX07	240×740	⌽8@100/200（2）	2⌽20；G6⌽10	0.040
9	KLX08	240×720	⌽8@100（2）	2⌽20；G4⌽10	
10	KLX09	240×1150	⌽8@100（2）	2⌽20；G10⌽10	0.430
11	LX01	240×700	⌽8@100（2）	3⌽20；3⌽20；G4⌽10	
12	LX02	240×550	⌽8@200（2）	2⌽18	
13	LX03	240×550	⌽8@200（2）	2⌽18	
14	LX04	240×1150	⌽8@200（2）	3⌽18；3⌽18；G10⌽10	0.430
15	LX05	240×1150	⌽8@200（2）	2⌽18；G10⌽10	0.430
16	LX06	240×550	⌽8@200（2）	2⌽18	0.040
17	LX07	240×1150	⌽8@200（2）	2⌽16；G10⌽10	0.430
18	XLX03	240×1150	⌽8@100（2）	5⌽20 3/2；2⌽20；G10⌽10	0.430
19	XLX04	240×1150	⌽8@100（2）	5⌽20 3/2；2⌽20；G10⌽10	0.430
20	XLX05	240×800	⌽8@100（2）	5⌽20 3/2；2⌽20；G6⌽10	0.18
21	La	120×300	⌽6@200（2）	2⌽14；2⌽14	
22	Lb	120×400	⌽6@200（2）	2⌽16；2⌽16	

（续）

序号	梁编号	梁截面尺寸/mm×mm（长×宽）	箍　筋	纵　筋	标高/m
23	Lc	240×350	Φ6@200（2）	3Φ14；3Φ14	
24	Ld	240×400	Φ6@200（2）	3Φ14；3Φ16	
25	KLY01	240×1150	Φ8@100（2）	2Φ20；G10Φ10	0.430
26	KLY02	240×700	Φ8@100（2）	2Φ20；G4Φ10	
27	KLY03a	240×600	Φ8@100/200（2）	2Φ18；N4Φ12	0.080
28	KLY03	240×720	Φ10@100/200（2）	2Φ20；G4Φ10	
29	KLY04	240×740	Φ8@100/200（2）	2Φ20；G6Φ10	0.040
30	KLY05	240×700	Φ8@100（2）	2Φ20；G4Φ10	
31	KLY06	240×740	Φ8@100/200（2）	2Φ20；G6Φ10	0.040
32	KLY07	240×700	Φ10@100/200（2）	2Φ20；G4Φ10	
33	KLY08	240×550	Φ8@100/200（2）	2Φ20	0.040
34	KLY09	240×1150	Φ8@100（2）	2Φ20；G10Φ10	0.430
35	KLY10	240×700	Φ8@100/200（2）	2Φ20；G4Φ10	
36	KLY11	240×700	Φ8@100/200（2）	2Φ20；G4Φ10	
37	KLY12	240×700	Φ8@100/200（2）	2Φ20；G4Φ10	
38	KLY13	240×740	Φ8@100/200（2）	2Φ20；G6Φ10	0.040
39	KLY14	240×1150	Φ8@100/200（2）	2Φ20；G10Φ10	0.430
40	LY01	240×1150	Φ8@200（2）	3Φ18；3Φ18；G10Φ10	0.430
41	LY02	240×550	Φ8@200（2）	2Φ16；3Φ16	0.040
42	LY03	240×1150	Φ8@100/200（2）	3Φ18；3Φ18；G10Φ10	0.430
43	LY04	240×550	Φ8@200（2）	2Φ18	
44	LY05	240×550	Φ8@200（2）	2Φ18	
45	LY06	240×660	Φ8@200（2）	3Φ16；3Φ16；G4Φ110	0.040
46	XLY01	240×1150	Φ8@100（2）	3Φ20；2Φ18；G10Φ10	0.430
47	XLY02	240×1150	Φ8@100（2）	4Φ20；2Φ18；G10Φ10	0.430
48	XLY03	240×800	Φ8@100（2）	8Φ20 4/4；2Φ20；G6Φ10	0.180
49	XLY04	240×800	Φ8@100（2）	8Φ20 4/4；2Φ20；G6Φ10	0.180
50	XLY05	240×1150	Φ8@100（2）	5Φ20 3/2；2Φ18；G10Φ10	0.180

（1）建立二层框架梁、非框架类型和悬挑梁类型

参照 5.1.1 节的第（2）、（3）步骤建立二层框架梁和非框架类型，全部完成后，“类型

属性”窗口中显示的构件类型如图 5-31 所示。

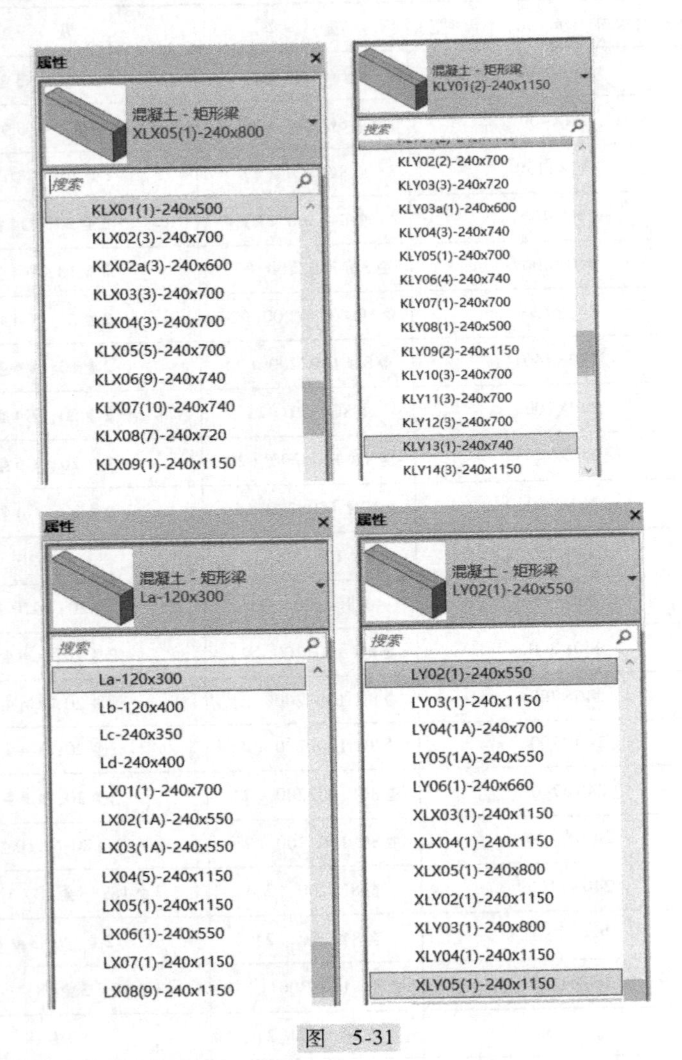

图 5-31

注意：此处建模只需要梁的截面尺寸信息。根据二层梁信息表可知梁的截面尺寸共有 13 种：120mm × 300mm、120mm × 400mm、240mm × 350mm、240mm × 400mm、240mm × 500mm、240mm × 550mm、240mm × 600mm、240mm × 660mm、240mm × 700mm、240mm × 720mm、240mm×740mm、240mm×800mm、240mm×1150mm。在创建梁的族类型时，可以只建 13 个梁的族类型。

（2）建立结构平面视图

从层高表可知，结构 F1 标高为 F1 建筑标高往下偏移 40mm，结构 F2～结构 F9 标高为相应建筑标高往下偏移 80mm。下面创建与结构标高相一致的结构平面视图，先创建“结构 F1”标高，再创建“结构 F2”～“结构 F9”标高。

1）双击进入任意一个立面视图，如“东”视图。单击“协作”→“坐标”→“复制/监视”→“使用当前项目”命令，弹出“复制/监视”选项，如图 5-32 所示。

2）单击“选项”按钮，弹出“复制/监视选项”对话框，单击“标高”选项卡，将“标高偏移”值设为“-40”，勾选“重用具有相同名称的标高”，“为标高名称添加后缀”的值为空白，“为标高名称添加前缀”的值为“结构”，如图 5-33 所示。单击“确定”按钮。

图 5-32

复制/监视选项

标高 | 轴网 | 柱 | 墙 | 楼板

要复制的类别和类型：

原始类型	新建类型
上标头	上标头
下标头	上标头
正负零标高	上标头

其他复制参数：

参数	值
标高偏移	-40.0
重用具有相同名称的标高	☑
重用匹配标高	不重用
为标高名称添加后缀	
为标高名称添加前缀	结构

确定 | 取消 | 帮助

图 5-33

3）单击“复制”命令，不勾选“多个”项，再单击“F1”标高线，则“结构 F1”标高线自动生成，再单击“完成”按钮。选中“结构 F1”标高线，单击“添加弯头”按钮，结果如图 5-34 所示。

4）添加“结构 F2”~“结构 F9”标高线。单击“协作”→“坐标”→“复制/监视”→“使用当前项目”命令，弹出“复制/监视”选项。单击“选项”按钮，弹出“复制/监视选项”对话框，单击“标高”选项卡，将“标高偏移”值设为“-80”，勾选“重用具有相同名称的标高”，“为标高名称添加后缀”的值设为空白，“为标高名称添加前缀”的值设为“结构”。单击“确定”按钮。

5）单击“复制”命令，勾选“多个”项，从右下角往左上选中“F2”至“F9”标高线，单击“多个”项右边的“完成”按钮，单击立面视图任意一处，再单击“完成”按钮，则“结构 F2”~“结构 F9”标高线全部自动生成。依次给“结构 F2”~“结构 F9”添加弯头。

6）添加结构平面视图。单击“视图”→“创建”→“平面视图”→“结构平面”命令，弹出“新建结构平面”对话框，按住〈Ctrl〉键，依次选中“基础顶”“女儿墙结构”“屋面结构”，再按住〈Shift〉键，单击“结构 F1”和“结构 F9”，勾选“不复制现有视图”项，如图 5-35a 所示。单击“确定”按钮。此时在“项目浏览器”中自动生成刚才建立的“结构平面”视图，如图 5-35b 所示。

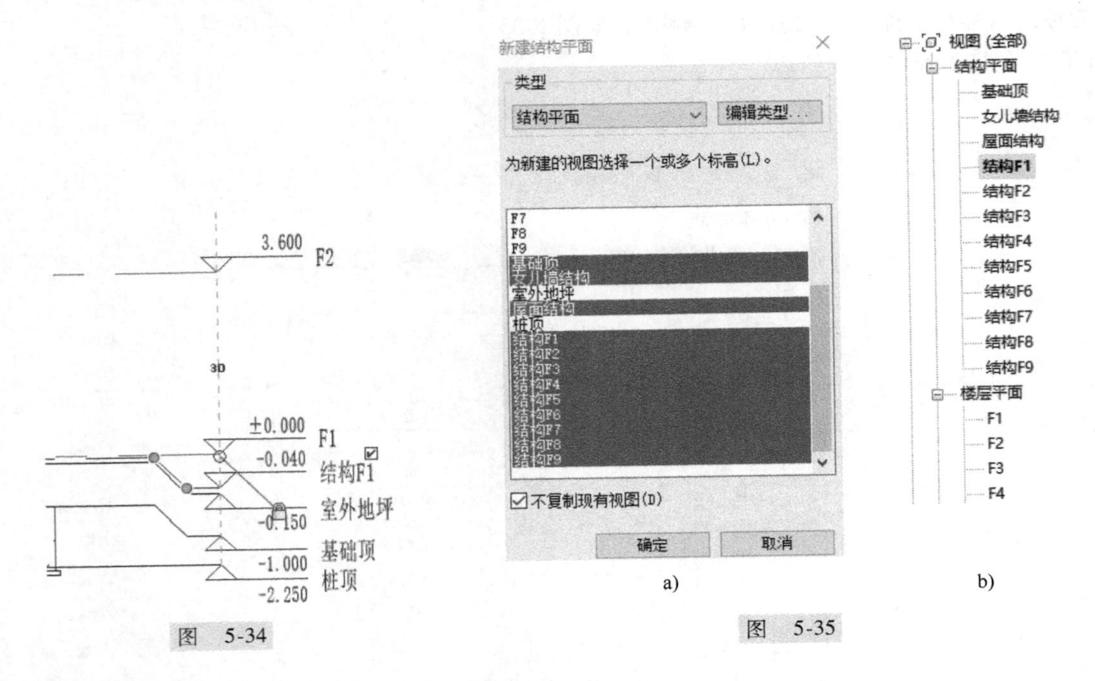

图 5-34

a)　　b)

图 5-35

（3）布置二层梁

进入“结构 F2”结构平面视图，参照上述“地梁”的布置步骤布置二层梁。由于二层梁顶标高大多有偏移，为防止遗漏，要一边布置梁一边修改梁的标高。例如，Ⓐ轴上④轴、⑤轴间的 KLX01，标高标注为“0.530”，说明此梁相对于“结构 F2”标高要高 0.530m，该梁的属性设置为：参照标高为“结构 F2”，起点标高偏移为“530”，终点标高偏移为“530”，“Z 轴对正”为“顶”，“Z 轴偏移值”为“0”。

在布置梁的过程中灵活使用“对齐”“移动”等修改命令。完成后的效果如图 5-36 所示。

5.3.2　三～九层梁

打开图“结施—13”和图“结施—14”，与图“结施—10”和图“结施—11”对比可知，三～九层梁的平面定位信息、截面尺寸、钢筋等信息与二层的基本一致。只是三～九层外墙上的梁，以及①轴、②轴间的Ⓒ轴、Ⓓ轴、Ⓔ轴上的悬梁有变化，如图 5-37 所示。

为此，分两大步完成三～九层的梁绘制。

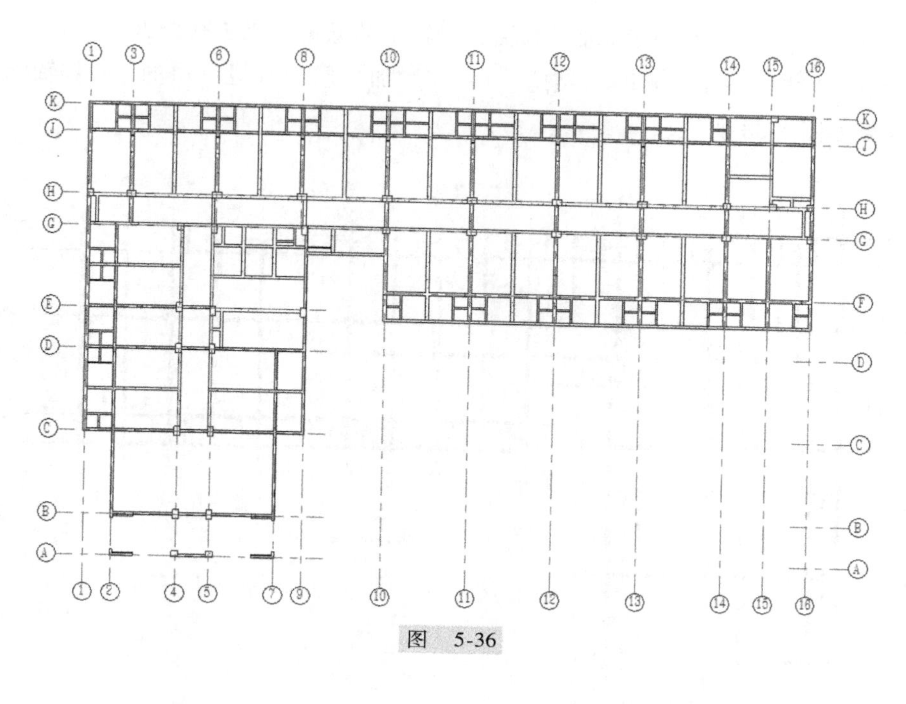

图　5-36

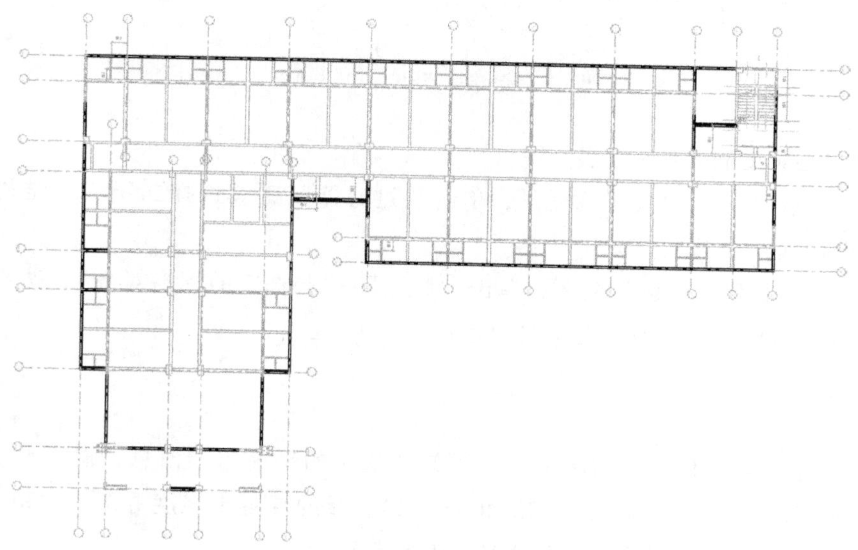

图　5-37

（1）将二层梁复制到三层，再对三层的梁进行修改

1）进入“结构 F2”结构平面视图，单击“过滤器”工具选择二层梁“结构框架（大梁）”和“结构框架（其他）”。

2）单击“复制到剪切板”命令，单击“粘贴”→“与选定的标高对齐”，选择标高“结构 F3”。

3）对比二层和三~九层梁配筋图，按照图“结施—13”和图“结施—14”，对三层外墙上的梁，以及①轴、②轴间的Ⓒ轴、Ⓓ轴、Ⓔ轴上的悬梁的梁进行修改。

4）按照图“结施—13”和图“结施—14”，增加二层没有但三层的Ⓐ~Ⓒ轴间有的梁。完成后的效果如图 5-38 所示。

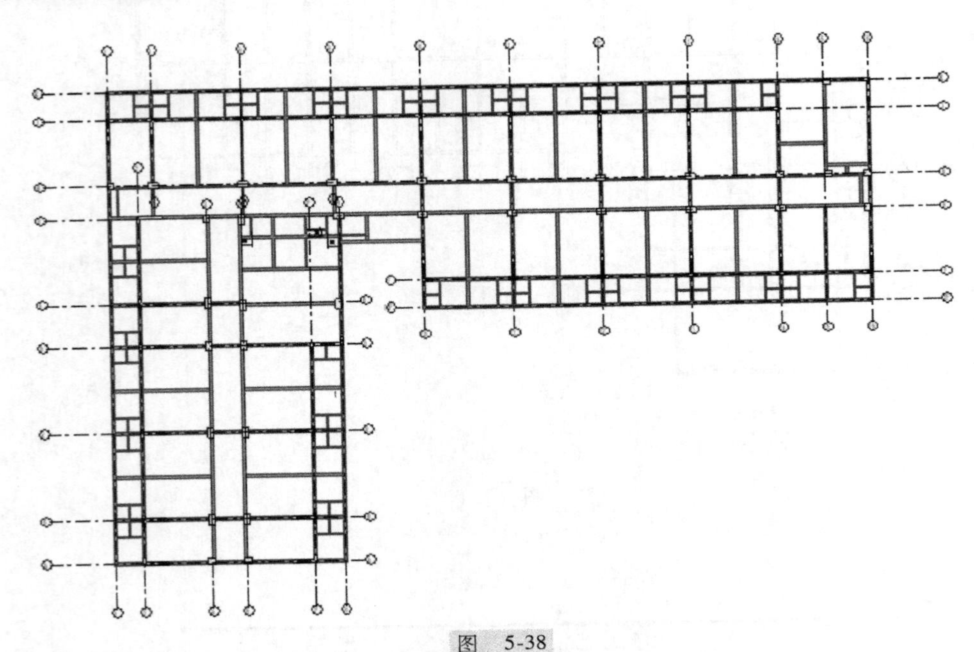

图 5-38

（2）将三层梁复制到四~九层

1）进入“结构 F3”结构平面视图，单击“过滤器”工具选择二层梁“结构框架（大梁）”和“结构框架（其他）”。

2）单击“复制到剪切板”命令，单击“粘贴”→“与选定的标高对齐”，选择标高“结构 F4”~“结构 F9”，完成四~九层梁的布置。

5.3.3 屋面梁

由图“结施—16”和图“结施—17”可知二层梁的平面定位信息、截面尺寸、钢筋等信息，未注明标高为屋面结构标高：32.400m，梁、板的混凝土强度等级为 C30。屋顶梁的 52 个梁编号、截面尺寸、钢筋配置等情况列于表 5-5。

表 5-5 屋顶梁信息表

序号	梁编号	梁截面尺寸/mm×mm（长×宽）	箍筋	纵筋	标高/m
1	La	120×300	Φ6@200（2）	2Φ14；2Φ14	
2	Lb	120×400	Φ6@200（2）	2Φ16；2Φ16	
3	Lc	240×350	Φ6@200（2）	3Φ14；3Φ14	
4	Ld	240×400	Φ6@200（2）	3Φ14；3Φ16	
5	LY02		Φ8@200（2）	2Φ16；3Φ16	0.850

（续）

序号	梁编号	梁截面尺寸/mm×mm（长×宽）	箍筋	纵筋	标高/m
6	WKLX04a	240×500	Φ8@100/200（2）	2Φ16；G6Φ10	1.200
7	WKLX06a		Φ8@100（2）	4Φ16；4Φ16；G6Φ10	1.700
8	LX03a		Φ8@200（2）	2Φ16；G6Φ10	1.200
9	LY04a		Φ8@200（2）	2Φ18	1.200
10	LX02	240×550	Φ8@200（2）	2Φ18	
11	LX03		Φ8@200（2）	2Φ18	
12	WKLY08		Φ8@100/200（2）	2Φ20	
13	LY04		Φ8@200（2）	2Φ18	
14	WKLX01	240×700	Φ8@100/200（2）	2Φ20；G4Φ10	
15	WKLX02		Φ8@100/200（2）	2Φ20；G4Φ10	
16	WKLX03		Φ8@100/200（2）	2Φ20；G4Φ10	
17	WKLX04		Φ8@100/200（2）	2Φ20；G4Φ10	
18	LX01		Φ8@200（2）	3Φ16；3Φ16；G4Φ10	
19	LX04		Φ8@200（2）	3Φ16；3Φ16；G4Φ10	
20	LX05		Φ8@200（2）	2Φ16；G4Φ10	
21	LX08		Φ8@200（2）	3Φ16；3Φ16；G4Φ10	
22	XLX01		Φ8@100（2）	3Φ20；2Φ18；G4Φ10	
23	XLX02		Φ8@100（2）	3Φ20；2Φ18；G4Φ10	
24	XLX03		Φ8@100（2）	6Φ20 4/2；2Φ20；G10Φ10	
25	XLX04		Φ8@100（2）	6Φ20 4/2；2Φ20；G10Φ10	
26	XLX05		Φ8@100（2）	4Φ20；2Φ20；G4Φ10	
27	WKLY01		Φ8@100（2）	2Φ20；G4Φ10	
28	WKLY02		Φ8@100（2）	2Φ20；G4Φ10	
29	WKLY05		Φ8@100（2）	2Φ20；G4Φ10	
30	WKLY09		Φ8@100（2）	2Φ20；G4Φ10	
31	WKLY10		Φ8@100/200（2）	2Φ20；G4Φ10	
32	WKLY11		Φ8@100/200（2）	2Φ20；G4Φ10	
33	WKLY12		Φ8@100/200（2）	2Φ20；G4Φ10	
34	WKLY13		Φ8@100/200（2）	2Φ20；G4Φ10	
35	LY03		Φ8@200（2）	3Φ16；3Φ16；G4Φ10	
36	LY05		Φ8@100（2）	3Φ16；3Φ16；G4Φ10	
37	LY06		Φ8@200（2）	3Φ16；3Φ16；G4Φ10	
38	XLY01		Φ8@100（2）	3Φ20；2Φ18；G4Φ10	
39	XLY02		Φ8@100（2）	4Φ20；2Φ18；G4Φ10	
40	XLY03		Φ8@100（2）	6Φ20 4/2；2Φ20；G4Φ10	
41	XLY04		Φ8@100（2）	6Φ20 4/2；2Φ20；G4Φ10	
42	WKLX06	240×740	Φ8@100/200（2）	2Φ20；G6Φ10	
43	WKLX07		Φ8@100/200（2）	2Φ20；G6Φ10	
44	WKLY04		Φ8@100/200（2）	2Φ20；G4Φ10	
45	WKLY06		Φ8@100/200（2）	2Φ20；G6Φ10	

（续）

序号	梁编号	梁截面尺寸/mm×mm（长×宽）	箍筋	纵筋	标高/m
46	WKLX05	240×780	Φ8@100/200（2）	2Φ20；G6Φ10	
47	WKLX08		Φ8@100/200（2）	2Φ20；G6Φ10	
48	WKLY03		Φ10@100/200（2）	2Φ20；G6Φ10	
49	WKLY07		Φ10@100/200（2）	2Φ20；G4Φ10	
50	LY01		Φ8@100（2）	3Φ20；3Φ20；G6Φ10	
51	WKLY09a	240×1000	Φ8@100（2）	4Φ16；4Φ16；G8Φ10	1.700
52	LX06	240×1250	Φ8@200（2）	2Φ18；G10Φ10	0.850

（1）建立屋面框架梁类型

此处建模只需要梁的截面尺寸信息。根据屋顶梁信息表，屋面框架梁类型共有 11 种：120mm×300mm、120mm×400mm、240mm×350mm、240mm×400mm、240mm×500mm、240mm×550mm、240mm×700mm、240mm×740mm、240mm×780mm、240mm×1000mm、240mm×1250mm。在创建梁的族类型时，可以只创建 11 个梁的族类型。

（2）布置屋面框架梁

进入“屋面结构”结构平面视图，按照前面的方法布置屋面框架梁。布置时，绝大部分梁的标高就是“屋面结构”标高，梁的属性设置：参照标高为“屋面结构”，起点标高偏移为“0”，终点标高偏移为“0”，Z 轴对正为“顶”，Z 轴偏移值为“0”。少数几根梁的标高，要根据案例工程图的要求进行修改。例如，⑤轴、⑨轴间的梁 LX06，其属性设置：参照标高为“屋面结构”，起点标高偏移为“850”，终点标高偏移为“850”，“Z 轴对正”为“顶”，“Z 轴偏移值”为“0”。

完成后的效果如图 5-39 所示。

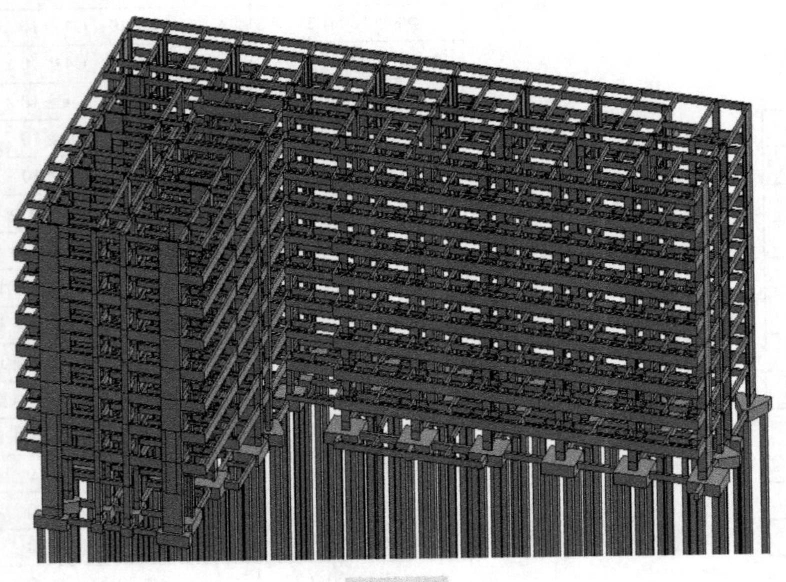

图 5-39

5.3.4　砌体墙圈梁

砌体墙圈梁布置

根据案例工程图“结构设计总说明”中第十一条有关砌体填充墙的规定，下列情况下应在砌体填充墙内设钢筋混凝土水平圈梁：砌体填充墙高度大于4m（墙厚120mm时大于2.5m）时，在墙体半高处或门洞上皮设与柱连接且沿全墙贯通的圈梁；砌体填充墙不砌至梁、板底时，墙顶必须增设一道通长圈梁；外墙窗台底设一道通长圈梁；电梯井周圈填充墙自底层开始在每层门洞顶处设一道拉通圈梁。圈梁高200mm，宽同墙宽，配筋为4⌀12，⌀6@200。若水平圈梁遇过梁，则兼作过梁并按过梁要求加大截面或增配钢筋；柱（墙）施工时，应在相应位置预留4⌀12与圈梁纵筋连接。

结合项目一层的情况，有两种情况需要设置圈梁：电梯井周圈填充墙在门洞顶处设一道拉通圈梁，外墙窗台底设一道通长圈梁。

根据图“建施—01”（一层平面图）和图“建施—06”（门窗表），将一层外墙窗户的信息列于表5-6。

表5-6　一层外墙窗户的信息

序　号	窗户名称	窗户位置	窗台高度/mm
1	LC5830	②轴上，Ⓑ轴与Ⓒ轴间； ⑦轴上，Ⓑ轴与Ⓒ轴间	0
2	LC2428	②轴上，Ⓒ轴与Ⓔ轴间	0
3	LC1528	②轴上，Ⓔ轴与Ⓗ轴间	0
4	BYC0505	Ⓗ轴上，②轴与④轴间	2000
5	LC0919	Ⓗ轴上，⑥轴与⑫轴间； (1/G)轴上，⑧轴与⑩轴间； ⑨轴上，Ⓓ轴与(1/G)轴间	900
6	LC1819	(1/F)轴上，⑩轴与⑫轴间	900
7	LC0516	⑨轴上，Ⓒ轴与Ⓓ轴间	1200

根据案例工程图设计说明和表5-3的信息可知，Ⓗ轴上②轴与④轴间的BYC0505窗台下方、Ⓗ轴上⑥轴与⑫轴间的LC0919窗台下方、(1/G)轴上⑧轴与⑩轴间LC0919窗台下方、⑨轴上Ⓓ轴与(1/G)轴间LC0919窗台下方、(1/F)轴上⑩轴与⑫轴间LC1819窗台下方、⑨轴上Ⓒ轴与Ⓓ轴间LC0516窗台下方，均须设置圈梁。

以Ⓗ轴上⑥轴与⑫轴间的LC0919窗台下方圈梁（窗台高度900mm）为例，窗台下方圈梁布置如下：

1）创建砌体墙圈梁族类型。载入“混凝土-矩形梁”族文件，新建“砌体墙圈梁

240mm×200mm”族类型，其中，“b”为 240，“h”为 200。

2）布置砌体墙圈梁。双击进入“三维”视图，同时按住〈Shift〉键和鼠标滚轮，将三维模型旋转 180°，Ⓗ轴上⑥轴与⑫轴间的模型转至当前；双击进入“F1”楼层平面视图。单击“视图”→“窗口”→“平铺”命令，将“三维”视图与“F1”楼层平面视图同时显示。如图 5-40 所示。

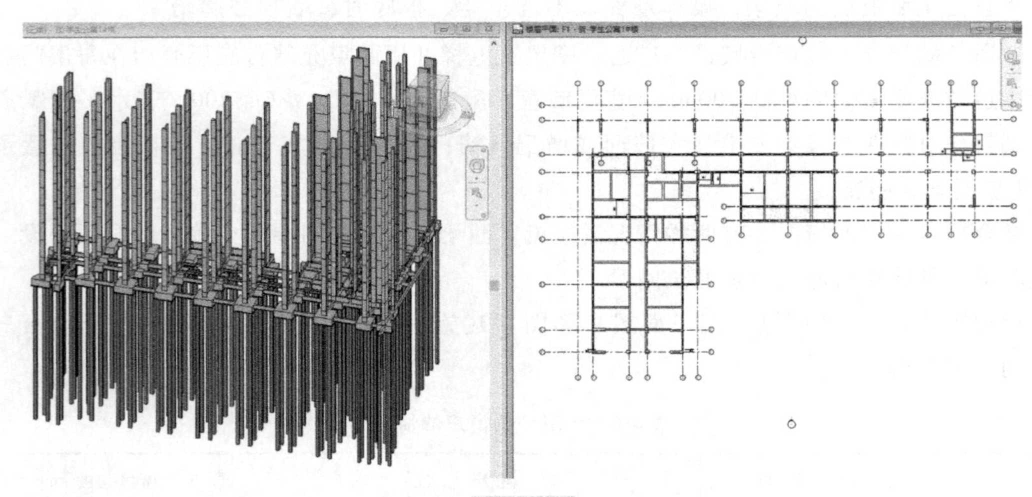

图 5-40

3）单击“F1”楼层平面视图，单击“结构”→“梁”，在“属性”栏选择“砌体墙圈梁 240mm×200mm”族类型。对“砌体墙圈梁 240mm×200mm”族类型的属性值进行设置：“约束”的“参照标高”为“F1”，“几何图形位置”→“Z 轴对正”为“顶”，“Z 轴偏移值”为“900”（H 轴上 6 轴与 12 轴间的窗台高），按施工图 H 轴上 6 轴与 12 轴间的位置，布置该圈梁。

注意：上述的第三步也可以如下操作：单击“F1”楼层平面视图，单击“结构”→“梁”，在“属性”栏选择“砌体墙圈梁 240mm×200mm”族类型。对“砌体墙圈梁 240mm×200mm”族类型的属性值进行设置：“约束”的“参照标高”为“F1”，“几何图形位置”→“Z 轴对正”为“顶”，“Z 轴偏移值”为“0”，按案例工程图Ⓗ轴上⑥轴与⑫轴间的位置布置该圈梁。布置后，选中该圈梁，再将属性值进行设置：将“约束”的“起点标高偏移”为“900”，“终点标高偏移”为“900”，“几何图形位置”的设置不变。

4）采用同样的方法布置其他位置的圈梁。

其他楼层的砌体墙圈梁与上述方法类似，结合布置三~九层梁的方法，充分利用“复制到剪切板”→“粘贴”→“与选定的标高对齐”命令，可以实现快速布置。

5.3.5 二~九层板

（1）二层板

由图“结施—09”可知二层楼板的平面位置。通过该图说明可知，大部分未注明板厚为 100mm，板顶标高为 3.520m（二层结构标高）；升板区（在走廊、电梯间前室等公共交通区域）板厚为 110mm、标高为“二层结构标高+0.040”；降板区（在卫生间）板厚 100mm、标高为“二层结构标高-0.120”。通过图“结施—9”的结构层高表可知一层楼板混凝土强度等级为 C35。下面介绍二层楼板的布置，要注意降板和无板处。

1）进入“结构 F2”结构平面视图，在“属性”面板中选择“结构楼板-120-C35”类型。以“结构楼板-120-C35”为基础生成其他楼板类型，完成后的属性面板如图 5-41 所示。

2）选择“结构楼板-100-C35”类型，设置“标高”为“结构 F2”，“自标高的高度偏移”为“0”。

3）在“绘制”面板中选择“拾取线”方式，选项栏中偏移量设置为“0”，拾取外侧梁中心线生成楼板边界轮廓。借用“修改/延伸为角（TR）”工具来进行修改编辑。绘制时，利用“复制”“镜像”等命令，可以加快绘制速度。完成后的效果如图 5-42 所示。

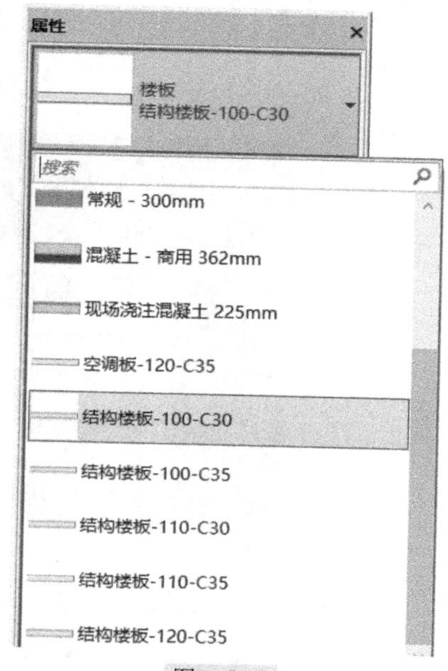

图　5-41

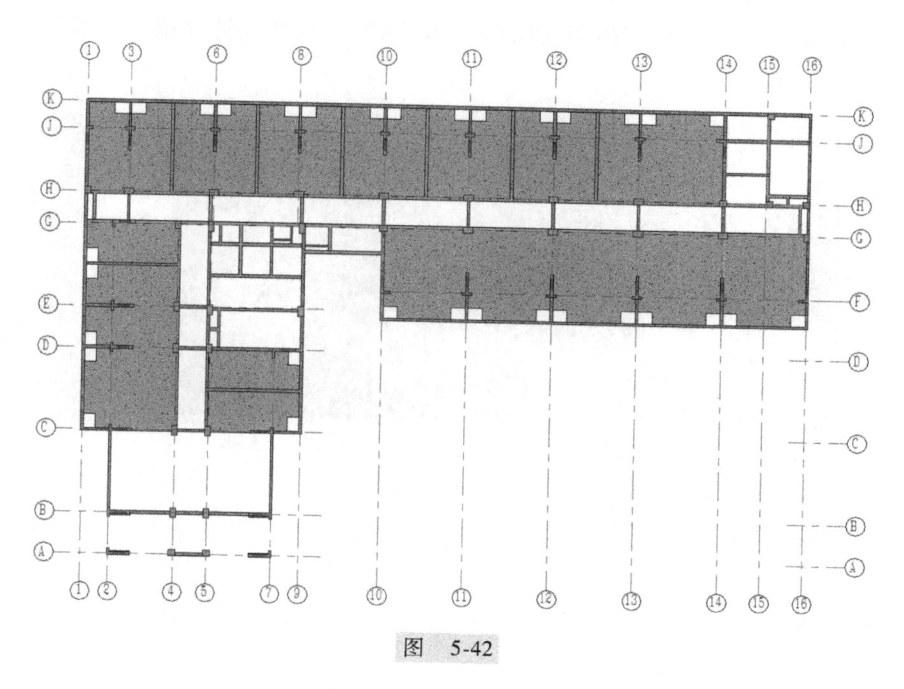

图　5-42

4）布置卫生间降板。在“属性”面板中选择“结构楼板-100-C35”类型。设置“标高”为“结构 F2”，“自标高的高度偏移”为“-120”。按照上述介绍的步骤操作，完成后的效果如图 5-43 所示。

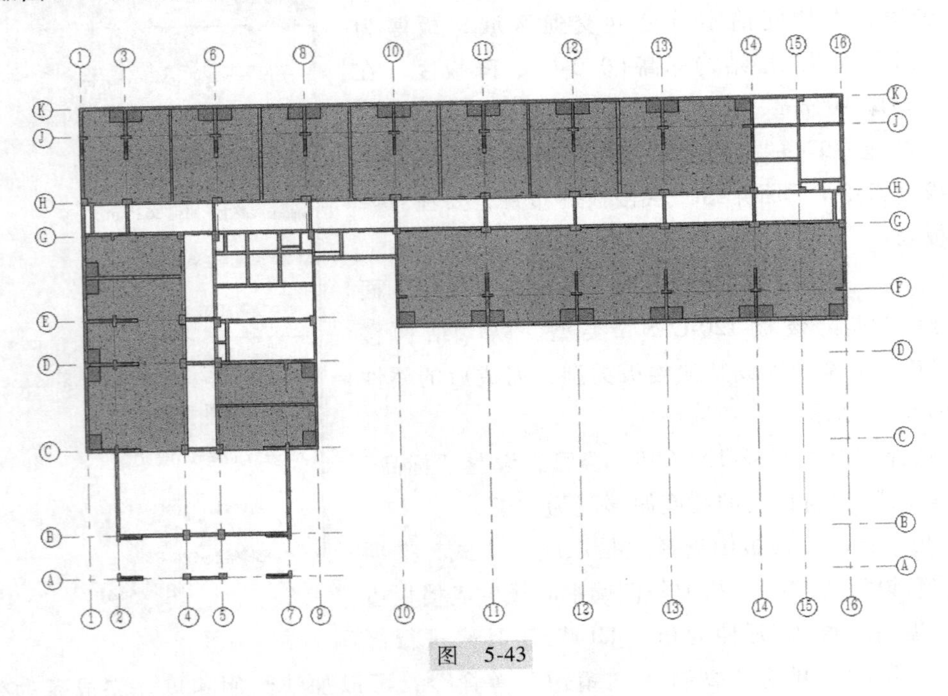

图 5-43

5）布置 110mm 厚的升板。在“属性”面板中选择“结构楼板-110-C35”类型。设置“标高”为“结构 F2”，“自标高的高度偏移”为“40”。按照上述介绍的步骤操作，完成后的效果如图 5-44 所示。

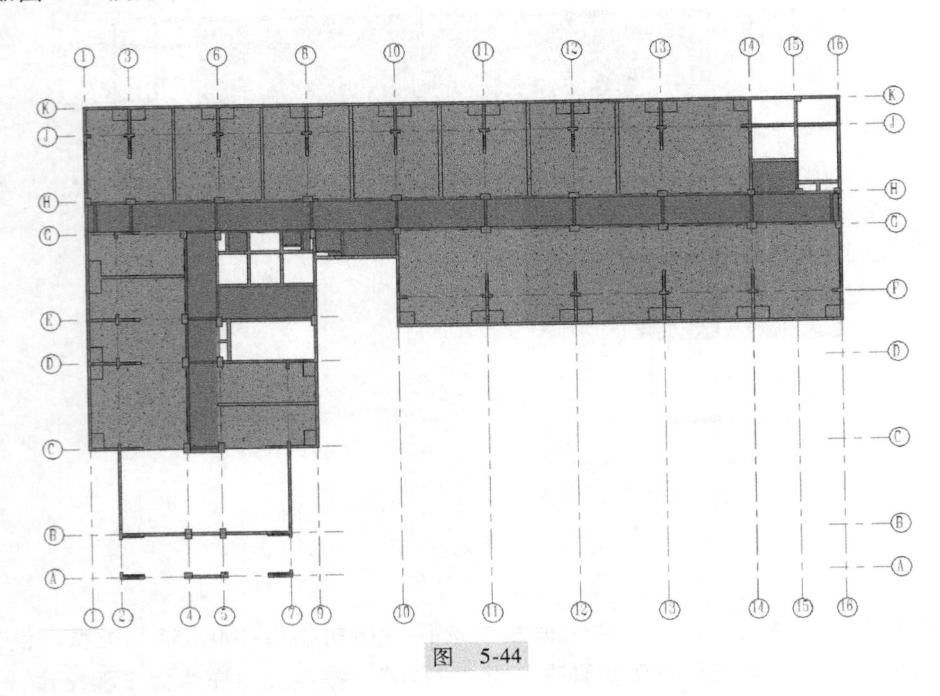

图 5-44

6）布置空调板。在“属性”面板中选择“空调板板-120-C35”类型。设置“标高”为“结构 F2”，“自标高的高度偏移”为“80”。按照上述介绍的步骤操作，完成后的效果如图 5-45 所示。

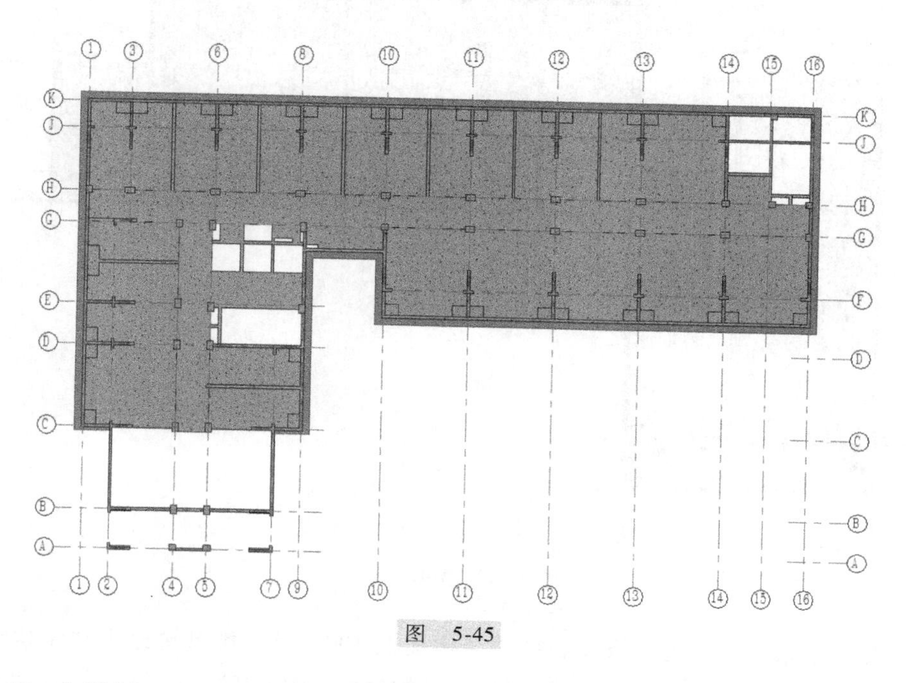

图　5-45

（2）三～九层板

由图“结施—12”可知三～九层楼板的平面位置。通过该图下方说明可知大部分未注明板厚为 100mm，板顶标高为三～九结构标高升板区（在走廊、电梯间前室等公共交通区域）板厚为 110mm，标高为“结构标高+0. 040”；降板区（在卫生间）板厚 100mm，标高为“结构标高-0. 120”。通过图“结施—12”的结构层高表可知三层楼板混凝土强度等级为 C35，四～九层楼板混凝土强度等级为 C30。

比较图“结施—09”和图“结施—12”可知二层除了Ⓐ轴、Ⓒ轴间没有楼板外，其他地方与三层完全一样，因此，可将二层楼板复制到三层，再增加三层Ⓐ轴Ⓒ轴间的楼板。然后将修改后的三层楼板复制到四～九层。

1）进入“结构 F2”结构平面视图，单击“过滤器”工具选择“所有楼板”，复制到“结构 F3”。

2）对复制过来的楼板进行修改。选中一块楼板，单击“编辑边界”命令进行修改。修改完成后的效果如图 5-46 所示。

下面布置四～九层楼板。根据图“结施—012”布置三层楼板，可知四～九层楼板与三层楼板的区别是混凝土强度等级从 C35 降到了 C30，因此可以将三层楼板复制到四层，再修改。

1）进入“结构 F3”结构平面视图，单击“过滤器”工具选择“所有楼板”，复制到“结构 F4”。

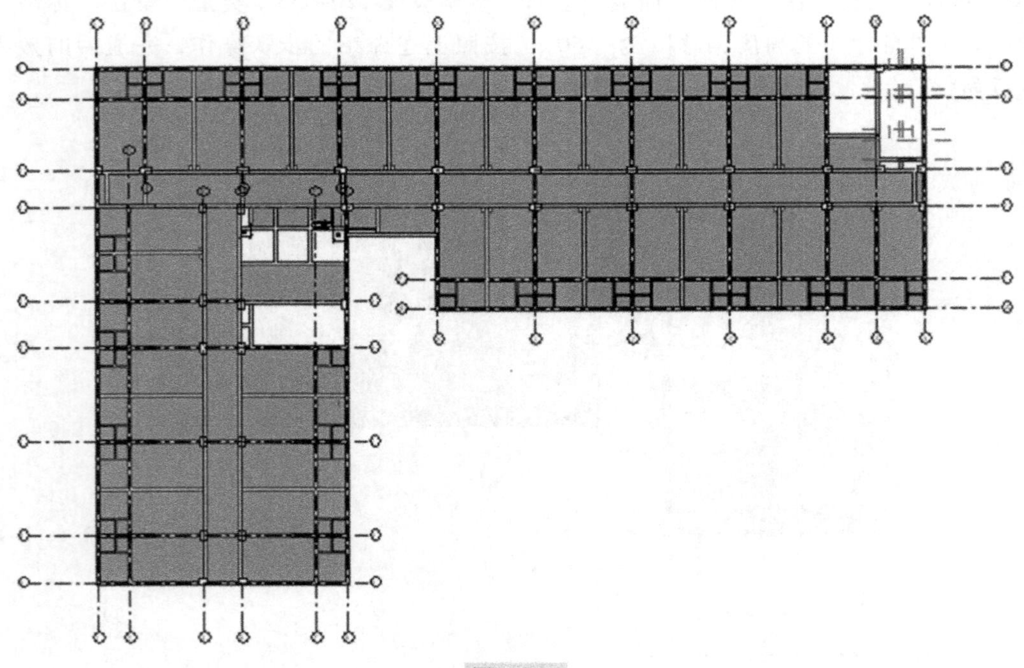

图 5-46

2）对复制过来的楼板进行修改。将“结构楼板-100-C35”类型更改为“结构楼板-100-C30”；将“结构楼板-110-C35”类型更改为“结构楼板-110-C35”。

3）修改完成后，将四层复制到五～九层。

5.3.6 屋面板

由图“结施—15”可知屋面板的平面位置、板厚及标高。屋面板有 2 种板厚：120mm 和 150mm（仅位于电梯间上方的屋面板）；屋面板混凝土强度等级为 C30。标高有五种：

1）所有宿舍及走廊上方的屋面板，板顶标高为 32.400m（屋顶结构标高）。

2）所有阳台上方的屋面板，板顶标高为 31.820m（屋面结构标高-0.580m）。

3）电梯间上方的屋面板，标高为 33.250m（屋面结构标高+0.850m）。

4）1#楼梯间、2#楼梯间，以及Ⓖ轴上⑥轴与⑧轴间的排烟井和送风井上方的屋面板，标高为 34.100m（屋面结构标高+1.700m）。

5）1#楼梯间、2#楼梯间，除了排烟井及送风井以外，上方的屋面板，标高为 33.600m（屋面结构标高+1.200m）。

（1）建立屋面板类型

1）在“项目浏览器”中展开“结构平面视图”类别，双击“屋面结构”结构平面视图。单击“结构”选项卡，结构面板中的“楼板：楼板结构”工具，或输入快捷命令“SB”。

2）在属性面板中选择“结构楼板-100-C30”为基础创建屋面板类型。

3）单击“属性”面板中的“编辑类型”，打开“类型属性”窗口，单击复制按钮，弹出“名称”窗口，输入“结构屋面板-120-C30”，单击“确定”按钮关闭窗口。

4）单击“类型属性”→“结构”右侧的“编辑...”按钮，进入“编辑部件”窗口，修改“结构［1］”的“厚度”为“120”。

5）同理，复制“结构屋面板-150-C30”类型。

（2）布置屋面板

根据图“结施—15 屋面结构平面图”布置屋面板。注意降板和无板处。

1）在“属性”面板中选择“结构屋面板-120-C30”类型，设置标高为“屋面结构”，自标高的标高偏移值为“0”。

2）在“绘制”面板中选择“拾取线”方式，选项栏中偏移量设置为“0”，拾取外侧梁中心线生成楼板边界轮廓。借用“修改/延伸为角（TR）”工具来进行修改编辑，完成后的效果如图 5-47 所示。

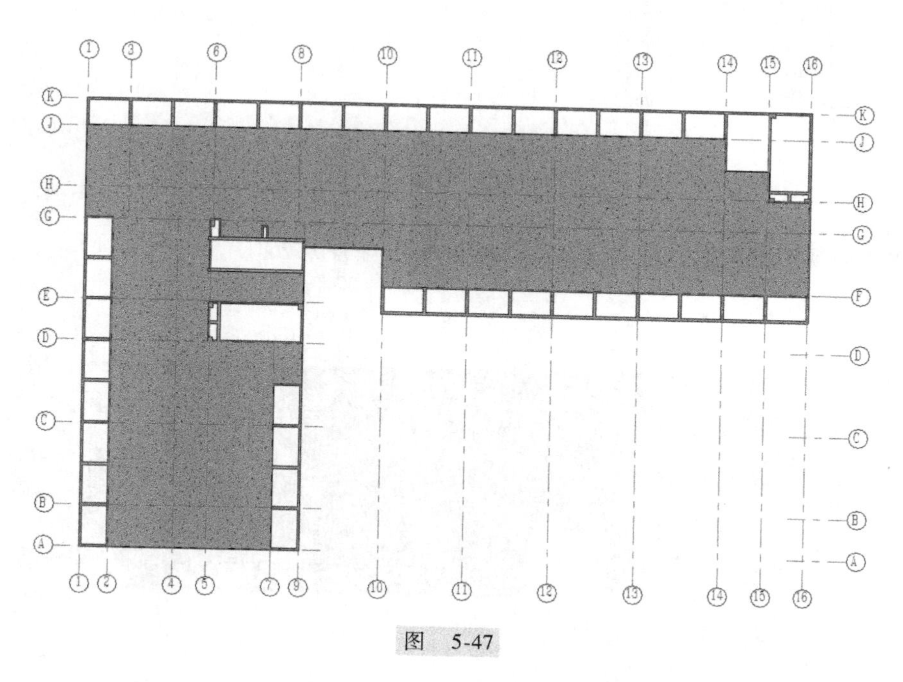

图　5-47

3）布置降板偏移值为“-580”的降板。在“属性”面板中选择“结构屋面板-120-C30”类型。设置“标高”为“屋面结构”，“自标高的高度偏移”为“-580”。按照上述介绍的步骤操作，完成后的效果如图 5-48 所示。

4）布置升板偏移值为“850”（标高为 33.250m 处）的升板。在“属性”面板中选择“结构屋面板-150-C30”类型。设置“标高”为“屋面结构”，“自标高的高度偏移”为“850”。按照上面的步骤操作，完成后在“屋面结构”→“结构平面视图”不可见，设置其视图范围：将主要范围的“底部”相关标高设为“屋面结构”，偏移值设为“-1200”，视图深度的“标高”设为“相关标高（屋面结构）”，偏移值设为“-1200”，单击“确定”按钮退出。

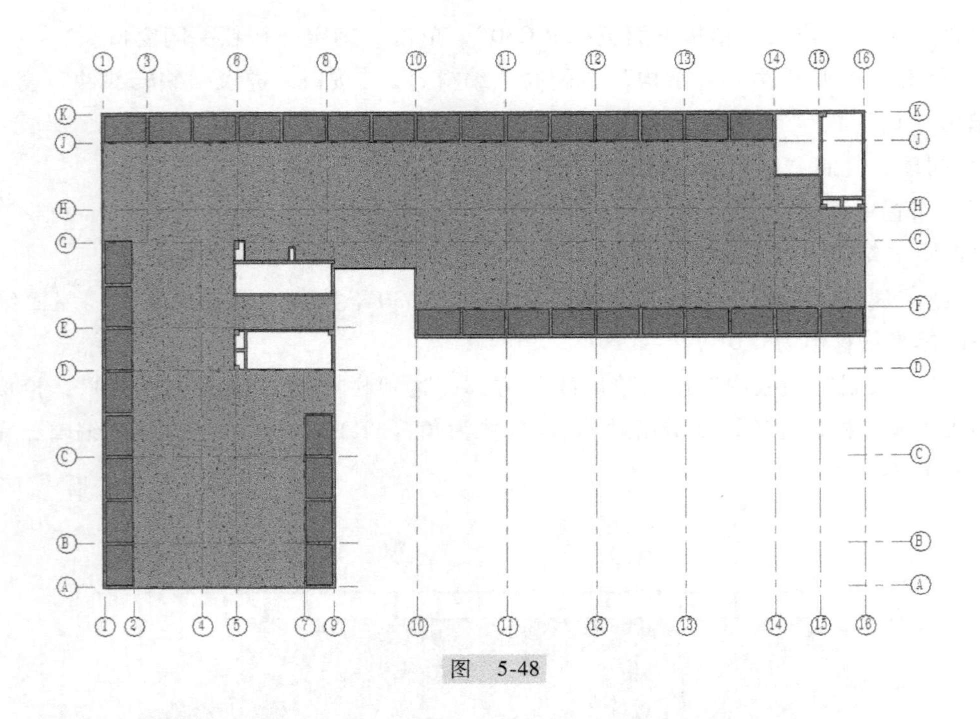

图 5-48

5）调整完视图范围后，标高为 33.250m，如图 5-49 所示。

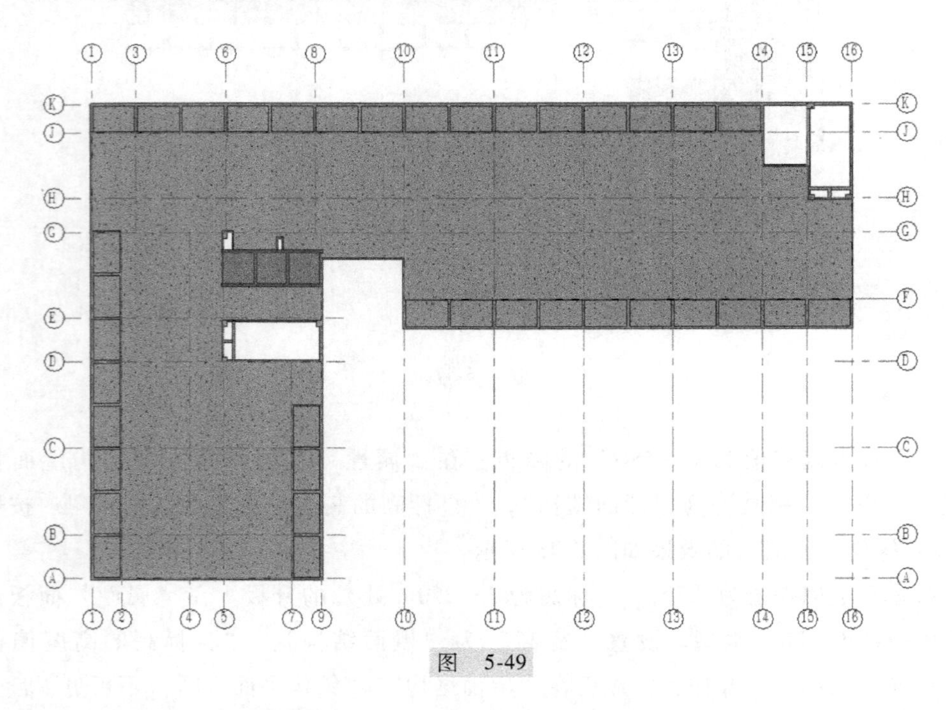

图 5-49

6）布置升板偏移值为“1700”（标高为 34.100m 处）的升板。在“属性”面板中选择“结构屋面板-120-C30”类型。设置“标高”为“屋面结构”，“自标高的高度偏移”为“1700”。按照上述介绍的步骤操作，完成后的效果如图 5-50 所示。

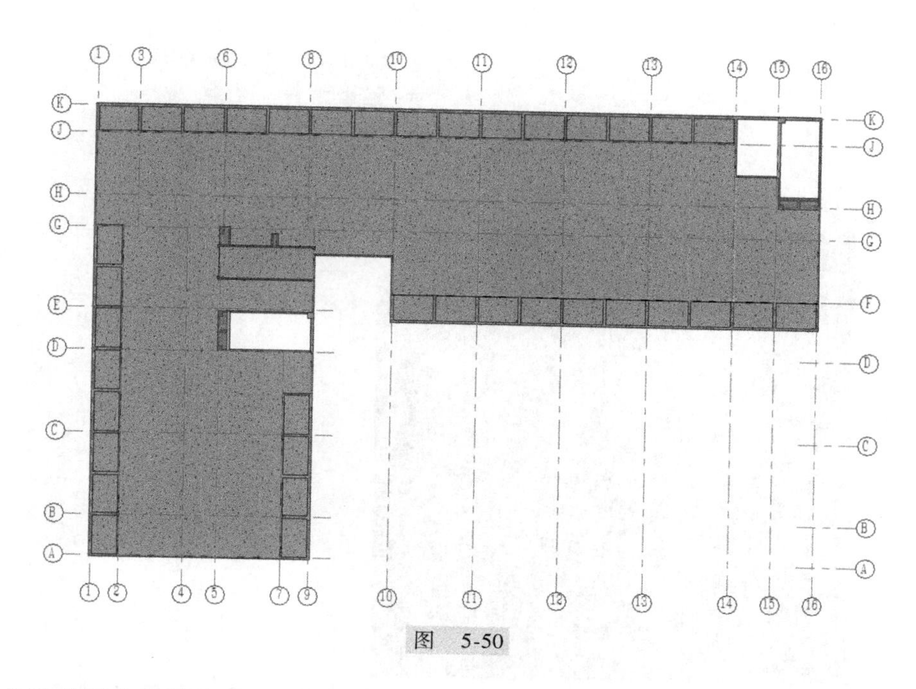

图 5-50

7）布置升板偏移值为“1200”（标高为 33.600m 处）的升板。在“属性”面板中选择“结构屋面板-120-C30”类型。设置“标高”为“屋面结构”，“自标高的高度偏移”为“1200”。按照上述介绍的步骤操作，完成后的效果如图 5-51 所示。

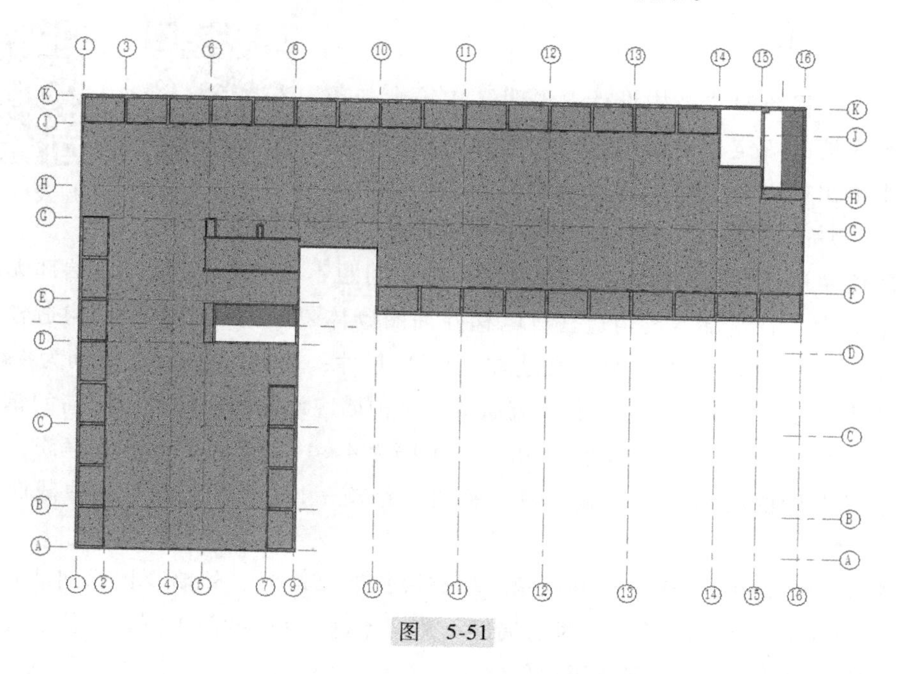

图 5-51

8）布置屋面框架柱 KZ01 和梁上柱 LZ01。尺寸标注的“b”、“h”均为“240”。

9）切换到三维视图，将标高为升板的柱和剪力墙附着到升板，如图 5-52 所示。

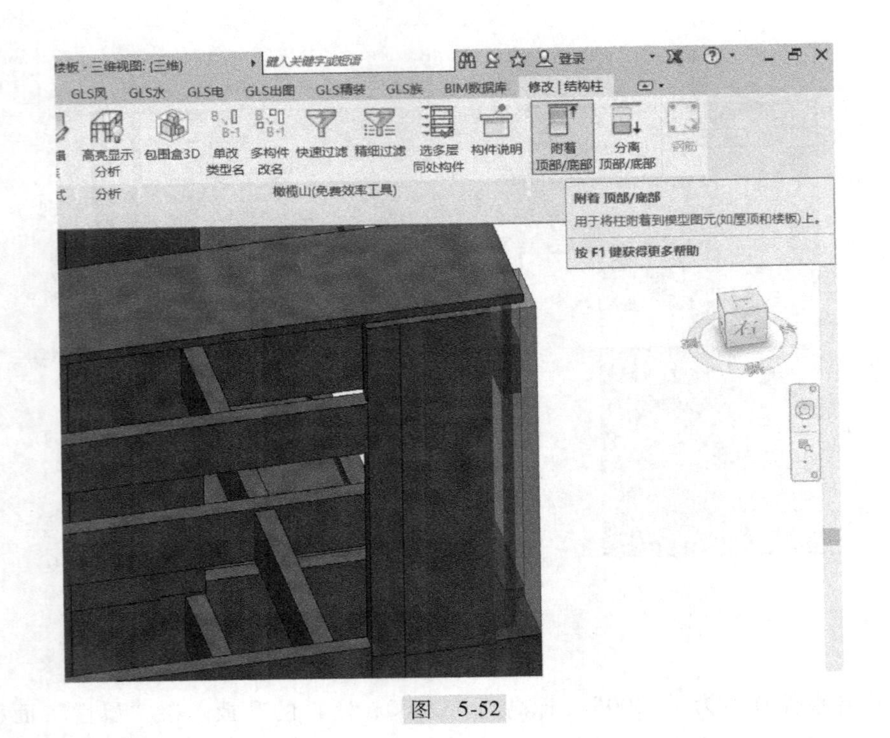

图　5-52

10）全部完成后，保存。

5.3.7　二层以上构造柱

二层构造柱

三层及以上构造柱

根据案例工程图的“结构设计总说明”中第十一条有关砌体填充墙的规定，砌体填充墙内的构造柱除各结构平面图中给出的以外，应按以下原则设置：填充墙长度>5m 时，沿墙长度方向每隔 4m 设置一根构造柱；外墙及楼梯间墙转角处设置构造柱，楼梯间墙构造柱间距不大于 4m；填充墙端部无翼墙或混凝土柱（墙）时，在端部增设构造柱；电梯井周圈砌体隔墙的四个角点设构造柱；宽度超过 1.8m 的门窗洞口两侧设构造柱；构造柱（GZ）尺寸：墙宽×240mm，配筋为 4⌀12 纵筋，⌀6@200 箍筋；楼梯两侧的填充墙和人流通道的围护墙应设置间距不大于层高的钢筋混凝土构造柱；构造柱（GZ）尺寸：墙宽×240mm，配筋为 4⌀14 纵筋，⌀6@200 箍筋。

根据上述设计说明和图“结施—09”和图“结施—12”，本工程有三种截面尺寸的构造柱。

1）GZ01 240×240：位于电梯井四角、填充墙长度>5m 时、外墙及楼梯间墙转角处、填充墙端部无翼墙或混凝土柱（墙）时的端部、宽度超过 1.8m 的门窗洞口两侧、女儿墙。

2）GZ02 300×240：位于服务用房外墙。

3）GZ03 120×240：位于空调机处外墙。

下面根据案例工程图布置构造柱。

（1）二层构造柱

1）创建构造柱族类型。前文已经创建“构造柱 GZ01 240×240”族类型，尺寸标注“b=240，h=240”；“构造柱 GZ02 300×240”族类型，尺寸标注“b=300，h=240”。再创建“构造柱 GZ03 120×240”族类型，尺寸标注“b=120，h=240”。

2）布置 GZ01 240×240。双击进入“结构 F2”结构平面视图。在电梯井四角、填充墙长度>5m 处、外墙及楼梯间墙转角处、填充墙端部无翼墙或混凝土柱（墙）时的端部、女儿墙等位置布置。布置时要特别注意构造柱的底标高和顶标高。

例如，Ⓒ轴与①轴、⑨轴的交点处需布置 GZ01。进行约束属性设置：底部标高为“结构 F2”，底部偏移为“430”（二层此处 *X* 向和 *Y* 向的梁截面高均为 1150mm，相对于“结构 F2”均向上偏移 430mm，故此处构造柱的底标高相对于“结构 F2”向上偏移 430mm），顶部标高为“结构 F3”，底部偏移为“-620”（三层此处 *X* 向和 *Y* 向的梁截面高均为 800mm，相对于“结构 F3”均向上偏移 180mm，故其梁底标高也就是构造柱的顶标高相对于“结构 F3”向下偏移 620mm）。

再如，②轴与Ⓒ轴、Ⓓ轴中间的交点处需布置 GZ01。进行约束属性设置：底部标高为“结构 F2”，底部偏移为“0”（二层此处的梁，*X* 向高截面 550mm，*Y* 向高截面 720mm，相对于“结构 F2”向均无偏移，故此处构造柱的底标高相对于“结构 F2”的偏移值为 0），顶部标高为“结构 F3”，底部偏移为“-700”（三层此处的梁，*X* 向高截面 550mm，*Y* 向高截面 700mm，相对于“结构 F2”均无偏移，相对于“结构 F3”均无偏移，故其梁底标高也就是构造柱的顶标高相对于“结构 F3”向下偏移 700mm，取“550”和“700”中的较大值）。

3）布置 GZ02 300×240。其位于服务用房外墙，根据案例工程图，构造柱中心线距⑩轴 2050mm。进行约束属性设置：底部标高为“结构 F2”，底部偏移为“430”（二层此处的梁截面高 1150mm，相对于“结构 F2”向上偏移 430mm，故此处构造柱的底标高相对于“结构 F2”向上偏移 430mm），顶部标高为“结构 F3”，底部偏移为“-620”（三层此处的梁截面高 800mm，相对于“结构 F3”向上偏移 180mm，故其梁底标高也就是构造柱的顶标高相对于“结构 F3”向下偏移 620mm）。

4）布置 GZ03 120×240。其位于空调机处外墙。以①轴、Ⓒ轴、Ⓓ轴中间处的空调机位为例，先设置 3 个参照平面以方便定位。根据案例工程图，竖直方向参照平面距①轴向右 640mm，水平方向 2 个参照平面，与Ⓒ轴、Ⓓ轴中间处的梁 LX02 中心线距离均为 610mm。

进行约束属性设置：底部标高为“结构 F2”，底部偏移为“0”，顶部标高为“结构 F3”，底部偏移为“-550”（三层此处的梁截面高 550mm，相对于“结构 F3”无偏移，故其梁底标高也就是构造柱的顶标高相对于“结构 F3”向下偏移 550mm）。

Ⓒ轴、Ⓓ轴、①轴与④轴的矩形区域，共有 5 根 GZ01 240×240、1 根 GZ03 120×240，如图 5-53 所示。

（2）三层构造柱

根据案例工程图，除了Ⓐ轴、Ⓒ轴、①轴与⑨轴区域的构造柱不同外，三层其他地方的构造柱与二层的构造柱完全一样。

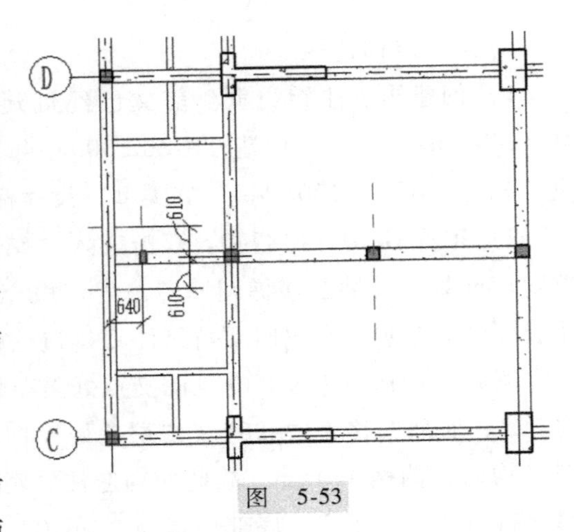

图 5-53

1）双击进入“结构 F2”结构平面视图。选中任意一根 GZ01（240mm×240mm），单击鼠标右键，在弹出的快捷菜单中单击“选择全部实例”→“在视图中可见”命令，选中二层所有的 GZ01。单击“复制到剪切板”命令，再单击“粘贴”→“与选定的标高对齐”，选择标高“结构 F3”，将所有构造柱 GZ01（240mm×240mm）复制到“结构 F3”。

2）选中 GZ02（300mm×240mm），单击“复制到剪切板”命令，再单击“粘贴”→“与选定的标高对齐”，选择标高“结构 F3”，将构造柱 GZ02（300mm×240mm）复制到“结构 F3”。

3）选中任意一根 GZ03（120mm×240mm），单击鼠标右键，在弹出的右键快捷菜单中单击“选择全部实例”→“在视图中可见”命令，选中二层所有的 GZ01。单击“复制到剪切板”命令，再单击“粘贴”→“与选定的标高对齐”，选择标高“结构 F3”，将所有构造柱 GZ03（120mm×240mm）复制到“结构 F3”。

4）修改构造柱的底标高和顶标高。根据图“结施—09”至图“结施—13”可知，只有外墙上的构造柱的底标高和顶标高需要修改，即只有 GZ02 和外墙上的 GZ01 需要修改，GZ03 不需要修改。

5）GZ02 只有一根。双击进入“结构 F3”结构平面视图。选中 GZ02 进行约束属性设置：底部标高为“结构 F3”，底部偏移为“180”，顶部标高为“结构 F4”，顶部偏移为“-620”。

6）依次选中外墙上的 GZ01，进行约束属性设置：底部标高为“结构 F3”，底部偏移为“180”，顶部标高为“结构 F4”，顶部偏移为“-620”。

7）根据案例工程图，添加二层Ⓐ轴、Ⓒ轴与①轴、⑨轴区域的构造柱。根据前面修改好的构造柱，利用“复制”“镜像”命令可实现快速布置。这样可以不用再修改其约束属性值。

（3）四~九层构造柱

除九层构造柱的标高外，四~九层构造柱与三层的构造柱属性完全相同。

1）双击进入“结构 F3”结构平面视图。选中任意一根 GZ01（240mm×240mm），单击鼠标右键，在弹出的快捷菜单中单击“选择全部实例”→“在视图中可见”命令，选中三层所有的 GZ01。单击“复制到剪切板”命令，再单击“粘贴”→“与选定的标高对齐”，选择标高“结构 F4 至结构 F9”。

2）选中 GZ02（300mm×240mm），单击“复制到剪切板”命令，再单击“粘贴”→“与选定的标高对齐”，选择标高“结构 F4 至结构 F9”。

3）双击进入“结构 F3”结构平面视图。选中任意一根 GZ03（120mm×240mm），单击鼠标右键，在弹出的右键快捷菜单中单击“选择全部实例”→“在视图中可见”，选中三层所有的 GZ03。单击“复制到剪切板”命令，再单击“粘贴”→“与选定的标高对齐”，选择标高“结构 F4 至结构 F9”。

4）根据图“结施—16”和图“结施—17”，可知四~八层的构造柱不用修改；九层梁与上方对应的屋面梁截面尺寸有变化，所涉及的构造柱“顶部偏移”值需要修改。

① 对 GZ01（240mm×240mm）的“顶部偏移”值进行修改。双击进入“结构 F9”结构平面视图。对九层外墙的构造柱“顶部偏移”值进行修改。如Ⓐ轴、①轴交点处的构造柱，其上方的屋面梁截面尺寸为 240mm×700mm 且标高同“屋面结构”，对该构造柱的约束属性进行设置：底部标高为“结构 F9”（不变），底部偏移为“180”（不变），顶部标高为“屋面结构”，顶部偏移为“-700”。九层上的其他构造柱 GZ01，其“顶部偏移”值都进行类似修改。

② 对 GZ02（300mm×240mm）的“顶部偏移”值进行修改。双击进入“结构 F9”结构平面视图。选中该构造柱（只有一根），其上方的屋面梁截面尺寸为 240mm×700mm 且标高同“屋面结构”，对该构造柱的约束属性进行设置：底部标高为“结构 F9”（不变），底部偏移为“180”（不变），顶部标高为“屋面结构”，顶部偏移为“-700”。

③ 对 GZ03（120mm×240mm）的“顶部偏移”值进行修改。所有 GZ03 上方的屋面梁截面尺寸为 240mm×700mm 且标高同“屋面结构”，双击进入“结构 F9”结构平面视图。选中任意一根 GZ03（120mm×240mm），单击鼠标右键，在弹出的快捷菜单中单击“选择全部实例”→“在视图中可见”命令，选中九层所有的 GZ03。对九层所有的 GZ03 的约束属性进行设置：底部标高为“结构 F9”，底部偏移为“0”，顶部标高为“屋面结构”，底部偏移为“-700”。

（4）女儿墙构造柱

根据案例工程图可知女儿墙构造柱均为 GZ01（240mm×240mm）。双击进入“屋面结构”结构平面视图，按照案例工程图要求的位置布置女儿墙构造柱，对其约束属性进行设置：底部标高为“屋面结构”，底部偏移为“0”，顶部标高为“女儿墙结构”，顶部偏移为“0”。

5.4 楼梯

楼梯是多、高层建筑中垂直向交流和人流疏散的主要交通设施。楼梯一般由梯段、休息平台和扶手栏杆组成。楼梯的设计应满足坚固、耐久、安全及防火等要求。Revit 中“建筑”选项卡“楼梯坡道”中提供了“楼梯”工具。

5.4.1 案例工程图楼梯解读

本案例中有 1#楼梯和 2#楼梯两个楼梯。

（1）1#楼梯

由图“结施—18”和图“建施—08”可知 1#楼梯梯柱、梯梁的位置，以及梯段的形式和尺寸信息。

1）梯柱：梯柱的名称为 TZ01，尺寸为 240mm×300mm，标高从框架柱顶到休息平台顶：-1.000~1.760m，3.560~5.360m，……，28.760~30.410m。

2）梯梁：梯梁有 3 种类型。KTL01-240×400、KTL02-240×400、TL01-240×400。其中 KTL01 和 KTL02 的顶标高与楼梯休息平台顶标高一致；TL01 顶标高与每层的结构标高一致。

3）梯段：一~八层的梯段相同，九层梯段有变化。

4）标高：每层楼梯的总高度均为 3600mm。一层楼梯的底标高与“结构 F1”标高相同，顶标高比“结构 F2”标高高 40mm；二~八层楼梯，其底标高比相应楼层的结构标高高 40mm，顶标高比相应楼层上一层的结构标高高 40mm；九层楼梯其底标高比“结构 F9”标高高 40mm，顶标高比“屋面结构”标高低 40mm。

（2）2#楼梯

由图“结施—19”和图“建施—09”可知 2#楼梯梯柱、梯梁的位置，以及梯段的形式和尺寸信息，楼梯混凝土强度等级为 C30。

5.4.2 绘制楼梯梯柱

布置梯柱

本工程有 1#和 2#两部楼梯，下面以 1#楼梯为例进行讲解。

（1）建立梯柱构件类型　双击进入“结构 F1”结构平面视图，按照建立结构柱类型的方式建立 TZ01 的构件类型。TZ01 的尺寸标注“b”和“h”分别为“240”和“300”。

（2）布置梯柱　建立梯柱类型后开始布置梯柱。

1）创建定位梯柱、梯梁、梯井的参照平面。由图“结施—18”和图“建施—08”可知 1#楼梯梯柱、梯梁的位置，应用“建筑”→“工作平面”→“参照平面”命令，创建定位 1#楼梯梯柱、梯梁、梯井的参照平面，再用“注释”→“尺寸标注”→“对齐”命令进行标注，结果如图 5-54 所示。

2）布置首层梯柱。根据图“结施—18”中“1#楼梯一层平面图”布置梯柱。参照布置结构柱的方法，首先在Ⓚ轴下方的参照平面和⑮轴交点位置布置 TZ01，设置如下：底部标高为“基础顶”，底部偏移为“0”，顶部标高为“结构 F1”，顶部偏移为“1800”（这里直接选的是结构标高，不用考虑建筑标高与结构标高的差值），柱样式为“垂直”，然后利用对齐工具对其位置进行精确定位。

3）布置二层梯柱。利用“复制到剪贴板”工具将首层的梯柱复制到二层。选中 TZ01，单击“修改 | 结构柱”→“剪贴板”→“复制到剪贴板”→“粘贴”→“与选定标高对齐”命令，在弹出“选择标高”对话框中选择“结构 F2”，单击“确定”按钮。对刚才复制的二层梯柱的标高进行修改：底部标高为“结构 F2”，底部偏移为“0”（梯柱要与框架梁连接），顶部标高为“结构 F2”，顶部偏移为“1840”（梯柱的长度为 1840mm），柱样式为“垂直”。

4）布置三~九层梯柱。利用“复制到剪贴板”工具将二层的柱复制到三~九层。根据图“结施—18”中的“1#楼梯 1—1 剖面图”可知，二~八层的梯柱高度均为 1.840m，九层楼梯的中间平台处设有积水坑，梯柱高度为 1.410m。

双击进入“结构 F2”结构平面视图，选中 TZ01，单击“修改 | 结构柱”→“剪贴板”→“复制到剪贴板”→“粘贴”→“与选定标高对齐”命令，在弹出的“选择标高”对话框中选择“结构 F3 至结构 F9”，单击“确定”按钮。

双击进入“结构 F9”结构平面视图，选中 TZ01，对九层梯柱标高进行修改，将其“顶部偏移”改为“1410”。

5）切换至三维视图，1#楼梯中的梯柱如图 5-55 所示。

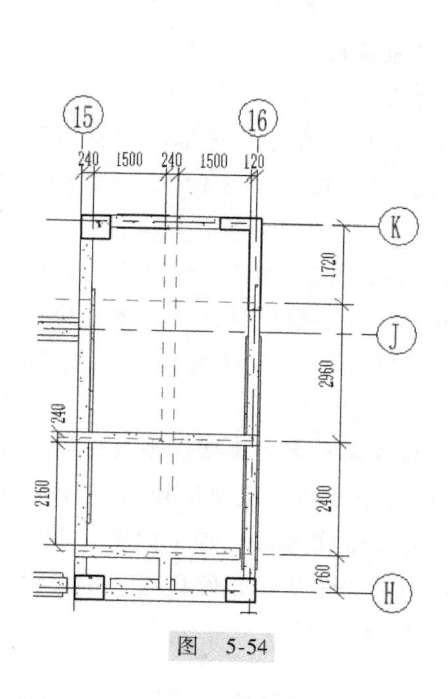

图 5-54

图 5-55

5.4.3 绘制梯梁

布置梯梁

（1）建立梯梁构件类型

双击进入“结构 F1”一层结构平面视图，按照建立结构梁构件类型的方式建立梯梁构件类型，楼层平台处 TL01 和中间平台处 KTL02 的截面尺寸相同，建一个“梯梁 TL01 240×400 ”族类型即可，其尺寸标注“b”和“h”分别为“240”和“400”。

（2）布置梯梁构件

1）布置首层梯梁。首层楼梯间的楼层平台梯梁处有结构梁，不需要布置梯梁。只需布置中间平台处梯梁 KTL01 和 KTL02，两根梯梁的标高均为“结构 F1+1.840”。按照布置结构梁的流程与操作方法绘制中间平台处梯梁，根据案例工程图的位置对梯梁的平面精确定位。其参数设置如下：参照标高为“结构 F1”，起点标高偏移为“1840”，终点标高偏移为

“1840”，“Y 轴偏移值”为“0”，“Z 轴对正”为“顶”（表示此梁的“顶部”与“结构 F1 +1. 840”对正），“Z 轴偏移值”为“0”。

2）布置二层梯梁。按照布置结构梁的流程与操作方法绘制楼层平台梯梁处和中间平台处梯梁，根据案例工程图位置对梯梁的平面精确定位。

二层楼梯间须布置楼层平台梯梁处 KTL01（标高为“结构 F2+0. 040”），楼层平台处梯梁的参数设置如下：参照标高为“结构 F2”，起点标高偏移为“40”，终点标高偏移为“40”，“Y 轴偏移值”为“0”，“Z 轴对正”为“顶”，“Z 轴偏移值”为“0”。

中间平台处梯梁 KTL01 和 KTL02（标高均为“结构 F2+1. 840”），中间平台处梯梁的参数设置如下：参照标高为“结构 F2”，起点标高偏移为“1840”，终点标高偏移为“1840”，“Y 轴偏移值”为“0”，“Z 轴对正”为“顶”，“Z 轴偏移值”为“0”。

3）布置三~九层梯梁。利用复制命令进行快速布置。同时选中“结构 F2”的楼层平台梯梁和中间平台梯梁，单击“剪贴板”→“复制到剪贴板”命令，再单击“粘贴”→“与选定标高对齐”命令，在弹出的“选择标高”对话框，同时选中“结构 F3 至结构 F9”，单击“确定”按钮，自动生成三~九层梯梁。

4）修改九层梯梁属性值。根据案例工程图可知，九层中间平台梯梁的顶标高相对于“结构 F9”标高为 1. 690m。选中九层中间平台梯梁，其参数设置如下：参照标高为“结构 F9”，起点标高偏移为“1690”，终点标高偏移为“1690”，“Y 轴偏移值”为“0”，“Z 轴对正”为“顶”，“Z 轴偏移值”为“0”。

5）布置屋顶层楼层平台梯梁。屋顶层楼层平台梯梁只需布置楼层平台梯梁 TL01（其标高为屋面结构标高），绘制此梁。根据 1#楼梯屋顶层平面图，屋顶层楼层平台梯梁 TL01 上边沿与Ⓗ轴的距离是 2200mm，用“移动”命令进行精确定位。选中此梁，其参数设置如下：参照标高为“屋面结构”，起点标高偏移为“0”，终点标高偏移为“0”，“Y 轴偏移值”为“0”，“Z 轴对正”为“顶”，“Z 轴偏移值”为“0”。

5.4.4 绘制楼梯

布置一至八层楼梯

布置九层楼梯

由图“结施—18”可知，1#楼梯的一~八层都是平行双跑楼梯，且两个梯段均相等；九层是平行双跑楼梯，但两个梯段不相等，一个梯段 11 个踏步（平台处一个错步）、一个梯段 12 个踏步。踏步高均为 150mm，踏步宽均为 280mm，平台板厚为 120mm，梯段宽度为 1500mm。楼梯各构件混凝土强度等级同相应楼层。

（1）一层楼梯族类型设置

1）双击进入“结构 F1”楼层平面视图。前面绘制了定位梯柱、梯梁的参照平面，再绘制左右梯段中间两个参照平面，以便于绘制梯段时用“中心”定位。

2）单击“楼梯坡道”选项卡中的“楼梯”工具，单击“属性”→“编辑类型”命令，打开“编辑类型”窗口，单击“复制”按钮，弹出“名称”窗口，输入“整体浇筑楼梯

1#”，单击“确定”按钮关闭窗口。

3）设置“最大踢面高度”为“150”，“最小踏步深度”为“280”，“最小梯段宽度”为“1500”。

4）单击“梯段类型”右侧“150mm 结构深度”，其右侧出现按钮，单击此按钮，弹出“整体梯段”类型属性框。单击“复制”按钮，弹出“名称”窗口，输入“120mm 结构深度”，单击“确定”按钮关闭窗口。设置其“结构深度”为“120”，整体式材质为“混凝土-现场浇筑混凝土-C35”，单击“确定”按钮。

5）单击“平台类型”右侧“300mm 厚度”，其右侧出现按钮，单击此按钮，弹出“整体平台”类型属性框。单击“复制”按钮，弹出“名称”窗口，输入“120mm 厚度”，单击“确定”按钮关闭窗口。设置其“整体厚度”为“120”，整体式材质为“混凝土-现场浇筑混凝土-C35”，单击“确定”按钮。

6）“右侧支撑”设为“无”，“左侧支撑”设为“无”，不勾选“中部支撑”选项。单击“确定”按钮。

（2）绘制一层楼梯

1）设置楼梯选项栏参数。“定位线”设置为“梯段：中心”，“偏移”设置为“0”，“实际梯段宽度”设置为“1500”，勾选“自动平台”选项。

2）设置楼梯实例属性。设置底部标高为“结构 F1”，底部偏移为 0，顶部标高为“结构 F2”，顶部偏移为“40”（楼梯的顶部标高比结构标高高 40mm），所需踢面数为“24”，实际踏板深度为“280”，软件自动计算实际踢面高度为“150”。

3）根据案例工程图中梯段的位置绘制楼梯。将鼠标指针移动到楼层平台梁外边沿与右梯段中心参照平面的交点处，单击鼠标左键，竖直向上移动到中间平台梯梁下边沿与右梯段中心参照平面的交点处，单击鼠标左键，绘制好右边梯段；再将鼠标移动到中间平台梯梁下边沿与左梯段中心参照平面的交点处，单击鼠标左键，竖直向下移动到楼层平台梁外边沿与左梯段中心参照平面的交点处，单击鼠标左键，完成左梯段绘制。

4）完善中间平台。在绘制楼梯时，勾选了“自动平台”选项，中间平台自动生成，生成的平台深度为踏步的长度（即梯段的宽度，1500mm）。而此平台的深度为 1600mm，还有 100mm 需要手动布置。双击选择中间平台，单击鼠标左键按住上方的蓝色手柄，向上拉伸与梁边对齐，结果如图 5-56 所示。

5）单击“模式”的绿色“完成编辑模式”按钮，若弹出“扶栏是不连续”的警告框，则忽略并关闭警告对话框。结果如图 5-57 所示。注意：若需要调整中间平台深度，须在此步操作之前进行调整，否则将无法调整。

6）单击快速访问栏中的三维视图按钮，切换到三维视图，查看一层楼梯模型，如图 5-58 所示。

7）删除多余的栏杆。该楼梯只有梯井部位有栏杆，靠墙部位没有。选中靠墙部位栏杆（可以在三维状态，也可以在平面视图中选中），按〈Delete〉键删除。

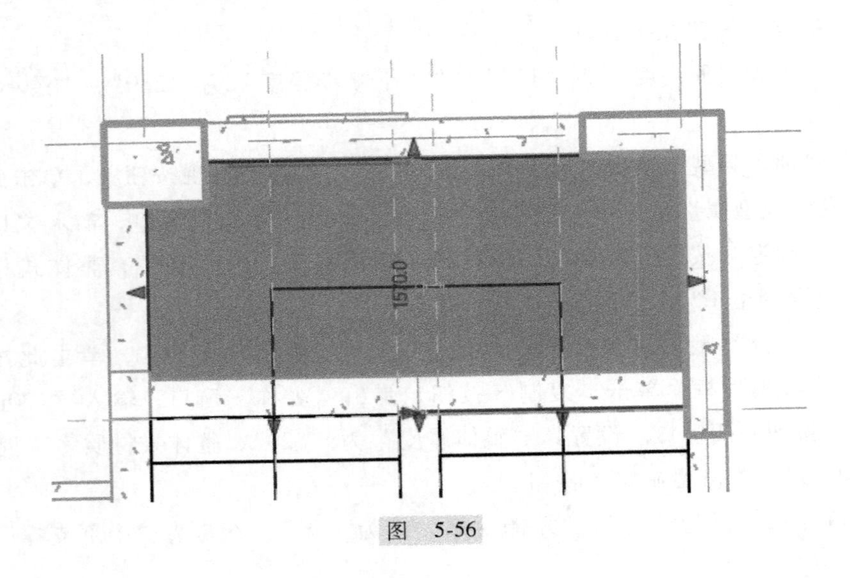

图 5-56

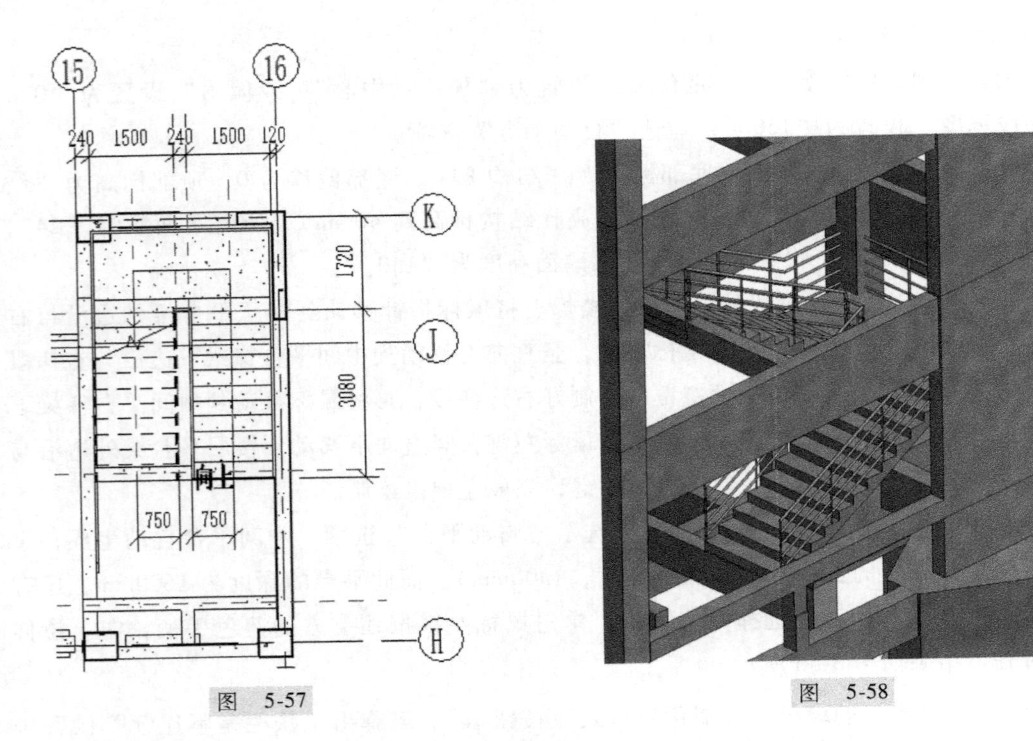

图 5-57

图 5-58

8）绘制一层楼梯间的楼层平台。根据案例工程图，楼层平台板厚 100mm。可以用绘制楼板的方法绘制此处的楼层平台板。设置其“标高”为“结构 F1”，“自标高的高度偏移”为“0”，结果如图 5-59 所示。

（3）绘制二～八层楼梯

根据施工图可知，二～八层楼梯与一层完全一致，使用“复制到剪贴板”“与选定标高对齐”等工具，直接将首层楼梯复制到二～八层。注意在复制的时候，要同时选中楼梯和补绘制的平台板。但一层的结构标高比建筑标高低 40mm，而二～九层的结构标高比建筑标高均低 80mm，故需分两步完成。

1）绘制二层楼梯。双击进入“结构 F1”结构平面视图，选中楼梯，单击“复制到剪贴板”→“粘贴”→“与选定标高对齐”命令，选择“结构 F2”，单击“确定”按钮，生成二层楼梯。

2）调整二层楼梯标高。因为根据案例工程图，楼梯顶标高比结构标高高 40mm，须调整标高。双击进入“结构 F2”结构平面视图，选中楼梯，设置底部标高为“结构 F2”，底部偏移为“40”（复制生成时为 0），顶部标高为“结构 F3”，顶部偏移为“40”（复制生成时为 0）。再选中楼层平台板，设置“标高”为“结构 F2”，“自标高的高度偏移”为“40”（复制生成时为 0）。

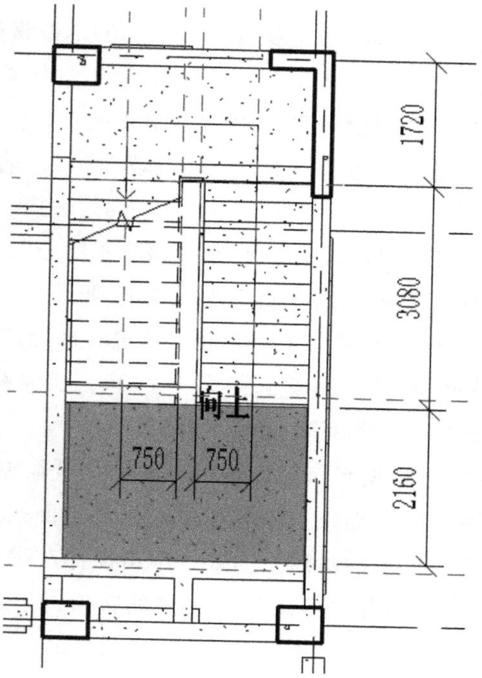

图 5-59

3）绘制二层楼梯的楼层平台板。根据案例工程图可知二层楼层平台板厚 100mm。可以用绘制楼板的方法绘制此处的楼层平台板。注意，二层楼梯平台板与一层楼梯平台板的位置不完全相同，应按案例工程图的位置绘制。设置其“标高”为“结构 F2”，“自标高的高度偏移”为“40”。

4）绘制三～八层楼梯。双击进入“结构 F2”结构平面视图，同时选中二层楼梯的楼梯和楼层平台板，单击“复制到剪贴板”→“粘贴”→“与选定标高对齐”命令，选择“结构 F3 至结构 F8”，单击“确定”按钮，生成三～八层楼梯。因二层楼梯和平台的标高属性与三～八层完全一样，故此处不需要调整楼梯和平台的标高属性值。

（4）绘制九层楼梯

1）九层楼梯案例工程图细读。一～八层的楼梯是等跑的平行双跑楼梯（两个梯段长度相等），而九层楼梯是两个梯段不同的长短跑楼梯，第一个梯段共 12 个踏步，标高从“结构 F9+40mm”到“结构 F9+40mm+1650mm+150mm”；第二个梯段共 13 个踏步，标高从“结构 F9+40mm+1650mm”到“屋面结构-40mm”。并且第一个梯段的结构厚度与一～八层的楼梯梯段一样，都是 120mm；但第二个梯段的结构厚度为 150mm，其族类型参数需要修改。中间平台增加了竖直方向的梯梁，将平台分为左右两部分。左边中间平台厚度为 120mm，下沉，形成积水坑，其顶部标高为 30. 130m（结构 F9+1410mm），右边中间平台厚度为 100mm，其顶部标高为 30. 410m（结构 F9+16900mm）。左边梯段有错步，还有两个踏步宽（2×280mm）、150mm 厚的水平梯段板。

2）绘制左边梯段。

① 双击进入“结构 F9”楼层平面视图。单击“楼梯坡道”选项卡中的“楼梯”工具，选择“整体浇筑楼梯 1#”项。单击“编辑类型”命令，在弹出的类型属性对话框中复制“整体浇筑楼梯 1#”并命名为“整体浇筑楼梯 1# BT-150”。单击“梯段类型”右侧“120mm 结构深度”，其右侧出现按钮，单击此按钮，弹出“整体梯段”类型属性框。单击“复制”按钮，弹出“名称”窗口，输入“150mm 结构深度”，单击“确定”按钮关闭窗口。

②“定位线”设置为“梯段：中心”，“偏移”设置为“0”，“实际梯段宽度”设置为“1500”，不勾选“自动平台”选项。

③ 设置楼梯实例属性。设置底部标高为“结构 F9”，底部偏移为“1690”，顶部标高为“屋面结构”，顶部偏移为“-40”，所需踢面数为“13”，实际踏板深度为“280”，软件自动计算实际踢面高度为“150”。

④ 根据案例工程图中梯段的位置绘制楼梯。将鼠标指针移动到中间平台梁外边沿再向下两个踏步距离与左梯段中心参照平面的交点处，单击鼠标左键；竖直向下移动到与Ⓗ轴距离 2200mm 的参照平面处，单击鼠标左键；绘制好左边梯段。

⑤ 单击“模式”→“完成编辑模式”的绿色按钮，若弹出“扶栏是不连续”的警告框则忽略并关闭警告对话框。

⑥ 选中靠墙的栏杆，删除。尺寸定位及结果如图 5-60a 所示。

3）绘制右边梯段。

① 双击进入“结构 F9”楼层平面视图。单击“楼梯坡道”选项卡中的“楼梯”工具，选择“整体浇筑楼梯 1#”。“定位线”设置为“梯段：中心”，“偏移”设置为“0”，“实际梯段宽度”设置为“1500”，不勾选“自动平台”选项。

② 设置楼梯实例属性。设置底部标高为“结构 F9”，底部偏移为 40，顶部标高为“结构 F9”，顶部偏移为“1840”，所需踢面数为“12”，实际踏板深度为“280”，软件自动计算实际踢面高度为“150”。

③ 根据案例工程图梯段的位置绘制楼梯。将鼠标指针移动到楼层平台梁外边沿与右梯段中心参照平面的交点处，单击鼠标左键；竖直向上移动到中间平台梯梁下边沿与右梯段中心参照平面的交点处，单击鼠标左键；绘制好右边梯段。

④ 单击“模式”面板中“完成编辑模式”的绿色按钮，若弹出“扶栏是不连续”的警告框，则忽略并关闭警告对话框。

⑤ 选中靠墙的栏杆，删除。结果如图 5-60b 所示。

4）绘制中间平台竖直方向的梯梁。按照布置结构梁的流程与操作方法绘制此梯梁，根据案例工程图位置对梯梁的平面精确定位。进行参数设置：参照标高为“结构 F9”，起点标高偏移为“1690”，终点标高偏移为“1690”，Y 轴偏移值为“0”，Z 轴对正为“顶”，Z 轴偏移值为“0”。

5）绘制左边中间平台。板厚为 120mm，按照绘制结构板的方法绘制此板。设置标高为“结构 F9”，自标高的标高偏移值为“1410”，如图 5-61a 所示。

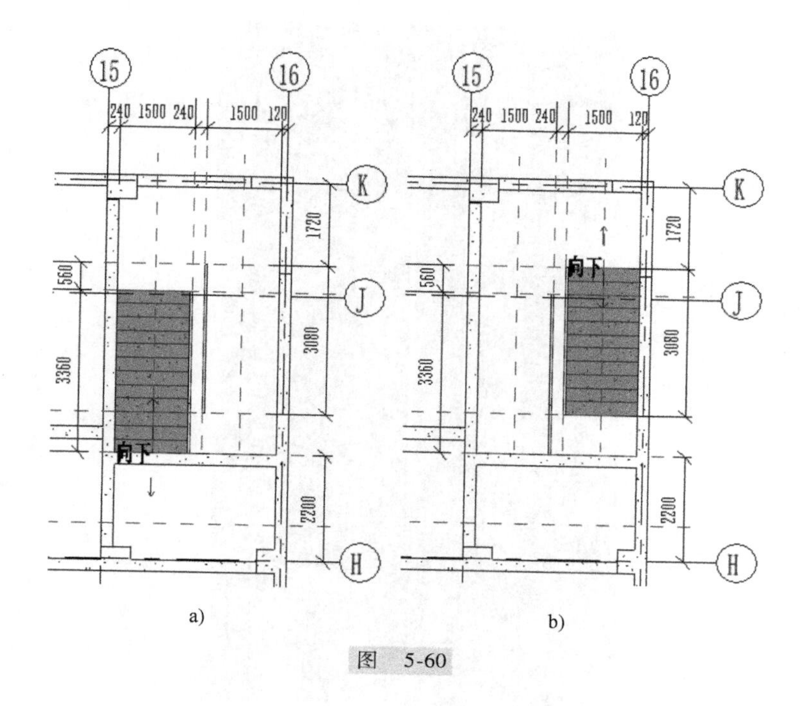

a) b)

图 5-60

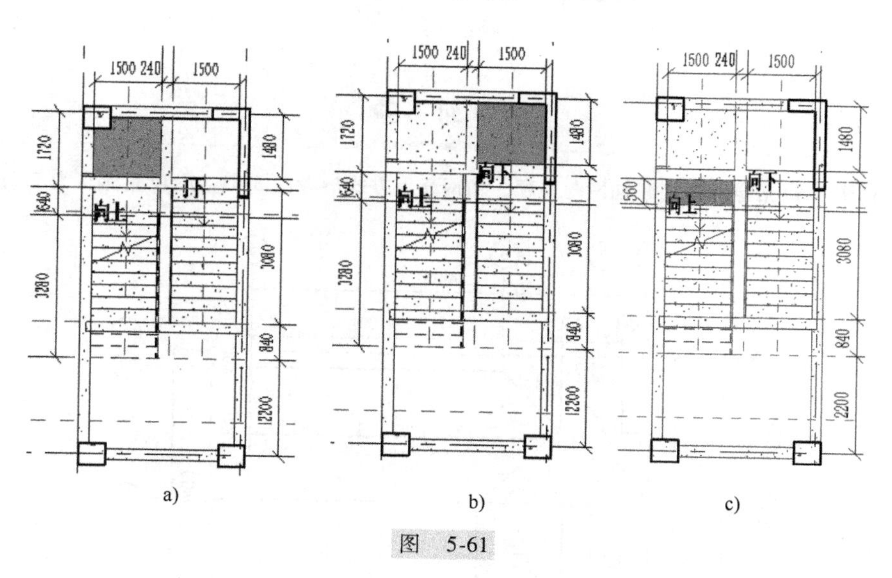

a) b) c)

图 5-61

6）绘制右边中间平台。板厚为 100mm，按照绘制结构板的方法绘制此板。设置标高为“结构 F9”，自标高的标高偏移值为“1690”，如图 5-61b 所示。

7）绘制左边梯段的错步板。板厚为 150mm，按照绘制结构板的方法绘制此板。设置标高为“结构 F9”，自标高的标高偏移值为“1690”，如图 5-61c 所示。

8）绘制九层楼梯间的楼层平台。板厚为 100mm，按照绘制结构板的方法绘制此板。设置“标高”为“结构 F9”，“自标高的高度偏移”值为“40”。

双击进入三维视图，1#楼梯的三维模型如图 5-62 所示（隐藏部分图元）。

图 5-62

练 习 题

1. 根据图 5-63 给定数据创建轴网与屋顶，轴网显示方式参考图 5-63，屋顶底标高为 7.2m，厚度

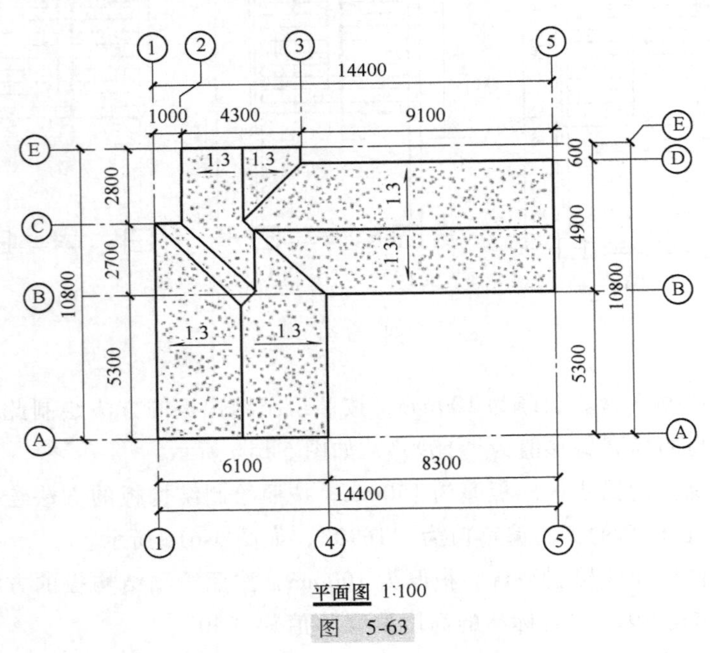

图 5-63

为 150mm，坡度为 1 : 1.3；材质为现浇混凝土。将模型文件以“屋顶”为文件名保存。

2. 按照给出的楼梯平面图和剖面图（图 5-64～图 5-66）创建楼梯模型，并参照题中平面图在所示位置建立楼梯剖面模型，栏杆高度为 1100mm，栏杆样式不限。结果以“楼梯”为文件名保存，其他建模所需尺寸可参考给定的平面图和剖面图自定（图学会第二期 BIM 技能一级考试试题第二题）。

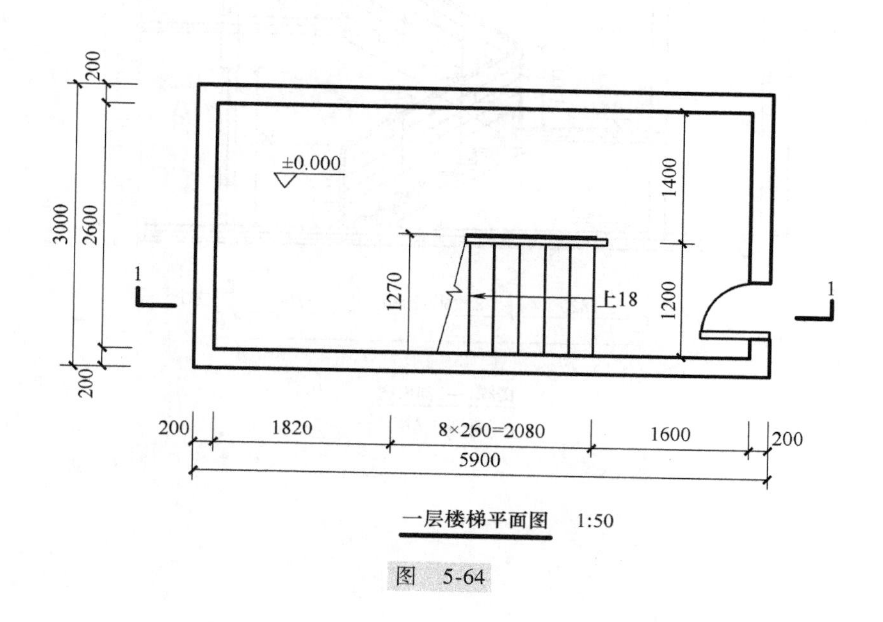

一层楼梯平面图 1:50

图 5-64

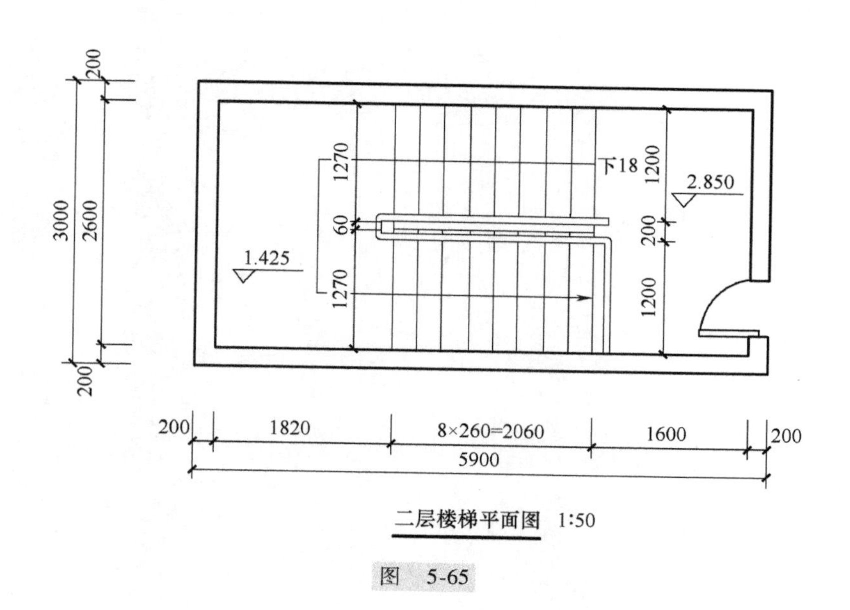

二层楼梯平面图 1:50

图 5-65

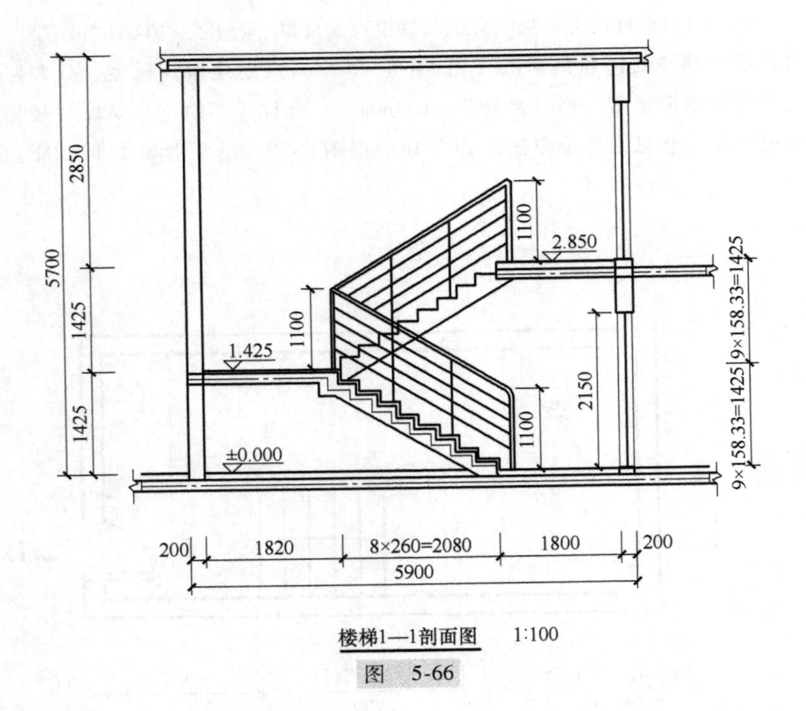

楼梯1—1剖面图　1:100

图　5-66

6

第6章 墙体、门窗与洞口

■ 学习目标

了解 Revit 中墙体的分类，掌握基本墙、叠层墙和幕墙的使用方法，掌握 Revit 墙面装饰做法、门窗的布置和标记的方法和洞口的使用方法。

■ 案例工程图重点分析

创建案例工程的墙体、门窗与洞口。

1）建施—01，一层平面图；建施—02，二层平面图；建施—03，三层平面图；建施—04，四~九层平面图；建施—05，屋顶平面图。重点关注对应楼层标高、墙体、墙洞、孔洞、楼梯、电梯、门窗位置等信息。

2）建施—06，门窗表。重点关注门窗洞口尺寸、类型。

6.1 基本墙

墙体是建筑非常重要的组成部分，不仅可用于划分建筑空间，也可用作许多建筑构件的承载主体，如门窗、灯具、装饰线条、室内挂件等。墙体构造及构造要求材质的设置不仅在建筑设计当中是需要重点考虑的因素（墙体外观对于整个建筑造型有着极大的影响），而且也是建筑施工中的重要一环。

墙体按构造方式分为实体墙、空心墙、复合墙；按墙体受力情况分为承重墙、非承重墙；按墙体所处位置分为内墙、外墙；按墙体施工方法分为叠砌墙、板筑墙、装配式板材墙等。

墙体是三维建筑设计的基础，它不仅是建筑空间的分隔主体，也是门窗、墙饰条与分隔缝、卫浴灯具等设备模型构建的承载主体。墙体构造层设置及其材质设置不仅影响着墙体在三维视图、透视视图和立面视图的外观表现，也直接影响着后期施工图设计中墙身大样、节点详图等视图中墙体截面的显示。

6.1.1 案例施工图墙体解读

由图“建施—01”~图“建施—04”可知内外墙构件的平面定位信息。

根据建筑设计说明和结构设计说明及图“结施—08”、图“建施—01”、图“建施—02”、图“建施—03”可知：

1）±0.000 以下地垄墙采用 MU20 混凝土实心砖，墙厚为 240mm。

2）±0.000 以上外围护墙采用蒸压砂加气混凝土砌块，除阳台侧面与空调机位处、一层管线封装处为 120mm 外，其他外墙墙厚为 240mm。

3）除卫生间内墙均为 120mm 厚烧结页岩多孔砖外，其他内墙为 240mm 厚蒸压砂加气混凝土砌块。

由图“结施—08”中的详图可知，一层阳台的栏板底标高为-1.000m，高为 2200mm，厚为 150mm；一层空调机位的栏板底标高为-1.000m，高为 1160mm，厚为 150mm。

由图“结施—06”中的详图可知电梯基坑周边翻边、降板区域周边翻边和消防集水坑挂板的做法，墙厚为 240mm。

根据结构设计说明可知，与土体接触的墙体地垄墙采用混凝土实心砖；由图“结施—08”可知地垄墙的平面位置。

6.1.2 Revit 中墙体的分类

在 Revit 中，墙体是预定义系统族类型的实例，用以表示墙功能、组合和厚度的标准变化形式，墙体分为基本墙、叠层墙与幕墙三类。通过单击“墙”工具，选择所需的墙类型，并将该类型的实例放置在平面视图、立面视图或三维视图中，可以将墙添加到建筑模型中。通过调整墙体的类型属性和实例属性，可以在模型中根据需求添加各种不同种类和形状的墙体。

在 Revit 的墙命令中，单击三角形下拉菜单，出现如下五个子命令：

（1）建筑墙

用于在建筑模型中创建非结构墙，可在平面视图、立面视图、三维视图下使用。使用类型选择器指定要创建的墙类型，或者使用默认类型创建常规墙并在以后指定不同的墙类型。

（2）结构墙

用于在建筑模型中创建承重墙或剪力墙，可在平面视图、立面视图、三维视图下使用。在墙的图元属性中使用“结构墙”参数修改墙的结构功能。

（3）面墙

使用体量面或常规模型来创建墙，可在平面视图、立面视图、三维视图下使用。在修改体量面时，使用“面墙”工具创建的墙不会自动更新；要更新墙，需要选择并单击“面的更新”。

（4）墙饰条

通过沿某条路径拉伸轮廓来创建墙，在立面视图或者三维视图下使用。使用“墙饰条”

工具可为踢脚板、冠顶饰等图元建模。

（5）墙分隔条

通过沿某条路径拉伸轮廓以在墙中创建裁剪，在立面视图或者三维视图下使用。

绘制墙体可以通过墙工具、拾取线、拾取面创建；还可以利用内建模型来创建异形墙体，或利用幕墙系统创建异形幕墙等。基本墙一般用于普通墙体设计，叠层墙用于在高度方向上构造做法不同的墙体，幕墙用于外部围护幕墙的情况。

项目中所有的墙体都是通过系统族设置不同的类型与参数来创建的。在创建墙体之前，需要先设定好墙体的类型属性——命名、厚度、材料、做法、功能等，再确定墙体的实例属性——平面位置、高度、结构用途等参数。

1. 基本墙

基本墙是在“系统族：基本墙”的基础上进行编辑的，基本墙可以用来创建单一材料的实体墙，也可以用于创建多种材料的组合墙，在基本墙中可以为墙体添加不同功能层，如结构层、保温层、涂膜层等，如图 6-1 所示。可以通过添加、删除或修改各个功能层和功能层的材料及厚度来创建实际项目所需的墙体类型。

层

外部边

	功能	材质	厚度	包络	结构材质
1	面层 1 [4]	砌体 - 普通砖	102.0	☑	☐
2	保温层/空气	隔热层/保温	50.0	☑	☐
3	涂膜层	隔汽层	0.0	☑	☐
4	**核心边界**	**包络上层**	**0.0**		
5	结构 [1]	混凝土砌块	140.0	☐	☑
6	**核心边界**	**包络下层**	**0.0**		
7	面层 2 [5]	松散 - 石膏板	12.0	☑	☐

内部边

插入(I) 删除(D) 向上(U) 向下(O)

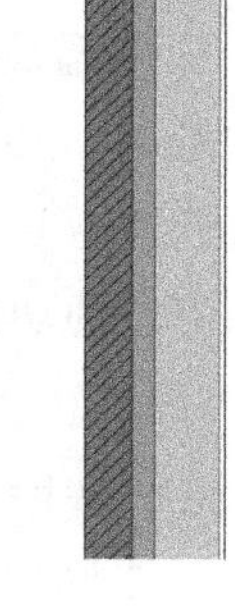

图 6-1

2. 叠层墙

叠层墙是在“系统族：叠层墙”的基础上进行编辑的，这些墙包含一面接一面叠放在一起的两面或多面子墙，子墙在不同的高度可以具有不同的墙厚度。可以认为叠层墙是由两种或两种以上不同类型的普通墙在高度方向上叠加而成的墙体类型，如图 6-2 所示。

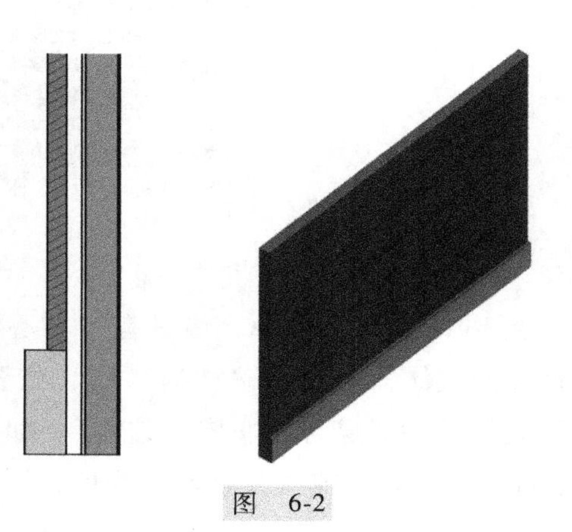

图 6-2

3. 幕墙

幕墙是在“系统族：幕墙”的基础上进行编辑的。Revit 提供了三种默认幕墙族类别，分别是幕墙、外部玻璃、店面，如图 6-3 所示。相对于基本墙和叠层墙，幕墙类型属性差别较大。

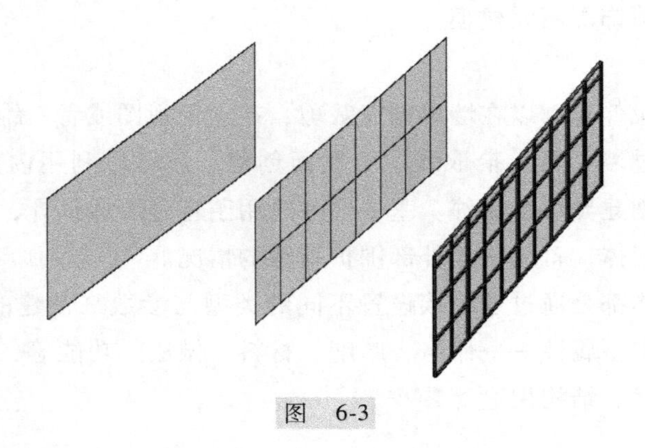

图 6-3

6.1.3 一层墙

墙体绘制

Revit 的墙体模型不仅显示墙形状，还记录墙的详细做法和参数。类型属性编辑窗口中各结构层的定义可以反映墙体的真实做法。基本墙的设计流程一般为：新建墙体类型→设置墙体构造层→在平面视图中绘制墙体。

实际工程中墙体在不同环境中的做法各不相同，如在我国的南方地区墙体一般无须添加保温层，而在北方建筑中则需要设置保温层。在 Revit 中可以灵活创建不同功能层类型的墙体，以适应实际项目需求。激活“墙”工具后，在“属性”选项板上，单击“台”（编辑类型）命令，选择“结构”命令，打开“编辑部件”窗口。

在编辑部件窗口的功能中提供了六种墙体功能，包括“结构［1］”“衬底［2］”“保温层/空气层［3］”“面层 1［4］”“面层 2［5］”“涂膜层”（通常用于防水涂层，厚度为 0），如图 6-4 所示。这些功能将定义其在墙体中所起的作用。功能名称后缀的数字表示墙与墙之间连接时，墙各层之间的数字越小，优先级别越高。

	功能	材质	厚度	包络	结构材质
1	面层 2 [5]	粉刷 - 茶色,	25.0	☑	■
2	面层 2 [5]	EIFS，外部隔	25.0	☑	☐
3	面层 1 [4]	砌体 - 普通砖	102.0	☑	☐
4	保温层/空气层 [	空气	50.0	☑	☐
5	保温层/空气层 [	隔热层/保温	50.0	☑	☐
6	涂膜层	隔汽层	0.0	☑	☐
7	**核心边界**	**包络上层**	**0.0**		
8	结构 [1]	混凝土砌块	190.0	☐	☑
9	**核心边界**	**包络下层**	**0.0**		
10	面层 2 [5]	松散 - 石膏板	12.0	☑	☐

图 6-4

在 Revit 墙体结构中，墙具有“核心结构”和“核心边界”面。所谓“核心结构”是指墙体的主体，一般为“结构”层，位置在两个“核心边界”之间，而放置在“核心边界”之外的功能层为“非核心结构”，如装饰层、保温层等辅助结构。以系统自带墙类型“外部-带粉刷砖与砌块复合墙”为例，结构层-混凝土砌块位于“核心边界”之间，其他层则位于“核心边界”两侧。

1. 一层外墙

新建外墙墙体类型。本工程的外墙有 240mm、360mm 和 120mm 厚三种类型。

1）进入“F1”楼层平面视图；单击“建筑”面板中“墙”下拉列表的“墙：建筑”，系统切换到“修改 | 放置墙”选项卡。

2）在属性浏览器中，选择列表中的“基本墙”族中的“常规-200mm”类型，以此类型为基础创建新的建筑墙类型；单击属性面板中的“编辑类型”，弹出“类型属性”窗口；单击窗口中的“复制”，在弹出的“名称”窗口中输入“外墙-240mm”，单击“确定”按钮，为基本墙创建一个新类型。

3）单击“结构 [1]”的“厚度”栏，将数值改为“240”；在类型属性面板中，单击“结构”右侧的“编辑...”按钮，弹出“编辑部件”窗口，单击“〈按类别〉”→单击右侧按钮▭，弹出“材质浏览器”窗口，将其材质改为“蒸压砂加气混凝土砌块”。

4）更改材质“图形”参数。勾选“使用渲染外观”选项，沿用外观材质中的颜色值；单击“截面填充图案”，将截面填充图案由“砌体-混凝土砌块”改为“砌体加气混凝土”的样式，如图 6-5 所示。“截面填充图案”将影响在平面、剖面的墙被剖切观看时显示的填充图案，“表面填充图案”将影响在三维视图或立面视图中模型表面的显示图案。单击 3 次“确定”按钮，退出编辑类型属性框。

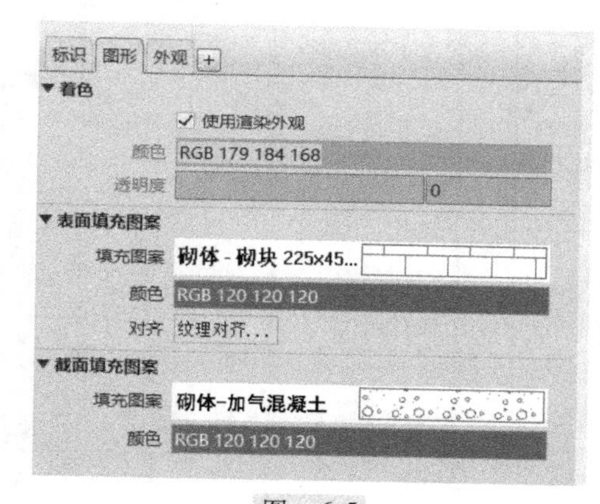

图　6-5

5）依照同样的方法创建其他墙体类型。

新建完外墙类型后，就可以开始布置外墙构件。墙体的底部标高为下层梁的顶部标高，墙体的顶部标高为上层梁的底部标高。布置墙体时，要注意墙体的“约束”属性值的设置。下面介绍布置一层外墙的操作步骤。

1）双击“项目浏览器”中的“F1”，进入“F1”平面视图中。单击“墙：建筑”，选择墙体类型为“外墙-240-轻质蒸压砂加气混凝土砌块”，接着在选项栏中设置“高度”为“F2”，设置“定位线”为“核心层中心线”，取消勾选绘制教学楼“链”复选框，“偏移”值设为“0”，“连接状态”设为“允许”。

2）在Ⓑ轴上，绘制④轴、⑤轴间的墙，并根据图“建施—01”对墙体进行精确定位。选中该墙体，对其“约束”属性值进行设置：“底部约束”为“F1”，“底部偏移”为“-40”（因为此墙下方的梁顶标高相对于“F1”低 40mm），“顶部约束”为“直到标高：F2”，“顶部偏移”为“-600”（因为此墙上方的梁底标高相对于“F2”低 600mm）。

3）在②轴上，绘制Ⓑ轴、Ⓒ轴间的墙，并根据图“建施—01”对墙体进行精确定位。选中该墙体，对其“约束”属性值进行设置：“底部约束”为“F1”，“底部偏移”

为“-40”（因为此墙下方的梁顶标高相对于“F1”低 40mm），“顶部约束”为“直到标高：F2”，“顶部偏移”为“-1150”（因为此墙上方的梁底标高相对于“F2”低 1150mm）。

4）参照图“建施—01”中外墙所在位置绘制外墙。单击各道墙体的起终点位置，依次绘制完一层外墙，完成后如图 6-6 所示。

绘制的过程中，应同时注意根据墙体的厚度切换墙体类型和定位线。

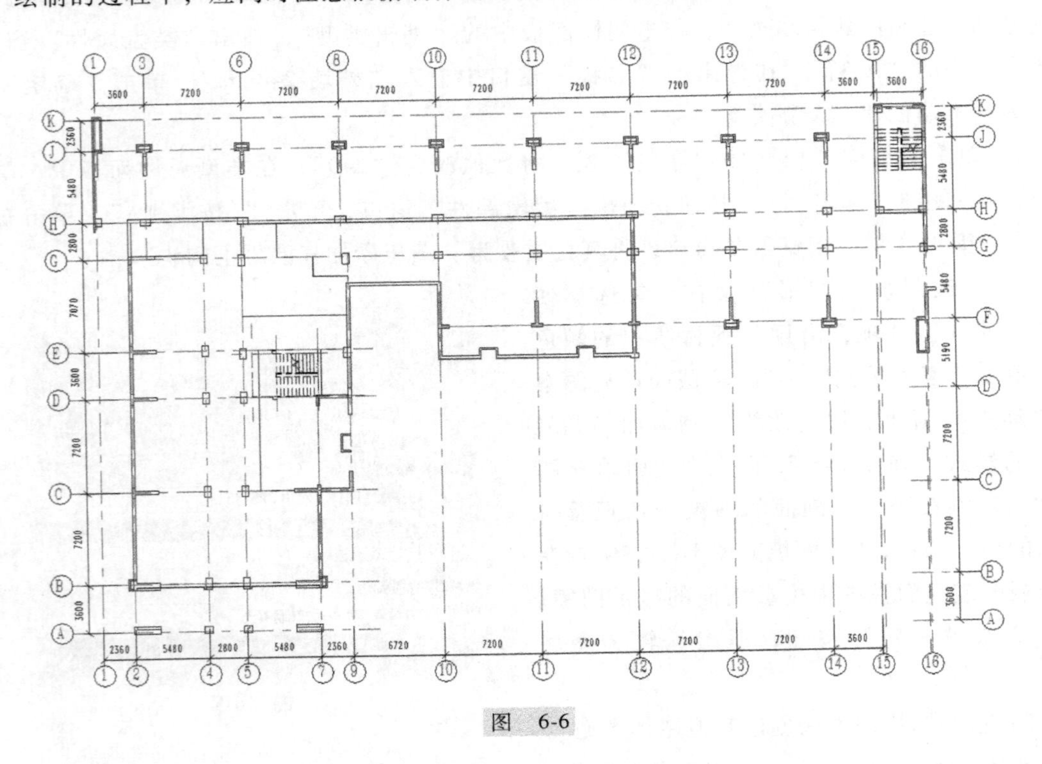

图 6-6

2. 一层内墙

除卫生间内墙均为 120mm 厚烧结页岩多孔砖外，其他内墙为 240mm 厚蒸压砂加气混凝土砌块。相较于外墙，内墙无须设置保温层，内墙类型的定义方法不仅与外墙相同，还可以在外墙的基础上进行复制。

1）创建名称为“内墙-120-烧结页岩多孔砖”“内墙-240-蒸压加气混凝土砌块”两种内墙类型。

2）参照图“建施—01”中内墙所在位置，在 F1 楼层平面视图中绘制内墙。与布置外墙一样，要注意墙体的“约束”属性值的设置。绘制结果如图 6-7 所示。

3）完成绘制后的一层墙体如图 6-8 所示。

3. 地垄墙

根据结构设计说明可知，与土体接触的墙体地垄墙采用混凝土实心砖；由图“结施—08”可知地垄墙的平面位置。创建名称为“地垄墙-240-混凝土实心砖”建筑墙类型，并绘

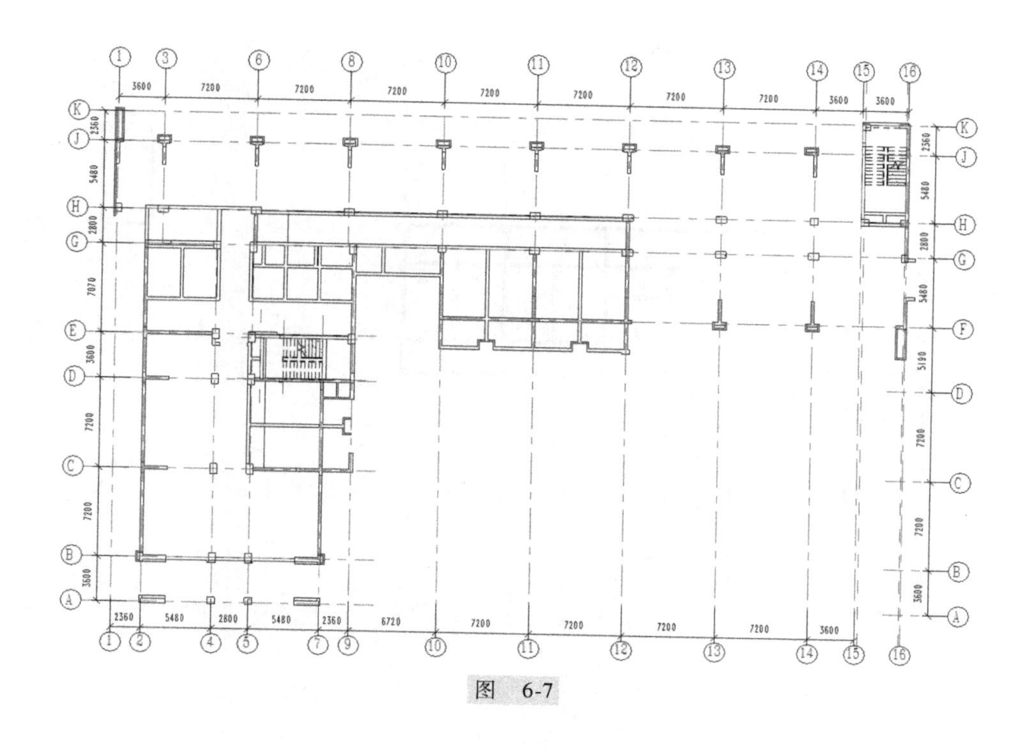

图 6-7

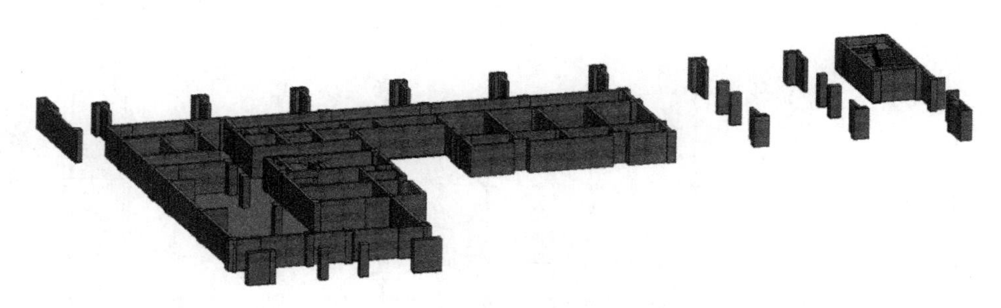

图 6-8

制地垄墙。绘制时，“底部约束”设为“F1”，“底部偏移”设为“-1000”，“顶部约束”设为“直到标高：F1”，“顶部偏移”设为“-340”（因为地垄墙上方的圈梁底标高相对于“F1”低 340mm：圈梁截面尺寸高 300mm+圈梁顶标高“结构 F1”与“F1”之差为 40mm）。绘制结果如图 6-9 所示。

6.1.4 二层墙

1. 二层外墙

因为二层外墙装修与一层不一样，为了后续修改方便，重新建立二层外墙类型。

1）进入“F2”楼层平面视图，过滤器选择“墙”“结构柱”和“轴网”。

2）键盘输入快捷命令“HI”隔离图元，如图 6-10 所示。

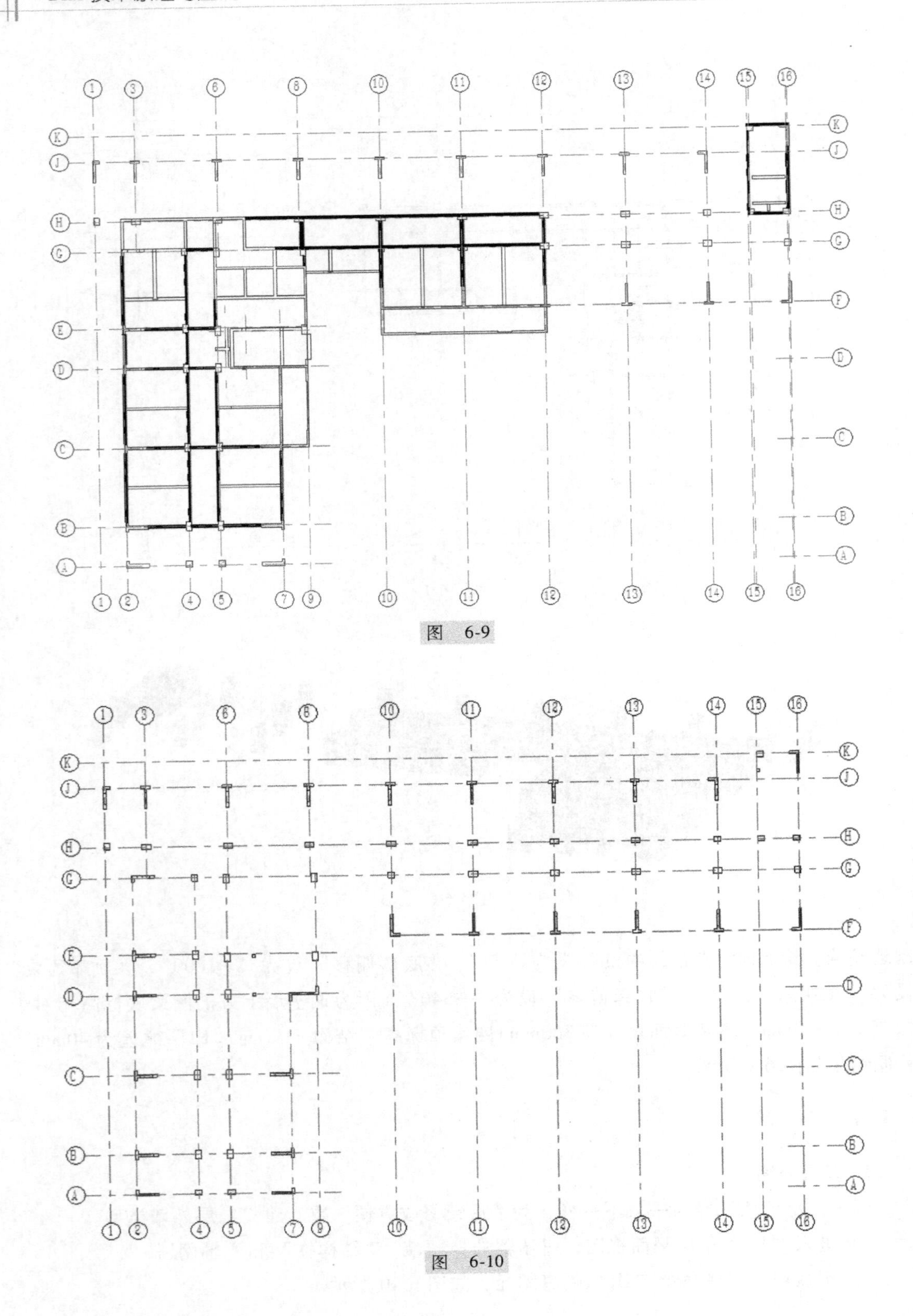

图 6-9

图 6-10

3）建立二层外墙类型。包括 120mm 厚蒸压砂加气混凝土砌块、240mm 厚蒸压砂加气混凝土砌块两种族类型。

4）绘制二层 240mm 厚外墙。绘制时，“底部约束”设为“F2”，“底部偏移”设为“X1”（X1 为此处墙体下方的梁顶标高值与“F2”标高值之差），“顶部约束”设为“直到标高：F3”，“顶部偏移”设为“X2”（X2 为此处墙体的上一层梁底标高值与“F3”标高值之差），结果如图 6-11 所示。

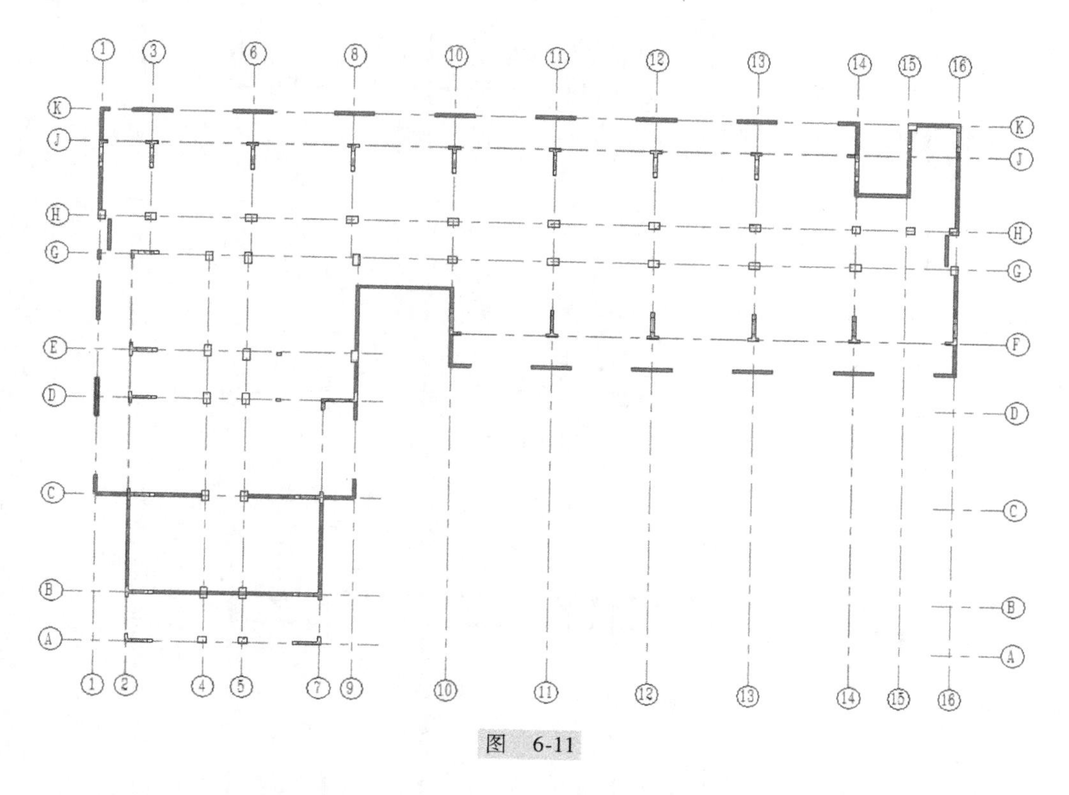

图　6-11

5）绘制 120mm 厚外墙。绘制时，“底部约束”设为“F2”，“底部偏移”设为“X1”（X1 为此处墙体下方的梁顶标高值与“F2”标高值之差），“顶部约束”设为“直到标高：F3”，“顶部偏移”设为“X2”（X2 为此处墙体的上一层梁底标高值与“F3”标高值之差），结果如图 6-12 所示。

2. 二层内墙

由于内墙装修与层数无联系，所以可以直接用一层创建好的“内墙-240-烧结页岩多孔砖”“内墙-120-烧结页岩多孔砖”“内墙-240-轻质蒸压加气混凝土砌块”三种内墙类型进行绘制。

1）绘制“内墙-240-烧结页岩多孔砖”。绘制时，“底部约束”设为“F2”，“底部偏移”设为“X1”（X1 为此处墙体下方的梁顶标高值与“F2”标高值之差），“顶部约束”设为“直到标高：F3”，“顶部偏移”设为“X2”（X2 为此处墙体的上一层梁底标高值与“F3”标高值之差），结果如图 6-13 所示。

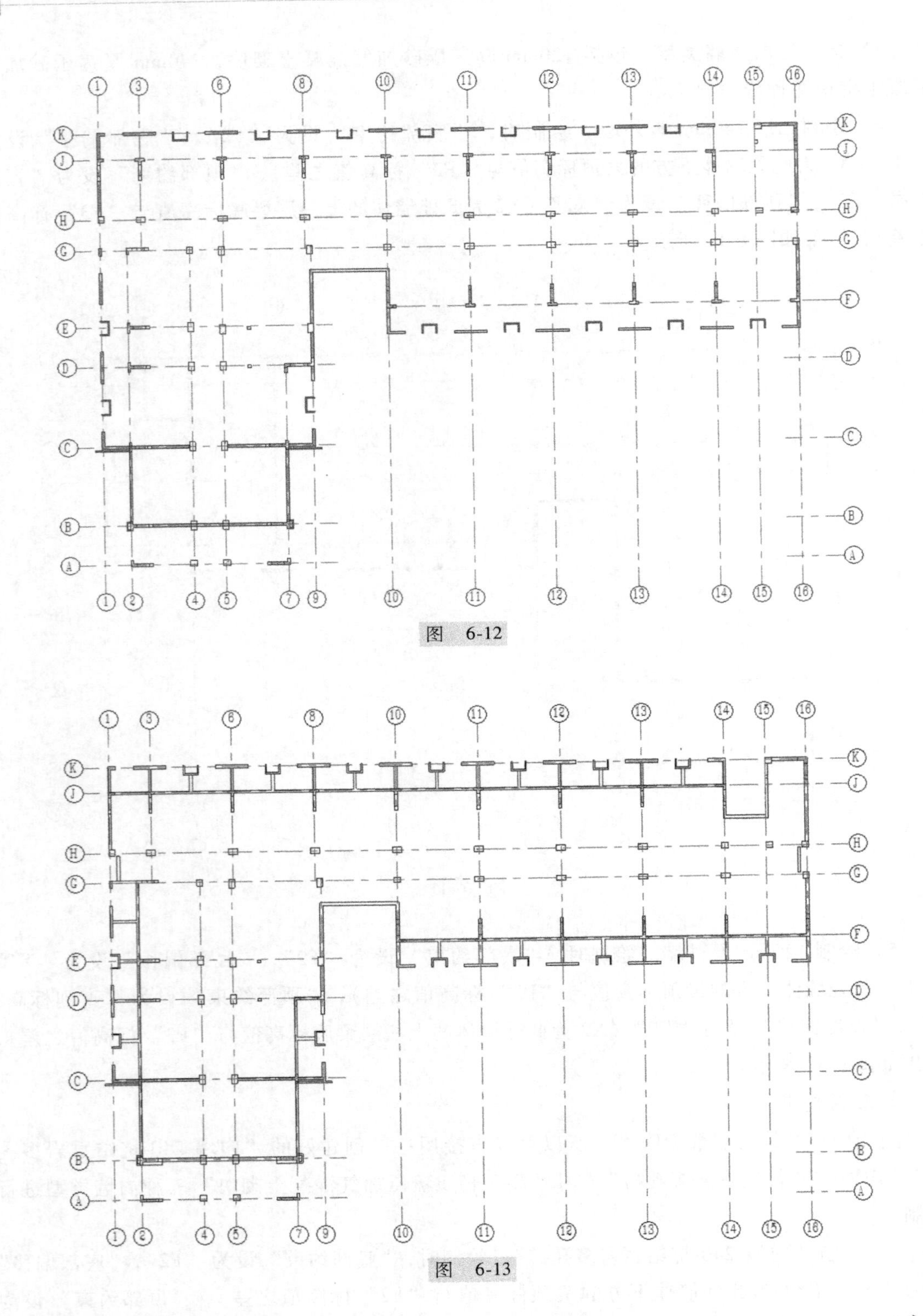

图 6-12

图 6-13

2）绘制二层“内墙-120-烧结页岩多孔砖”。绘制时，“底部约束”设为“F2”，“底部偏移”设为“X1”（X1 为此处墙体下方的梁顶标高值与“F2”标高值之差），“顶部约束”

设为“直到标高：F3”，“顶部偏移”设为“X2”（X2 为此处墙体的上一层梁底标高值与“F3”标高值之差），结果如图 6-14 所示。

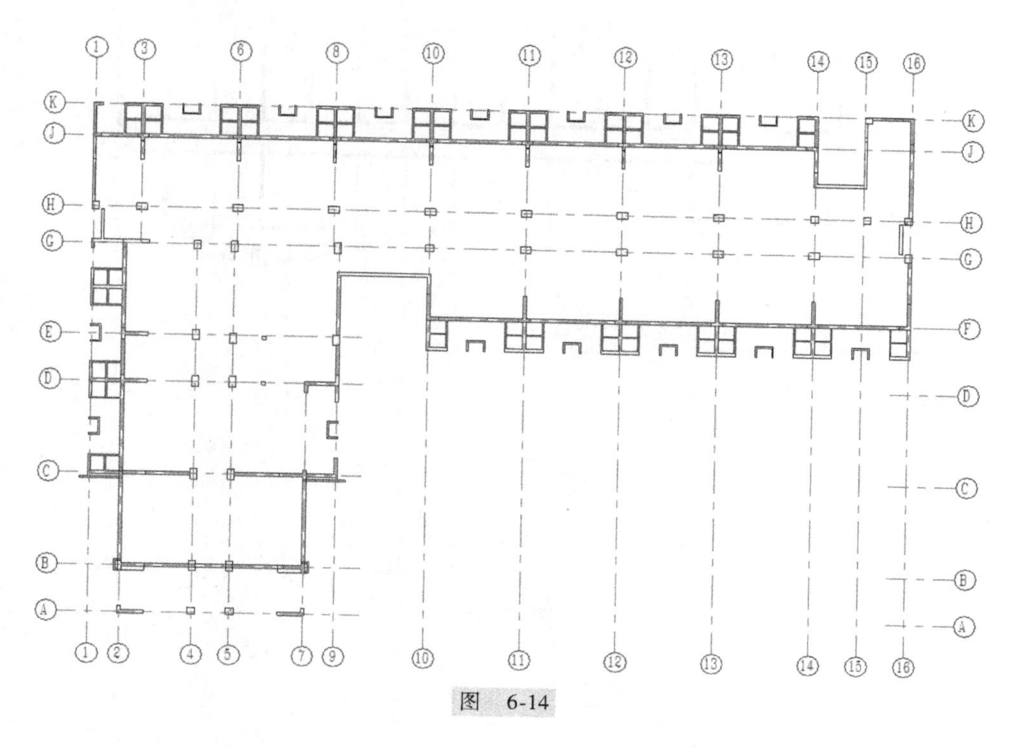

图 6-14

3）绘制二层“内墙-240-轻质蒸压加气混凝土砌块”。绘制时，“底部约束”设为“F2”，“底部偏移”设为“X1”（X1 为此处墙体下方的梁顶标高值与“F2”标高值之差），“顶部约束”设为“直到标高：F3”，“顶部偏移”设为“X2”（X2 为此处墙体的上一层梁底标高值与“F3”标高值之差），结果如图 6-15 所示。

6.1.5 三层墙

对比图“建施—03”和图“建施—02”可知，三层墙体与二层墙体局部不同，因此可以将二层墙体复制到三层，再进行局部修改。步骤如下：

1）隔离二层墙体和轴网。进入“F2”楼层平面视图，过滤器选择“墙体”和“轴网”。键盘输入快捷命令“HI”隔离图元，如图 6-16 所示。

2）过滤器选择“墙体”。

3）单击“复制”→“粘贴”→“与选定的标高对齐”→“F3”。

4）切换到“F3”楼层平面视图。过滤器选择“墙”“结构柱”和“轴网”，如图 6-17 所示。

5）键盘输入快捷命令“HI”隔离图元。

6）修改三层墙体。

根据图“建施—03”对墙体进行修改。步骤如下：

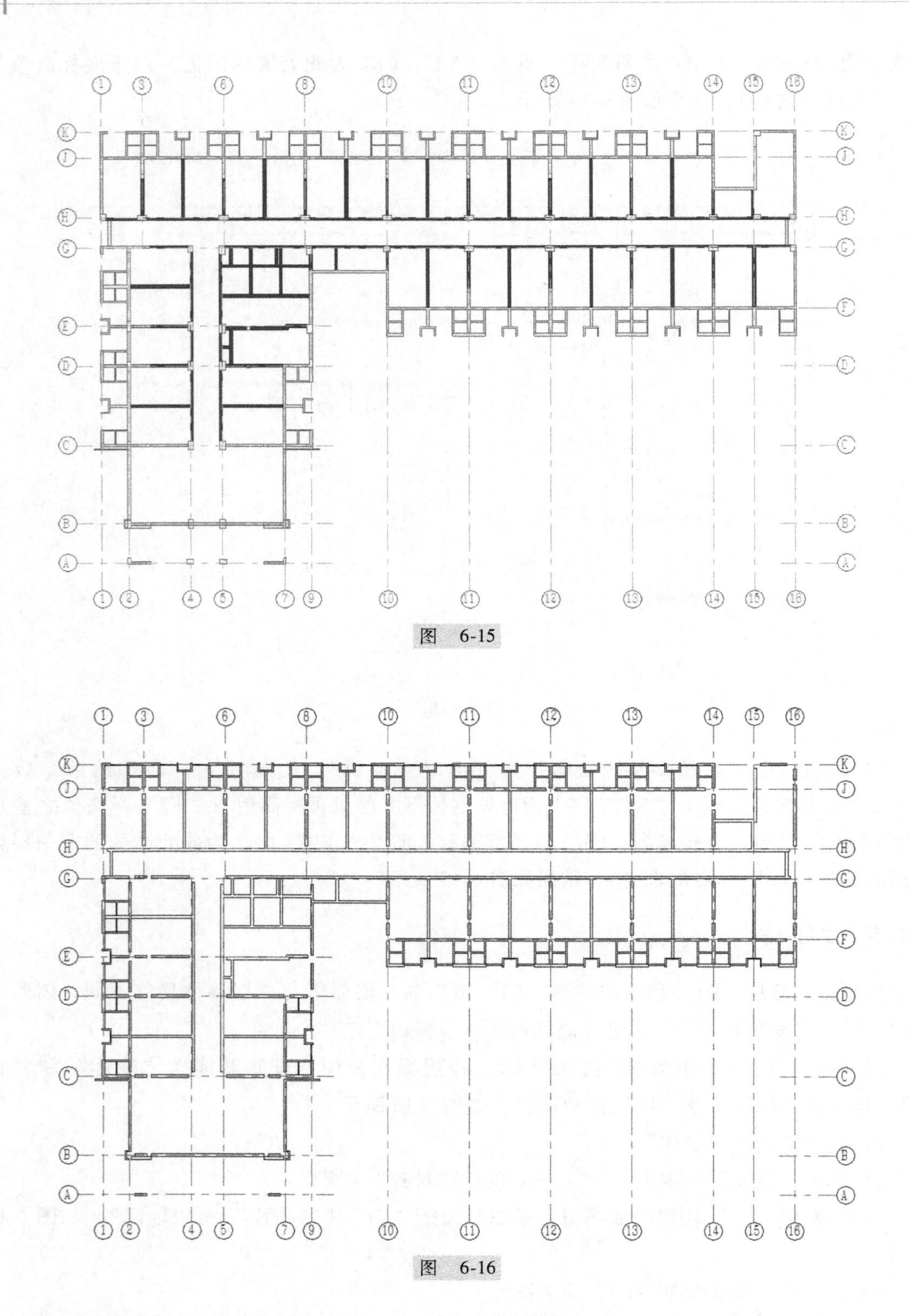

图 6-15

图 6-16

1）选择②轴、⑥轴和Ⓑ轴上的 3 段“二层外墙-240-轻质蒸压砂加气混凝土砌块”，将其改为“内墙-240-轻质蒸压砂加气混凝土砌块”，如图 6-18 所示。

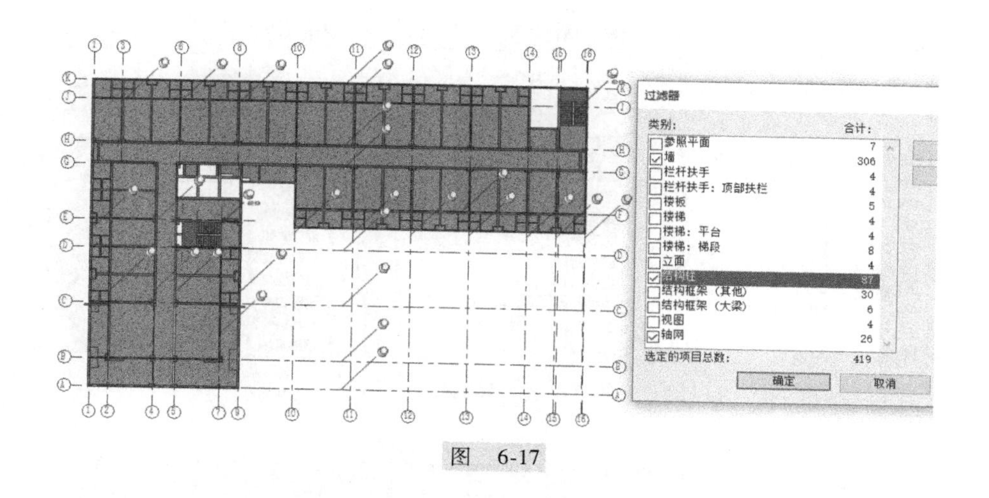

图 6-17

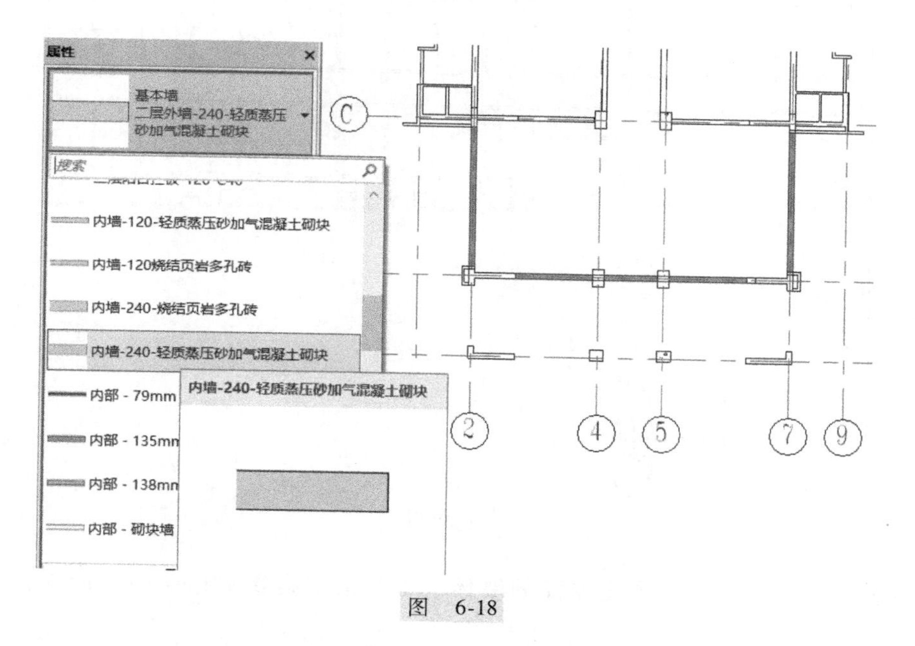

图 6-18

2）依次将“二层阳台栏-120-C40”改为“三层阳台栏-120-C40”，“二层外墙-120-轻质蒸压砂加气混凝土砌块”改为“三层外墙-120-轻质蒸压砂加气混凝土砌块”，“二层外墙-240-轻质蒸压砂加气混凝土砌块”改为“三层外墙-240-轻质蒸压砂加气混凝土砌块”，如图 6-19 所示。

6.1.6 四~九层墙

对比图“建施—04”和图“建施—03”可以发现，墙体未发生变化，因此可以直接将三层墙体复制到四~九层。

1）进入“F3”楼层平面视图，过滤器选择并隔离所有墙体，如图 6-20 所示。

2）选择所有的基本墙，使用复制到剪切板命令复制到四~九层。

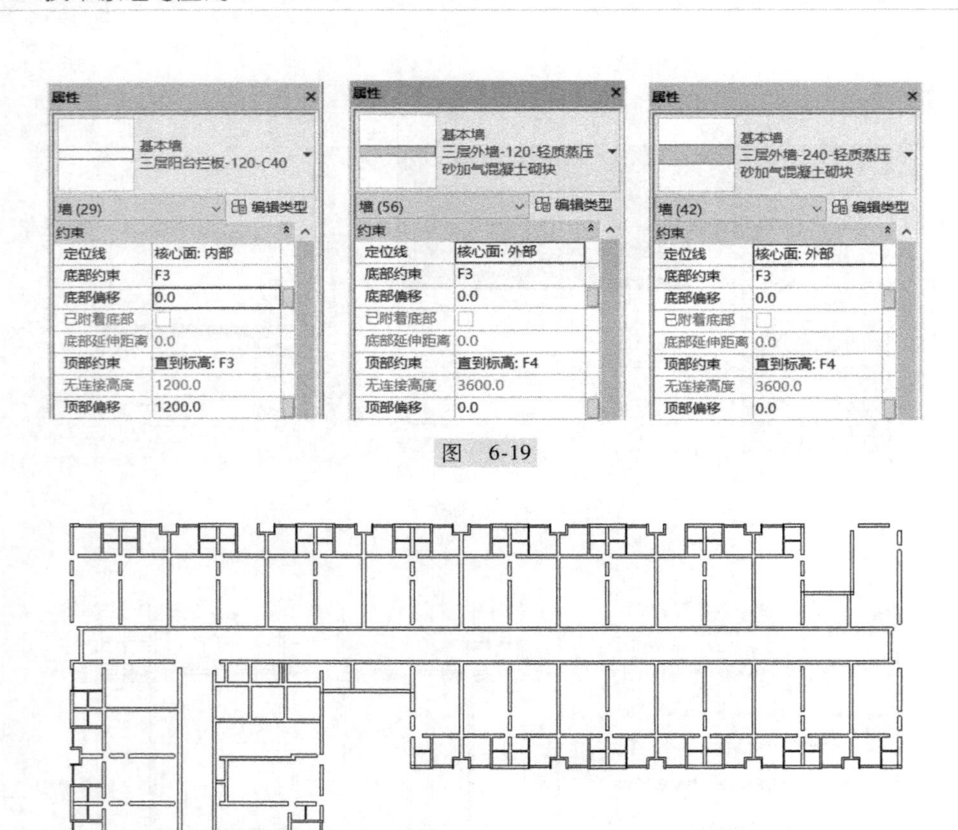

图 6-19

图 6-20

3）切换到三维视图，选中出屋面的墙体，将其顶部附着到相应的屋面板，如图 6-21 所示。

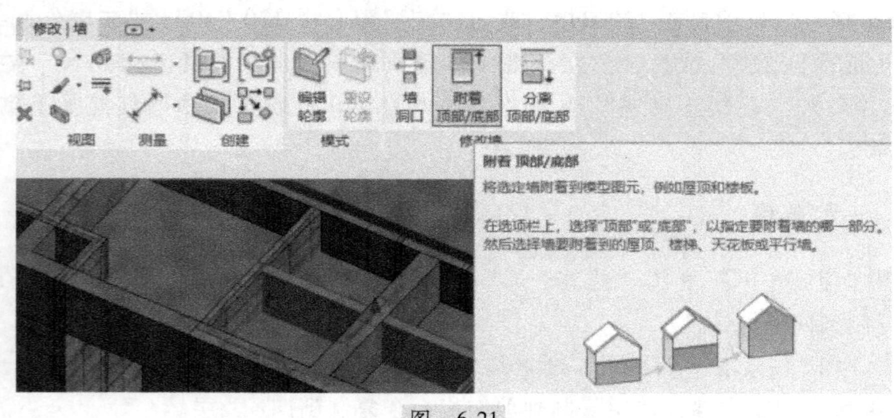

图 6-21

4）完成后如图 6-22 所示。

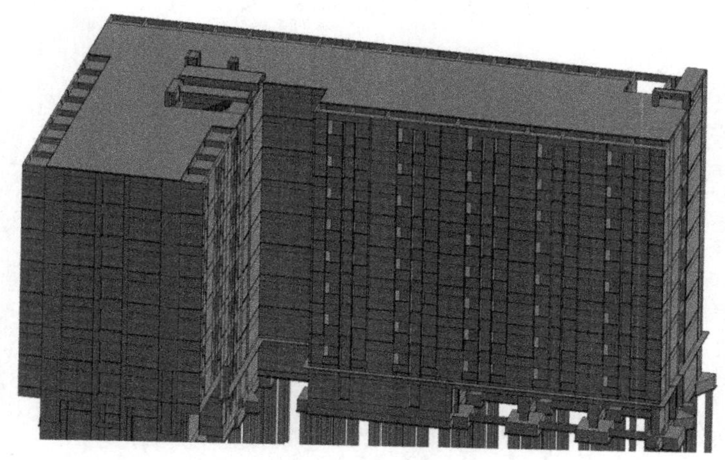

图　6-22

6.1.7　女儿墙

由图“建施—05”可知屋面女儿墙的平面位置，由图“建施—16（二）”可知屋面女儿墙的高度为 1600mm，厚度为 120mm，材料为钢筋混凝土。由图“建施—16”可知电梯井女儿墙出屋面高度为 850mm，厚度为 120mm，材料为钢筋混凝土。

1）根据施工图要求，新建“屋面女儿墙”类型。

2）布置高度为 1600mm 的女儿墙。布置时，“底部约束”设为“屋面结构”，“底部偏移”设为“0”，“顶部约束”设为“直到标高：女儿墙顶”，结果如图 6-23 所示。

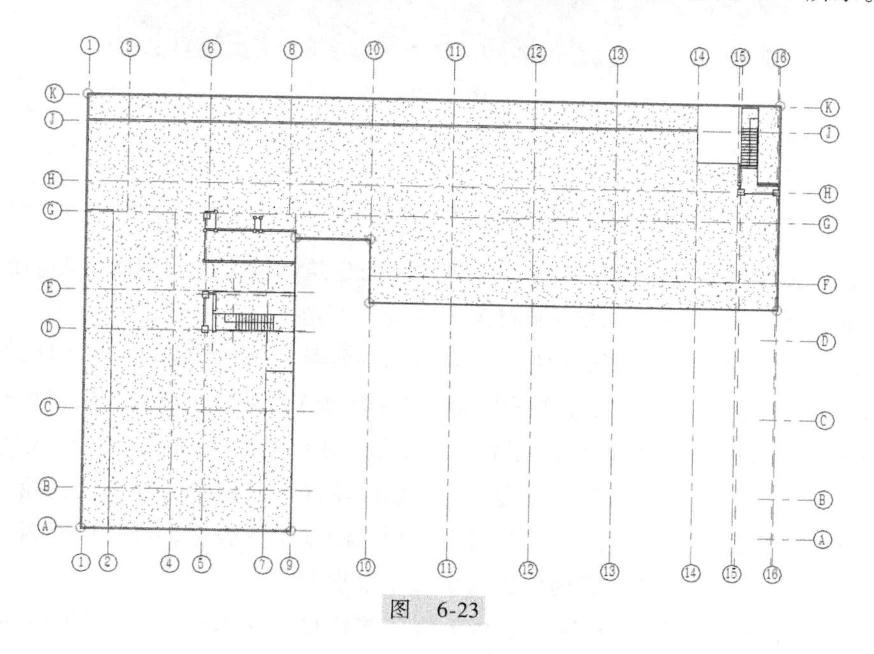

图　6-23

3）布置电梯井女儿墙出屋面的女儿墙。布置时，“底部约束”设为“屋面结构”，“底部偏移”设为“850”，“顶部约束”设为“直到标高：女儿墙顶”，结果如图 6-24 所示。

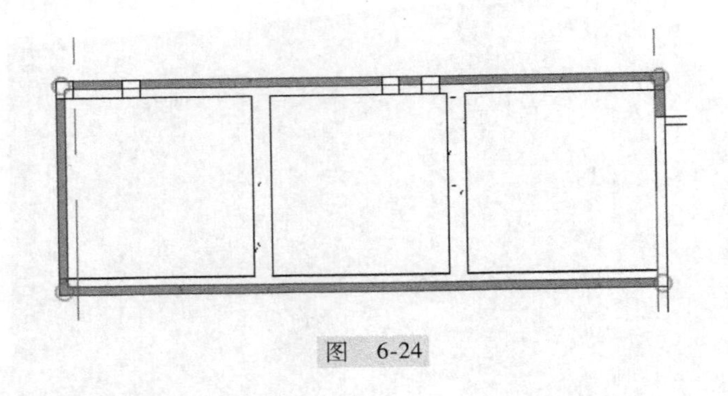

图 6-24

4）墙体全部绘制完成后如图 6-25 所示。

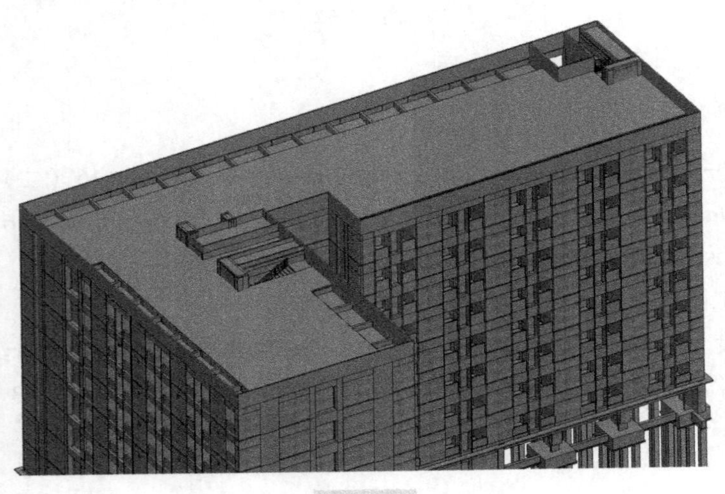

图 6-25

6.2 门窗

建筑中，门窗作为重要的组成部分，是最常见的建筑构件之一。门的主要功能在于室内及室外的交通联系、疏散；窗户的功能则在于通风、采光。

在 Revit 中，门窗是基于主体的构件，可以添加到各种类型的墙体当中。门窗的插入在平面视图、剖面视图、立面视图或三维视图中都可以进行操作，门窗可以自动识别并剪切墙体。

门窗在项目中可以通过修改类型参数，如门窗的宽和高以及材质等，形成新的门窗类型。门窗主体为墙体，它们对墙具有依附关系，删除墙体，门窗也会随之被删除。

在门窗构件的应用中，其插入点、门窗平立剖面的施工图表达、可见性控制等都和门窗族的参数设置有关，需要了解门窗构件族的参数修改设置。

在 Revit 中，门窗属于可载入族，是基于墙体的构件。在 Revit 中，门窗的创建与编辑一般是在项目环境中载入已经做好的（带有参数驱动）门窗族，通过编辑门窗族的类型属性可以得到不同型号的门窗族。

创建门窗的基本流程：载入建筑所需的门窗族→选择需要布置的门窗类型→复制新类型门窗并命名→修改新类型门窗尺寸→在墙体上布置门窗构件。

修改门窗的实例属性只对当前被选中的门窗有影响，而修改门窗类型属性参数将会对同一类型的门窗都产生影响。

6.2.1 门窗的属性

门和窗的属性均包括实例属性和类型属性，通过修改门或窗的实例属性和类型属性，可以调整门或窗的尺寸、造型和标记。只有详细了解门和窗的属性，才能更好地编辑门和窗图元。窗图元的属性与门图元的有部分重合，但也存在差异。

1. 门窗的实例属性

在门的实例属性中，对图元影响较大的为“约束”属性中的“底高度”。在建筑中，一般门底部的高度默认为层标高，但存在局部位置需要留门槛或局部房间地面抬高或降低的情况，就需要调整门底部标高。门的实例属性中“防火等级”参数也需要加以注意，一般不在此处添加“防火等级”相关信息。同一类型门的防火等级相同，故对于门的防火等级信息建议在门的类型属性中进行添加。

窗的实例属性与门的实例属性类似，对图元影响较大的参数同样是“约束”属性中的“底高度”。在建筑中，除了落地窗外，底高度一般都不为零。默认同一个类型的窗有相同的底高度，但个别窗图元为了造型设计，可能与同类型的窗有不同的底高度，这时就需要在实例属性中调节。同时，要注意“顶高度”的值，“顶高度”是根据底高度和窗高自动计算的；插入窗的时候应注意“顶高度”不能高于梁底标高。

2. 门窗的类型属性

在门的类型属性中，对图元影响最大的为“尺寸标注”，高、宽尺寸不同的门应单独设为一个类型。在标识数据中，需添加“类型标记”参数，其通常反映门宽、高、防火等级三种信息。在本案例工程图“建施—06”中，“M”表示木门，“FM”表示防火门，“LM”表示铝合金门。例如，“FM 甲 1223”编号中，“FM 甲”表示甲级防火门，“12”表示门宽度为 1200mm，“23”表示门高度为 2300mm，具体窗尺寸应以门窗表为准。

在窗的类型属性中，对图元影响比较大的也是“尺寸标注”。但与门不同的是，在窗的“尺寸标注”组中多了一个“默认窗台高度”参数。在这个参数中设定该类型窗的窗台高度后，插入窗时就会在实例属性面板的底高度中显示对应的数值。

在本案例工程图“建施—06”中，“LC”表示铝合金窗，“MLC”表示铝合金门联窗，“BYC”表示铝合金百叶窗。在编辑类型属性时，同样以窗编号作为类型名称，例如，“LC1812”编号中，“LC”表示铝合金窗，“18”表示窗宽度为 1800mm，“12”表示窗高度为 1200mm，具体窗尺寸应以门窗表为准。

若需要添加更多的门窗信息，可以在“标识数据”中填写相关参数，如添加“注释记号”“型号”“制造商”“类型主释”“URL（制造商的网页链接）”“说明”等相关参数。

6.2.2 门窗族的插入

门窗族的插入方法：单击需要插入门窗族的位置，通过修改临时尺寸标注或尺寸标注来精确定位。

选择“建筑”选项卡，然后在“构建”面板中单击“门”或“窗”按钮，在类型选择器中选择所需的门、窗类型，如果需要更多的门、窗类型，可选择从“插入”→“载入族”中载入新的门窗族。选定要放置门窗的楼层平面，在墙主体上移动鼠标指针，当门位于正确的位置时单击“确定”按钮，即可完成的布置此门。

门窗族插入小技巧如下：

1）插入门窗时输入“SM”，自动捕捉到中点插入。

2）插入门窗时在墙内外移动光标改变内外开启方向，按空格键改变左右开启方向。

3）拾取主体：选择“门”命令，打开“修改门”的上下文选项卡，选择“主体”面板的“拾取新主体”命令，可更换放置门的主体，即把门移动放置到其他墙上，如图 6-26 所示。

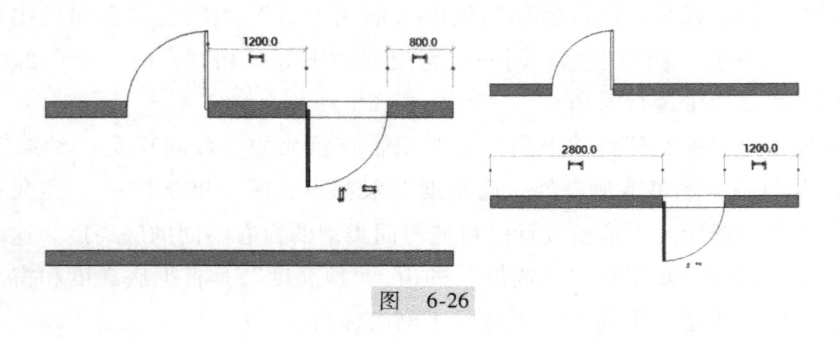

图 6-26

6.2.3 布置门

在案例工程中，常规门的开启方式均为平开门。根据功能不同，门分为普通木门、铝合金门、防火门和门联窗。宿舍房间门为普通单扇平开木门，普通宿舍卫生间为单扇平开铝合金门，防火门及门扇宽度大于 1200mm 的门为双扇门。族都使用本书案例工程配套的门族。步骤如下：

1）打开案例工程的“学生公寓 1#楼 . rvt”项目文件，在“项目浏览器”中双击“楼层平面：F1”命令，进入项目一层平面视图。

2）单击“插入”面板→“载入族”命令，定位到本书案例工程配套资源中的门窗族库文件夹，将“门”文件夹中的门族载入项目中。

3）单击“建筑”选项卡→“构建”面板→“门”命令，或输入快捷命令“DR”，进入“修改 | 放置门”上下文选项卡。

4）创建符合项目要求的门类型。由于自带的门族不能满足使用要求，在上述第 2）步中已经将所需的族载入本项目中，因此无须创建新的门窗类型。

若需要使用已经载入的门族，但是门的尺寸不符合需要，可在已有族的基础上创建新的门类型。下面以创建普通门 M1026 为例介绍。

① 在族类型选择器中选择任意一种门族，然后在“属性”面板中，单击“编辑类型”命令，在弹出的类型属性窗口中单击“复制”命令，在名称中输入“M1026”。

② 接着在“尺寸标注”选项组中将“宽度”的值改为“1000”，“高度”的值改为“2600”，再为各构件添加材质。

③ 在“标识数据”选项组中将“类型标记”的值改为“M1026”。

5）依照一层建筑平面图为项目添加门。

① 在类型选择器中选择合适的“铝合金门 LM1823”门类型，在“类型属性”中更改其“类型标记”为“LM1823”。

② 单击“在放置时进行标记”。注意，“LM1823”的门标记是水平方向的，如果是纵墙上的窗，应将其标记改为垂直。

③ 在平面图中的墙体上放置“LM1823”。若插入门时，门的开启方向有误，可以在平面图中单击门（翻转控制柄），或在选中门时按空格键翻转门方向。

④ 修改“LM1823”位置。单击选中“LM1823”，出现临时尺寸标注。将其右侧临时尺寸标注调整为“655”，如图 6-27 所示。

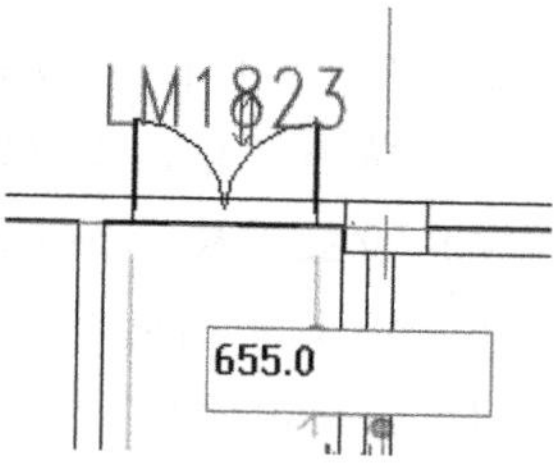

图 6-27

注意：若遇到楼板标高不一的位置，需意调整门底部的高度参数。

⑤ 布置一层其他的门，并进行标记。

6）创建门洞类型。

① 为墙体添加洞口。在墙体上添加洞口的方式可以通过编辑墙体轮廓来实现，但是这种方式添加的洞口还需给洞口边做贴面处理，较为烦琐。为了避免出现这种情况，可以直接使用门洞族来添加洞口。

② 添加门洞洞口。单击“插入”面板→“载入族”命令，载入配套素材“门洞”族。复制并重命名为“DK1823”。

③ 更改其“粗略宽度”为“1800”，粗略高度为“2300”，类型标记为“DK1823”。

④ 在开水间墙上布置“DK1823”，并调整其位置。切换至三维视图，如图 6-28 所示。

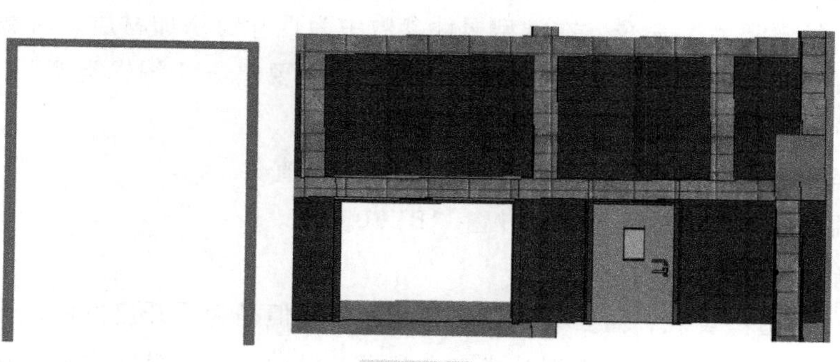

图 6-28

⑤ 同理，复制并创建电梯厅门洞“DK1223”并进行布置，如图 6-29 所示。

6.2.4 布置窗

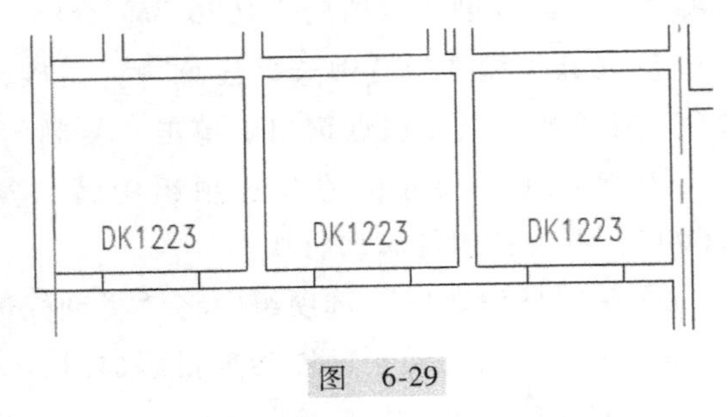

图 6-29

在本案例工程中，常规窗有案例工程的推拉窗、百叶窗、组合窗和门联窗。族都使用本书案例工程配套的窗族。

打开案例工程的“学生公寓 1#楼 . rvt”项目文件。单击“插入”面板→“载入族”命令，定位到本案例工程配套资源中的门窗族库文件夹，将“窗”文件夹中的窗族载入项目中。

1. 推拉窗

本案例工程只有一种推拉窗（LC1812）的布置。

1）打开案例工程“学生公寓 1#楼 . rvt”项目文件，在“项目浏览器”中双击“楼层平面：1F”，进入项目一层平面视图。

2）单击“建筑”选项卡→“构建”面板→“窗”命令，或者输入快捷命令“WN”，选择类型为“LC1812”的推拉窗。

3）单击“修改 | 放置窗”选项卡→“在放置时进行标记”命令。

4）设置推拉窗底标高。在放置推拉窗前设置“底高度”为“1100. 00”。

5）单击“编辑类型”命令，在类型属性参数中为推拉窗添加材质，本案例工程的推拉窗族材质已经添加完成。若需要修改，可根据需要单击“编辑类型”，自定义推拉窗材质。

6）为“类型标记”参数添加“LC1812”的标记值。

7）为Ⓒ轴上“值班室”的墙体添加推拉窗“LC1812”。

2. 百叶窗

本案例工程一层只有洗衣房有一个百叶窗。其添加过程如下：

1）在“项目浏览器”中双击“楼层平面”→“1F”，进入项目一层平面视图。

2）单击“建筑”选项卡→“构建”面板→“窗”命令，或者输入快捷命令“WN”，选择类型为“BYC0505”的百叶窗。

3）设置百叶窗底标高。在放置百叶窗前设置“底高度”为“2000”。

4）单击“编辑类型”命令，在类型属性参数中为百叶窗添加材质，所载入的百叶窗族材质已调整好，此处无须调整。若需要修改，可根据需要单击“编辑类型”，自定义百叶窗材质。

5）为“类型标记”参数添加“BYC0505”的标记值。

6）为③轴交Ⓗ轴处的墙体添加百叶窗“BYC0505”。

3. 组合窗

在建筑中为了造型美观，需要设置较大面积的窗，但是为了开启方便，开启窗扇的尺寸是有限制的，因此大开窗常被窗樘划分成多个窗扇，横向为层，纵向为列，这一类窗称为组合窗。在组合窗中可以将不同开启方式的窗结合在一起，以满足通风、采光需求。

在本案例工程中，有多种组合窗形式，如固定扇两层多列、多列多层、带防雨百叶的平开窗、固定扇平开窗等。创建组合窗的方式有两种：一种是用幕墙表达，通过修改嵌板与竖梃达到目的；另一种是通过布置可载入的窗族进行布置。第一种方法将在 6. 3 节介绍，下面介绍第二种方法。

1）打开案例工程“学生公寓 1#楼 . rvt”项目文件，在“项目浏览器”中双击“楼层平面：F1”，进入项目一层平面视图。

2）单击“建筑”选项卡→“构建”面板→“窗”命令，载入窗“LC1528”族。

3）设置窗底标高。在放置组合窗前设置“底高度”为“0”。

4）单击“编辑类型”命令，在类型属性参数中为组合窗添加材质，本案例工程的组合窗族材质已经添加完成。若需要修改，可根据需要单击“编辑类型”命令，自定义推拉窗材质。

5）更改其“宽度”为“1500”，高度为“2800”，并为“类型标记”参数添加“LC1528”的标记值。

6）为②轴上洗衣房处的墙体添加窗“LC1528”。

同理，添加其他门窗，完成后效果如图 6-30 所示。

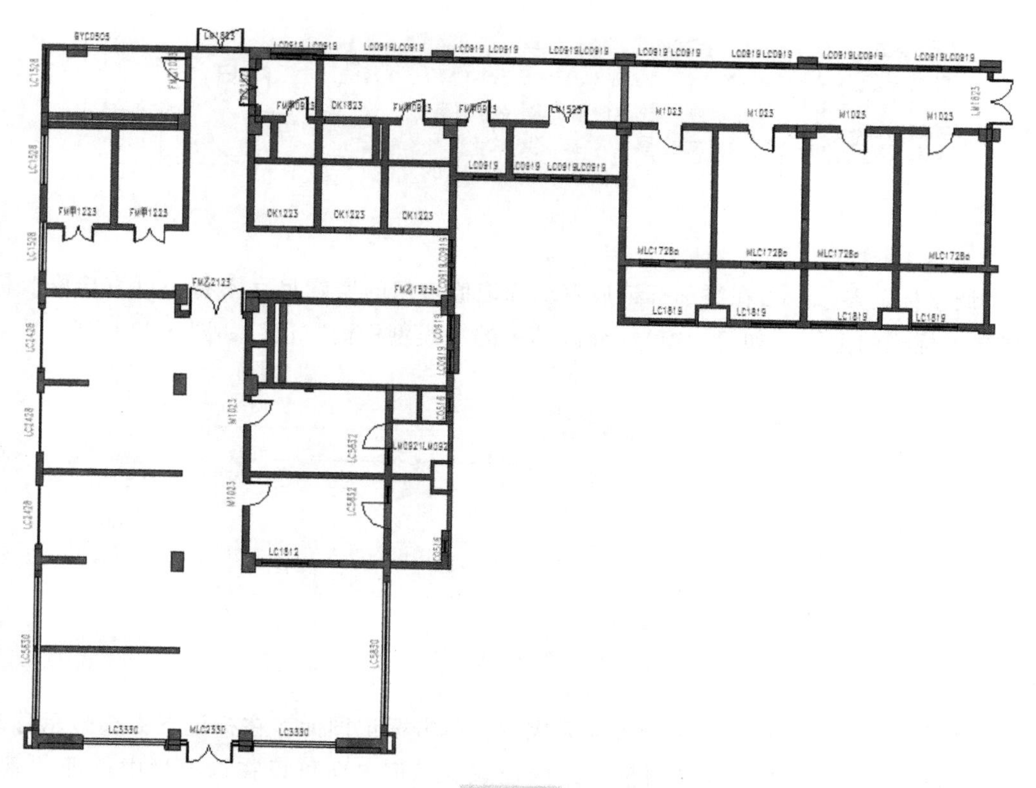

图　6-30

6.2.5 门窗标记

在 Revit 中，门、窗标记为类型属性参数中的“类型标记”的值。门窗标记使用的是按类型标记，在编辑门窗族类型参数时，在“类型标记”的值中填写的数值就是标记的内容。门窗标记有两种方式：一种是自动标记，一种是手动标记。自动标记更快捷，手动标记则对于单个标记的表达控制比较精确。本节将以本书案例工程为范本，介绍一层平面中门窗的标记。

1. 手动标记

1）载入标记族。在 Revit 中，各种图元都有对应的标记族，要标记对应的图元，需要先载入对应的注释族。单击“插入”选项卡→“从库中载入”面板→“载入族”命令，在 Revit 默认的族库（路径为“C:\ProgramData\Autodesk\RVT2018\Libraries\China\注释\标记\建筑”）中选择“标记-门”和“标记一窗”，默认的建筑样板中已经载入，可不必重复载入。

2）手动标记门窗。单击“注释”选项卡→“标记”面板→“按类别标记”命令，进入添加标记模式，在选项栏中设置标记方向为“水平”，不勾选引线，移动光标到门上，在图元高亮显示时单击鼠标左键，即可为门添加标记，如图 6-31 所示。

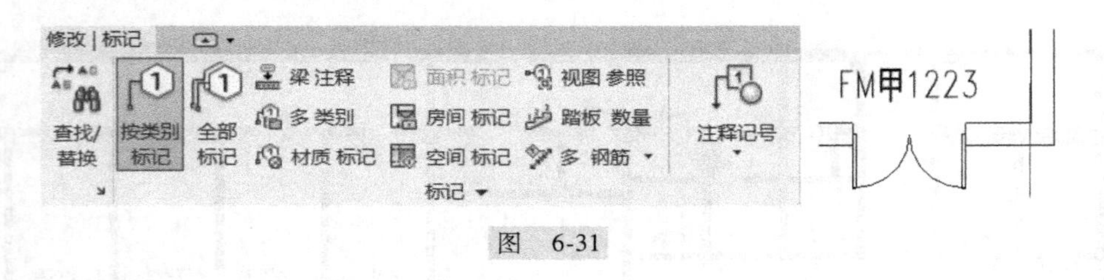

图 6-31

3）调整标记参数。若在添加标记后发现标记值与门的实际尺寸不符，可直接修改标记值，或选择标记的主体（如门、窗），修改其中的“类型标记”值，如图 6-32 所示。

类型参数

参数	值
制造商	
URL	
部件代码	
成本	
部件说明	
类型标记	FM甲1223

图 6-32

4）调整标记方向与位置。标记添加完成后，单击标记图元，在标记下方会显示移动图标，按住鼠标右键拖动图标可以调整标记的位置。标记方向可以在选项栏中选择“垂直”或“水平”进行切换，也可以按空格键切换。

2. 自动标记

当需要标注的图元构件较多时，使用手动标记要耗费相对较长的时间，并且有可能出现疏漏，此时使用自动标记能够更加快捷。

1）自动标记门窗。单击“注释”选项卡→“标记”面板→“全部标记”按钮，在弹出的窗口中选择“当前视图中的所有对象”命令，并在类别窗口中勾选“门标记”或（和）“窗标记”选项，并单击“确定”按钮，视图中的门窗便标记完成。

2）调整标记。自动标记虽然能够快速完成所有门窗的标记，但只能指定一个标记方向，且有些标记位置与图元重叠，如不调整会导致图面混乱。此外，有些多余的标记需要删除，如前一节中涉及的门窗嵌板图元也属于门窗族，同样会被标记，这些多余的标记需要删除。

注意：由于门窗标记是以移动图标所在位置为中心点，所以当调整图纸比例后，标记的位置就会发生较大的偏差。因此，建议在确定图纸比例之后再进行标记调整。

6.3 幕墙

幕墙是建筑外墙的一种类型。它悬挂于框架梁外侧，起悬挂作用。幕墙通过与其连接的梁柱附着到建筑结构，且不承担建筑楼板或屋顶荷载。

在 Revit 中，“幕墙”用于绘制常规幕墙，“幕墙系统”则用于绘制异形幕墙，前者属于墙类别，后者属于构件类别。幕墙不仅可用于创建外立面玻璃幕墙，也可用于绘制室外干挂石材幕墙、室内地面石材地砖、室内装配式顶棚等，在实际项目中灵活应用幕墙或幕墙系统工具可达到意想不到的效果。“幕墙系统”多用于与 Revit 中的体量配合使用。

6.3.1 Revit 幕墙构成要素

在 Revit 中，幕墙由幕墙嵌板、幕墙网格、幕墙竖梃三部分组成，如图 6-33 所示。其中幕墙由一块或多块嵌板组成。幕墙嵌板的形状及尺寸由划分幕墙的幕墙网格决定。幕墙竖梃（幕墙龙骨）是指沿幕墙网格生成的线性构件。

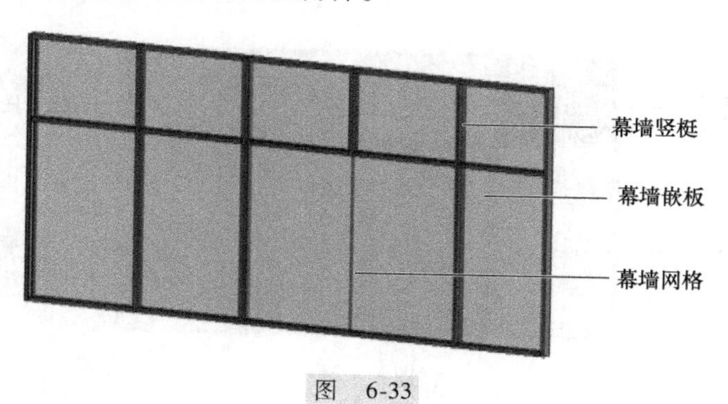

图 6-33

幕墙嵌板可以被幕墙网格分割成多个嵌板，每个嵌板都可以被网格再细分为更小的嵌板单元，如图 6-34 所示。

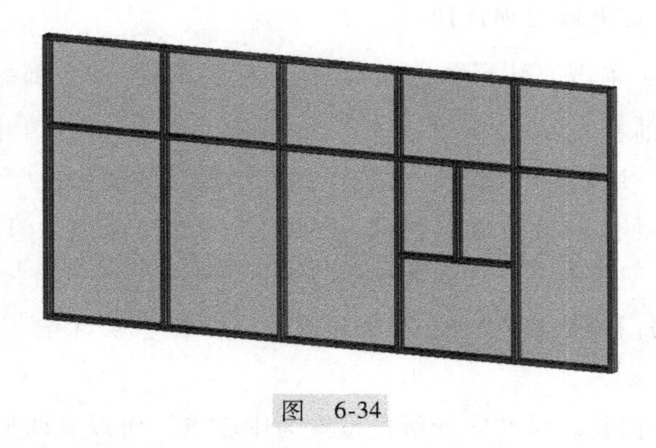

图 6-34

幕墙嵌板的尺寸不能使用拖拽控制柄或编辑属性来编辑，只能通过调整幕墙网格的位置来改变幕墙嵌板的大小，如图 6-35 所示。

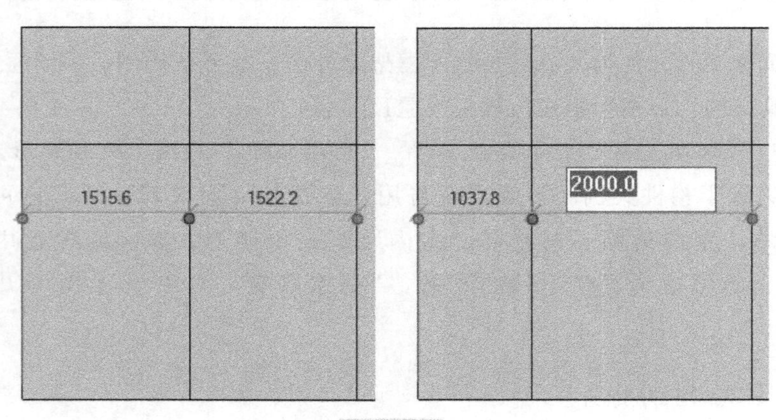

图 6-35

幕墙嵌板可任意替换。单个嵌板可以被替换成其他材质或者墙类型，也可以替换成门窗的嵌板，如图 6-36 所示。

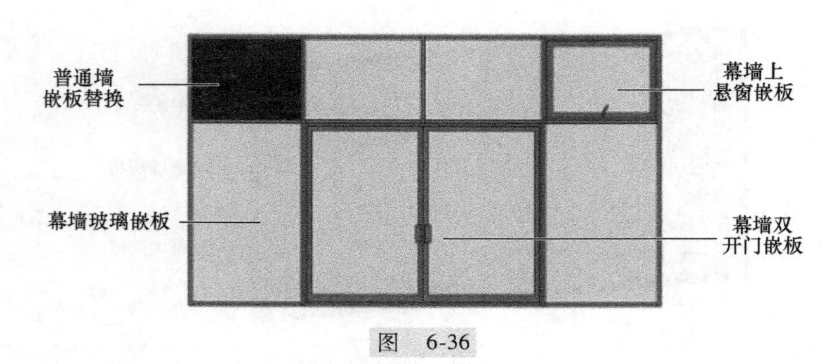

图 6-36

幕墙竖梃是分割相邻嵌板单元的结构图元。在幕墙中，必须在创建幕墙网格后，才能进一步在网格线上放置竖梃。

竖梃按所处位置可以分为边界竖梃、内部竖梃和转角竖梃，如图 6-37 所示。

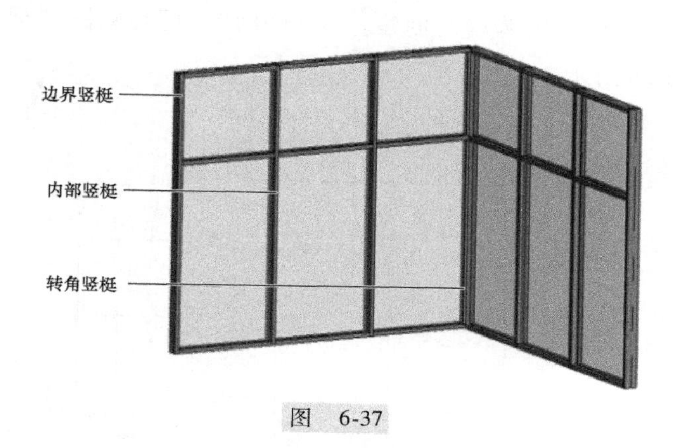

图 6-37

按竖梃的截面形状分类，可以分为圆形、矩形、梯形角、四边形角、L 形和 V 角六种类型，其中，圆形和矩形的轮廓可自定义，梯形角、四边形角、L 形和 V 角属于角竖梃，轮廓不可自定义形状，只能修改厚度尺寸。

Revit 创建幕墙的方式有两种。

1）单击“建筑”选项卡→“构建”面板→“墙”下拉列表中的“墙：建筑”命令，在“类型选择器”中选择幕墙族。

2）单击“建筑”选项卡→“构建”面板→“幕墙系统”或“幕墙网格”或“竖梃”命令。

第一种方式主要用于创建常规的幕墙，第二种方式创建的幕墙为“幕墙系统”。常规幕墙的创建和编辑方法与墙类似，创建的幕墙为规则线性墙体，在 Revit 中提供三种默认常规幕墙类型，分别是幕墙、外部玻璃和店面。

幕墙系统是一种构件，是基于体量或者常规模型表面进行创建的构件，由幕墙系统制作的幕墙更为灵活，形式更加丰富，这类幕墙的绘制将在 6. 3. 3 节进一步介绍。

6. 3. 2 常规幕墙

幕墙布置

幕墙创建流程：创建新幕墙类型并设置类型参数→在平面图中定位幕墙→调整（或添加）幕墙网格→调整整体或局部幕墙旋板→设置竖梃类型→调整局部竖梃类型或连接方式。在本书案例工程中，为了采光以及获取更大的观景面，建筑立面在多处布置了面积较大的玻璃窗，并且在建筑内部交流活动区域布置了门联窗。较大尺寸的玻璃窗、门联窗在建筑中有两种做法，具体如下：

1）使用 Revit 制作窗族、门联窗族，将族载入项目中布置。

2）使用 Revit 幕墙工具直接布置。

以上两种方式各有优缺点。前者的优点在于制作完成的族可在多个项目中反复使用，缺点在于制作族的过程较为烦琐，需要花费大量时间；后者的优点在于制作过程快，无须单独建族，缺点在于只能在当前项目中使用，无法再次应用于其他项目。本节以其中的 LC3330（位于一层的Ⓑ轴上）为例介绍幕墙的创建。LC3330 详图可查阅图“建施—06”中的“门窗表”详图，如图 6-38 所示。

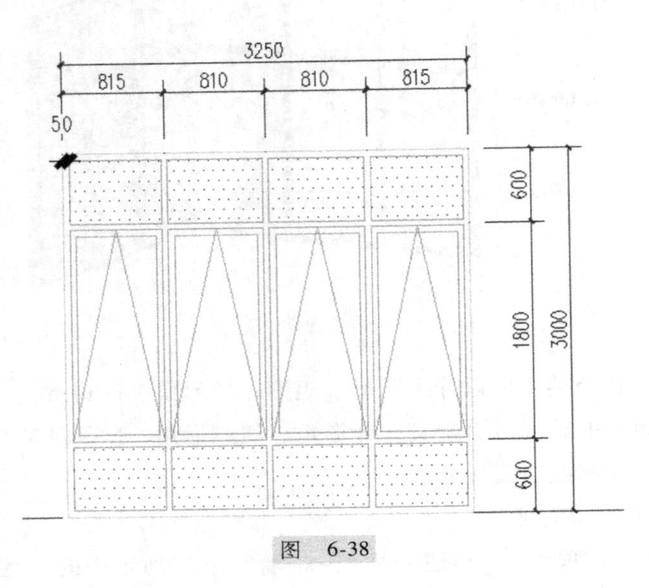

图 6-38

1. 创建幕墙类型

1）双击进入“F1”楼层平面视图。单击“建筑”→“构建”面板→“墙”下拉列表中的“墙：建筑”命令，在类型选项的下拉菜单中找到“幕墙”命令。单击“编辑类型”命令，在弹出的窗口中单击“复制”按钮，在弹出的名称窗口中输入“LC3330”。

2）编辑幕墙属性参数。单击属性面板中距（编辑类型），勾选“自动嵌入”选项，保证幕墙能将其与墙体重叠部分自动开出洞口。

2. 绘制幕墙

1）沿着 B 轴位置的墙体，绘制⑤、⑦轴之间的 LC3330 幕墙。从剪力墙端部开始绘制，长度为 3250mm。此处，剪力墙端部与框架柱间的距离为 3350mm，设计的幕墙宽度尺寸为 3250mm，剩余 100mm，施工时用其他墙体材料填充。

2）绘制好后，退出绘制状态，再选中该幕墙，对其“约束”属性值进行设置。“底部约束”为“F1”，“底部偏移”为“0”（因为此幕墙下方与标高“F1”齐平），“顶部约束”为“直到标高：F2”，“顶部偏移”为“-600”（因为此幕墙上方的梁底标高相对于“F2”低 600mm）。此处，标高“F1”（±0.000）至幕墙上方的梁底标高的距离为 3000mm，刚好是此幕墙的高度。

3. 添加幕墙网格

幕墙网格的添加方法有两种，具体如下：

1）在幕墙的“类型属性”面板中编辑垂直网格和水平网格的布局尺寸，这种方法添加的网格是规则图案，适用于均匀划分幕墙网格的情况。

单击幕墙属性面板中的“编辑类型”命令，在弹出的“类型属性”窗口中找到“垂直网格”和“水平网格”选项组，给“布局”和“间距”指定值就可以添加幕墙网格。

2）使用幕墙网格工具手动添加，这种方式添加的网格更为灵活，布置不规则网格时多采用这种方式。由于本书案例工程中的幕墙中设有门窗嵌板，且幕墙网格非均匀分布，因此需要使用“幕墙网格”工具进行手动划分。

下面以 LC3330 为例说明如何添加网格。

① 隔离“LC3330”。在浏览器面板中，单击“立面”→“南立面”命令，切换到南立面视图，为了便于绘制幕墙网格，需要将“LC3330”先隔离出来。选中“LC3330”以及“1F”“2F”的标高线，在视图控制栏上单击“临时隐藏/隔离”，然后选中“隔离图元”，如图 6-39 所示。

② 为“LC3330”添加竖向网格。单击“建筑”选项卡→“构建”面板→“幕墙网格”命令，在“修改 | 放置幕墙网格”面板中选择“全部分段”（因为本案例工程的竖向网格是贯通的；若不贯通，则选择“一段”），沿着墙体水平边缘放置光标，会出现一条竖向临时网格线以及临时尺寸标注，单击以放置网格线并在临时尺寸标注上修改网格间距。注意，对于添加竖向网格，在水平方向边墙体缘移动鼠标指针，当出现一对临时尺寸标注时，单击第一个（从左至右或从右至左，本例按从左至右操作）临时尺寸标注，输入竖向网格间距（本例为“815”）；再移动鼠标指针，当出现下一对临时尺寸标注时，单击第二个临时尺寸标注，输入竖向网格间距（本例为“810”）；依此类推。对于本例，竖向划分为 4 部分，要输入 3 次。结果如图 6-40 所示。

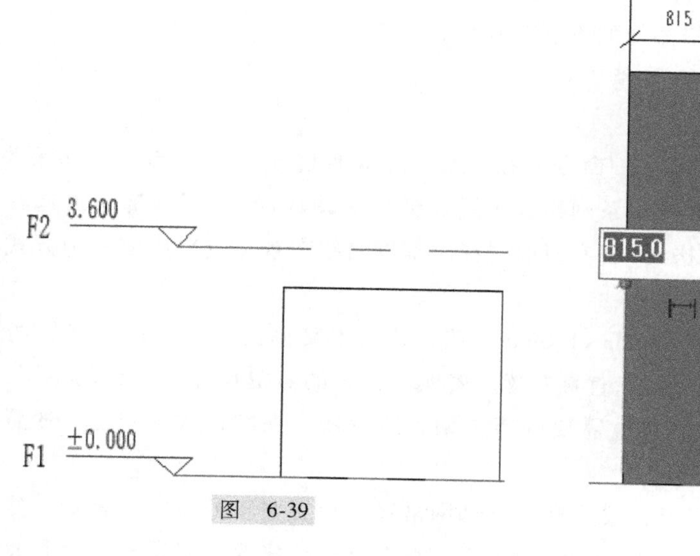

图　6-39

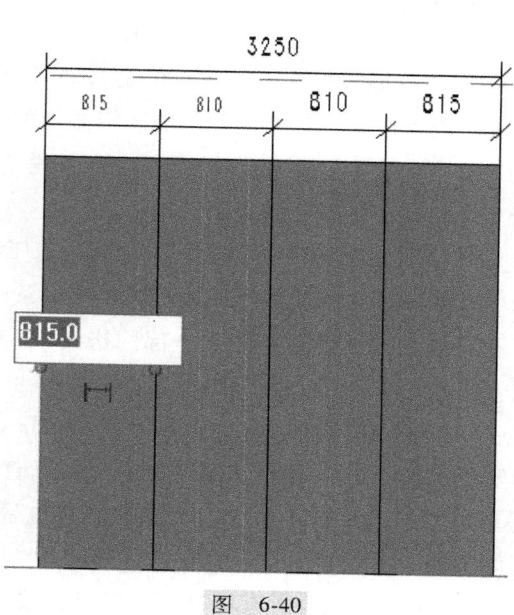

图　6-40

③ 为“LC3330”添加水平网格。单击“建筑”选项卡→“构建”面板→“幕墙网格”命令，在“修改 | 放置幕墙网格”面板中选择“全部分段”（因为本案例工程的水平网格是贯通的；若不贯通，则选择“一段”），沿着墙体竖向边缘放置光标，会出现一条水平临时网格线以及临时尺寸标注，单击以放置网格线并在临时尺寸标注上修改网格间距。注意，对于添加水平网格，在横向墙体边缘移动鼠标指针，当出现一对临时尺寸标注时，单击第一个（从上到下或从下到上，本例按从上到下操作）临时尺寸标注，输入水平网格间距（本例为“600”）；再移动鼠标指针，当出现下一对临时尺寸标注时，单击第二个临时尺寸标注，输入水平网格间距（本例为“1800”）；依此类推。对于本例，水平划分为 3 部分，需要输入 2 次。

④ 单击“注释”→“尺寸标注”→“对齐”命令，进行尺寸标注，结果如图 6-41 所示。

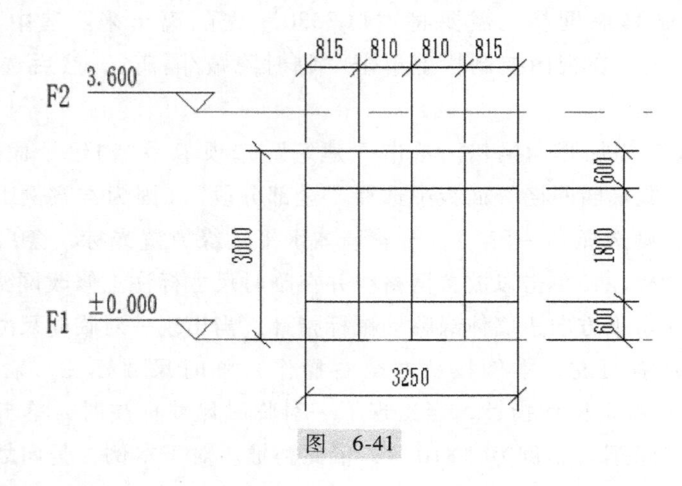

图 6-41

4. 添加幕墙竖梃

本案例工程中“LC3330”外框竖梃类型“50mm×150mm”，并且所有网格都有竖梃。在 Revit 中，幕墙竖梃为系统族，但是幕墙竖梃所应用的轮廓为可载入族，这点与前文中的墙饰条、楼板边缘十分类似。幕墙竖梃添加的方法有两种。

（1）方法一：利用“竖梃”命令布置

这种方法可以灵活布置竖梃。

1）单击“建筑”→“构建”→“竖梃”命令，在“修改 | 放置竖梃”选项卡→“放置”选项卡中选择“网格线”（布置时选择一条网格线布置竖梃）、“单段网格线”（布置时选择一段网格线布置竖梃）和“全部网格线”（布置时选择全部网格线布置竖梃）中的一种方式布置竖梃。

2）自动调出默认的“矩形竖梃 50mm×150mm”族，这与本案例工程中“LC3330”外框竖梃类型“50mm×150mm”相同，可以直接布置。若实际工程的竖梃尺寸与默认的不同，可单击“编辑类型”命令，新建实际尺寸需要的族类型，然后依次在网格线上单击，放置幕墙竖梃。

3）本案例工程所有网格都有竖梃，故选择“全部网格线”放置竖梃的方式，查看“矩形竖梃”类型属性可知，默认的尺寸为“50×150mm”，不需要进行修改。将鼠标指针移动到网格线上，当出现蓝色网格虚线时，单击鼠标左键，自动布置所有网格的竖梃。

4）单击“注释”→“尺寸标注”→“对齐”命令，进行尺寸标注，结果如图 6-42 所示。

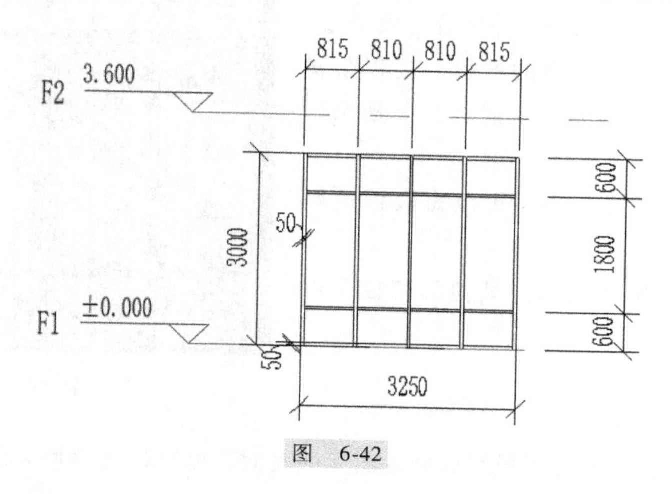

图　6-42

（2）方法二：通过编辑类型进行布置

此种方法适用于水平或竖向的竖梃（分内部、两个边界三种）分别相同的情况。可分别为“垂直竖梃”“水平竖梃”的内部和两个边界添加竖梃类型。也就是说，对于“垂直竖梃”，要求其所有内部竖梃类型相同、边界 1（左边）竖梃完全相同、边界 2（右边）竖梃完全相同；对于“水平竖梃”，要求其所有内部竖梃类型相同、边界 1（下边）竖梃完全相同、边界 2（上边）竖梃完全相同。

1）单击选中幕墙“LC3330”，单击“编辑类型”命令，弹出“LC3330”族类型对话框。

2）设置“垂直竖梃”属性。将其“内部类型”“边界 1 类型”“边界 2 类型”均设置为“矩形竖梃：50mm×150mm”。

3）设置“水平竖梃”属性。将其“内部类型”“边界 1 类型”“边界 2 类型”均设置为“矩形竖梃：50mm×150mm”。

4）单击“确定”按钮。自动置所有网格的竖梃。单击“注释”→“尺寸标注”→“对齐”命令，进行尺寸标注，结果完全一样。

5. 替换幕墙嵌板

为了满足通风与采光的需要，多数幕墙都设有可开启的门或窗。在 Revit 中，只需将普通玻璃嵌板替换为“门嵌板”或“窗嵌板”，即可实现幕墙开门或开窗的目的。

对于本案例工程的“LC3330”需要选择替换的嵌板，接着在属性面板中将嵌板类型修改为“窗嵌板_上悬无框铝窗”。

1）载入 Revit 自带族库中的幕墙门窗嵌板。单击“插入”选项卡→“从库中载入”面板→“载入族”命令，打开 Revit 自带族库中的幕墙门窗嵌板，载入合适的门窗嵌板族。

2）替换左侧嵌板。将鼠标指针移动到左侧嵌板边框附件，当提示临时选中此嵌板时

（若提示的是临时选中竖梃，可按〈Tab〉键，直至选中），单击鼠标左键，选中该嵌板。选择需要切换为幕墙门或幕墙窗的嵌板并更改对象类型，如“LC3330”。选择需要替换的嵌板，接着在属性面板中将嵌板类型修改为“窗嵌板_上悬无框铝窗”。

3）更改窗嵌板类型属性。更改窗嵌板的厚度为50mm。

4）完成后如图 6-43 所示。其他门窗也可以通过类似的方法创建。

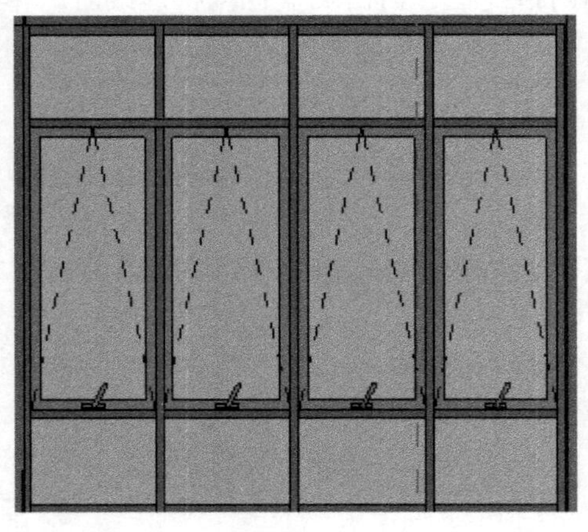

图 6-43

6.3.3 幕墙系统

在 Revit 中，通过选择常规模型或体量图元的表面，可以创建幕墙系绘制异形幕墙和雨篷等，并使用与幕墙相同的方法添加幕墙网格和竖梃。

幕墙系统的绘制必须基于常规模型或体量，体量相对常规模型创建的形体更为灵活，常规模型相对体量的制作则更为简便，在制作模型时要根据幕墙系统的形状分析选择适合的方法。本节为了单独演示基于体量的幕墙系统的曲面幕墙的制作过程，将在另一个已经载入体量的项目文件中独立操作。

1. 异形幕墙

1）打开案例工程文件“6.3 异形表面 .rvt”，打开后可以看到如图 6-44 所示的异形体量。

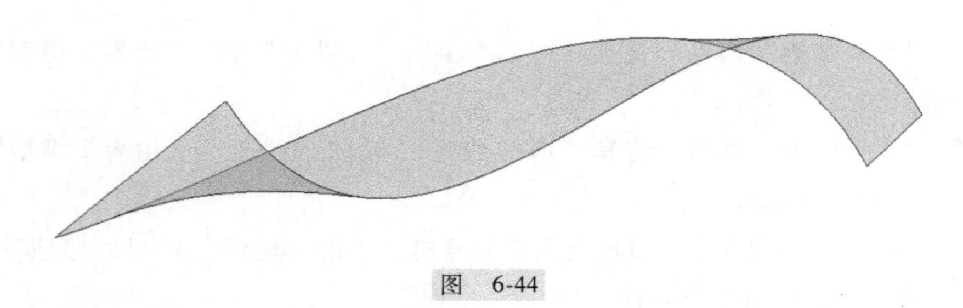

图 6-44

2）创建幕墙系统。单击“建筑”选项卡→“构建”面板→“幕墙系统”命令，进入幕墙系统添加模式，单击选择体量，体量被选中后，变蓝并高亮显示，单击“修改 | 放置面幕墙系统”选项卡→“多重选择”面板→“创建系统”命令，如图 6-45 所示。

3）编辑幕墙系统。幕墙系统的编辑包括类型属性和实例属性，类型属性的编辑与幕墙图元相似，主要在于定义网格间距、嵌板和竖梃类型。相较于常规幕墙而言，幕墙系统的实例属性参数内容较少，主要在于调整“网格 1”和“网格 2”的偏移度，通过调整“对正”和“偏移”值可以调整网格的位置。

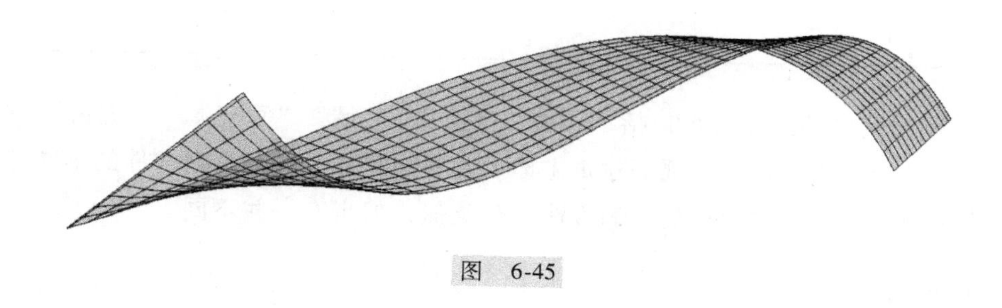

图　6-45

2. 玻璃雨篷

由图“建施—02”可知，Ⓚ轴外有两个玻璃雨篷，可利用幕墙系统创建。由图“建施—12”可知，玻璃雨篷的底标高为 2. 800m；查阅图集《钢雨篷（一）（玻璃面板）》（07J501-1）可知玻璃雨篷的长、宽、厚分别为 4740mm、2520mm、200mm。

1）内建 4740mm×2520mm 的体量，如图 6-46 所示。

2）同理，为幕墙系统添加网格线，完成后如图 6-47 所示。

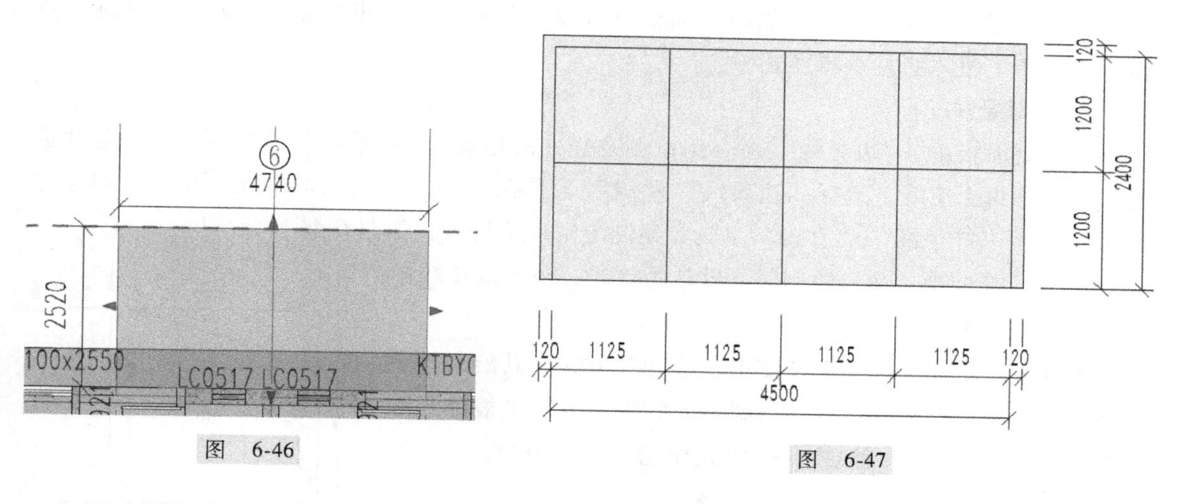

图　6-46

图　6-47

3. 项目小结

1）幕墙由幕墙嵌板、幕墙网格和幕墙竖梃三部分组成。

2）“墙幕墙”用于绘制常规幕墙，“幕墙系统”则用于绘制异形幕墙，前者属于者类别，后者属于构件类别。

3）幕墙不仅可用于创建外立面玻璃幕墙，也可用于绘制室外干挂石材幕墙、室内地面石材地砖、室内装配式顶棚等，在实际项目中灵活应用幕墙或幕墙系统工具可达到意想不到的效果。

4）“幕墙系统”多用于与 Revit 体量配合使用。

5）幕墙创建方法流程：创建新幕墙类型并设置类型参数→在平面图中定位幕墙→调整（或添加）幕墙网格→调整整体或局部幕墙旋板→设置竖梃类型→调整局部竖梃类型或连接方式。

6.4 洞口

Revit 提供的洞口的绘制命令包括“按面”“竖井”“墙”“垂直”“老虎窗”五种，以满足在墙体、楼板、天花板、屋顶等建筑主体上的开洞需要。可以根据构件的不同选择对应的洞口命令进行创建，这些洞口的开洞方法十分类似，但也有一些不同。

6.4.1 竖井洞口

使用“竖井”工具可以放置跨越多个建筑楼层（或者跨越选定标高）的洞口，洞口可以同时贯穿屋顶、楼板或天花板的表面。相对于逐个编辑楼板轮廓，“竖井”命令对于创建跨越多个水平构件的洞口更具有优势。

例如，在布置中庭上空的楼板洞口时，除了编辑楼板轮廓的方式外，也可使用“竖井”工具创建洞口。

1. 使用“竖井”命令

单击“建筑”选项卡→“洞口”面板→“竖井”命令，弹出“修改 | 创建竖井洞口草图”选项卡，进入竖井编辑模式中。

2. 绘制竖井

在绘制面板中，“边界线”命令用以创建竖井的轮廓，“符号线”命令则用于对竖井进行注释，标识上空线。选择“边界线”→“线”工具在“F1”平面视图中在空位置绘制竖井轮廓，选择“符号线”→“直线”工具，绘制上空表示符号，如图 6-48 所示。

使用“符号线”命令绘制时，默认为细线，还可以在线样式的下拉列表中选择其他线型。

楼梯间、电梯间洞口也可使用“竖井”方式，其绘制效果与通过编辑楼板轮廓绘制楼梯间洞口的效果一致。可根据实际情况灵活使用其中一种或两种方式组合达到为楼板开洞的目的。

DK1223

图 6-48

3. 编辑竖井高度

默认的竖井底部定位标高为绘制平面的标高，其高度需要在实例属性面板中进行调整。在约束选项组设置“底部约束”为“F1”，“底部偏移”为“-1000.0”，“顶部约束”为“屋面结构”，“顶部偏移”为“850.0”，单击“√”（完成编辑模式）按钮退出竖井草图编辑，如图 6-49 所示。

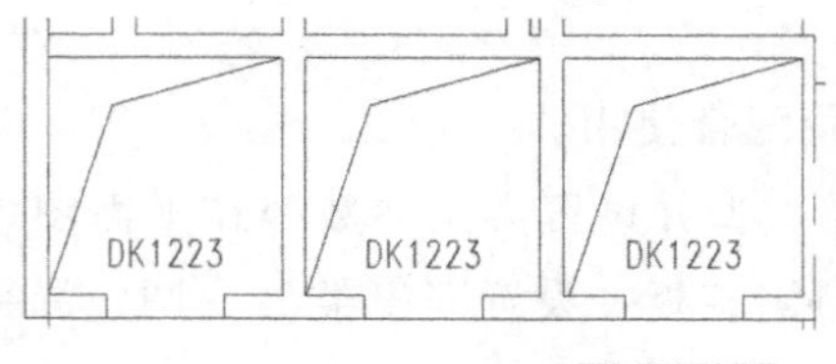

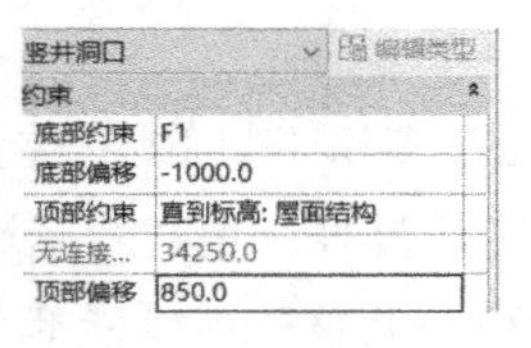

图 6-49

6.4.2　墙洞口

在 Revit 中，使用“墙”洞口可以在墙面上剪切出矩形洞口。“墙”洞口可以在立面视图或三维视图中添加。

1. 绘制墙洞口

进入三维视图中，调整视图到前立面，单击“建筑”选项卡→“洞口”面板→“墙洞口”命令。进入“墙”洞口绘制模式后，鼠标指针会自动变成十字光标，将光标移动到要绘制洞口的墙体上，当其高亮显示时，单击选中，十字光标右下角出现矩形框。在洞口一角选中后拖动鼠标指针到矩形对角再次单击，墙面就被洞口剪切，如图 6-50 所示。

2. 编辑墙洞口

单击绘制完成的墙洞口，进入“修改 | 矩形直墙洞口”选项卡，墙洞口四边出现蓝色的三角形及临时标注，可以通过拖拽或修改临时标注的数值来调整洞口的尺寸和位置，如图 6-51 所示。

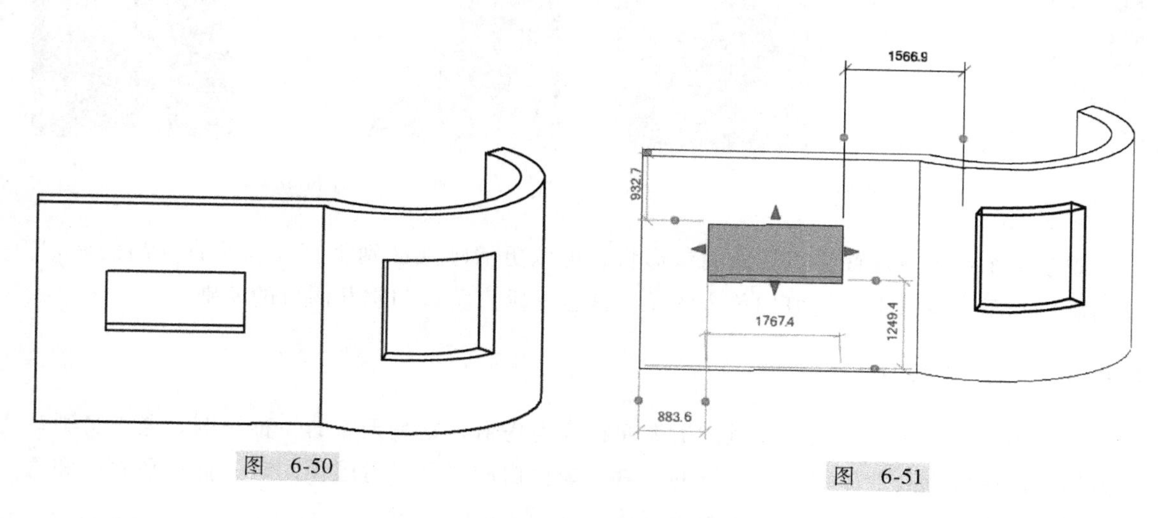

图　6-50　　　　图　6-51

注意：由于墙洞口只能是矩形，所以墙洞口不像竖井洞口可以进入草图模式中编辑洞口轮廓，而且墙洞口只能剪切单个墙面。

6.4.3　按面洞口和垂直洞口

在 Revit 中，按面洞口和垂直洞口用于楼板、屋顶或天花板上剪切垂直洞口（如用于安放烟囱）。如果希望洞口垂直于所选的面，请使用“按面”选项。如果希望洞口垂直于某个标高，可使用“垂直”选项。如果选择了“按面”选项，则需要在图元中选择一个面。如果选择了“垂直”选项，则需选择整个图元。

1. 绘制按面洞口

任意绘制一个四坡屋顶，单击“建筑”选项卡→“洞口”面板→“按面”命令，鼠标

指针变为十字光标，移动到选定的屋面上，高亮时单击，进入“修改 | 创建洞口边界”上下文选项卡，选择矩形工具，在屋面上绘制矩形洞口，单击“√”（完成编辑模式）按钮，完成洞口绘制，如图 6-52 所示。

2. 绘制垂直洞口

单击“建筑”选项卡→“洞口”面板→“垂直”命令，鼠标指针变为十字光标，移动到屋顶上，整个屋顶高亮显示。选中该屋顶，进入“修改 | 创建洞口边界”选项卡，选择矩形工具，在屋面上绘制矩形洞口，单击“√”（完成编辑模式）按钮，完成洞口绘制，如图 6-53 所示。

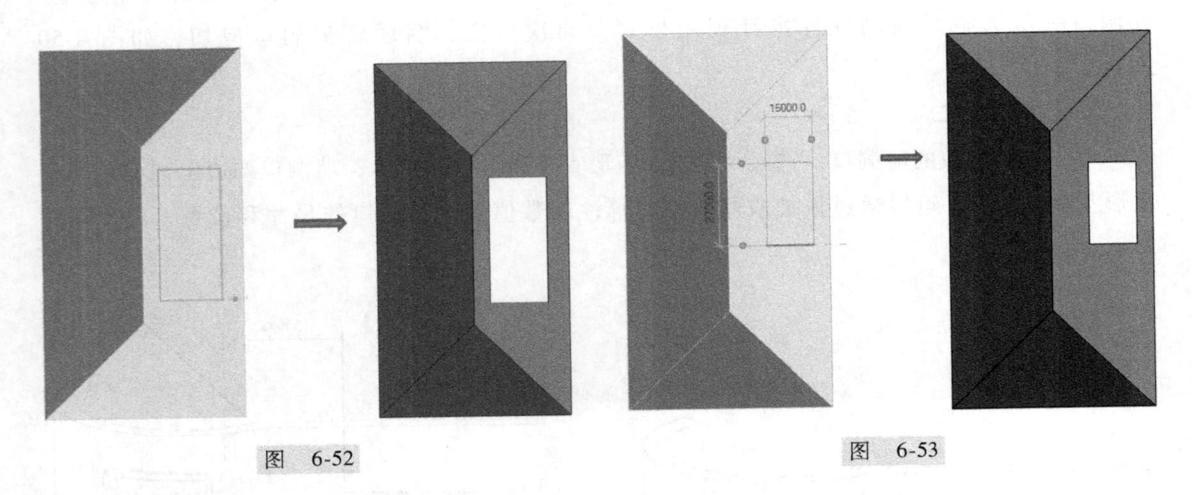

图 6-52

图 6-53

观察两个命令在屋面上剪切的洞口形状，可以更清晰地区别垂直面和垂直标高的差别。按面洞口和垂直洞口都只能剪切单个图元，这也是垂直洞口和竖井洞口的差别。

6.4.4 老虎窗洞口

凸出于屋顶，用于采光、通风的造型窗称为老虎窗，它是天窗的一种特例。老虎窗洞口是剪切老虎窗位置处的屋面形成洞口的工具。老虎窗洞口可以对屋顶同时进行水平剪切和垂直剪切，打通主屋面与造型屋面之间的遮挡。

老虎窗洞口的绘制必须在已有（尚未连接或剪切洞口）的老虎窗上拾取老虎窗边缘有效边界轮廓（有效边界包括连接屋顶或其底面、墙的侧面、楼板的地面、要剪切的屋顶边缘或剪切的屋顶面上的模型线）。绘制方法如下：

1）打开配套工程文件“6.4 老虎窗洞口 .rvt”。

2）单击“修改”选项卡→“几何图形”面板→“连接/取消连接屋顶”按钮，选择要连接的屋顶的边（边 1），然后选择要将该屋顶连接到的墙或屋顶（屋面 2）。

3）单击“建筑”选项卡→“洞口”面板→“老虎窗洞口”按钮，选择要被老虎窗洞口剪切的屋顶（屋顶 2），高亮时单击选中，进入“修改 | 编辑草图”选项卡。“拾取屋顶/墙边缘”工具处于活动状态，可以拾取构成老虎窗洞口的边界。拾取连接屋顶、墙的侧面

或屋顶连接面以定义老虎窗的边界，边界需形成闭合的环，如图 6-54a 所示。

4）单击“√”（完成编辑模式）按钮，隐藏墙体，如图 6-54b 所示。

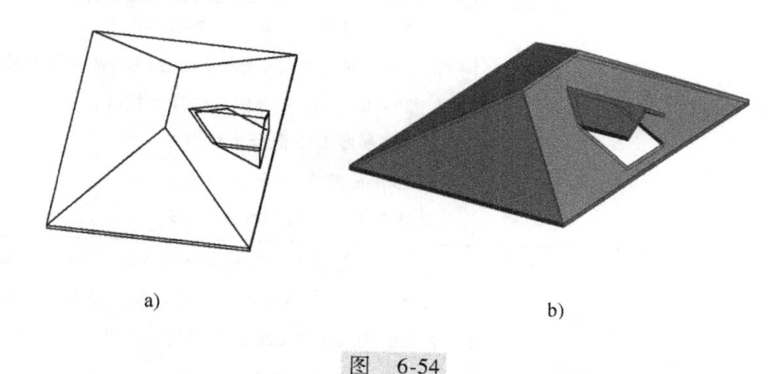

a) b)

图 6-54

6.5 装修

Revit 中没有专门绘制各类装修构件的命令，但是 Revit 提供了强大的“编辑部件”功能，可以利用各结构层的灵活定义来反映构件的装修做法，以达到精细化设计的目的。下面对楼地面、屋面、踢脚板、内墙面装修及室外地坪进行逐一讲解。

6.5.1 楼地面装修

楼地面是建筑物底层地面（简称地面）和楼层地面（简称楼面）的总称。

楼地面工程中地面构造一般为面层、垫层和基层（素土夯实）；楼面构造一般为面层、填充板和楼板。当地面和楼面基本构造不能满足使用或构造要求时，可增设结合层、隔离层、填充层、保温层、找平层等其他构造层次。

1. 案例工程图楼地面装修做法

根据建筑设计说明可知各楼地面装修做法，见表 6-1。

表 6-1 地面装修做法

序号	名称	做法
地面 1	地砖地面 （参见 12J304，DB22）（A 级）	1. 8~10mm 厚 800mm×800mm 防滑地砖，干水泥擦缝 2. 30mm 厚 1：3 水泥砂浆结合层，表面撒水泥粉 3. 1.5mm 厚聚合物水泥防水涂料防水层 4. 20mm 厚 1：3 水泥砂浆抹平 5. 水泥浆一道（内掺建筑胶） 6. 80mm 厚 C15 混凝土垫层 7. 150mm 厚 3：7 灰土夯实 8. 素土夯实，压实系数≥0.9

（续）

序　号	名　称	做　法
地面 2	架空层地面	1. 30mm 厚青砖，稀水泥擦缝 2. 20mm 厚 1：3 水泥砂浆结合层，表面撒水泥粉 3. 20~80mm 厚 C20 细石混凝土找坡，坡度为 1% 4. 80mm 厚 C15 混凝土垫层 5. 150mm 厚 3：7 灰土夯实 6. 素土夯实，压实系数≥0.9
地面 3	架空层地面（A 级）	1. 30mm 厚青砖（颜色纹理看样订），稀水泥擦缝 2. 20mm 厚 1：3 水泥砂浆结合层，表面撒水泥粉 3. 20~80mm 厚 C20 细石混凝土找坡，坡度为 1% 4. 80mm 厚 C15 混凝土垫层 5. 150mm 厚 3：7 灰土夯实 6. 素土夯实，压实系数≥0.9

2. 定义架空层楼地面

在前述模型成果中，架空层地面没有绘制结构板构件，其他地面绘制了结构板构件。对于没有绘制结构板的架空层地面需要重新定义并绘制地板；对于绘制了结构板的地面，在绘制的过程中是根据标高与板厚的不同分块 3 块进行绘制的。在装修时根据房间不同而进行个性化装修，所以要实现建设设计总说明中楼地面的装修做法有两种方法：第一种，删除二层原有的结构板构件，重新定义和绘制带装修的地面板；第二种，保留原有二层板构件，然后重新定义并绘制楼面面层，然后根据房间布局不同进行单独绘制。本案例工程采用第二种方法。下面定义架空层地面类型。

1）在“项目浏览器”中展开“楼层平面”视图类别，双击“F1”进入“F1”楼层平面视图。

2）单击“结构”选项卡→“结构”面板→“楼板”下拉菜单的“楼板：结构”工具。

3）单击“属性”面板中的“编辑类型”命令，打开“类型属性”窗口，单击“复制”按钮，弹出“名称”窗口，输入“架空层地面”，单击“确定”按钮关闭窗口。

4）单击“结构”右侧“编辑”按钮，进入“编辑部件”窗口。

5）要创建正确的楼地面类型，必须设置正确的楼地面厚度、做法、材质等信息。在“编辑部件”→“功能”列表中提供了 7 种楼板功能，即“结构［1］”“衬底［2］”“保温层/空气层［3］”“面层 1［4］”“面层 2［5］”“涂膜层”（通常用于防水涂层，厚度必须为 0）和“压型板［1］”。这些功能层之间是有关联关系和优先级关系的，方括号中的数字越大，该层的连接优先级越低。

6）将“结构［1］”的“厚度”修改为“80”，材质为“混凝土-现场浇筑混凝土-C15”。

7）选择第二行，然后单击“插入”按钮 4 次，在“层”列表中插入 4 个新层，插入层默认厚度为“0”，功能为“结构［1］”，如图 6-55 所示。

8）选择第二行，单击“向上”按钮 1 次，变成第一行，在功能下拉列表中修改为“面层 2［5］”，厚度改为“30”。

9）单击按钮[...]，弹出材质对话框，新建材质，右键重命名为“青砖”。

10）同理，更改其他面层材质和厚度，完成后效果如图 6-56 所示。

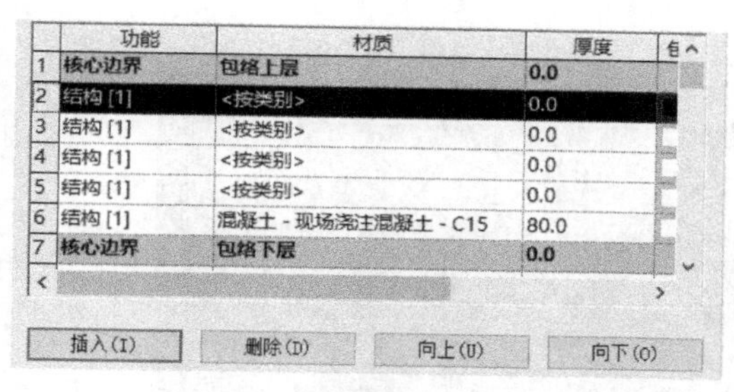

	功能	材质	厚度	包
1	核心边界	包络上层	0.0	
2	结构 [1]	<按类别>	0.0	
3	结构 [1]	<按类别>	0.0	
4	结构 [1]	<按类别>	0.0	
5	结构 [1]	<按类别>	0.0	
6	结构 [1]	混凝土 - 现场浇注混凝土 - C15	80.0	
7	核心边界	包络下层	0.0	

插入(I)　删除(D)　向上(U)　向下(O)

图　6-55

	功能	材质	厚度
1	面层 2 [5]	青砖	30.0
2	衬底 [2]	1：3水泥砂浆	20.0
3	衬底 [2]	C20细石混凝土	20.0
4	核心边界	包络上层	0.0
5	结构 [1]	混凝土 - 现场浇注混凝土 - C15	80.0
6	核心边界	包络下层	0.0
7	面层 1 [4]	3：7灰土垫层	150.0

图　6-56

3. 绘制架空层地面

构件定义完后，开始布置构件。

1）在“绘制”面板中选择“拾取线”方式。

2）将“属性”框中的“自标高的高度偏移”设置为“-15”。

3）拾取线，并用“修剪/延伸为角”命令进行修剪。

4）修剪完成后效果如图 6-57 所示。

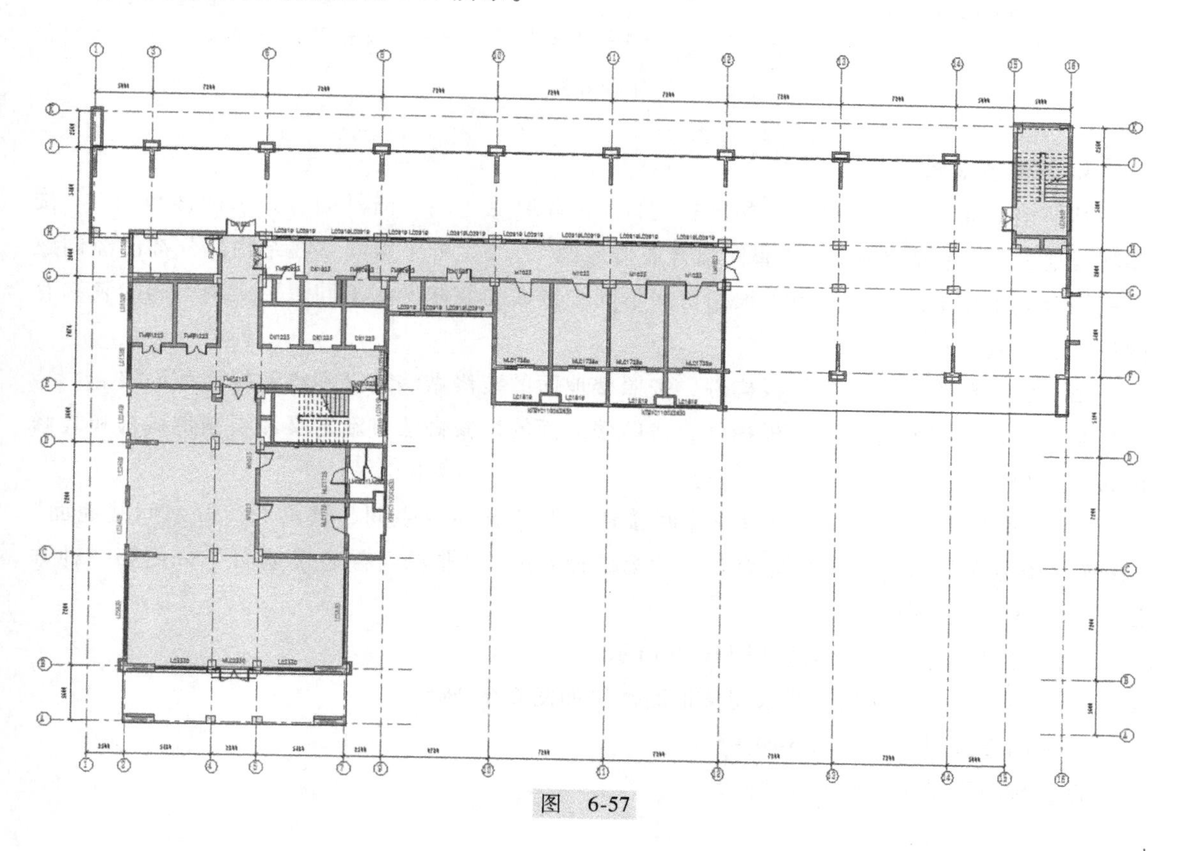

图　6-57

5）绘制完成后，单击“模式”面板中绿色✔工具，Revit 弹出“是否希望将高达此楼层标高的墙附着到此楼层的底部?”对话框，单击“否”按钮。

6）完成后效果如图 6-58 所示。

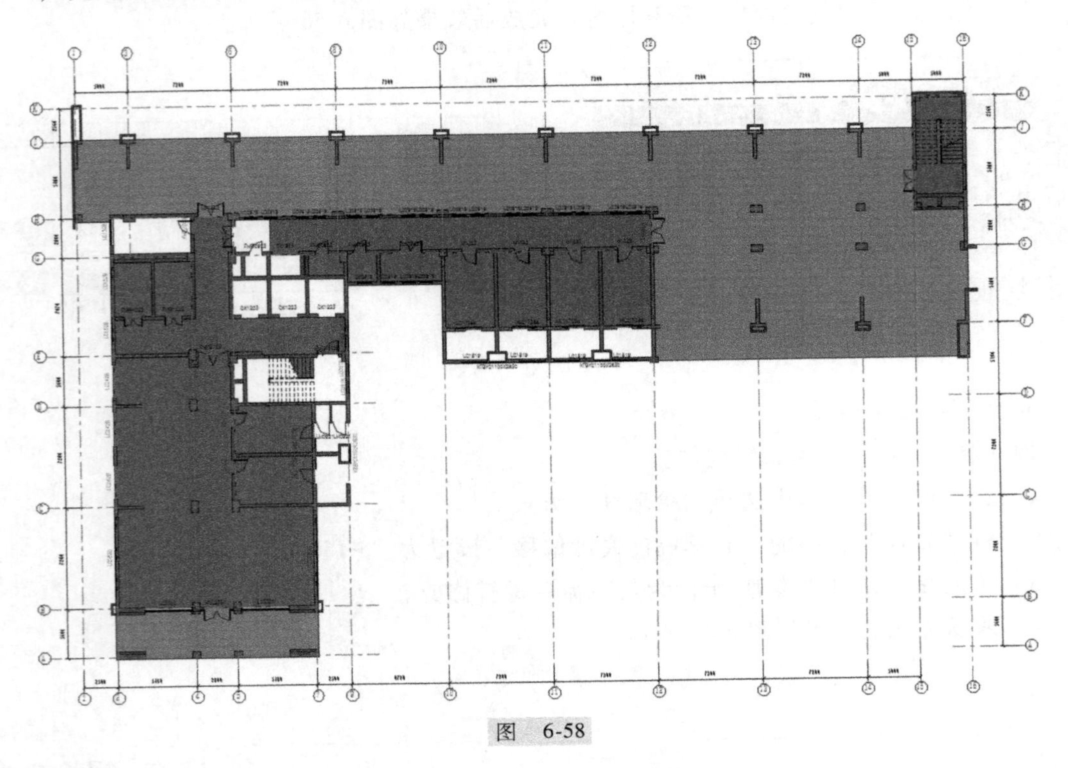

图 6-58

4. 其他楼地面

其他楼地面包含“无障碍卫生间楼地面”“普通卫生间、洁具间、开水间楼地面”“楼梯间楼地面”“保温楼地面”“非保温普通楼地面”，无论哪个房间，在结构部分都已经创建了钢筋混凝土楼板或基础底板。根据房间不同，楼面的装修做法不同。要实现不同的装修有两种方法，具体如下：

第一种，删除原有的结构板构件，按照楼地面的装修做法定义和绘制楼地面面层。

第二种，保留原有的结构板构件，按照楼地面的装修做法重新定义和绘制带结构和装修的楼地面板。

1）本案例工程中，“无障碍卫生间楼地面”“普通卫生间、洁具间、开水间楼地面”“楼梯间楼地面”和“保温楼地面”采用第二种方法，“非保温普通楼地面”采用第一种方法，定义各面层的做法。

无障碍卫生间楼地面做法如图 6-59 所示。

普通卫生间、洁具间、开水间楼地面做法如图 6-60 所示。

楼梯间楼地面做法如图 6-61 所示。

保温楼地面做法如图 6-62 所示。

族：　楼板
类型：　无障碍卫生间楼地面
厚度总计：　985.0（默认）
阻力(R)：　0.0083 (m²·K)/W
热质量：　1.58 kJ/K

层

	功能	材质	厚度
1	面层 2 [5]	防滑地砖	10.0
2	衬底 [2]	1：3水泥砂浆	30.0
3	涂膜层	涂膜防水	0.0
4	衬底 [2]	C20细石混凝土	20.0
5	涂膜层	水泥浆	0.0
6	核心边界	包络上层	0.0
7	结构 [1]	轻骨料混凝土	925.0
8	核心边界	包络下层	0.0

图　6-59

族：　楼板
类型：　普通卫生间、洁具间、开水间楼地面
厚度总计：　970.0（默认）
阻力(R)：　0.0083 (m²·K)/W
热质量：　1.58 kJ/K

层

	功能	材质	厚度	包络
1	面层 2 [5]	防滑地砖	10.0	
2	衬底 [2]	1：3水泥砂浆	30.0	
3	涂膜层	涂膜防水	0.0	
4	衬底 [2]	C20细石混凝	20.0	
5	涂膜层	水泥浆	0.0	
6	核心边界	包络上层	0.0	
7	结构 [1]	轻骨料混凝土	910.0	
8	核心边界	包络下层	0.0	

图　6-60

族：　楼板
类型：　楼梯间楼地面
厚度总计：　1000.0（默认）
阻力(R)：　0.0083 (m²·K)/W
热质量：　1.58 kJ/K

层

	功能	材质	厚度
1	面层 2 [5]	防滑地砖	10.0
2	衬底 [2]	1：3水泥砂浆	30.0
3	涂膜层	涂膜防水	0.0
4	衬底 [2]	C20细石混凝	20.0
5	涂膜层	水泥浆	0.0
6	核心边界	包络上层	0.0
7	结构 [1]	轻骨料混凝土	940.0
8	核心边界	包络下层	0.0

图　6-61

族：　楼板
类型：　保温楼地面
厚度总计：　80.0（默认）
阻力(R)：　0.0083 (m²·K)/W
热质量：　1.58 kJ/K

层

	功能	材质	厚度
1	面层 2 [5]	防滑地砖	10.0
2	衬底 [2]	1：3水泥砂浆	20.0
3	衬底 [2]	C20细石混凝	40.0
4	涂膜层	水泥浆	0.0
5	核心边界	包络上层	0.0
6	保温层/空气层[3]	聚苯乙烯保温	10.0
7	核心边界	包络下层	0.0

图　6-62

普通楼地面做法如图 6-63 所示。

族：　楼板
类型：　普通楼地面
厚度总计：　160.0（默认）
阻力(R)：　0.0083 (m²·K)/W
热质量：　1.58 kJ/K

层

	功能	材质	厚度
1	面层 2 [5]	防滑地砖	10.0
2	衬底 [2]	1：3水泥砂浆	20.0
3	衬底 [2]	C20细石混凝土	10.0
4	核心边界	包络上层	0.0
5	结构 [1]	混凝土 - 现场浇注混凝土-C35	120.0
6	核心边界	包络下层	0.0

图　6-63

2）定义好后进行绘制，一层楼地面完成后效果如图 6-64 所示。

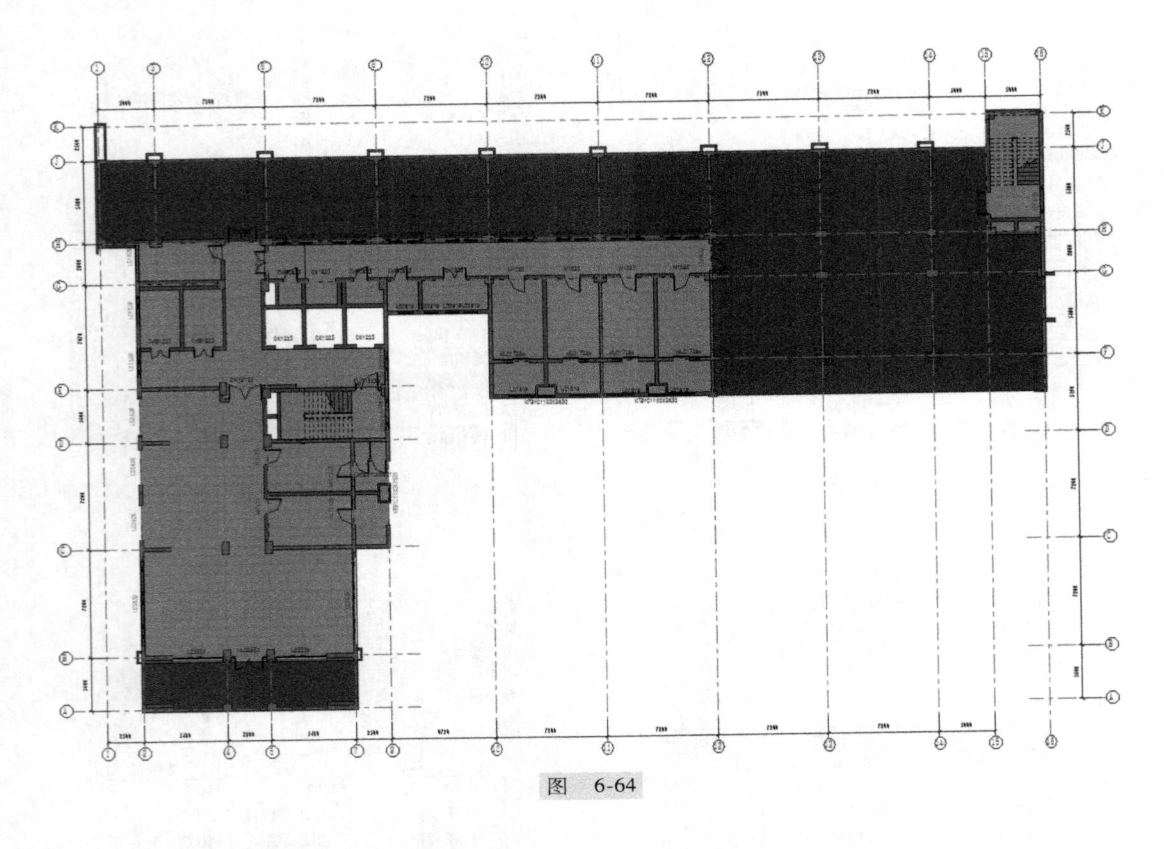

图 6-64

同理，可建立其他楼地面装修做法。

6.5.2 屋面装修

屋面分平屋面和坡屋面，本案例工程为平屋面，装修做法与楼地面装修相比，构造层次较多，需要防水层、保温层等。

1. 案例工程图踢脚板装修做法解读

查阅案例工程图“建筑设计总说明”的“建筑装修做法表”可知本工程的屋面有三种做法，列于表 6-2。

表 6-2 屋面装修做法

序号	名称	做法
屋面 1	上人平屋面（有保温）	1. 10mm 厚铺地砖面层（100mm×100mm），1∶1 水泥砂浆勾缝（宽缝） 2. 撒素水泥面（洒适量清水） 3. 20mm 厚 1∶3 干硬性水泥砂浆结合层 4. 素水泥浆一道（内掺建筑胶） 5. 50mm 厚 C20 防水细石混凝土 6. 干铺一道玻纤布隔离层 7. 挤塑聚苯板保温层（B1 级）（厚度≥计算厚度×1.25 倍）

（续）

序　　号	名　　称	做　　法
屋面 1	上人平屋面（有保温）	8. 1.2mm 厚三元乙丙橡胶防水卷材 9. 1.5mm 厚聚氨酯防水涂料 10. 20mm 厚 1∶2.5 水泥砂浆找平 11. 30mm 厚（最薄处）LC7.5 轻骨料混凝土找坡 2%（结构找坡无此构造层） 12. 钢筋混凝土屋面板
屋面 2	不上人平屋面（有保温）	1. 50mm 厚 C20 防水细石混凝土（6m×6m 分格，缝宽 20mm，密封胶嵌缝）随捣随抹平，内配Φ6@150（三级钢）双向钢筋网（钢筋网在分格缝处断开），缝上铺防水卷材，宽 200mm 2. 干铺一道玻纤布隔离层 3. 挤塑聚苯板保温层（B1 级）（厚度≥计算厚度×1.25 倍） 4. 1.2mm 厚三元乙丙橡胶防水卷材 5. 1.5mm 厚聚氨酯防水涂料 6. 20mm 厚 1∶2.5 水泥砂浆找平 7. 30mm 厚（最薄处）LC7.5 轻骨料混凝土找坡 2%（结构找坡无此构造层） 8. 钢筋混凝土屋面板
屋面 3	内天沟（有保温）	1. 50mm 厚 C20 防水细石混凝土（6m×6m 分格，缝宽 20mm，密封胶嵌缝）随捣随抹平，内配Φ6@150（三级钢）双向钢筋网（钢筋网在分格缝处断开），缝上铺防水卷材，宽 200mm 2. 挤塑聚苯板保温层（B1 级）（厚度≥计算厚度×1.25 倍） 3. 1.2mm 厚三元乙丙橡胶防水卷材 4. 1.5mm 厚聚氨酯防水涂料 5. 20mm 厚 1∶2.5 水泥砂浆找平 6. 30mm 厚（最薄处）LC7.5 轻骨料混凝土找 1%纵坡（结构找坡无此构造层） 7. 钢筋混凝土屋面板

注：防水材料选用参见 12J201。

2. 创建带装修屋面板构件

1）参照带装修楼面的做法，分别创建“上人屋面”“不上人屋面”“不上人屋面 2”和“内天沟”四种带装修做法屋面。

上人屋面做法如图 6-65 所示。

不上人屋面做法如图 6-66 所示。

不上人屋面 2 做法如图 6-67 所示。

内天沟做法如图 6-68 所示。

族：楼板
类型：上人屋面
厚度总计：292.7（默认）
阻力(R)：0.0000 (m²·K)/W
热质量：0.00 kJ/K

层

	功能	材质	厚度
1	面层 1 [4]	屋面地砖	10.0
2	面层 1 [4]	1：3水泥砂浆	20.0
3	面层 1 [4]	C20防水细石混凝土	50.0
4	保温层/空气层 [3]	挤塑聚苯板保温层	40.0
5	衬底 [2]	三元乙丙橡胶防水卷材	1.2
6	衬底 [2]	聚氨酯防水涂料	1.5
7	衬底 [2]	1：2.5 水泥砂浆找平	20.0
8	衬底 [2]	轻骨料混凝土找坡	30.0
9	核心边界	包络上层	0.0
10	结构 [1]	混凝土 - 现场浇注混凝土-C30	120.0
11	核心边界	包络下层	0.0

图 6-65

族：楼板
类型：不上人屋面
厚度总计：262.7（默认）
阻力(R)：0.0000 (m²·K)/W
热质量：0.00 kJ/K

层

	功能	材质	厚度
1	面层 1 [4]	C20防水细石混凝土	50.0
2	保温层/空气层	挤塑聚苯板保温层	40.0
3	衬底 [2]	三元乙丙橡胶防水卷材	1.2
4	衬底 [2]	聚氨酯防水涂料	1.5
5	衬底 [2]	1：2.5 水泥砂浆找平	20.0
6	衬底 [2]	轻骨料混凝土找坡	30.0
7	核心边界	包络上层	0.0
8	结构 [1]	混凝土 - 现场浇注混凝土-C30	120.0
9	核心边界	包络下层	0.0

图 6-66

族：楼板
类型：不上人屋面 2
厚度总计：292.7（默认）
阻力(R)：0.0000 (m²·K)/W
热质量：0.00 kJ/K

层

	功能	材质	厚度
1	面层 1 [4]	C20防水细石混凝土	50.0
2	保温层/空气层 [3]	挤塑聚苯板保温层	40.0
3	衬底 [2]	三元乙丙橡胶防水卷材	1.2
4	衬底 [2]	聚氨酯防水涂料	1.5
5	衬底 [2]	1：2.5 水泥砂浆找平	20.0
6	衬底 [2]	轻骨料混凝土找坡	30.0
7	核心边界	包络上层	0.0
8	结构 [1]	混凝土 - 现场浇注混凝土-C30	150.0
9	核心边界	包络下层	0.0

图 6-67

族：楼板
类型：内天沟
厚度总计：262.7（默认）
阻力(R)：0.0000 (m²·K)/W
热质量：0.00 kJ/K

层

	功能	材质	厚度
1	面层 1 [4]	C20防水细石混凝土	50.0
2	保温层/空气层	挤塑聚苯板保温层	40.0
3	衬底 [2]	三元乙丙橡胶防水卷材	1.2
4	衬底 [2]	聚氨酯防水涂料	1.5
5	衬底 [2]	1：2.5 水泥砂浆找平	20.0
6	衬底 [2]	轻骨料混凝土找坡	30.0
7	核心边界	包络上层	0.0
8	结构 [1]	混凝土 - 现场浇注混凝土-C30	120.0
9	核心边界	包络下层	0.0

图 6-68

2）布置屋面板构件。前面讲解结构板建模过程中已经绘制了“上人屋面板”“不上人屋面板”和“内天沟板”。

① 第一步，切换到三维视图，选择“屋面”→“上人屋面”→“结构屋面板-120-C30”，替换为“上人屋面”，如图 6-69 所示。

② 第二步，同理，选择标高偏移“1700”处的“结构屋面板-120-C30”，替换为“不上人屋面”。

③ 第三步，选择楼梯间屋顶标高偏移“1200”处的“结构屋面板-120-C30”，替换为“不上人屋面”。

④ 第四步，选择电梯井屋顶标高偏移“850”处的“结构屋面板-150-C30”，复制替换为“不上人屋面 2”。

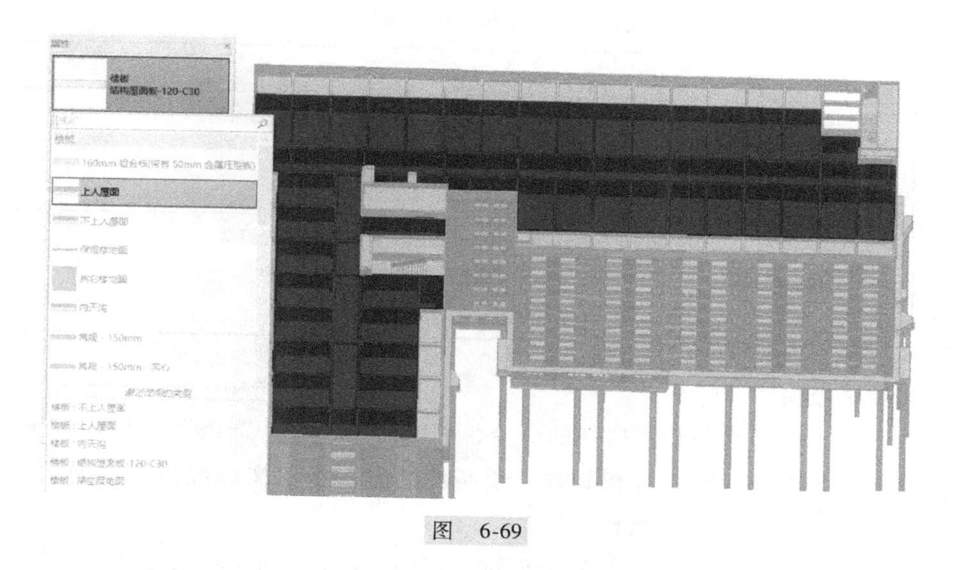

图　6-69

⑤ 第五步，选择内天沟处的“结构屋面板-120-C30”，复制替换为“内天沟”，如图 6-70 所示。

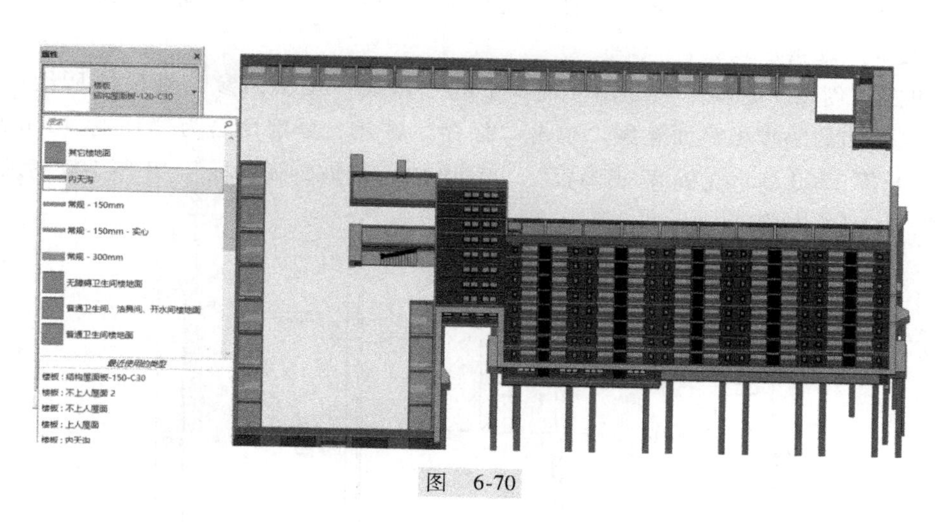

图　6-70

6.5.3　踢脚板装修

踢脚板又称踢脚线，是楼地面和墙面交界处的一个重要构造节点。踢脚板有两个作用：一是保护作用，遮盖楼地面与墙面的接缝，使墙面和地面之间更好地结合，减少墙体变形，避免外力碰撞造成破坏；二是装饰作用，在居室设计中，腰线、踢脚板（踢脚线）起着视觉平衡作用。

1. 案例工程图踢脚板装修做法

以一层为例，查阅案例工程图“建筑设计总说明”中的“建筑装修做法表”，可知一层踢脚板装修做法，列于表 6-3。

表 6-3　一层踢脚板装修做法

序　号	范　围	做　法
A	楼梯、走道等 公共区域墙裙	1. 15mm 厚 1500mm 高地砖墙裙，稀水泥擦缝 2. 8mm 厚 1∶2 水泥砂浆黏结 3. 刷专用界面砂浆打底甩毛
B	其他踢脚	1. 15mm 厚 100mm 高地砖踢脚，稀水泥擦缝 2. 8mm 厚 1∶2 水泥砂浆黏结 3. 刷专用界面砂浆打底甩毛

2. 创建踢脚板构件

Revit 中没有专门绘制踢脚板构件的命令，可以使用“墙：饰条”功能来放置踢脚板，也可以使用墙功能单独创建踢脚板构件。绘制墙的方法在前文已经讲述，下面讲解使用“墙：饰条”功能创建踢脚板的操作方法。

1）创建踢脚板轮廓。踢脚板轮廓分四种：15mm 厚 1500mm 高地砖、8mm 厚 1500mm 高 1∶2 水泥砂浆、15mm 厚 100mm 高地砖、8mm 厚 150mm 高 1∶2 水泥砂浆。单击应用程序菜单下“文件”按钮，在列表种选择“新建-族”选项，以“公制轮廓 .rft”族样板为样板，进入轮廓族编辑模式。

2）单击“创建”选项卡“详图”面板中的“直线”工具，参照图 6-71 所给尺寸绘制首尾相连且封闭的踢脚板截面轮廓。单击“保存”按钮，分别命名为“15 厚 1500 高地砖-踢脚板”“8 厚 1500 高水泥砂浆-踢脚板”“15 厚 100 高地砖-踢脚板”“8 厚 100 高水泥砂浆-踢脚板”，如图 6-71 所示。

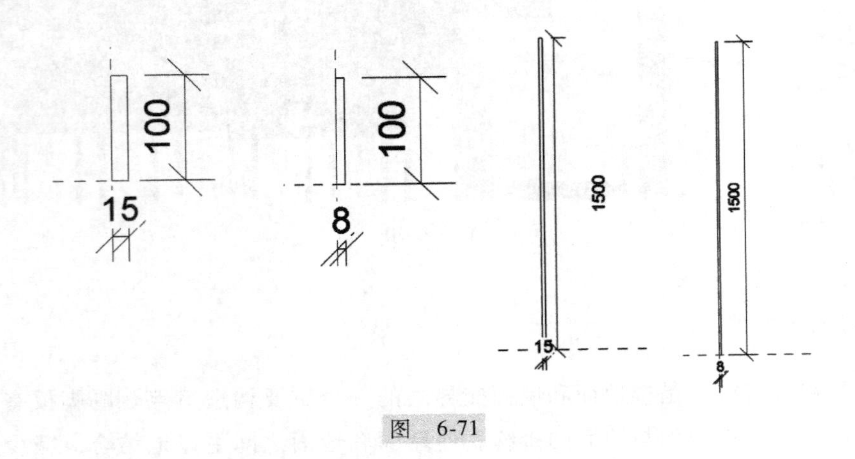

图　6-71

3）单击“族编辑器”面板中的“载入到项目”按钮，将轮廓族载入到项目中。

4）给墙饰条添加材质。切换到学生公寓 1#楼项目中，单击“建筑”选项卡→“构件”面板中的“墙”下拉菜单中的“墙：饰条”工具。

单击“属性”面板中的“编辑类型”命令，打开类型属性窗口，单击“复制”按钮，创建“15 厚 1500 高地砖-踢脚板”，在“轮廓”右侧单击选择“15 厚 1500 高地砖-踢脚板”，在材质右侧选择“防滑地砖”。

同理，新建“8 厚 1500 高水泥砂浆-踢脚板”“15 厚 100 高地砖-踢脚板”“8 厚 100 高水泥砂浆-踢脚板”踢脚板类型。

5）布置踢脚板。创建完墙饰条后，开始布置踢脚板。

① 第一步，先布置楼梯间踢脚板。为了布置方便，将模型切换到三维视图，将鼠标指针放到 View Cube 上，单击右键，选择“定向到视图”→“楼层平面”→“楼层平面：F1”命令，按住〈shift〉键+鼠标滚轮，将模型进行三维旋转，旋转到合适的视角便于布置墙饰条。

② 第二步，楼梯间踢脚板的做法为 15mm 厚 1500mm 高地砖与 8mm 厚 1500mm 高水泥砂浆，且地砖在外侧。在“墙：饰条”→“属性”面板构件类型中找到“8 厚 1500 高地砖”，在“放置”面板中选择“水平”，将鼠标指针移动到楼梯间位置的墙下侧单击，沿所拾取墙底部边缘生成 8mm 厚 1500mm 高地砖墙饰条，在“属性”面板中设置“与墙的偏移”值为“8”（为了保证在布置时内侧墙饰条不会与外侧墙饰条重叠），如图 6-72 所示。

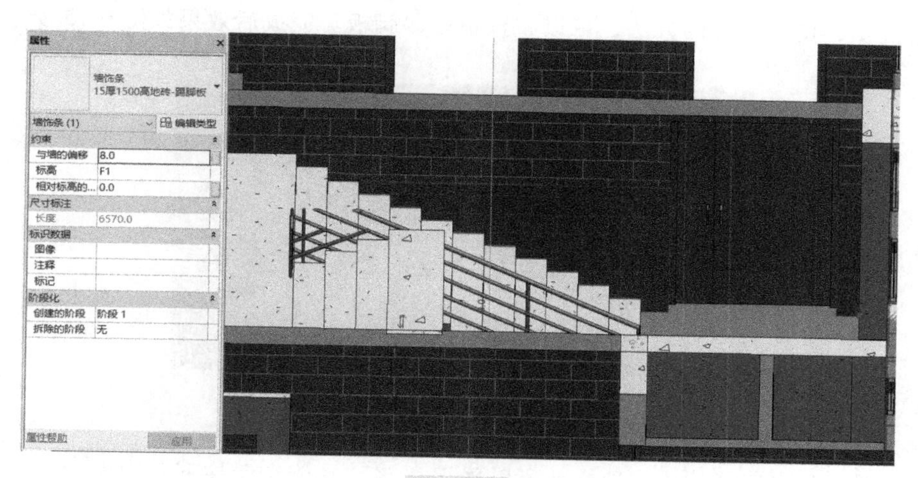

图 6-72

③ 第三步，选择刚布置的 15mm 厚 1500mm 高地砖墙饰条，将其隐藏。继续在“墙：饰条”→“属性”面板构件类型中找到“8 厚 1500 高水泥砂浆-踢脚板”，在“放置”面板中选择“水平”命令，将鼠标指针再次移动到楼梯间位置的墙下侧单击，沿所拾取墙底部边缘生成 8mm 厚 1500mm 高地砖墙饰条。

④ 第四步，将内侧和外侧的墙饰条同时显示，切换到俯视图，改成线框模式并放大，布置踢脚板的位置，如图 6-73 所示，遇见门洞等位置自动断开。

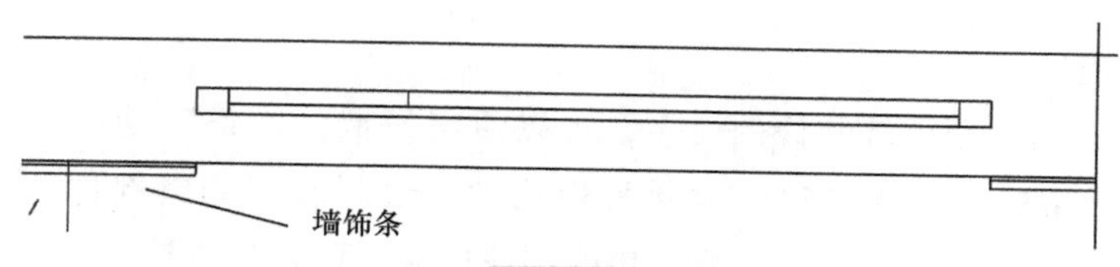

图 6-73

切换到三维视图，效果如图 6-74 所示。

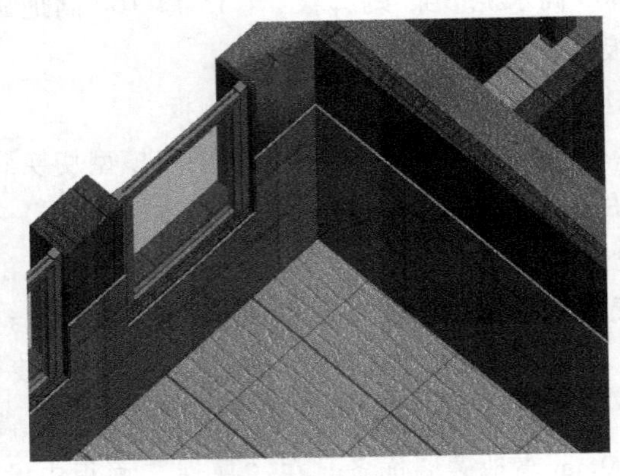

图 6-74

⑤ 第五步，使用同样的方法，可以布置宿舍踢脚板。完成后效果如图 6-75 所示。

图 6-75

注意：遇到凸出墙体的柱或独立柱可以采用“墙”功能布置柱下踢脚板。

6.5.4 内墙面装修

内墙面是指室内四周墙面，包含外墙的内面；封闭阳台的内面也属于内墙面，即室外可以看到的墙面为外墙面，室外看不到的墙面为内墙面。内墙面装修的作用主要目的是保护墙体，美化墙面环境。

1. 案例工程图内墙面装修做法

以一层为例，查阅案例工程图“建筑设计总说明”中的“建筑装修做法表”可知一层内墙面装修做法，列于表 6-4。

2. 创建内墙面装修

Revit 中没有专门绘制内墙装修的命令，可以使用“墙：饰条”功能来放置内墙面，也可以使用墙“部件编辑”功能单独创建踢脚板构件。绘制墙“编辑部件”的方法在第 6.1 节已经讲述，本节讲解使用“墙：饰条”功能创建内墙面的操作方法。

表 6-4　一层内墙面装修做法

序　号	部　位	做　法
A	卫生间、淋浴间、洗衣房等内墙：瓷砖墙面	10mm 厚 300mm× 600mm 瓷砖面层 专用黏结剂 1.5mm 厚聚合物水泥防水涂料防水层 12mm 厚 1∶3 水泥砂浆打底扫毛 基层墙体（混凝土表面刷 SN-2 型混凝土界面剂）
B	宿舍、门厅、值班室等内墙：乳胶漆墙面	1mm 厚内墙乳胶漆涂料一底二面 8mm 厚 1∶1∶4 混合砂浆罩面 12mm 厚 1∶1∶4 混合砂浆 基层墙体（混凝土表面刷 SN- 2 型混凝土界面剂）

1）创建内墙面轮廓。内墙面轮廓共五种：1mm 厚内墙乳胶漆涂料、1.5mm 厚聚合物水泥防水涂料防水层、10mm 厚瓷砖面层、12mm 厚 1∶3 水泥砂浆打底扫毛、20mm 厚 1∶1∶4 混合砂浆，高度都为 3600mm。内墙面轮廓族的新建方法与踢脚板一致，完成后保存族。

2）创建不同材质的内墙面构件。建立内墙面构件的操作步骤与建立踢脚板的方法相同，注意墙砖可以贴图，完成后效果如图 6-76 所示。

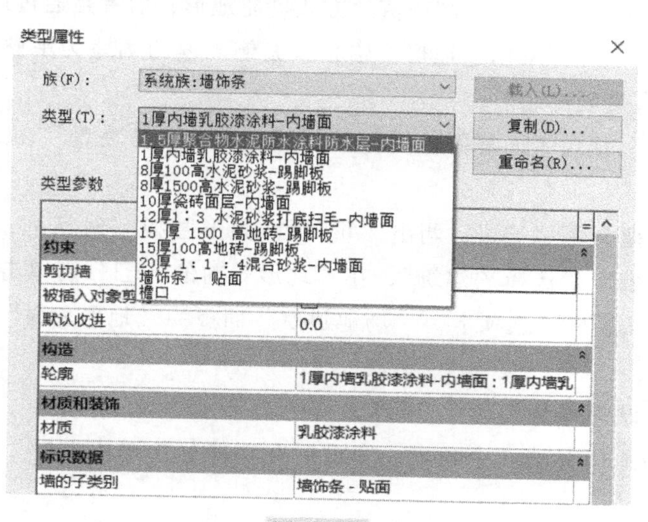

图　6-76

3）布置内墙面。创建完内墙面装饰条构件后，开始布置内墙面。布置内墙面构件的操作方法与布置踢脚板一致，完成后，局部效果如图 6-77 所示。

同理，可布置其他墙面装修。

6.5.5　室外地坪

室外地坪是建筑物室内外错落必不可少的配套地坪工程，使建筑周边环境整洁完美，并且通常作为安全疏散场所。室外地坪也是通往园路、门外道路以及街路的连接地坪。

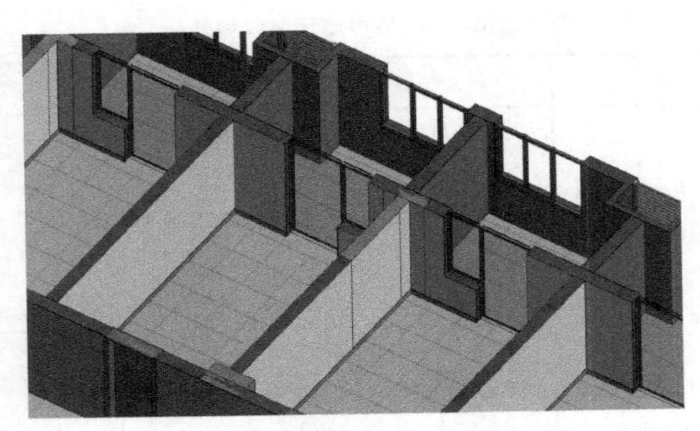

图 6-77

1. 案例工程图室外地坪装修做法

查阅图“建施—11”可知，室外地坪的标高为“-0.150”。查阅图“建施—01”可知室外草坪绿化带的位置。

2. 创建地形表面

Revit 中地形表面可以通过“放置点”“通过导入创建”两种方式放置，前者是直接在 Revit 中单击放置地形控制点并输入高程值的方式创建地形；后者是通过选择导入得 DWG 等高程线工程图或 CSV 点文件来创建地形。鉴于本案例工程的场地为平整后得场地，因此直接使用“放置点”直接创建地形。

1）切换到“F1”楼层平面视图，调整其视图范围，让“底部”和“标高”的偏移值均为负数。

2）键盘输入快捷命令“VV”，调出“可见性/图形替换”对话框，单击“模型类别”选项卡，“过滤器列表”栏选择“建筑”，在“地形”前的“□”内单击。

3）单击“体量和场地”选项卡→“场地建模”面板→“地形表面”命令，选择“放置点”进入绘制。

4）在修改栏中设置高程点为“-150”。

5）依次单击场地边界的四个角点，完成后在功能栏中单击“√”按钮，完成表面绘制，如图 6-78 所示。

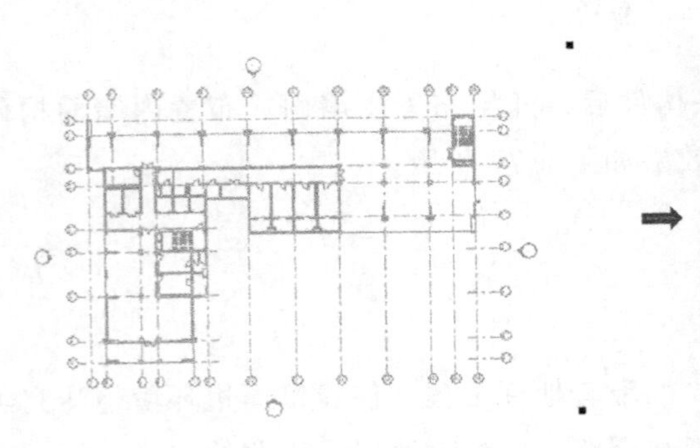

➡

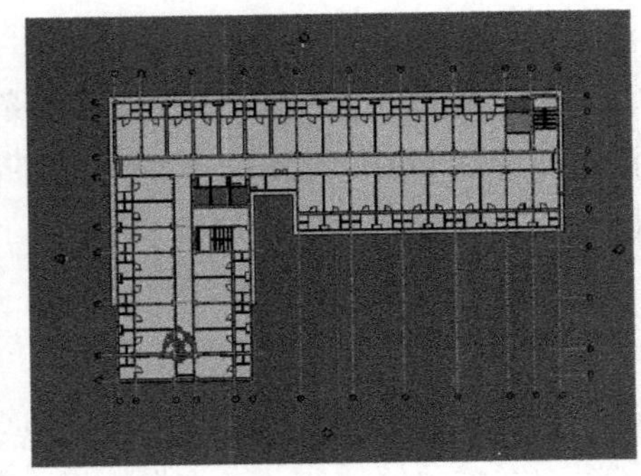

图 6-78

3. 创建绿化

可以使用“子面域”工具创建绿化。

1）单击“体量和场地”选项卡→“修改场地”面板→“子面域”命令，进入草图编辑模式。

2）根据图“建施—01”依次绘制草坪的边界，形成封闭的轮廓线，单击“√”按钮完成子面域的创建，如图 6-79 所示。

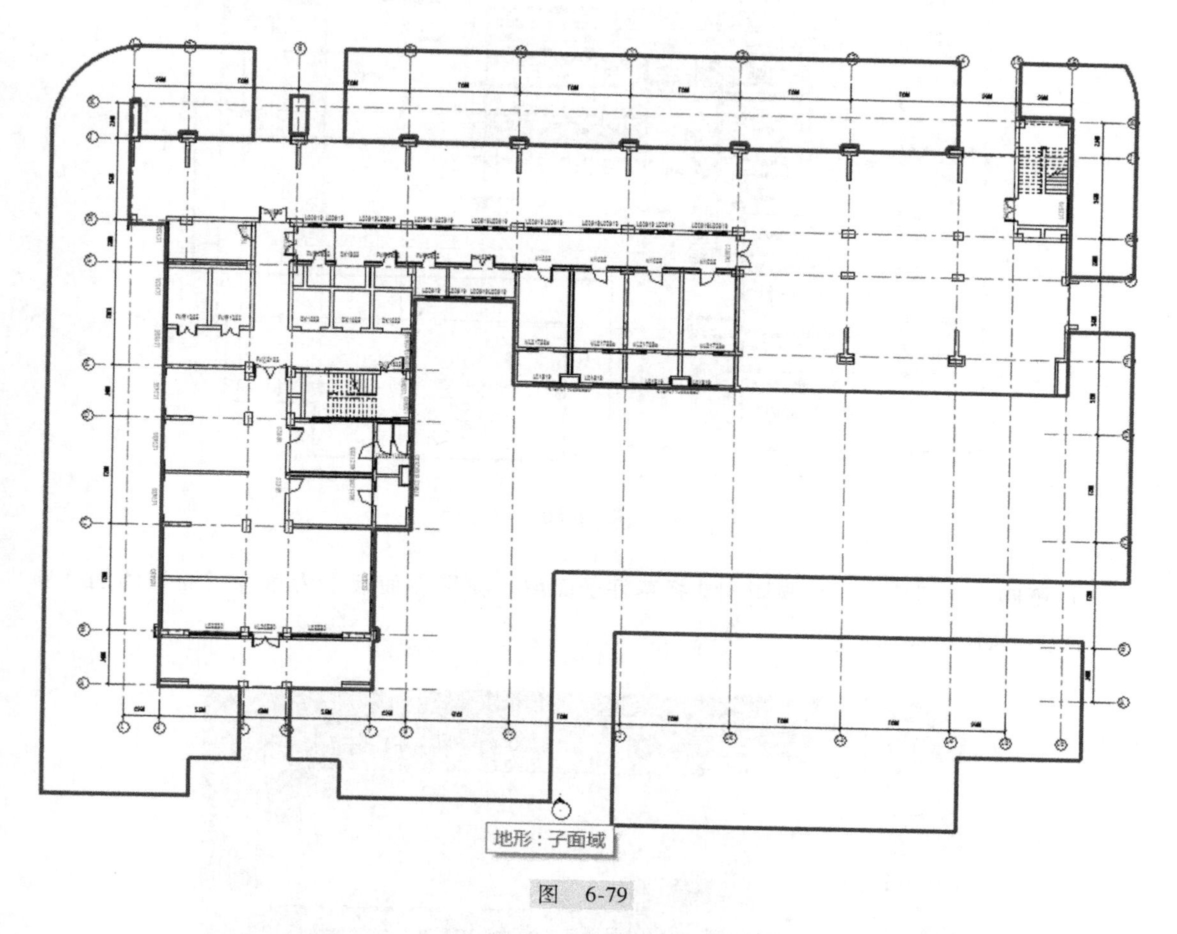

图　6-79

3）也可以导入“建施—01 一层平面图”，通过拾取线的方式进行绘制，能更精确快捷。步骤如下：

① 第一步，进入“F1”楼层平面视图，单击“插入”选项卡→“导入”面板→“导入 CAD”命令。

② 第二步，在导入 CAD 时，需要进行以下调整：勾选“仅当前视图（U）”；导入单位为 mm（不同工程图的单位不同，导入前需先明确单位）；定位为“自动-原点到原点”（必须保证 CAD 图中原点与 Revit 项目基点位置一致才可采用这种定位方式，否则须在导入后进行移动，使之对齐）。

③ 第三步，单击“拾取线”命令，依次拾取草坪的边界线并进行修剪，形成一个个封

闭的轮廓线，如图 6-80 所示。

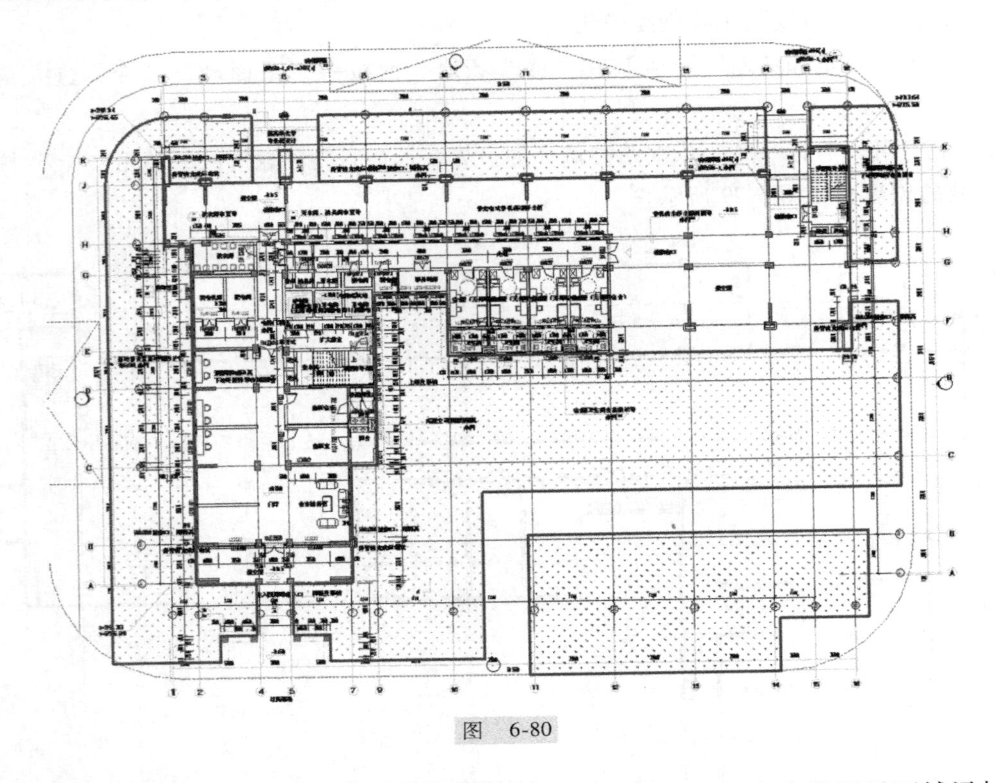

图 6-80

④ 第四步，切换至三维视图，选择草坪子面域，在属性面板中为草坪子面域添加“草坪”材质，如图 6-81 所示。

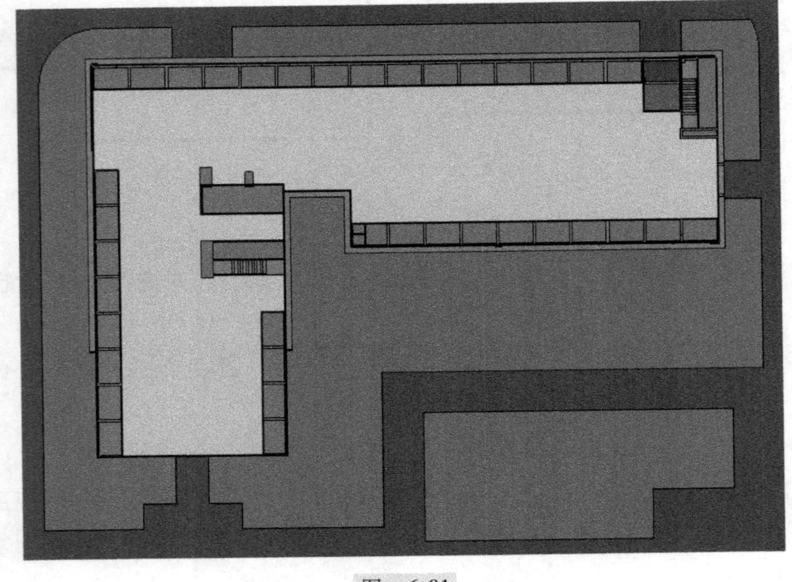

图 6-81

练 习 题

一、单项选择题

1. 下列哪个视图应被用于编辑墙的立面外形（ ）。

A. 表格　　B. 图纸视图

C. 3D 视图或是平行于墙面的视图　　D. 楼层平面视图

2. 如何在天花板建立一个开口（ ）。

A. 修改天花板，将“开口”参数的值设为“是”

B. 修改天花板，编辑它的草图，加入另一个闭合的回路

C. 修改天花板，编辑它的外侧回路的草图线，在其上产生曲折

D. 删除这个天花板，重新创建，使用坡度功能

3. 由于 Revit 中有内墙面和外墙面之分，最好按照（ ）方向绘制墙体。

A. 顺时针　　B. 逆时针

C. 根据建筑的设计决定　　D. 顺时针、逆时针都可以

4. 如果无法修改玻璃幕墙网格间距，可能的原因是（ ）。

A. 未点开锁工具　　B. 幕墙尺寸不对

C. 竖梃尺寸不对　　D. 网格间距有一定限制

5. 关于弧形墙，下面说法正确的是（ ）。

A. 弧形墙不能直接插入门窗　　B. 弧形墙不能应用“编辑轮廓”命令

C. 弧形墙不能应用“附着顶/底”命令　　D. 弧形墙不能直接开洞

6. 在绘制墙时，要使墙的方向在外墙和内墙之间翻转，如何实现（ ）。

A. 单击墙体　　B. 双击墙体

C. 单击蓝色翻转箭头　　D. 按〈Tab〉键

7. 天花板高度受（ ）定义。

A. 高度对标高的偏移　　B. 创建的阶段　　C. 基面限制条件　　D. 形式

8. 编辑墙体结构时，可以（ ）。

A. 添加墙体的材料层　　B. 可以修改墙体的厚度

C. 可以添加墙饰条　　D. 以上都可以

9. 当旋转主体墙时，与之关联的窗（ ）。

A. 将随之移动　　B. 将不动　　C. 将消失　　D. 将与主体墙反向移动

10. 用“拾取墙”命令创建楼板，使用（ ）键切换选择，可一次选中所有外墙，单击生成楼板边界。

A. Tab　　B. Shift　　C. Ctrl　　D. Alt

11. 以下有关“墙”的说法描述有误的是（ ）。

A. 当激活“墙”命令以放置墙时，可以从类型选择器中选择不同的墙类型

B. 当激活“墙”命令以放置墙时，可以在“图元属性”中载入新的墙类型

C. 当激活“墙”命令以放置墙时，可以在“图元属性”中编辑墙属性

D. 当激活“墙”命令以放置墙时，可以在“图元属性”中新建墙类型

12. 以下哪个不是可设置的墙的类型参数（ ）。

A. 粗略比例填充样式　B. 复合层结构　C. 材质　D. 连接方式

13. 选择墙以后，用鼠标指针拖拽控制柄不可以实现修改的是（　　）。

A. 墙体位置　B. 墙体类型　C. 墙体长度　D. 墙体高度

14. 墙结构（材料层）在视图中如何可见（　　）。

A. 决定墙的连接如何显示　B. 设置材料层的类别

C. 视图精细程度设置为中等或精细　D. 连接柱与墙

15. 幕墙系统是一种建筑构件，它由什么主要构件组成（　　）。

A. 嵌板　B. 幕墙网格　C. 竖梃　D. 以上皆是

16. 楼板的厚度决定于（　　）。

A. 楼板结构　B. 工作平面

C. 掏件形式　D. 实例参数

17. 如何调整模型三维剖切的位置（　　）。

A. 在视图属性中设置“视图范围”

B. 调整视图比例

C. 选择剖面框，在其“图元属性”中设置

D. 拖拽剖面框面上的三角形手柄，调整其范围到需要的剖切位

18. 下面对于编辑墙体轮廓说法不正确的是（　　）。

A. 选择墙体后，单击“编辑轮廓”可以进入草图模式编辑

B. 可以删除轮廓线并绘制特定的形状的轮廓

C. 如果希望将编辑的墙恢复为其原有形状，请在立面视图中选择此墙，然后单击“删除草图”

D. Revit 中用“编辑轮廓”命令编辑墙体的立面外形

19. 绘制墙体时，由于墙体的宽度，Revit Architecture 对墙进行定位将根据（　　）。

A. 墙中线

B. 墙外边界

C. 墙内边界

D. 定位线，可以是墙中线、核心层中心线、涂层面等

20. 在 Revit Architecture 中，使用墙体工具不能在平面视图中直接绘制的墙体形状为（　　）。

A. 直线　B. 弧形　C. 圆形　D. 椭圆

答案：1. C；2. B；3. A；4. A；5. B；6. C；7. A；8. D；9. A；10. A；11. B；12. D；13. B；14. C；15. D；16. A；17. D；18. C；19. D；20. D

二、操作训练题

1. 按要求建立幕墙模型，尺寸、外观与图示（图 6-82、图 6-83）一致，幕墙竖梃采用 50mm×50mm 矩形，材质为不锈钢，幕墙嵌板材质为玻璃，厚度 20mm，按照要求添加幕墙门与幕墙窗，造型类似即可。将建好的模型以“幕墙”为文件名保存下来，并将幕墙正视图按图中样式标注后导出 CAD 图，以“幕墙立面图 .dwg”为文件名（“1+X” BIM 职业技能等级初级试考考试第二题）。

2. 请用基于墙的公制常规模型族模板创建符合图 6-84 要求的窗族，各尺寸通过参数控制。该窗窗框断面尺寸为 60mm×60mm，窗扇边框断面尺寸为 40mm×40mm，玻璃厚度为 6mm，墙、窗框、窗扇边框、玻璃全部中心对齐，并创建窗的平面、立面表达。将模型文件以“双扇窗 .rfa”为文件名保存。

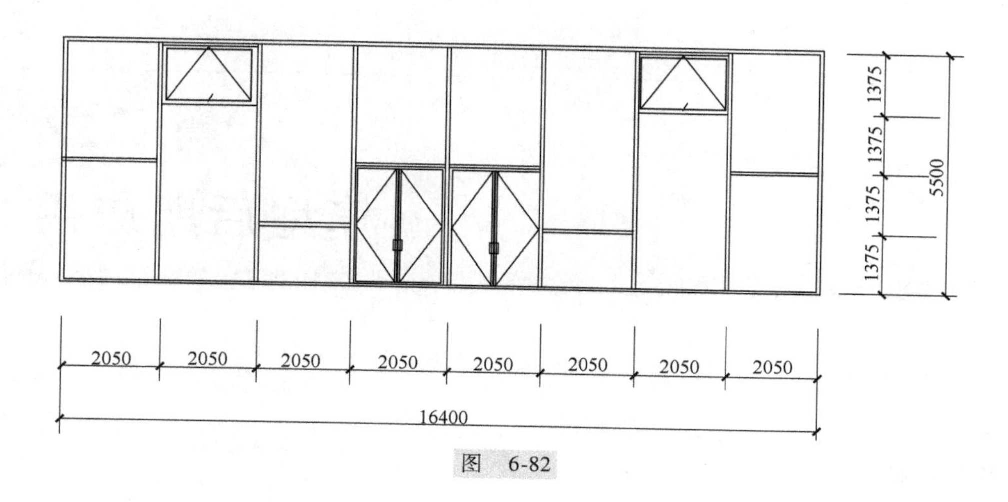

图 6-82

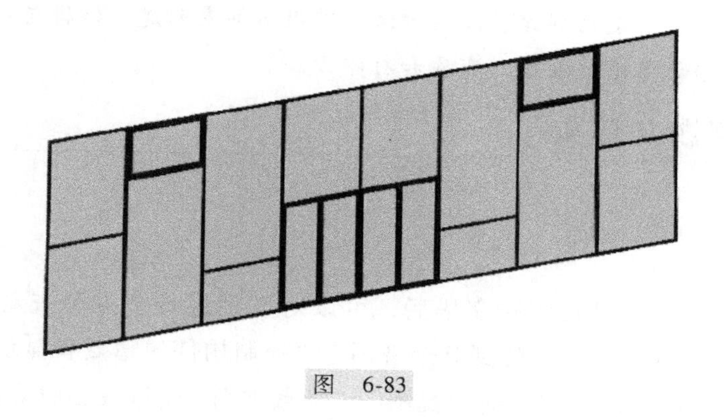

图 6-83

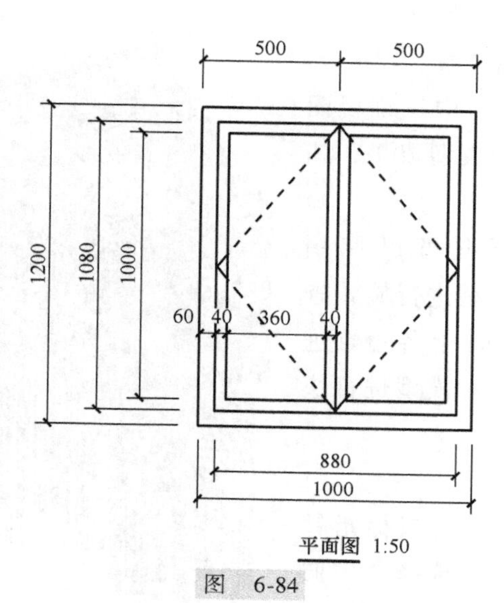

图 6-84

第7章 模型后期应用

■ 学习目标

掌握模型浏览、漫游动画创建、渲染方法，掌握明细表创建、编辑与导出，房间创建和面积分析方法，掌握施工图的创建、布置和打印方法。

7.1 模型浏览、漫游与渲染

7.1.1 模型浏览

主体模型绘制过程中以及创建完毕后，可以对模型进行全方位查看。本小节将针对“对于整体模型的自由查看”“定位到某个视图”“控制构件的隐藏和显示”三种方式进行讲解。学习使用“View Cube”“定向到视图”“隐藏类别”“重设临时隐藏/隔离”等命令浏览 BIM 模型。具体操作步骤如下。

1. 对于整体模型的自由查看

1）单击“快速访问栏”中三维视图按钮，切换到三维视图查看模型成果，如图 7-1 所示。

2）对于这个整体模型可以使用〈Shift〉键+鼠标滚轮，对模型进行旋转查看；或者直接单击 View Cube 上各角点进行各视图的自由切换，方便对模型进行快速查看，如图 7-2 所示。

2. 定位到某个视图

1）在三维视图状态下，将鼠标指针放在 View Cube 上，单击右键选择“定向到视图”，可以定向打开任意楼层平面、立面及三维视图，如定位打开“楼层平面-

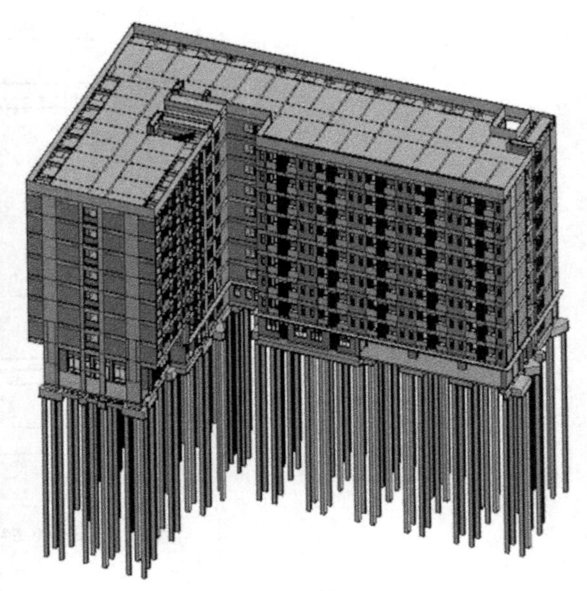

图 7-1

楼层平面：F2”，如图 7-3 所示。

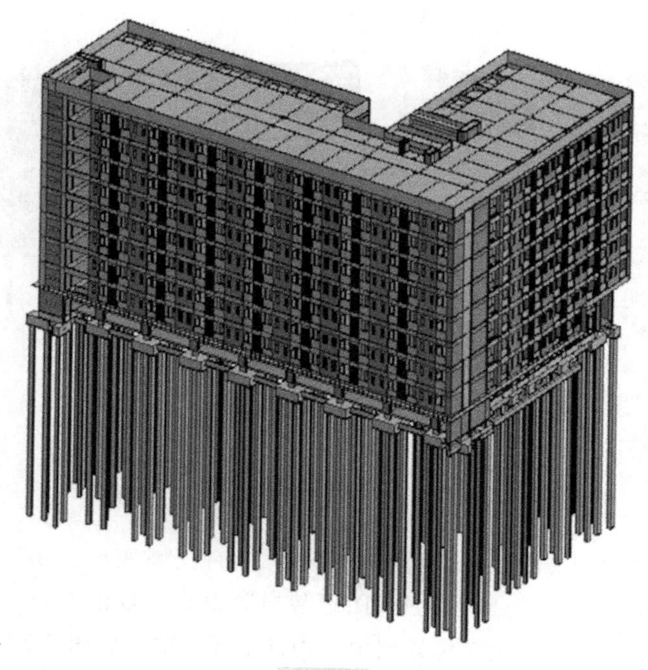

图　7-2

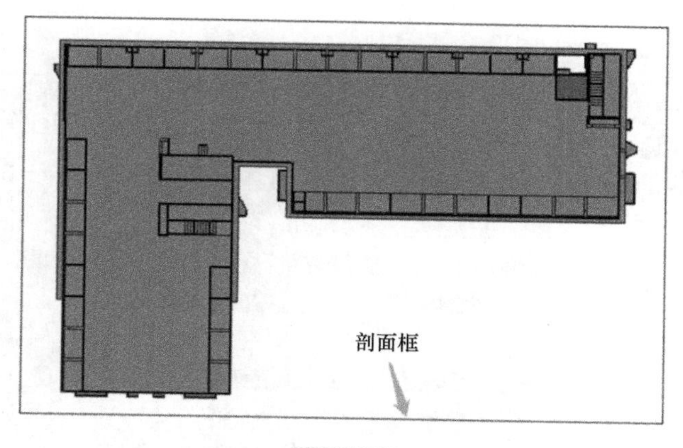

图　7-3

2）可以看到模型外围有个矩形框，称为剖面框。可以取消勾选“属性”面板中“剖面框”选项，模型将全部显示出来（默认为俯视图状态），按住〈Shift〉键+鼠标滚轮，模型将再次在三维状态下展示，如图 7-4 所示。

3. 控制构件的隐藏和显示

控制构件的隐藏和显示包括以下两种方法：

方法一：使用可见性控制。

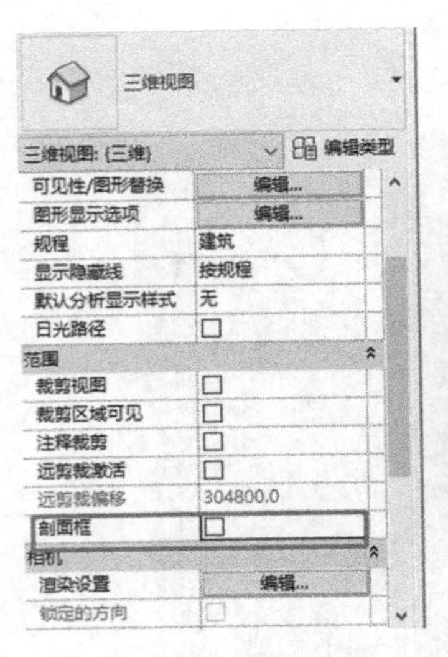

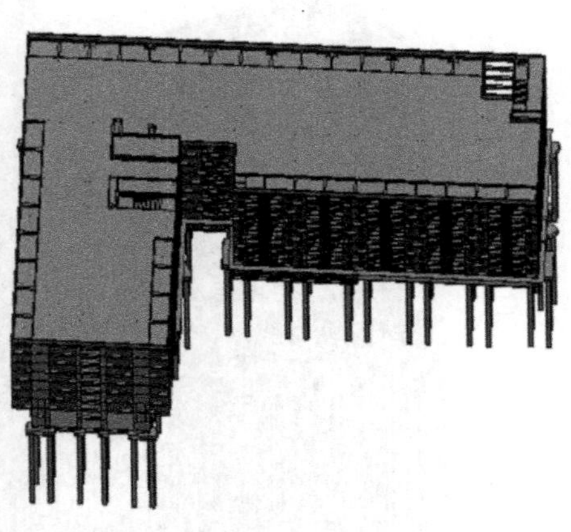

图 7-4

1）在三维视图状态下，单击“属性”面板中“可见性/图形替换”后面的“编辑”按钮，打开“三维视图：{三维}的可见性/图形替换”窗口，取消勾选“墙”构件类型，单击“确定”按钮，关闭窗口，则三维模型中墙构件全部隐藏，如图 7-5 所示。

三维视图: {三维}的可见性/图形替换

模型类别 | 注释类别 | 分析模型类别 | 导入的类别 | 过滤器

☑ 在此视图中显示模型类别(S)　　如果没有选中某个类别，则该类别将不可见。

过滤器列表(F): <全部显示>

可见性	投影/表面 线	投影/表面 填充图案	投影/表面 透明度	截面 线	截面 填充图案	半色调	详细程度
☑ MEP 预制管道						☐	按视图
☑ MEP 预制保护层						☐	按视图
☑ MEP 预制支架						☐	按视图
☑ MEP 预制管网						☐	按视图
☑ 专用设备						☐	按视图
☐ 体量						☐	按视图
☑ 停车场						☐	按视图
☑ 光栅图像							按视图
☑ 卫浴装置						☐	按视图
☑ 喷头						☐	按视图
☑ 地形						☐	按视图
☑ 场地						☐	按视图
☑ 坡道						☐	按视图
☐ 墙	替换...	替换...	替换...	替换...	替换...	☐	按视图
☑ 天花板						☐	按视图
☑ 安全设备						☐	按视图
☑ 家具						☐	按视图
☑ 家具系统						☐	按视图
☑ 导线						☐	按视图

全选(L)　全部不选(N)　反选(I)　展开全部(X)　替换主体层 ☐ 截面线样式(Y)　编辑(E)...

图 7-5

勾选不显示墙的最终模型展示效果如图 7-6 所示。

2）可以再次单击“属性”面板中“可见性/图形替换”后面的“编辑”按钮，打开“三维视图：{三维}的可见性/图形替换”窗口，将“墙”构件类型再次勾选，单击“确定”按钮，关闭窗口，则三维模型中墙构件恢复显示状态，如图 7-7 所示。

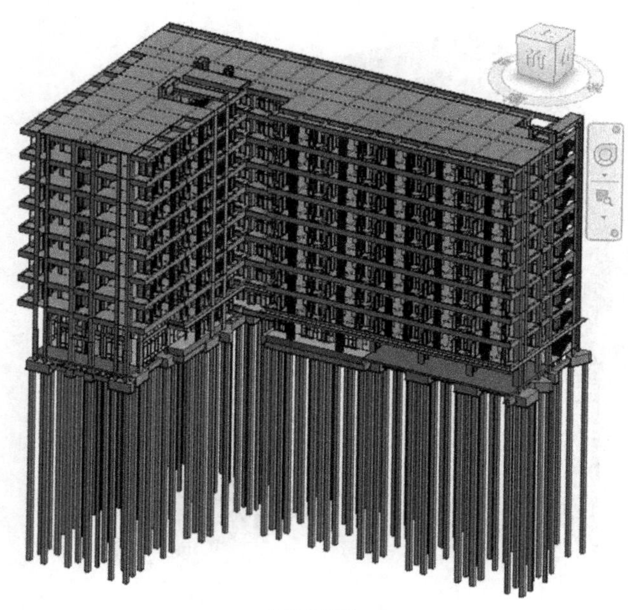

图　7-6

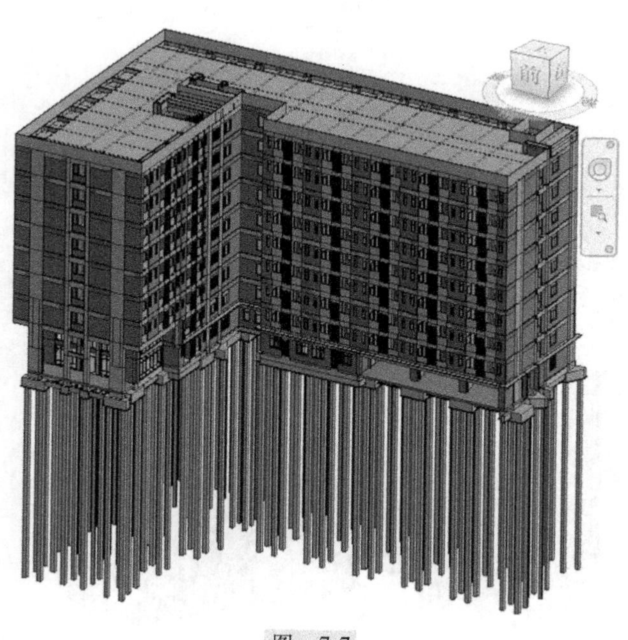

图　7-7

方法二：单击“视图控制栏”中“临时隐藏/隔离”按钮，临时隐藏显示构件。

1）在三维视图状态下，选择模型中的一个桩图元，单击“视图控制栏”中“临时隐藏/隔离”功能中的“隐藏类别”工具，整个模型中的桩图元全部被隐藏。选中任意一根桩，再选择“隐藏类别”工具，如图 7-8 所示。

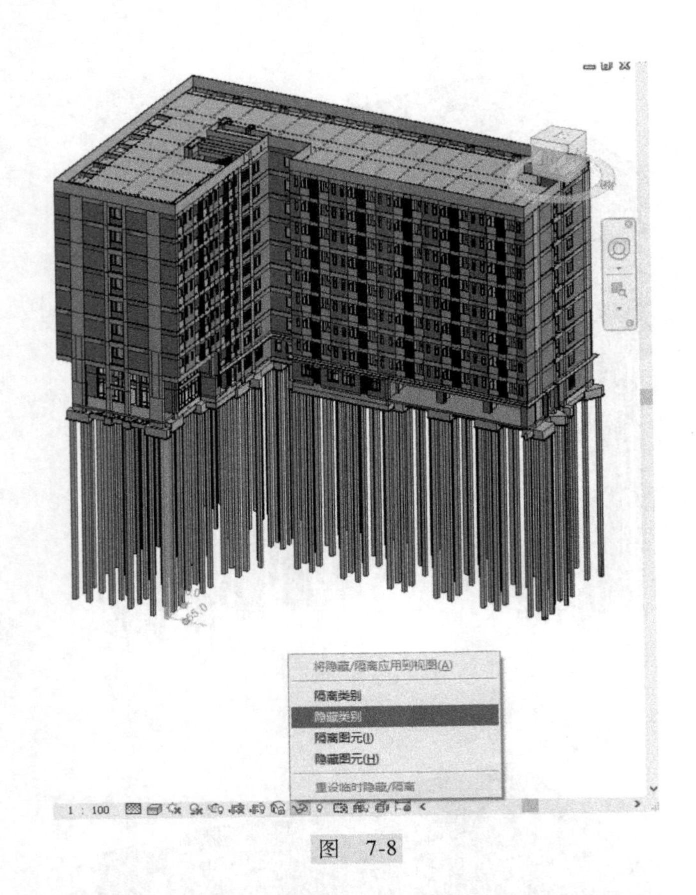

图 7-8

模型中共有两种桩类型，需要操作“隐藏类别”2 次。三维展示效果如图 7-9 所示。

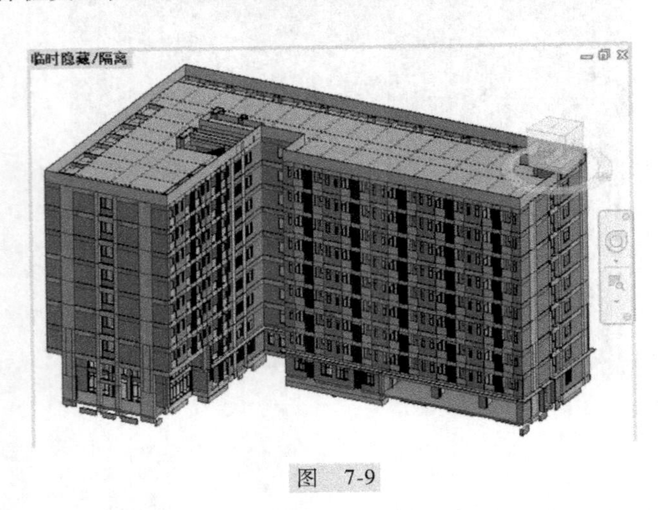

图 7-9

2）再次单击“视图控制栏”中“临时隐藏/隔离”功能中的“重设临时隐藏/隔离”工具，则整个模型中的柱图元再次全部显示出来。单击“视图控制栏”中的“保存”按钮，保存当前项目成果。

7.1.2　漫游动画

主体模型绘制完毕后，在 Revit 中可以对模型进行简单漫游动画制作，具体操作步骤如下：

1）双击“项目浏览器”中“F1”，进入“F1”楼层平面视图。单击“视图”选项卡“创建”面板中“三维视图”下拉菜单中的“漫游”工具。

2）进入“修改 | 漫游”上下文选项，选择起始位置的标高及偏移量，其他设置保持不变。如图 7-10 所示，从建筑物外围逐个单击，单击的位置为后期关键帧位置，注意单击的位置距离建筑物远一点，以保证后期看到的漫游模型为整栋建筑。

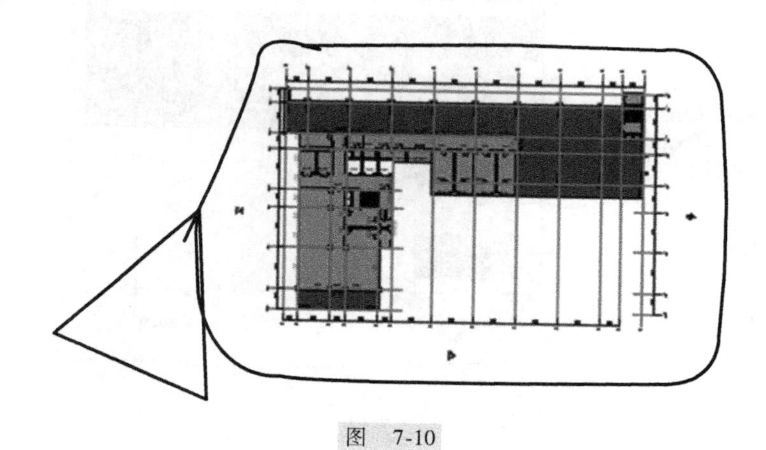

图　7-10

漫游路径设置完成后，单击“漫游”选项卡中“完成漫游”工具，同时在“项目浏览器”的“漫游”视图类别下新增了默认名称为“漫游 1”的视图。该视图名称可以根据需要进行修改。

3）双击“漫游 1”，激活“漫游 1”视图，使用“视图”选项卡“窗口”面板中的“平铺”工具，将“漫游 1”视图与“F1”楼层平面视图进行平铺展示。单击“漫游 1”视图中的矩形框，则视图中刚刚绘制的“F1”楼层平面漫游路径被选择，如图 7-11 所示。

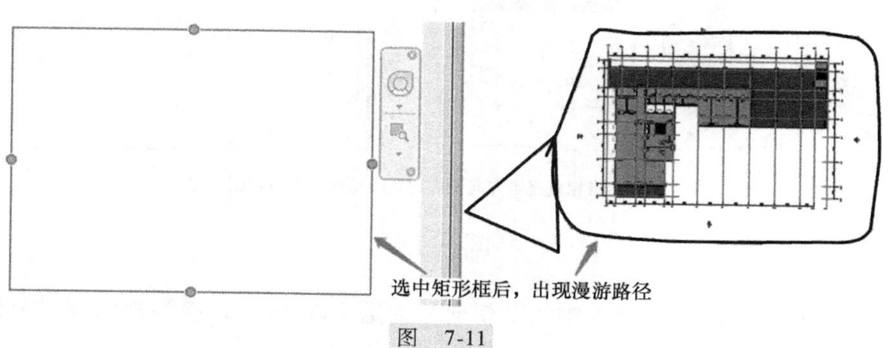

图　7-11

4）对漫游路径进行编辑，使“漫游 1”视图可以清晰显示漫游过程中的模型变化。单击“F1”楼层平面视图，使之处于激活状态。若在“F1”平面视图没有出现漫游路径，单击“漫游 1”视图的边框，即可在“F1”平面视图中激活显示漫游路径。单击“漫游”面板中的“编辑漫游”命令，进入“编辑漫游”上下文选项。

进入漫游编辑界面，漫游路径上出现红色圆点。红色圆点即为漫游动画的关键帧，大喇叭口即为当前关键帧下相机看到的视野范围，“小相机”图标为当前漫游视点（关键帧）位置，单击“重设相机”按钮 即可编辑当前关键帧，如图 7-12 所示。

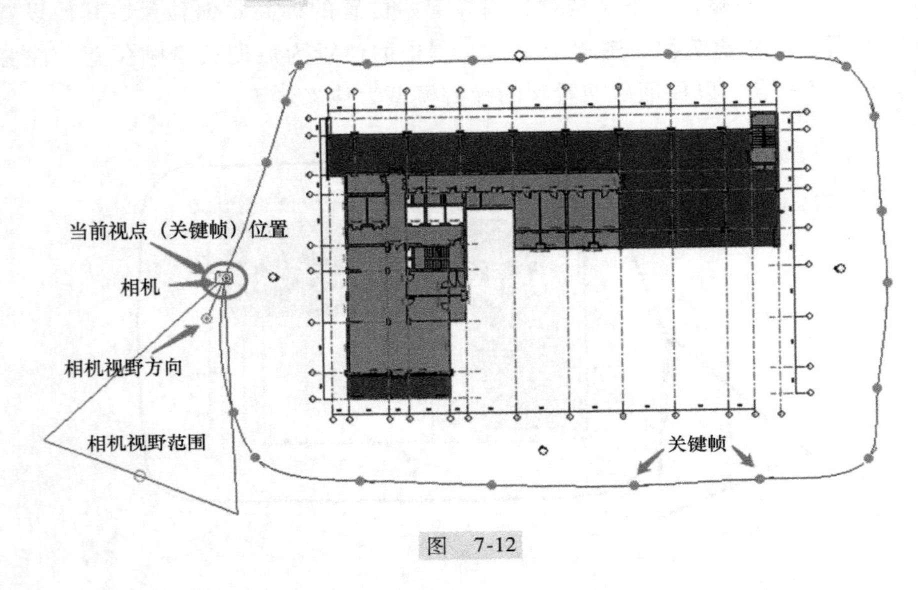

图 7-12

5）移动“小相机”图标，放在开始漫游的第一个关键帧位置（红点位置），单击粉色的移动目标点，将视野范围（大喇叭口）对准 BIM 模型。移动前，相机的视野方向（大喇叭口朝向）没有对着 BIM 模型，漫游视图是空白，如图 7-13 所示。

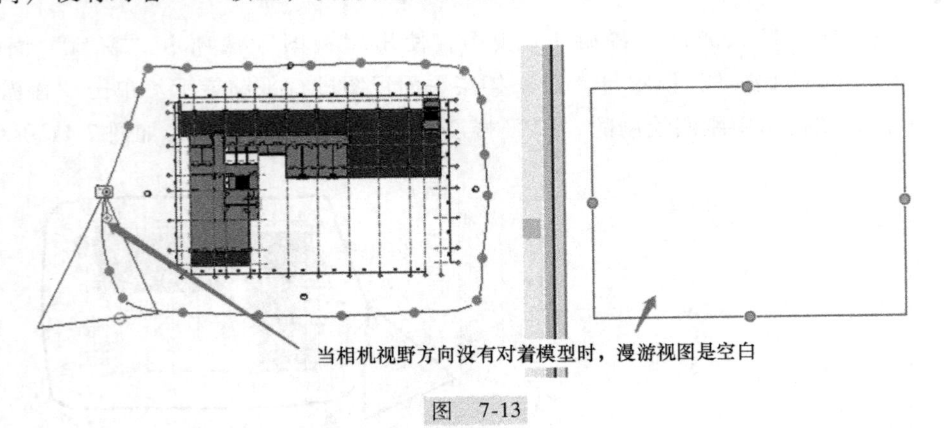

图 7-13

移动后，相机的视野方向（大喇叭口朝向）对着 BIM 模型，漫游视图即时显示 BIM 模型，如图 7-14 所示。

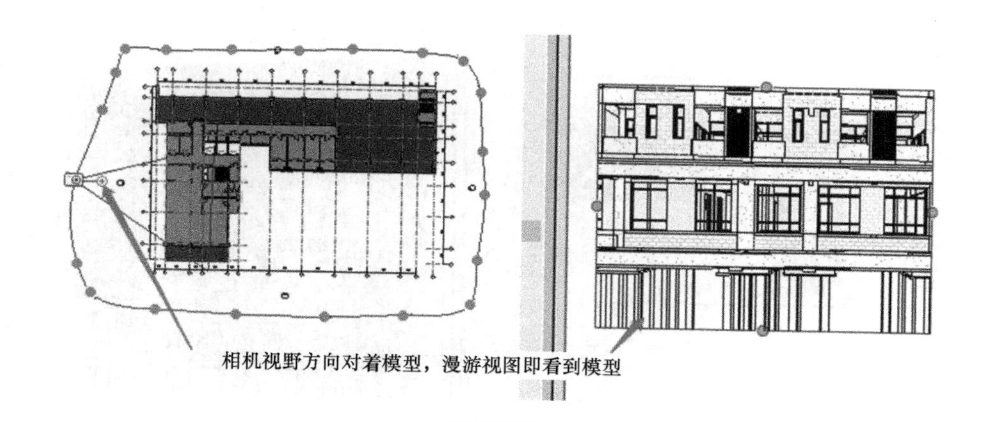

图 7-14

6）单击“漫游 1”视图，使之处于激活状态。单击“视图控制栏”中“视觉样式”功能中的“真实”工具，模型显示如图 7-15 所示。

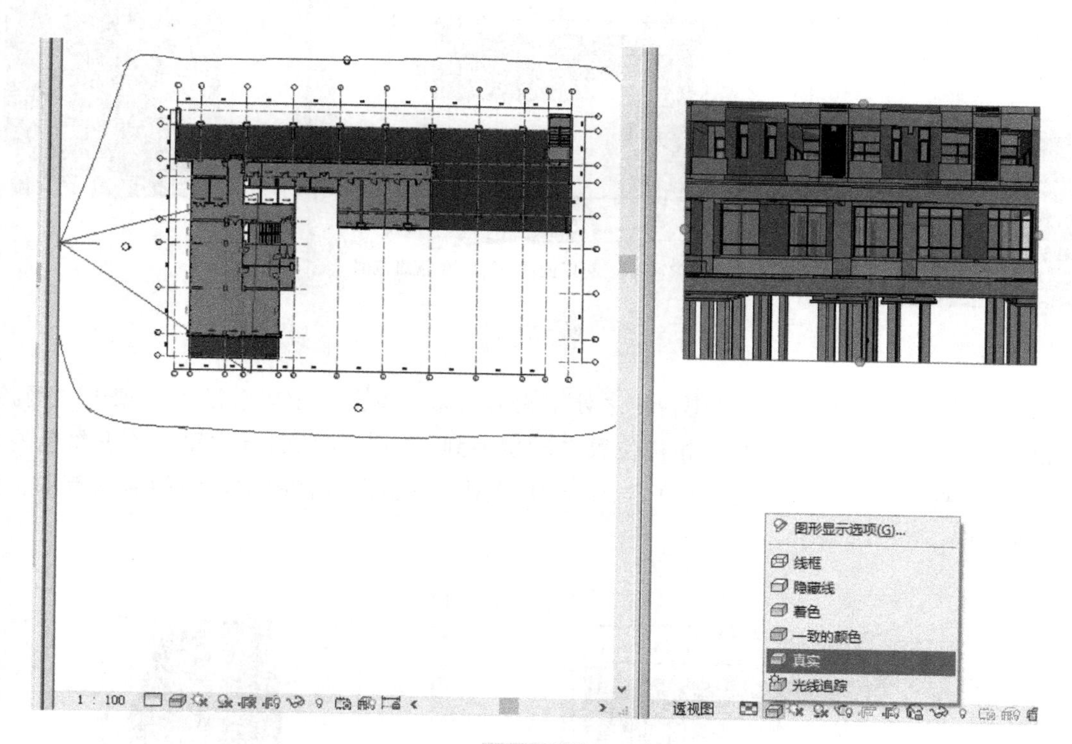

图 7-15

7）单击“漫游 1”视图中的矩形框，向外拉伸四条边线上的蓝色圆点，使模型区域更大，如图 7-16 所示。

8）修改“属性”面板中“远剪裁偏移”数值为“30000”（也可以在“F1”楼层平面视图中手动拖动大喇叭口的开口范围），使当前关键帧看到更多模型，如图 7-17 所示。

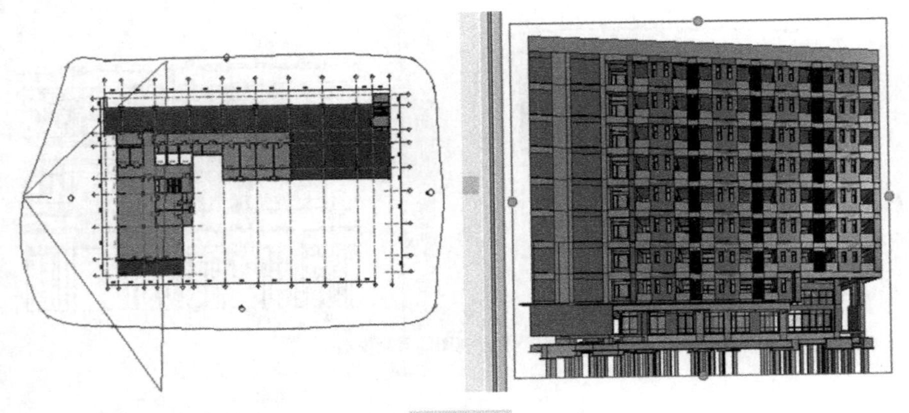

图 7-16

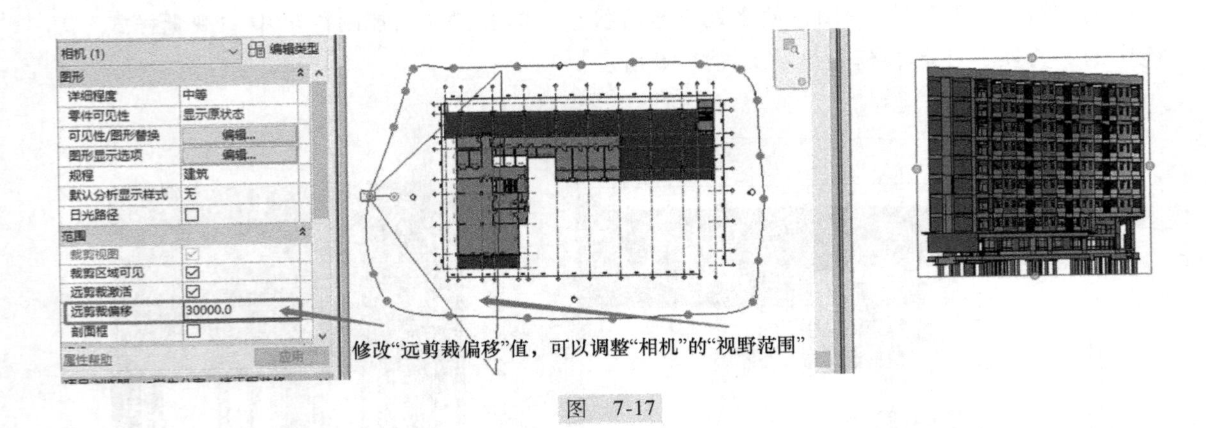

图 7-17

9）单击“F1”楼层平面视图，使之处于激活状态。单击“编辑漫游”选项卡“漫游”面板中的“下一关键帧”工具，相机位置自动切换到下一个红色圆点位置。单击粉色的移动目标点，将视野方向（大喇叭口）对准 BIM 模型，调整漫游视图中模型的显示范围，如图 7-18 所示。

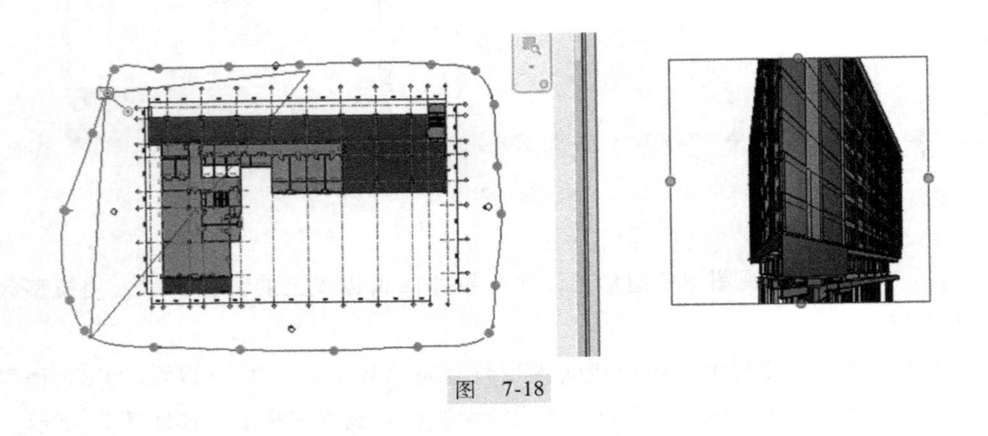

图 7-18

10）按照上述操作步骤，利用“下一关键帧”工具逐个将相机移动到后面的关键帧位置（红色圆点），修改好后面每个关键帧看到的模型范围，拉动“漫游 1”视图中的四个圆点控制手柄，将视图中的模型尽量全部显示。最后将关键帧定在第一个起点红色圆点位置。

11）单击“漫游 1”视图，使之处于激活状态，单击“编辑漫游”选项卡→“漫游”面板中的“播放”工具，可以将做好的漫游动画进行播放，如图 7-19 所示。

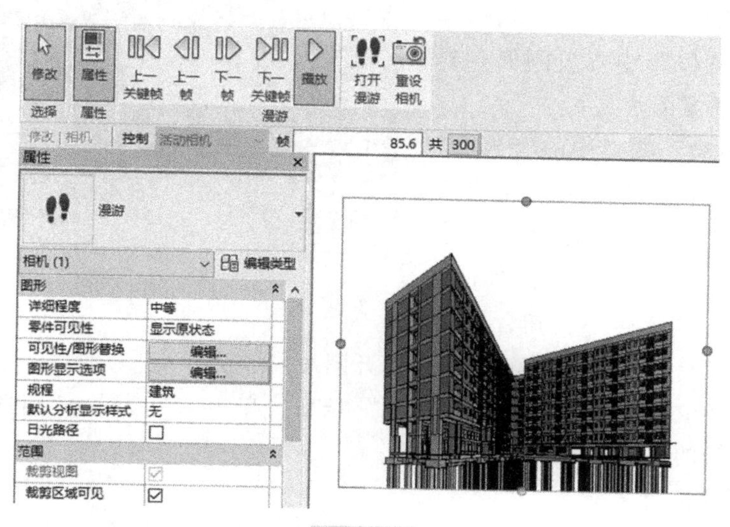

图　7-19

12）将漫游动画导出。单击“文件”按钮，单击“导出”→“图像和动画”下的“漫游”工具将漫游动画导出。弹出“长度/格式”窗口，按默认状态，单击“确定”按钮，关闭窗口，弹出“导出漫游”窗口，指定存放路径，命名为“漫游动画”，默认文件类型为“.avi”格式，单击“保存”按钮，弹出“视频压缩”窗口，按默认选择“全帧（非压缩的）”项，单击“确定”按钮，关闭窗口。

13）导出的漫游动画可以脱离 Revit 进行播放展示。单击“快速访问栏”中的保存按钮，保存当前项目成果。

7.1.3　模型渲染

在 Revit 中可以对模型进行简单图片渲染，具体操作步骤如下。

1. 对整体模型制作渲染图片

1）单击 Revit 上方的三维视图按钮，切换到三维视图，查看模型成果。

2）单击“视图”选项卡→“演示视图”面板中的“渲染”工具 渲染，打开“渲染”窗口。用户可以对窗口中的功能按需修改，在“质量”→“设置”右侧的下拉框（有绘图、中、高、最佳、自定义等选择）选择“绘图”。渲染质量应根据计算机配置来选择，配置越高的计算机可以选择越高的渲染设置，以得到更清晰的图片。“渲染”窗口中其他设置可以暂不修改，设置完成后单击窗口左上角“渲染”按钮，弹出“渲染进度”窗口，用户可以通过观察进度条中的百分数来查看渲染进度，当进度条达到 100%时，图片渲染完成。将“质量”设置为“绘图”时的渲染效果如图 7-20 所示。

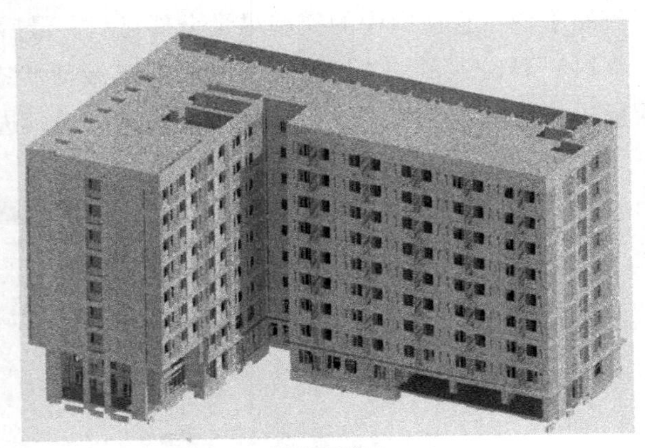

图 7-20

3）单击“渲染”窗口中的“保存到项目中”工具，弹出“保存到项目中”窗口，设置保存名称为“绘图质量图片”，单击“确定”按钮，关闭窗口。可以在“项目浏览器”中查看刚保存到项目中的“绘图质量图片”。

4）单击“渲染”窗口中的“导出”工具，弹出“保存图像”窗口，指定存放路径为“桌面”。将文件命名为“绘图质量图片”，默认文件类型为“.jpg，jpeg”格式，单击“保存”按钮，关闭窗口。将渲染的图片导出，可以脱离 Revit 打开图片。

也可以关闭“渲染”窗口，单击“文件”按钮，单击“导出”→“图像和动画”→“图像”工具，将渲染的图片导出。

2. 对局部图片进行渲染

1）在三维视图状态下，单击“视图”选项卡→“创建”面板中的“三维视图”下拉菜单中的“相机”工具。

2）软件在“项目浏览器”中新增“三维视图”视图类别，自动生成“三维视图 1”。可以根据需要修改该视图名称。

3）单击空白处放置相机，将鼠标指针向模型位置移动，形成相机视角。单击“视图”→“窗口”→“平铺”命令，将“三维视图 1”和“{三维}视图”两个窗口平铺显示，调整“三维视图 1”窗口中的四个圆形手柄，将模型完整显示，如图 7-21 所示。

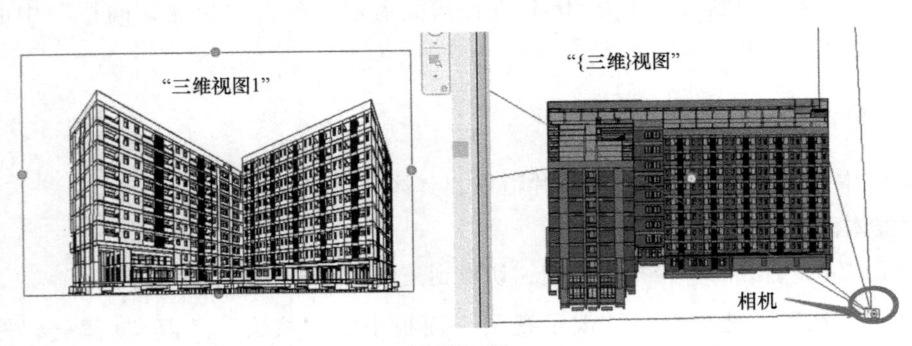

图 7-21

4）将“三维视图 1”名称改为“相机视图”。双击进入“相机视图”的视图中。此时，右侧平铺显示的“{三维}视图”中的“相机”图标不见了（图 7-22）。单击左侧平铺显示的“相机视图”中的边框，四周的蓝色圆点再次出现，同时，右侧隐藏的相机再次出现。

图　7-22

5）进入“相机视图”。单击“视图控制栏”→“视觉样式”功能中的“一致的颜色”工具（有线框、隐藏线、着色、一致的颜色、真实、光线追踪等工具）。

6）单击“视图”选项卡→“图形”面板中的“渲染”工具，打开“渲染”窗口，可以对窗口中的功能按需进行设计。渲染完成后也可以选择“保存到项目中”或“导出”到 Revit 之外。视觉样式分别选“线框”“隐藏线”“着色”和“真实”，渲染结果如图 7-23 所示。

图　7-23

7）导出的渲染图片可以脱离 Revit 进行展示。单击“快速访问栏”中的保存按钮，保存当前项目成果。

7.2 明细表

7.2.1 明细表概述

在 Revit 中，明细表是显示项目中已有类型图元及数量等信息的列表。使用明细表工具，可以创建、注释和整理项目信息。Revit 可以生成许多明细表，包含建筑、结构、设备各构件等许多种类。

明细表是显示项目中任意类型图元的列表。它能够以表格的形式按照限定条件或图元类别显示项目组成构件的相关信息，表格中的数据都是从图元的属性中提取的类型及实例属性。

明细表可以在项目中的任何阶段进行创建，创建的表格内容会随项目的变动自动同步更新信息。这种实时性、准确性和同步性正是 BIM 所具有的特质，所有的信息都是和建筑模型紧密相关的，这种特征有利于在设计过程中更精确地对项目规模进行把控，实现精细化、规范化和信息化。可以将明细表添加到项目施工图中作为项目注解，也可以将明细表导出到其他软件程序中，如 Excel 电子表格程序，方便在其他平台中进行查阅。

在建设项目的施工图设计阶段中，最常使用的统计表格为门窗统计表和经济技术指标。

在 Revit 中，可以使用构件明细表来创建门窗明细表，在门窗明细表中可以对项目中所有门窗构件的宽度、高度、数量等进行统计。由于门和窗属于不同构件，因此需要分开统计。在本节中将以“门明细表”为例演示明细表的创建流程。

7.2.2 创建明细表

在 Revit 中，明细表工具位于“视图”选项卡的“创建”面板中，单击明细表工具的三角形箭头，会弹出“明细表/数量”“图形柱明细表”“材质提取”“图纸列表”“注释块”“视图列表”六个具体的明细表工具，使用这些明细表工具可以创建多种类型的统计表格。

1. 明细表/数量——构件明细表

构件明细表是针对“建筑构件”按类别创建的明细表，例如门、窗、幕墙嵌板、墙、楼板等构件，在明细表中可以列出构件的类型、个数、尺寸等常用信息。下面以门构件明细表的创建为例进行介绍。

1）单击“视图”选项卡→“创建”面板的“明细表”下拉菜单，选择“明细表/数量”，弹出“新建明细表”窗口。

2）在弹出的“新建明细表”窗口中，首先需要从“类别”选项中选择构件，例如图中选择的是门类别，则该窗口中会自动填写表格名称为“门明细表”（可以手动修改名称），并自动勾选“建筑构件明细表”选项，阶段选择“现有”。

3）单击“确定”按钮后，会弹出“明细表属性”窗口，需要在窗口中对明细表做进一步的设置，其中“添加字段”是明细表创建中的重要步骤，如图 7-24 所示。除此之外，可以设置表格排序规则、筛选表格内容、调整表格外观等，单击“确定”后，生成的门明细表就会显示在绘图区域中。

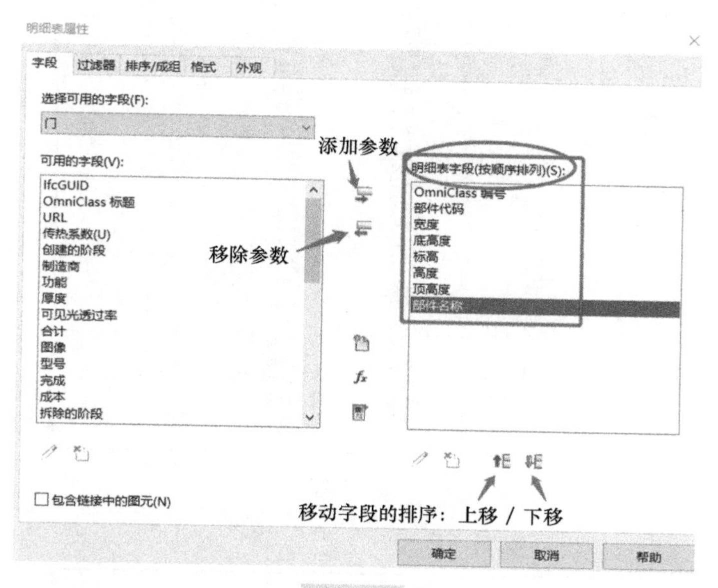

图　7-24

可以根据需要设置过滤条件、排序条件、格式要求，以及外观要求。

4）选择“门”类别，选取“类型标记”“标高”“宽度”“高度”“合计”字段并按此排序，过滤器的过滤条件是“标高”“等于”“F1”，“排序/成组”设置为“宽度”“升序”，勾选“逐项列举每个实例”选项，格式和外观按默认，单击“确定”按钮后，在“项目浏览器”中显示“门明细表”，选中该门明细表，单击鼠标右键，将此门明细表的名称重命名为“门明细表-F1”。选中该明细表的表头，单击“外观”的着色工具，在弹出的“颜色”对话框中选择自己喜欢的颜色，如“黄色”，将表头颜色设置为黄色，单击“确定”按钮后结果如图 7-25 所示。

5）如有需要还可以继续在“属性”面板中进行相应修改设置。例如，单击“属性”列表“排序/成组”后的“编辑...”按钮，在弹出的对话框中，勾选“总计”（可自动统计给定条件的门的数量）选项，不勾选“逐项列举每个实例”选项，则“门明细表-F1”修改为如图 7-26 所示的内容。

6）可将“门明细表-F1”导出。单击“文件”按钮，单击“导出”→“报告”→“明细表”工具。在弹出的“导出明细表”窗口指定存放路径，默认文件名为“门明细表-F1”，默认文件类型为“.txt”格式。单击“确定”按钮，弹出“导出明细表”窗口，默认设置即可，如图 7-27 所示。单击“确定”按钮，关闭窗口，将“门明细表-F1”导出。导出的文本类型明细表可以脱离 Revit 打开，可以利用 Office 软件进行后期的编辑修改。

<门明细表-F1>				
A	B	C	D	E
类型标记	标高	宽度	高度	合计
FM甲0923	F1	900	2300	1
FM甲0923	F1	900	2300	1
FM甲0923	F1	900	2300	1
LM0921	F1	900	2100	1
LM0921	F1	900	2100	1
FM乙1023	F1	1000	2300	1
M1023	F1	1000	2300	1
M1023	F1	1000	2300	1
M1023	F1	1000	2300	1
M1023	F1	1000	2300	1
M1023	F1	1000	2300	1
M1023	F1	1000	2300	1
FM甲1223	F1	1200	2300	1
FM甲1223	F1	1200	2300	1
DK1223	F1	1200	2300	1
DK1223	F1	1200	2300	1
DK1223	F1	1200	2300	1
FM乙1523	F1	1500	2300	1
LM1523	F1	1500	2300	1
FM乙1523b	F1	1500	2300	1
LM1523	F1	1500	2300	1
LM1823	F1	1800	2300	1
LM1823	F1	1800	2300	1
DK1823	F1	1800	2300	1
FM乙2123	F1	2100	2300	1

图 7-25

<门明细表-F1>				
A	B	C	D	E
类型标记	标高	宽度	高度	合计
	F1	900		5
	F1	1000	2300	7
	F1	1200	2300	5
	F1	1500	2300	4
	F1	1800	2300	3
FM乙2123	F1	2100	2300	1
总计: 25				

图 7-26

导出明细表

明细表外观

☑导出标题(T)

☑包含分组的列页眉(G)

☑导出组页眉、页脚和空行(B)

输出选项

字段分隔符(F): (Tab)

文字限定符(E): "

确定 取消

图 7-27

2. 图形柱明细表

图形柱明细表是用于统计结构柱的图形明细表。在图形柱明细表中，结构柱通过相交轴线及其顶部和底部的约束和偏移来标识，根据这些标识将结构柱添加到柱明细表中。依次单击“视图”选项卡→“创建”面板→“明细表”下拉菜单中的“图形柱明细表”命令，可以创建图形柱明细表，如图 7-28 所示。可以通过修改“图形柱明细表”的“属性”来修改明细表的显示。

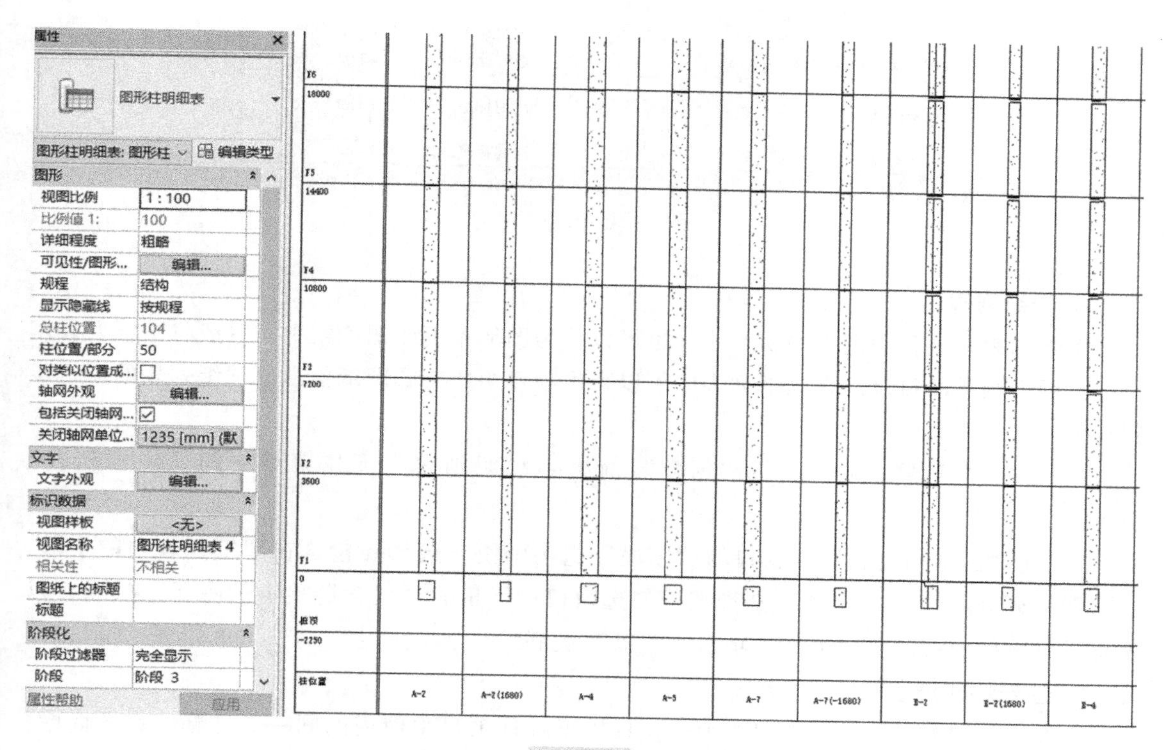

图 7-28

3. 材质提取明细表

材质提取明细表是用于显示组成构件所选用材质的详细信息的表格。材质提取明细表具有其他明细表视图的所有功能和特征，还能够针对建筑构件的子构件材质进行统计。例如，可以列出所有使用混凝土材质的墙体，并且统计其面积，用于施工材料和成本的计算。

材料明细表的创建步骤如下。

1）单击“视图”选项卡→“创建”面板→“明细表”下拉菜单中的“材质提取”命令。

2）在弹出的“新建材质提取”窗口的类型选择框中，单击选取创建的材质类别，选择“墙”材质，单击“确定”按钮。

3）在接着出现的“材质提取属性”窗口中，从“可用的字段”选择材质特性。例如，选取“材质：名称、厚度、材质：面积、顶部约束、体积、合计”字段，单击“确定”按钮后，材质提取明细表会在绘图区域中生成，结果如图 7-29 所示。

<墙材质提取>					
A	B	C	D	E	F
材质: 名称	厚度	材质: 面积	顶部约束	体积	合计
	120				1262
混凝土 - 现场浇注混凝土-C40	150				139
轻质蒸压砂加气混凝土砌块	190	6 m²	直到标高: F2	1.20 m³	2
轻质蒸压砂加气混凝土砌块	230	6 m²	直到标高: F2	1.46 m³	2
	240				1812
轻质蒸压砂加气混凝土砌块	300	6 m²	直到标高: F3	1.90 m³	2
	350				8
轻质蒸压砂加气混凝土砌块	360	2 m²	直到标高: F2	0.78 m³	1
总计: 3228					

图 7-29

4. 图纸列表

图纸列表是项目中图纸的明细表，也可以称为图形索引或图纸索引。一般将图纸列表用作施工图文档集的目录。在图纸列表中可以列出项目中所有的图纸信息。图纸列表的创建步骤与创建明细表类似。

1）单击“视图”选项卡→“创建”面板→“明细表”下拉菜单中的“图纸列表”命令。

2）在“图纸列表属性”窗口的“字段”选项卡上，选择要包含在图纸列表中的字段。在“图纸列表属性”→“字段”选项卡中勾选窗口左下角的“包含链接中的图元”选项，以便将任意数量的占位符图纸与“项目浏览器”关联。

5. 注释块明细表

注释块明细表是一种非常规明细表，只用于统计项目中使用的同一类注释。在图面中，有时需要注释的内容较为繁复，这种情况下可以使用数字指代注释内容，简化图面表达，而注释的内容记录在注释块（表格）当中，再将明细表添加到图纸中。注释块的创建步骤如下：

1）单击“视图”选项卡→“创建”面板→“明细表”下拉菜单中的“注释块”命令。

2）在“新建注释块”窗口中，在“族”选项框中选择一个常规注释，如“标记_多重材料标注”，单击“确定”按钮，则可以创建该注释族的注释块。

新建的注释块中会记录相关的注释内容，如果不存在该类注释，则表格内容为空白。

6. 视图列表

视图列表是项目中视图的明细表。在视图列表中，可按类型、标高、图纸或其他参数对视图进行排序和分组。

视图列表可用于执行下列操作：

1）管理项目中的视图。

2）跟踪视图的状态。

3）确保重要视图会显示在施工图档的图纸上。

4）确保视图使用一致并且进行适当的设置。

使用视图列表可以一次查看并修改多个视图的参数。例如，某一视图列表中包含“详细程度”和“比例”参数，从该视图列表中，可将选定视图的详细程度修改为“粗略”“中等”或“精细”，或修改视图比例设置以便使用一致，还可以修改图纸上显示的视图名称或视图标题。

1）在项目中，单击“视图”选项卡→“创建”面板→“明细表”下拉菜单中的“视图列表”命令，弹出“视图列表属性”窗口。

2）在“视图列表属性”对话框的“字段”选项卡上选择要包含在视图列表中的字段。在默认情况下，视图列表中将包含所有项目视图。单击“确定”按钮，生成的视图列表会显示在绘图区域中，如图 7-30 所示。创建后，与其他明细表一样，可以在“属性”栏对相关属性的字段进行编辑修改。

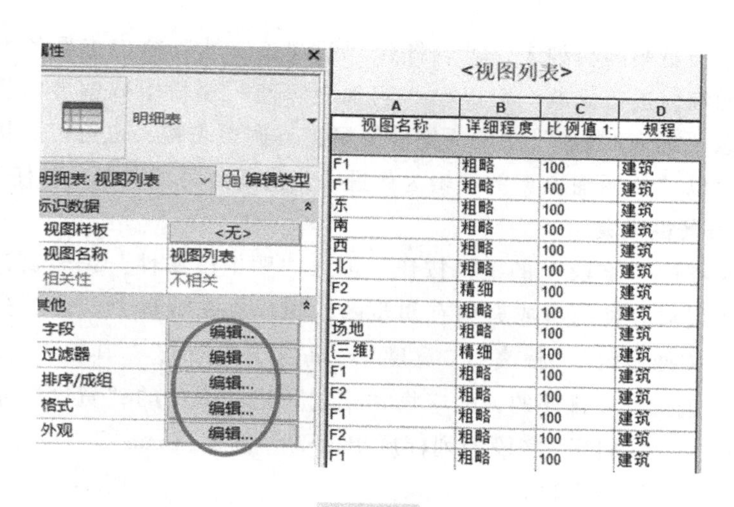

图　7-30

一般常用的明细表为门和窗的明细表。不同明细表的操作方法类似。

7.2.3　编辑明细表

创建好的表格可以随时重新编辑其字段、过滤器、排序方式、格式和外观等。另外，在明细表视图中同样可以编辑图元的族、类型、宽度等，也可以自动定位构件在图形中的位置等。

使用建筑样板创建的项目中已经创建了一些明细表，位于“项目浏览器”的明细表子项中。这些明细表中已经添加了一些字段，当项目中添加了相应的内容时，明细表会同步进行更新。以“B-结构柱明细表”为例，表格中已经添加了“柱类型”“长度”“容积”“柱根数”四个字段，当项目中添加结构柱时，明细表中会同步记录这些柱的柱类型、长度、容积和柱根数信息，如图 7-31 所示。

<B_结构柱明细表>			
A	B	C	D
柱类型	长度	容积	柱根数
混凝土 - 矩形 - 柱: KZ1-500x600	276900	80.79 m^3	86
混凝土 - 矩形 - 柱: KZ1a-500x600	33400	9.77 m^3	10
混凝土 - 矩形 - 柱: KZ1b-500x600	33400	9.98 m^3	10
混凝土 - 矩形 - 柱: KZ2-500x800	735600	286.77 m^3	220
混凝土 - 矩形 - 柱: LZ01 -240X240	18700	1.02 m^3	11
混凝土 - 矩形 - 柱: TZ01 -240X300	51030	3.58 m^3	27
混凝土 - 矩形 - 柱: YBZ01-240x400	817840	76.51 m^3	242
混凝土 - 矩形 - 柱: YBZ08-350x400	18240	2.42 m^3	8
混凝土柱 - L形: YBZ02-240x（540+340）	91080	18.83 m^3	26
混凝土柱 - L形: YBZ02a-240x（540+340）	33400	6.89 m^3	10
混凝土柱 - L形: YBZ04-240x（540+600）	168080	44.86 m^3	50
混凝土柱 - L形: YBZ06-240x（540+530）	33400	8.35 m^3	10
混凝土柱 - L形: YBZ07-350x590+240x230	9120	2.23 m^3	4
混凝土柱 - T形-非对称: YBZ09-240x8400+350x350	9120	2.88 m^3	4
混凝土柱 - T形: YBZ03-240x（840+300）	525280	139.08 m^3	156
混凝土柱 - T形: YBZ05-240x（920+300）	33400	9.49 m^3	10
总计: 884	2887990	703.45 m^3	884

图 7-31

对已经存在于项目中的明细表，可以打开“明细表属性”窗口查看各个选项卡中的设置。如果需要对明细表进行修改，可以在“明细表属性”窗口中调整表格的架构，使用上下文选项卡“修改明细表/数量”中的明细表编辑工具调整表格；也可以直接编辑单元格修改项目实例。下面以“门明细表”的编辑为例进一步讲解各种编辑工具的使用。

1. 编辑明细表属性设置

单击属性浏览器中“字段”的编辑按钮，进入“明细表属性”编辑窗口，浏览各个选项卡中的设置，可以对表格的组成架构有初步的认识。首先观察“字段”选项卡，选用的明细表字段包括“类型标记”“标高”“宽度”“高度”“合计”；其次在“排序/成组”字段中是以“宽度”进行升序排序的，故应将“格式”选项卡中的“宽度”字段的列标题更改为“宽度（mm）”，“高度”字段的列标题更改为“高度（mm）”。单击“确定”按钮，明细表按新设置统计，如图 7-32 所示。

<门明细表-F1>				
A	B	C	D	E
类型标记	标高	宽度（mm）	高度(mm)	合计
	F1	900		5
	F1	1000	2300	7
	F1	1200	2300	5
	F1	1500	2300	4
	F1	1800	2300	3
FM乙2123	F1	2100	2300	1
总计: 25				

图 7-32

在“门明细表”中，主要需要统计的信息包括类型标记、标高、宽度及高度，可适当根据需求添加如“制造商”“族”等信息作为补充，也可删除不需要的字段等；选择“格式”选项卡→“对齐”→“中心线”命令；为了保持表格的连贯性，可在“外观”选项卡中取消勾选“数据前的空行”选项。编辑完成后单击“确定”按钮，退出“明细表属性”设置窗口，观察调整明细表属性设置后的明细表，如图 7-33 所示。

<门明细表-F1>						
A	B	C	D	E	F	G
类型标记	标高	宽度（mm）	高度(mm)	合计	族	制造商
	F1	900		5		
	F1	1000	2300	7		
	F1	1200	2300	5		
	F1	1500	2300	4		
	F1	1800	2300	3		
FM乙2123	F1	2100	2300	1	双扇防火门FM乙2123	
总计: 25						

图 7-33

2. 编辑明细表单元格

单元格中的信息与项目中的图元是一一对应的关系，当单元格中的信息进行修改或删除时，项目中的图元也会相应地被修改或删除。

编辑明细表单元格的值等同于对项目中的图元进行修改，例如门明细表中的“宽度”，当表格中的“宽度”修改完成后，项目中的图元也会同步进行更新。因此，对明细表的单元格的编辑和删除应慎重。如将“宽度”中的“900”修改为“1000”，软件会弹出警告；若不能确定此修改，单击“取消”按钮。

7.2.4 明细表与表格数据交互

在 Revit 中，明细表中的数据可以导出到 Excel 等其他程序中进行查看和编辑。从明细表中导出的文件为一个分离符文本，该 TXT 文件可以被许多电子表格程序打开。

在本节中将以“学生公寓 1#楼”项目中的门明细表数据的导出作为示范，介绍使用 Revit 明细表与 Excel 的数据交互。

1. 明细表数据导出

打开门明细表视图，单击“文件”选项卡→“导出”→“报告”→“明细表”命令。在“导出明细表”窗口中，默认明细表的名称为“门明细表-F1”，将其保存在路径“桌面”中，并单击“保存”按钮，之后将出现“导出明细表”对话框。

在“明细表外观”下，选择导出选项：

1）导出列页眉：指定是否导出 Revit 列页眉。

2）导出标题：指定是否导出明细表标题。

3）包含分组的列页眉：导出所有列页眉，包括成组的列页眉单元。

4）导出组页眉、页脚和空行：指定是否导出排序成组页眉行、页脚和空行。

在“输出”选项下，指定要显示输出文件中数据的方式：

1）字段分隔符：指定是使用制表符、空格、逗号还是分号来分隔输出文件中的字段。

2）文字限定符：指定是使用单引号还是双引号来括起输出文件中每个字段的文字，或者不使用任何注释符号。

在导出明细表设置窗口中按默认设置，单击“确定”退出。打开该 TXT 文本，如图 7-34 所示。

```
门明细表-F1 - 记事本
文件(F) 编辑(E) 格式(O) 查看(V) 帮助(H)
"门明细表-F1"	""	""	""	""
"类型标记"	"标高"	"宽度 (mm)"	"高度(mm)"	"合计"	"族"	"制造商"
""	"F1"	"900"	""	"5"	""	""
""	"F1"	"1000"	"2300"	"7"	""	""
""	"F1"	"1200"	"2300"	"5"	""	""
""	"F1"	"1500"	"2300"	"4"	""	""
""	"F1"	"1800"	"2300"	"3"	""	""
"FM乙2123"	"F1"	"2100"	"2300"	"1"	"双扇防火门FM乙2123"	""
"总计: 25"	""	""	""	""	""	""
```

图 7-34

2. 使用电子表格程序打开明细表文本

本节使用 WPS2019 的表格进行示范演示。

1）单击“打开”→“浏览”命令，在打开的窗口左下角的文件类型中设置文件格式为“文件文本（*.txt；*.csv；*.prn）”，从门明细表的保存路径“桌面”中找到“门明细表-F1.txt”，单击“打开”，如图 7-35 所示。

	A	B	C	D	E	F	G
1	门明细表-F1						
2	类型标记	标高	宽度（mm）	高度(mm)	合计	族	制造商
3		F1	900		5		
4		F1	1000	2300	7		
5		F1	1200	2300	5		
6		F1	1500	2300	4		
7		F1	1800	2300	3		
8	FM乙2123	F1	2100	2300	1	双扇防火门FM乙2123	
9	总计：25						

图 7-35

2）将文本导入 WPS 电子表格后，可以根据需要或阅读习惯对表格的样式进行设置，设置好后，可以另存为 *.txt、*.et、*.xls、*.xlsx 等文件类型。

7.3 房间创建和面积分析

建筑施工图的平面图中往往需要用户设置房间功能和进行房间面积统计。Revit 中的房间是对建筑模型中的空间进行细分的工具，面积是对建筑模型中的空间按照面积方案进行划分后形成的区域，如防火单元、人防单元等。通过布置房间并使用房间图例，可以直观地表示建筑不同功能用房的分布信息。在项目中创建面积方案时，可以为面积方案创建面积平面图，对建筑进行面积计算。在墙体创建完成的情况下，Revit 中建筑选项栏的房间和面积功能能很快生成房间和面积。下面以案例工程学生公寓 1#楼为例详细介绍如何创建房间和进行面积分析。

7.3.1 Revit 房间与房间边界

在 Revit 中，使用房间工具可以对建筑内的空间进行定义。房间设置时必须基于模型图元（如墙、楼板、柱等），将这些图元定义为房间边界图元。房间放置时会自动识别边界图元，当空间中不存在房间边界图元时，还可以使用房间分隔线进一步分隔空间。

只有闭合的房间边界区域才能创建房间对象。Revit 可以自动搜索闭合的房间边界，并在房间边界区域内创建房间。

在 Revit 中，建筑内的空间划分是以模型图元（如墙、楼板、柱等）和分隔线作为房间边界的，创建房间时会自动拾取默认房间边界图元，并且只有闭合的房间边界区域才能创建房间对象，因此在创建房间前应对房间边界的设置有所了解。

默认情况下，房间边界包括以下图元：

1）墙（幕墙、标准墙、内建墙、基于面的墙）。

2）屋顶（标准屋顶、内建屋顶、基于面的屋顶）。

3）楼板（标准楼板、内建楼板、基于面的楼板）。

4）天花板（标准天花板、内建天花板、基于面的天花板）。

5）柱（建筑柱、材质为混凝土的结构柱）。

6）幕墙系统。

7）房间分隔线。

8）建筑地坪。

1. 设定模型图元的房间边界参数

当启用了模型图元的“房间边界”参数时，Revit 会将该图元用作房间的一个边界，该边界用于计算房间的面积和体积。房间参数设置位于属性面板的“约束”选项组中，默认的房间边界都启用了该参数，如要取消该图元作为房间边界，则可以在属性面板的“约束”选项组中取消勾选“房间边界”选项。

2. 添加房间边界——分隔线

在建筑项目中，有些大空间内并没有使用墙体进行分隔。当大空间内有多个功能区需要进一步划分时，使用“房间分隔线”工具可添加或调整房间边界。

在本案例工程中，一层门厅与交流活动区中并不使用墙体进行分隔，而是在添加房间前使用分隔线添加房间边界，区分各功能区。

1）进入“楼层平面 F1”平面视图中，在“F1”上单击鼠标右键，选择“复制视图”→“带细节复制”命令，复制新的 F1 平面视图“F1 副本 1”，如图 7-36 所示。

2）选中“F1 副本 1”，单击“属性”面板中的“编辑类型”命令，复制并创建“房间与面积”平面类型，如图 7-37 所示。

3）创建“房间与面积”平面类型之后，“F1 副本 1”将自动添加至新创建的“房间与面积”平面类型中，将“F1 副本 1”重新命名为“F1-房间与面积”，如图 7-38 所示。

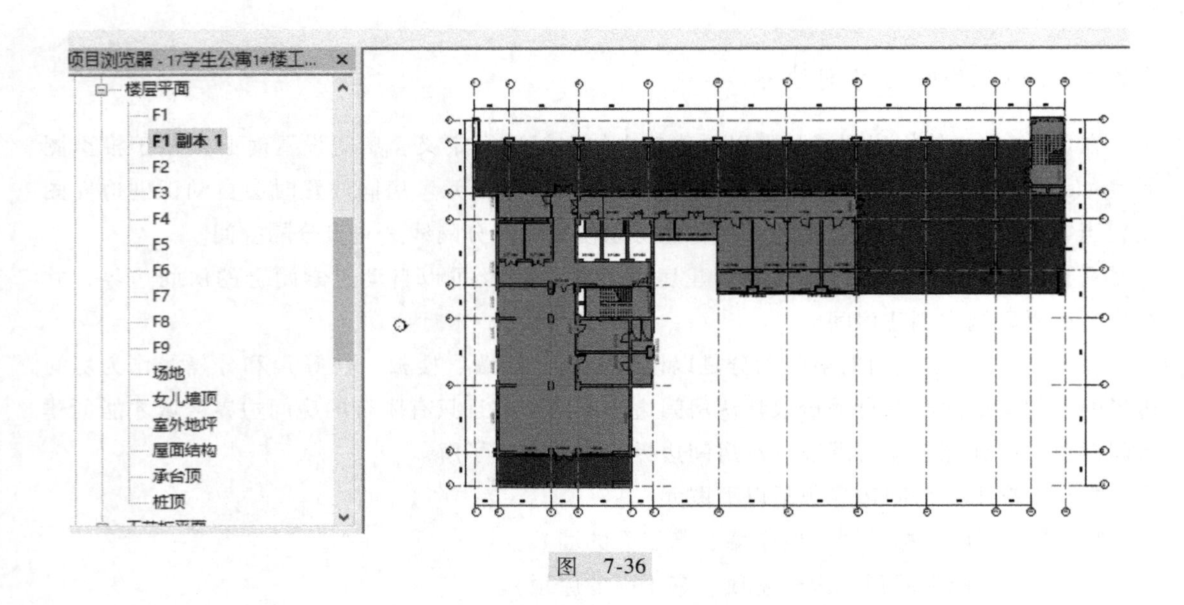

图　7-36

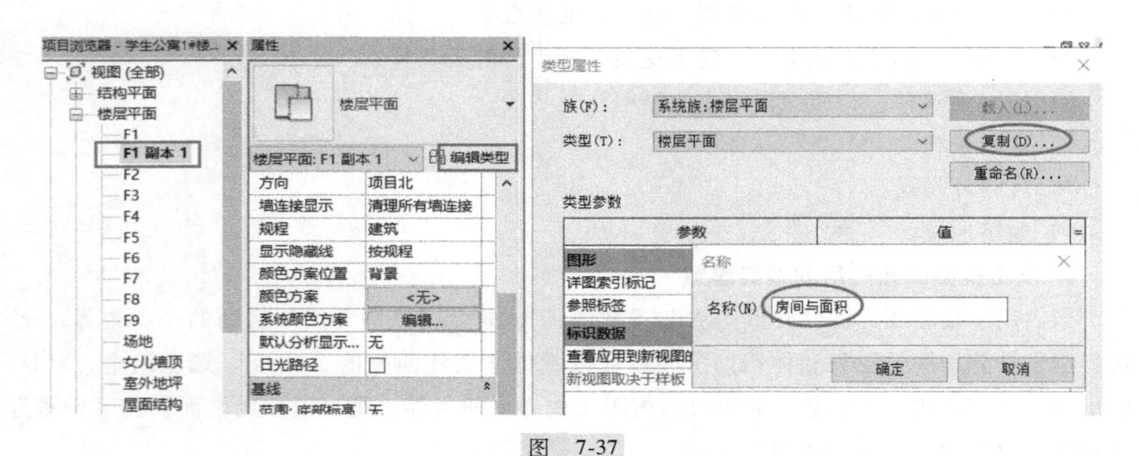

图　7-37

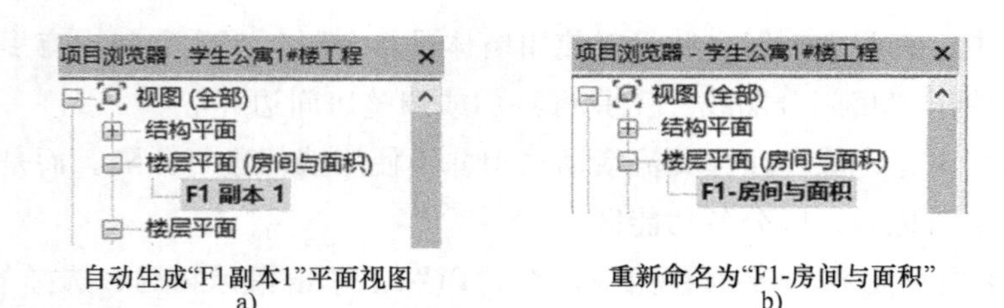

自动生成“F1副本1”平面视图
a)

重新命名为“F1-房间与面积”
b)

图　7-38

4）进入“楼层平面 F2”平面视图中，在“F2”上单击鼠标右键，选择“复制视图”→“带细节复制”命令，复制新的 F2 平面视图“F2 副本 1”。选中“F2 副本 1”，单击“属性”面板中的“编辑类型”命令，在“类型属性”对话框中的类型选择“房间与面积”，单击“确定”按钮。将“F2 副本 1”重命名为“F2-房间与面积”，结果如图 7-39 所示。

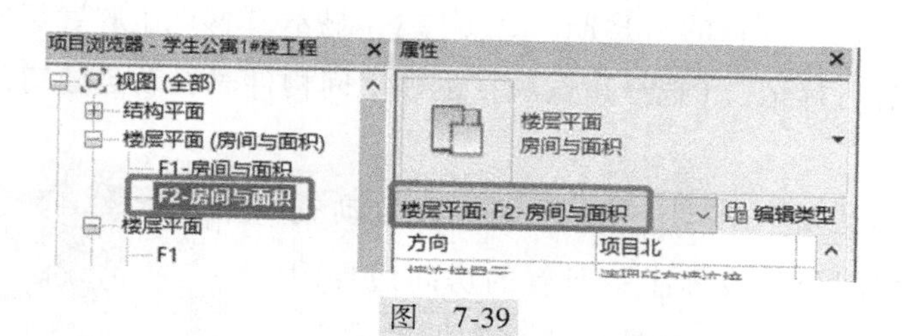

图 7-39

5）依照此方法复制新的“F3”、……、“F9”平面视图，分别将平面视图添加至“房间与面积”平面类型中，并重命名为“F3-房间与面积”、……、“F9-房间与面积”。

6）依照此方法复制新的“F2”、“F3”、……、“F9”平面视图，分别将平面视图添加至“房间与面积”平面类型中，并重命名为“F2-房间与面积”、“F3-房间与面积”、……、“F9-房间与面积”。

7）进入“F1-房间与面积”平面视图中，单击“建筑”选项卡→“房间和面积”面板，选择房间分隔线，沿①~⑤轴交Ⓑ~Ⓒ轴间区域绘制分隔线，按照平面图中的功能分布将门厅划分为两个区域，如图 7-40 所示。

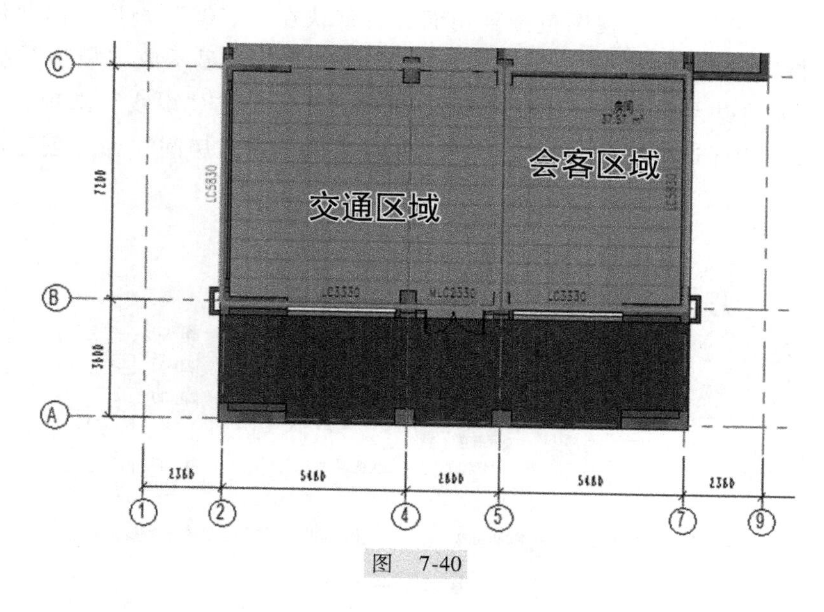

图 7-40

7.3.2 房间创建与标记

在建筑模型中放置房间需要在平面视图中进行，且房间工具能够自动拾取闭合的房间边界，并在房间边界区域内创建房间。打开项目文件“学生公寓 1#楼 .rvt”，从“项目浏览器”中进入“F2-房间与面积”平面图。

1. 房间命令

打开“学生公寓 1#楼 . rvt”，激活“F2-房间与面积”平面视图。在功能区单击“建筑”选项卡→“房间和面积”面板的“房间”工具，显示“修改｜放置房间”子选项卡，默认选择“在放置时进行标记”（选择该选项在创建房间构件时自动创建房间标记）。

2. 高亮显示边界

单击“高亮显示边界”工具，系统可以自动查找墙、柱、楼板、房间分隔线等图中所有的房间边界图元并将其高亮显示（图 7-41），并显示“警告”提示栏，单击“关闭”按钮恢复正常显示。

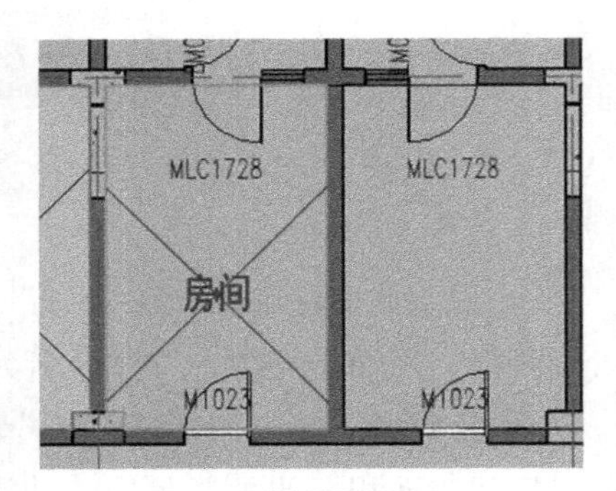

图 7-41

3. 设置放置房间参数

在“修改｜放置房间”上下文选项卡中，默认自动在放置时进行标记，标记将会随房间创建自动放置。从类型选择器中选择“标记_房间-有面积-施工-仿宋-3mm-0-67”类型。选项栏设置以下参数：

“上限”和“偏移”：这两个参数共同决定了房间构件的上边界高度。本案例工程中“上限”默认提取了当前标高 F2，“偏移”设置为 1300。在选项栏上，指定房间的上限为“F2”，偏移为“1300”（由于视图范围剖切面设置默认在“1200”高度，因此偏移值要高于“1200”），指定标记的方向为“水平”，可以选择“垂直”显示或“模型”显示（标记与建筑模型中的墙和边界线对齐，或旋转到指定角度）；不勾选“引线”选项，当房间空间小，需要在房间外面标记时可以勾选该选项；房间选择“新建房间”命令创建新房间，如图 7-42 所示。

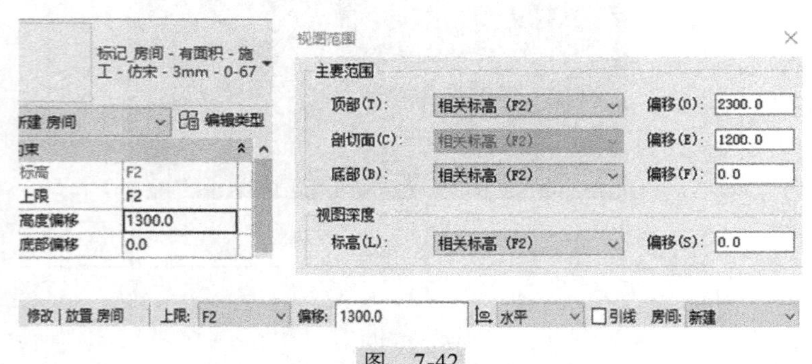

图 7-42

4. 添加房间

房间可以手动添加，也可以自动添加。

1）手动添加时，移动鼠标指针到封闭的房间边界内，房间边界将会以蓝色高亮并显示房间面积值，单击即可放置房间和房间标记。继续移动光标依次创建“F2”层其他房间和房间标记。完成后按〈Esc〉键结束命令，保存文件。

2）自动添加时，在房间面板单击“自动放置房间”工具，房间工具会自动拾取平面中所有封闭区域，并弹出“创建房间”窗口，提示已创建房间数量。单击“关闭”按钮，自动创建房间。

5. 删除房间

当房间添加完成后，项目中会储存有关该房间的信息，包括房间名称、使用情况等。创建房间后可以对房间进行暂时删除（当将已添加的房间删除后，房间相关信息仍然会保留在项目中）或永久删除（项目中不再保留该房间及相关信息）。需要删除已放置的房间时，可按照以下方式操作：

1）暂时删除。在平面视图中选择要删除的房间，按〈Tab〉键切换并观察状态栏，确认选中的是房间而不是房间标记（选中房间标记时显示红色边框，如图 7-43a 所示；选中房间时显示蓝色填充，如图 7-43b 所示），单击“删除”按钮或按〈Delete〉键进行删除。

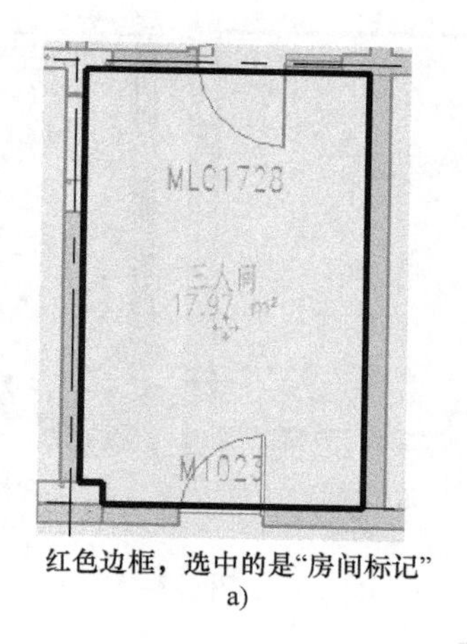

红色边框，选中的是“房间标记”
a)

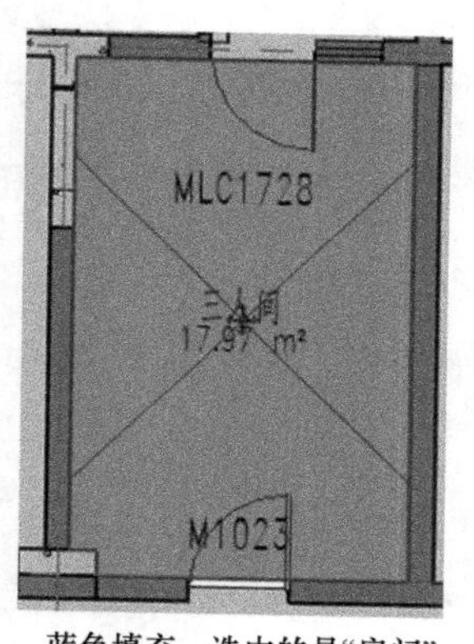

蓝色填充，选中的是“房间”
b)

图 7-43

删除“房间标记”时，弹出警告信息：“已删除房间标记，但是相应的房间仍然存在。可以使用房间标记工具放置房间的其他标记，或选择并删除房间。”

删除“房间”时，弹出警告信息：“已从所有模型视图中删除某个房间，但该房间仍保留在此项目中。可从任何明细表中删除房间或使用“房间”命令将其放回模型中。”

2）永久删除。在项目的房间明细表中，选择要删除的房间，单击“修改明细表/数量”选项卡→“行”面板的删除命令完成永久删除。

6. 查看房间边界

在“修改 | 放置房间”选项卡的房间面板中，单击“高亮显示边界”工具，房间边界图元将以黄色高亮显示，并且在绘图区域右下角会弹出警告窗口。当部分封闭区域无法添加房间时，可使用该功能查看房间边界图元是否闭合，如图 7-44 所示。

7. 房间标记与修改

房间与房间标记不同，但它们都是相关的 Revit 构件。与墙和门一样，房间在 Revit 中，也是模型图元。房间标记是可以在平面视图和剖面视图中添加和显示房间相关信息的注释图元，可以显示房间相关参数的值，如房间编号、房间名称、房间面积和体积等。

由于在创建房间时，选中了“标记”面板中“在放置时进行标记”选项，所以在创建房间的同时创建了房间标记。放置房间时如果没有添加标记，或者需要在剖面及相关视图中进行房间标记，可使用“标记房间”工具在平面视图或剖面视图中对房间进行标记。

房间标记中默认名称为“房间”。为了对房间进行区分，表示各房间用途，应对其进行重新命名。房间标记有多种类型，不同标记类型的字体及标记内容不同。本案例工程中，选用的是显示面积的仿宋字体。在房间标记中，单击房间文字时，房间边界会以红色高亮显示，再次单击房间文字进入房间名称编辑状态，输入房间名称，替换该文字，如图 7-45 所示。

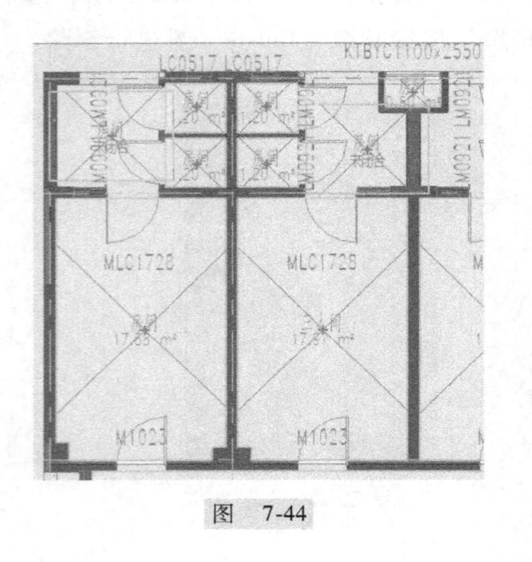

图 7-44

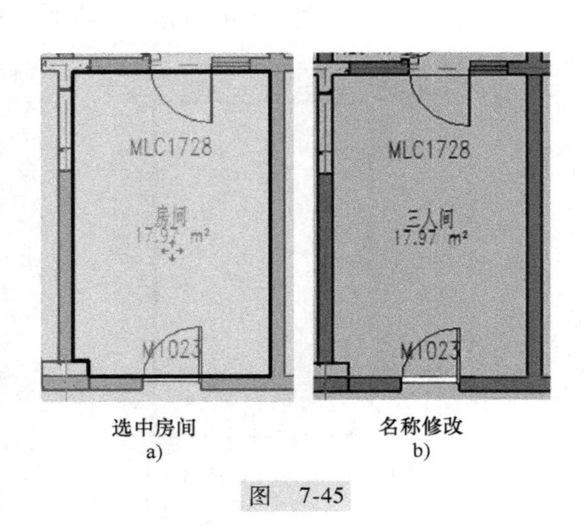

选中房间 a)　名称修改 b)

图 7-45

7.3.3 房间面积与体积

Revit 可以计算房间的面积和体积，并将信息显示在明细表和标记中。依次单击“建筑”选项卡→“房间和面积”面板下拉菜单的“面积和体积计算”工具，进入“面积和体积计算”窗口，在该窗口中可以设置面积和体积的计算方式。

1. 房间面积

房间面积在房间的“属性”选项板、标记和明细表中显示。在 Revit 中，面积计算是根据房间边界及计算高度确定的。

（1）计算高度

计算高度是标高的实例属性，一般默认为 0。单击房间时，可以看到一条黑色虚线，该位置便是房间的计算高度线（默认为 0 时与标高线重叠）。计算高度是在标高线的实例属性中进行调整的，在房间的属性中无法进行编辑，如图 7-46 所示。

对于不规则形体的房间，例如有斜墙的房间，当调整计算高度时，可以看到面积与体积的数值都发生了变化，这是由于房间面积是在计算高度位置进行计算的。对于该类不规则房间，可以调整计算高度的位置，以便得出更精确的房间面积和体积。

（2）房间边界

在房间面积计算方式中，关于房间边界的设定有四种分类（在墙面面层、在墙中心线、在墙核心层、在墙核心层中心），不同分类计算出的房间面积有不同定义。在计算房间面积时，不同计算选项对应的房间面积测量规则有所不同。当选择“在墙面面层”时，计算的面积为房间净面积；当选择其他三个选项时，计算的面积中包括墙体结构面积，如图 7-47 所示。

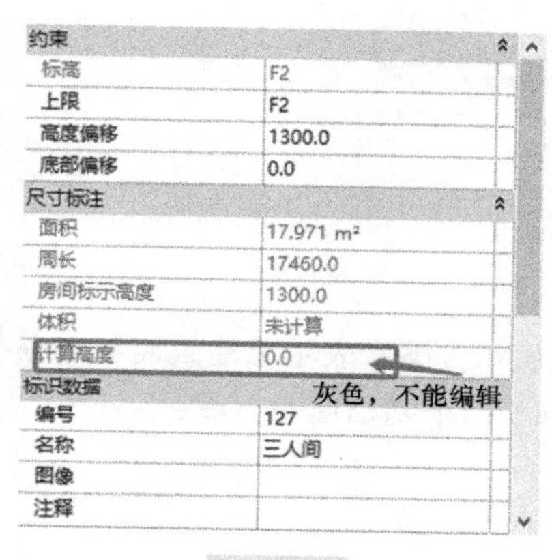

图 7-46

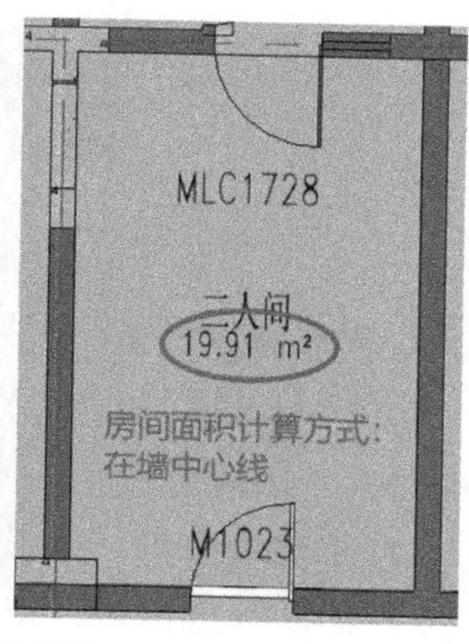

图 7-47

2. 房间体积

房间体积在房间的“属性”选项板、标记和明细表中显示，默认情况下，Revit 不计算房间体积。当禁用了体积计算时，可将房间标记和明细表显示的“未计算”作为“体积”参数，如图 7-48 所示。由于体积计算可能影响 Revit 性能，因此应该只在需要准备和打印明细表或其他报告体积的视图时才启用体积计算。在房间面积与体积窗口中可以设置体积计算的启用与关闭。

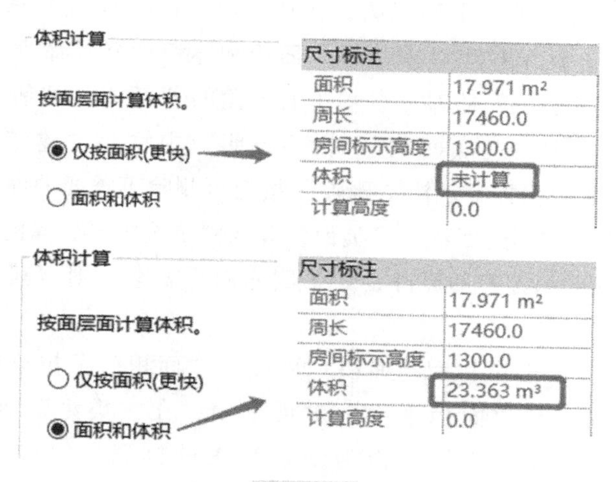

图 7-48

软件标示的体积等于面积乘以房间标示高度（高度偏移值）。对于同一房间，在相同的面积计算规则下，若房间标示高度不同，则显示不同的体积计算值，如图 7-49 所示。

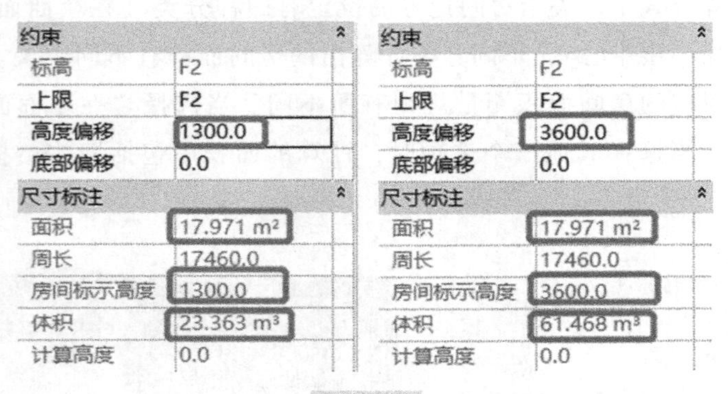

图 7-49

3. 面积方案设置

面积方案指定义空间关系的条件关系，例如可以使用面积方案来表示总建筑面积或办公楼中的办公区域面积。在项目样板中，Revit 已经创建了以下四个基础面积方案：

1）总建筑面积，用于计算建筑的总建筑面积。

2）人防分区面积，用于统计人防区各个分区的面积。

3）防火分区面积，用于统计各个防火分区的面积。

4）净面积，用于统计建筑中的净使用面积。

Revit 样板中创建的面积方案基本可以满足面积分析的需要，如果有其他需要，还可以自行创建面积方案，或编辑已有的建筑方案。但是在已有的面积方案中，“总建筑面积方案”是不可编辑或删除的。

在本案例工程中，需要统计的面积为建筑基底面积和总建筑面积，因此需要新建一个面积方案名称为“基底面积”，创建新的面积方案步骤如下：

1）进入“F2-房间与面积”平面视图，在功能区单击“建筑”选项卡“房间和面积”面板的下拉三角形箭头，从下拉菜单中选择“面积和体积计算”命令，在“面积和体积计算”对话框中单击“面积方案”选项卡。单击右上角的“新建”按钮，新建一行“面积方案 1”，设置其“名称”为“基底面积”。在“说明”中输入“建筑物基底面积”。单击“确定”按钮即完成创建面积方案。按“删除”按钮可删除不需要的面积方案。

注意：删除面积方案与创建面积方案类似，其区别是选中要删除的面积方案，单击右侧的“删除”按钮，完成面积方案的删除；如果删除面积方案，则与其关联的所有面积平面也会被删除。

2）新建面积平面。单击“房间与面积”面板中“面积”下拉菜单按钮，选择“面积平面”工具。在打开的“新建面积平面”对话框中，在“类型”列表选择前面建好的“基底面积”选项，并且选择“F1”作为新建视图的标高，勾选“不复制现有视图”选项。

3）单击“确定”按钮，Revit 自动打开一个提示框“是否要自动创建与所有外墙关联的面积边界线?”，单击“否”按钮，创建面积平面的“F1”平面视图并进入该视图，如图 7-50 所示。

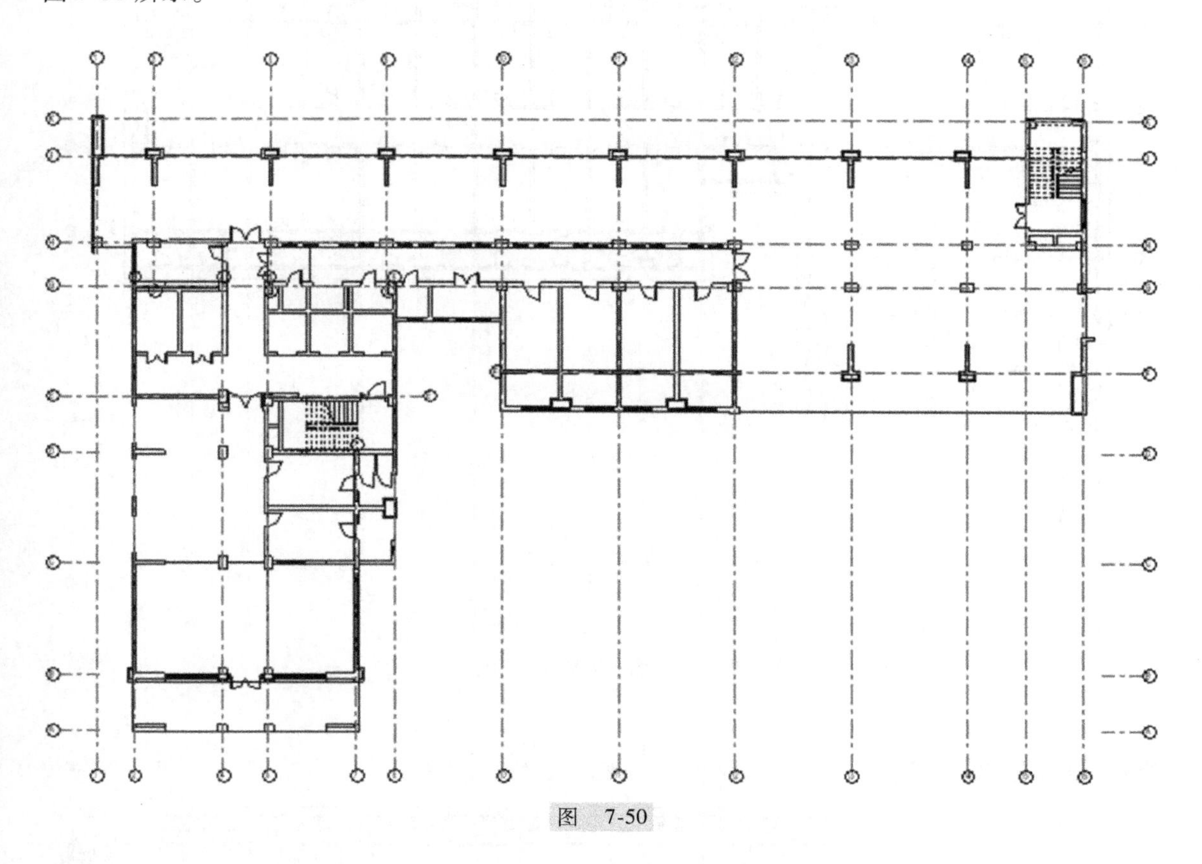

图 7-50

4）选择“房间和面积”面板中的“面积边界”工具，进入“修改/放置 面积边界”选项卡。绘制方式为“拾取线”工具，不勾选“应用面积规则”选项，“偏移量”为“0.0”。单击拾取外墙图元的外边界线，选择“修改”面板中的“修剪/延伸为角”工具，依次单击建立的边界线，生成首尾相连的封闭区域，如图 7-51 所示。

注意：绘制方式也可以直接采用“线”工具，在外墙外边线直接绘制封闭区域（这样可以避免采用“修剪/延伸为角”工具一个个修剪。

5）单击“房间和面积”面板中的“面积”下拉菜单，选择“面积”工具，进入“修改/放置 面积”选项卡，选中“在放置时进行标记”面板中的“在放置时进行标记”选项，不勾选“引线”选项。将光标移至建立的面积边界线区域内，单击鼠标左键，即可放置该面积，如图 7-52 所示。

4. 编辑面积平面

1）放置面积后，Revit 会自动显示面积和面积值。通过选择面积，则能够修改面积的属性选项。当鼠标指向面积图元时，面积区域被高亮显示，单击即可选中该面积图元。在

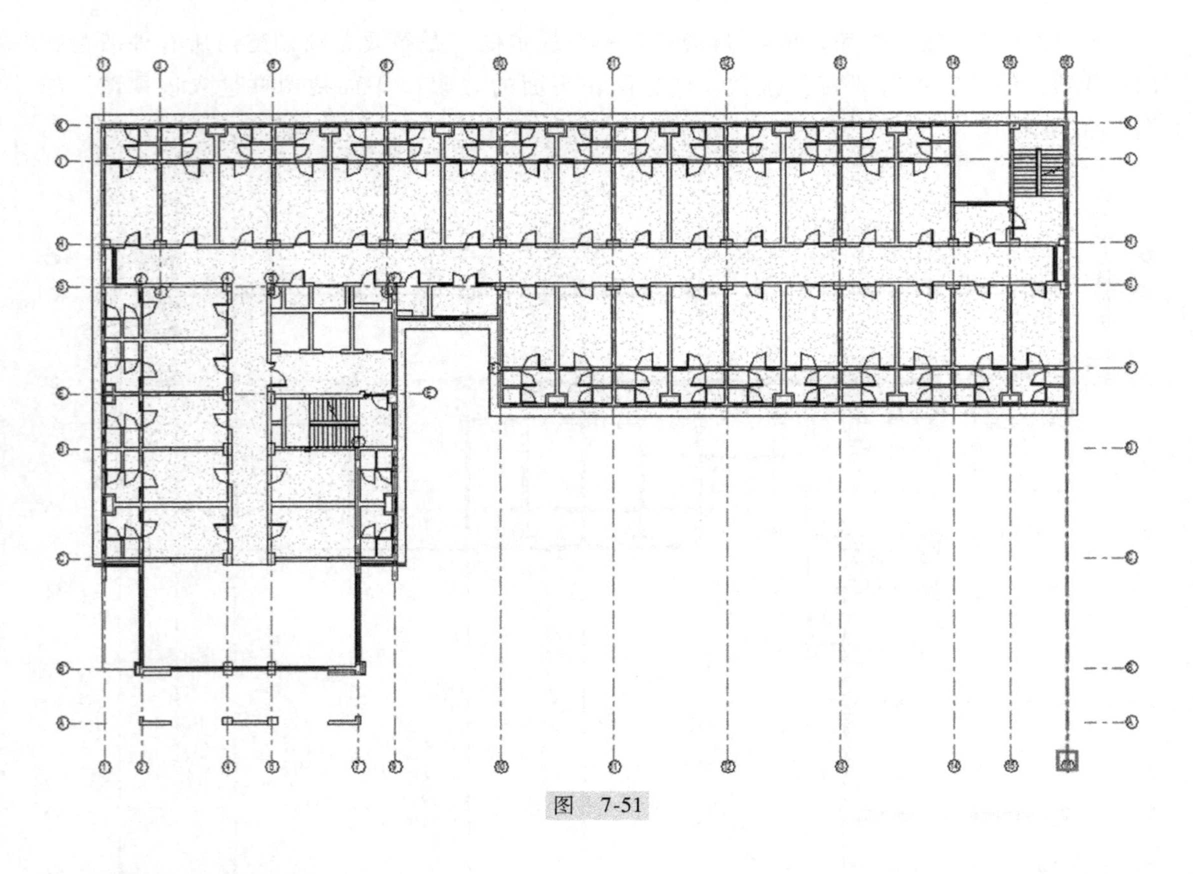

图 7-51

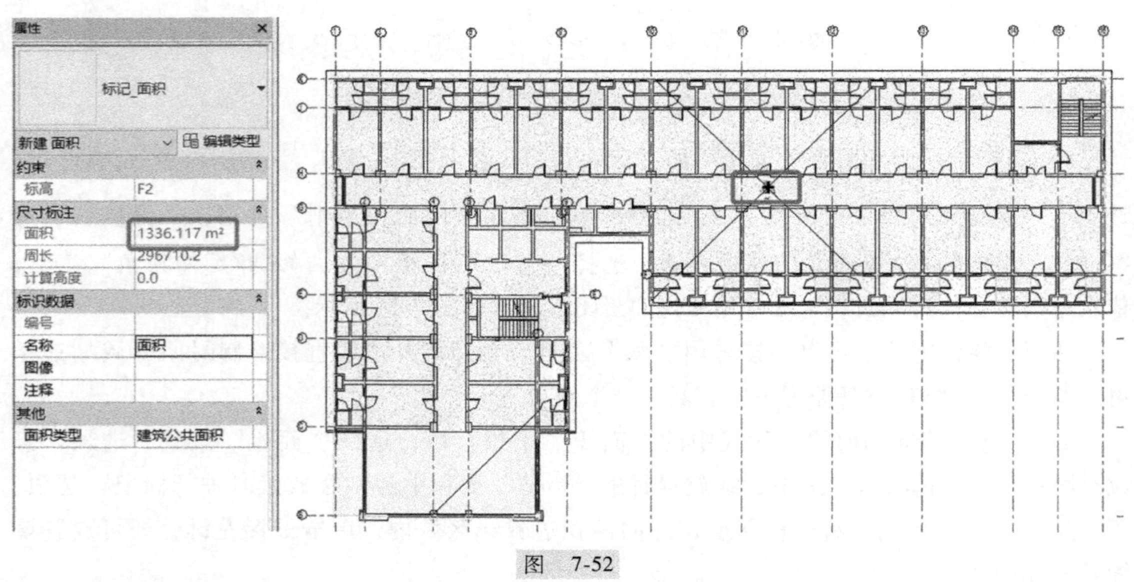

图 7-52

“属性”面板中，将“名称”设置为“基底面积”，将“面积类型”设置为“楼层面积”，如图 7-53 所示。

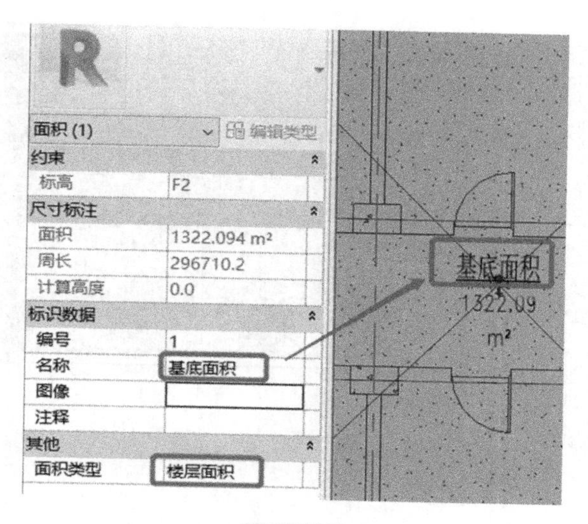

图 7-53

2）在不选择任何图元的状态下，单击“属性”面板中“颜色方案”右侧按钮，打开“编辑颜色方案”对话框，选择列表中的“方案 1”，设置“标题”为“基底面积”，选择“颜色”为“名称”，这时在弹出的对话框中单击“确定”按钮，得到列表中的颜色选项，如图 7-54 所示。

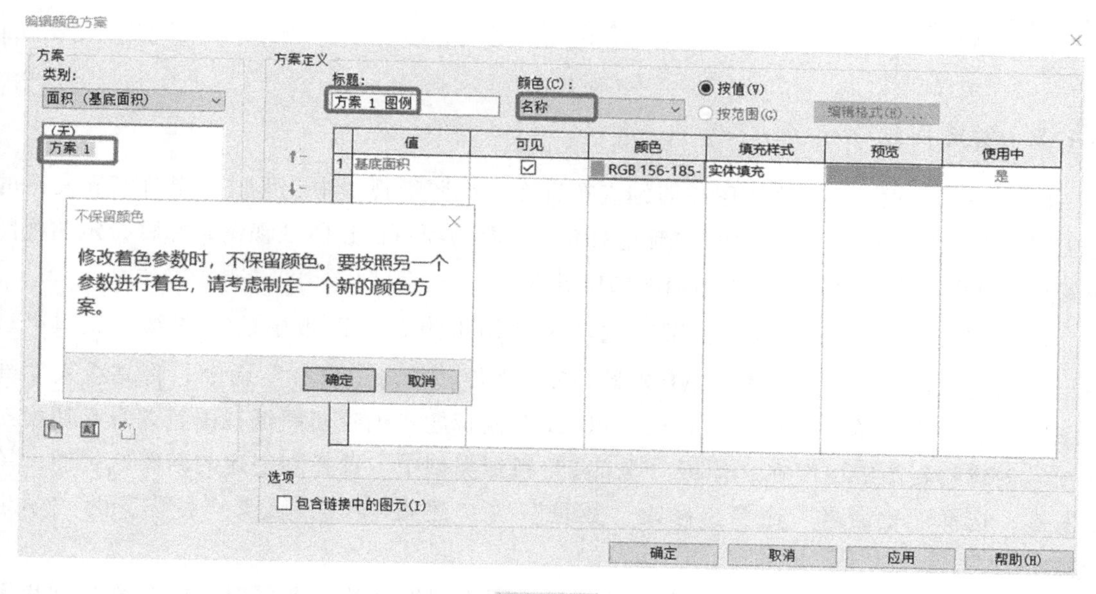

图 7-54

3）单击“确定”按钮后，Revit 会使用设置的颜色方案来显示绘制的面积区域。切换至“注释”选项卡，选择“颜色填充”面板中的“颜色填充图例”工具，直接在视图空白区域单击，即可放置该图例，如图 7-55 所示。

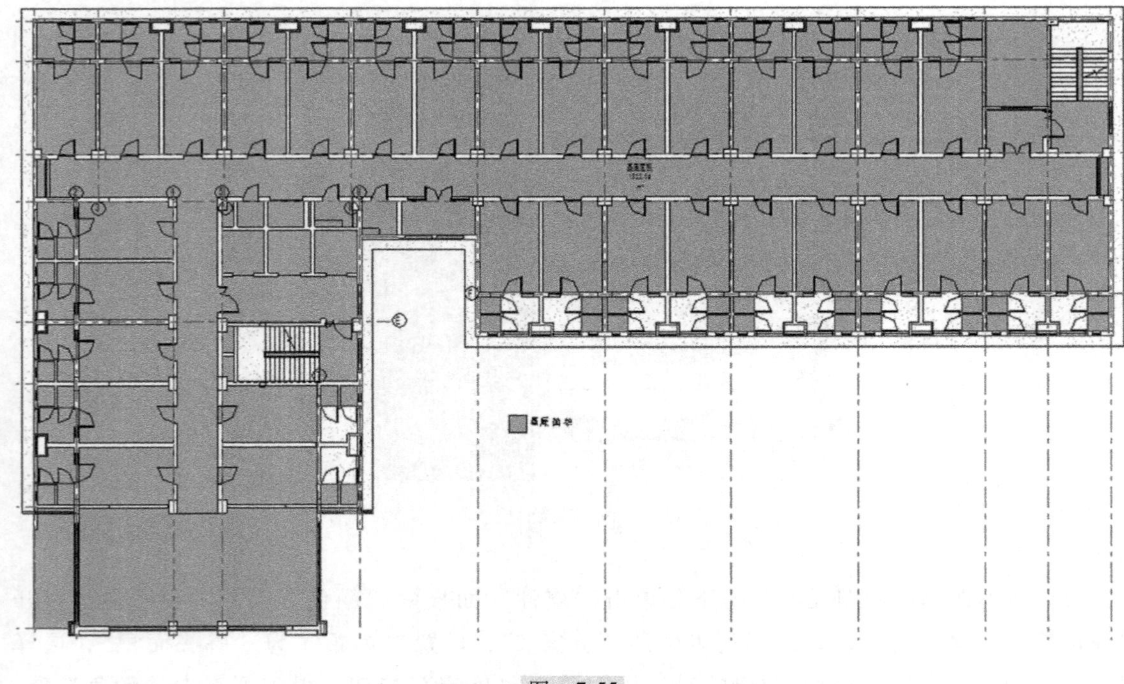

图 7-55

7.4 布图与打印

7.4.1 创建图纸

Revit 可以将项目中多个视图或明细表布置在一个图纸视图中，形成用于打印和发布的施工图。下面介绍利用 Revit 中的“新建图纸”工具为项目创建图纸视图，并将指定的视图布置在图纸视图中形成最终施工图档的操作过程。

1）创建图纸视图。单击“视图”选项卡“图纸组合”面板中的“图纸”工具，弹出“新建图纸”窗口，找到“A1 公制 . rfa”文件，单击“打开”命令，将其载入“新建图纸”窗口中，单击“确定”按钮，以 A1 公制标题栏创建新图纸视图，并自动切换至视图。创建的新图纸视图在“图纸（全部）”视图类别中。选择刚创建的新图纸视图，单击右键，选择“重命名”命令，修改“数量”为“建施 001”，修改“名称”为“学生公寓 1#楼”。

2）设置项目信息。单击“确定”按钮后，图纸视图名称、图框对应的名称自动更新（图 7-56）。

可在图框右下角录入项目的相关信息（图 7-57）。至此，完成了图纸创建和项目信息的设置。

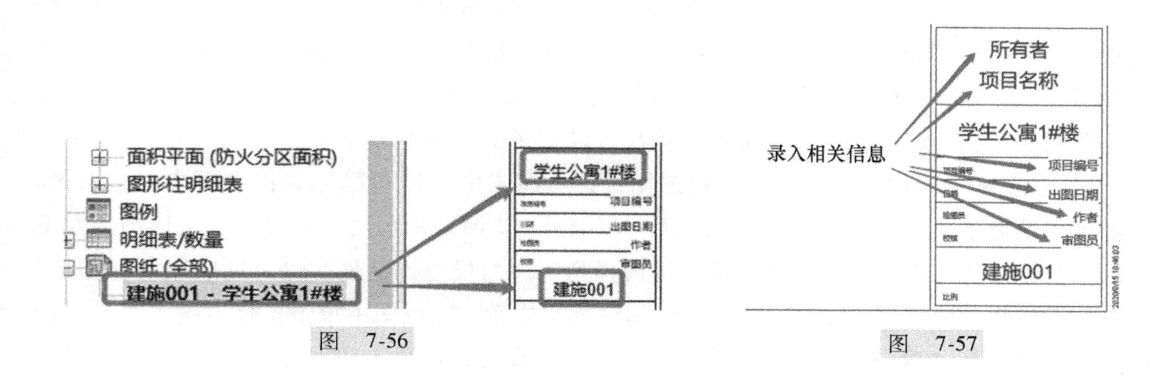

图 7-56　　　　图 7-57

7.4.2 布置视图

创建了图纸后，即可在图纸中添加建筑的一个或多个视图，包括楼层平面、场地平面、天花板平面、立面、三维视图、剖面、详图视图、绘图视图、图例视图、渲染视图及明细表视图等。将视图添加到图纸后，还需要对图纸位置、名称等视图标题信息进行设置。

1）放置视图。在“项目浏览器”中按住鼠标左键，拖曳“F1”到“建施 001”图纸视图，拖曳图纸标题到合适位置（图 7-58）。

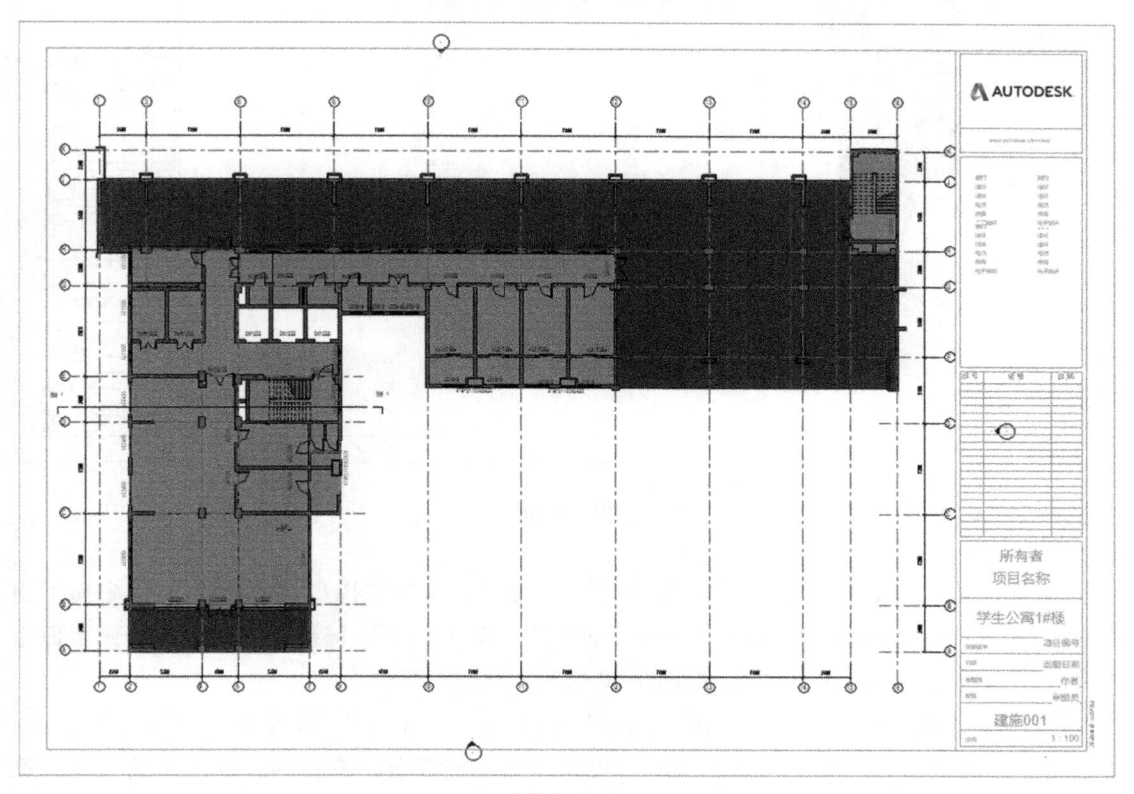

图 7-58

注意：每张图可布置多个视图，但每个视图仅可以放置到一张图上。要在项目中添加特定视图，需在“项目浏览器”中该视图名称上单击鼠标右键，在弹出的快捷菜单中选择“复制”→“复制作为相关”命令，创建视图副本，可将副本布置于不同图上。除图纸视图外，明细表视图、渲染视图、三维视图等也可以直接拖曳到图中。

2）改变视图比例。如需要修改视图比例，可在图中选择“F1”视图并单击鼠标右键，在弹出的快捷菜单中选择“激活视图”命令。此时，“图纸标题栏”灰显，单击绘图区左下角的视图控制栏比例，弹出比例列表。可选择列表中的任意比例值，也可以选择“自定义”选项，设定需要的比例（如 1∶150）。比例设置完成后，在视图中单击鼠标右键，在弹出的快捷菜单中选择“取消激活视图”命令，完成比例设置，如图 7-59 所示。

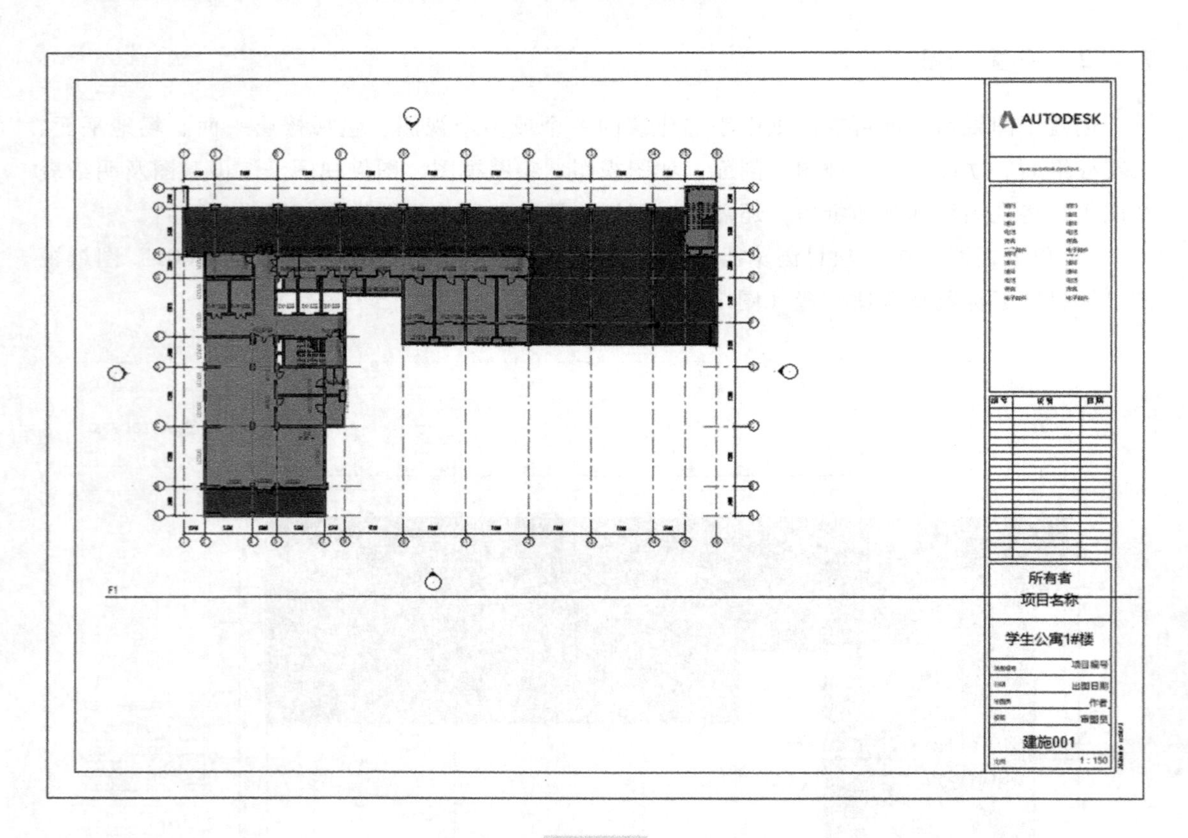

图　7-59

3）修改视口的名称。选择刚放入的“F1”视口，鼠标在视口“属性”面板中向下拖动，找到“图纸上的标题”，输入“一层平面图”，按〈Enter〉键确认，视口标题则由原来的“F1”修改为“一层平面图”，如图 7-60 所示。

4）图中的视口创建好后，单击“注释”选项卡→“符号”面板中的“符号”工具。在“属性”面板的下拉菜单选项中找到“指北针”类型（若没有找到，单击“载入族”在“注释”→“符号”→“建筑”中找到“指北针”族，单击“打开”按钮，载入即可），在图右

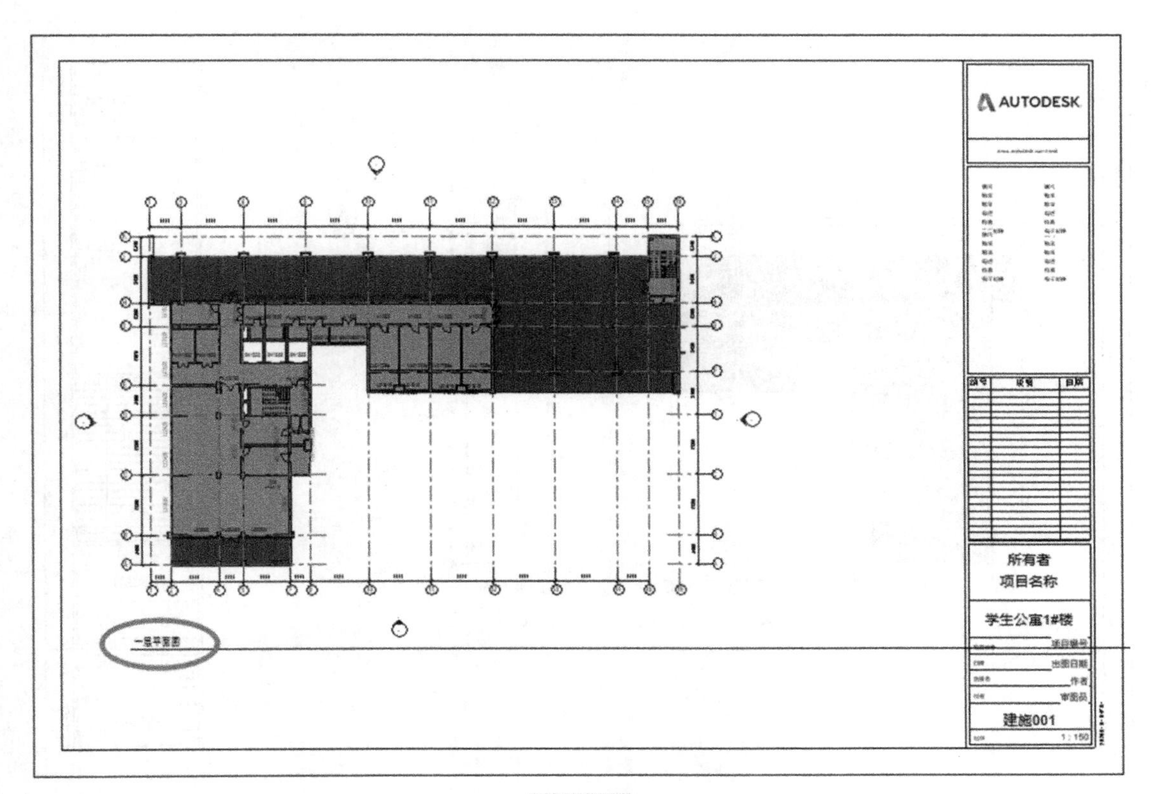

图 7-60

上角空白位置单击放置指北针符号，如图 7-61 所示。此时指北针默认指向正北，若具体项目非正北，可选中指北针，在单击“修改”→“旋转”命令，按实际项目的方向旋转相应的角度即可。

7.4.3 打印

（1）打印　创建图纸后，可以直接打印出图。单击“文件”→“打印”按钮，弹出“打印”对话框。在打印机“名称”下拉列表中选择可用的打印机名称。在“打印范围”选项区域中，选择“所选视图/图纸”单选按钮，其下的“选择”按钮有灰色变为可用。单击“选择”命令，弹出“视图/图纸集”对话框，勾选“图纸”复选框，取消勾选“视图”复选框；单击右侧“选择全部”按钮，自动勾选左侧的图纸。单击“确定”按钮，回到“打印”对话框。单击“确定”按钮，即可打印图纸。

（2）图纸导出　图纸布置完成后，可以将图纸导出，在实际项目中实现图纸共享。单击“文件”按钮，单击“导出”→“CAD 格式”下的“DWG”工具，弹出“DWG 导出”窗口，无须修改；单击“下一步”按钮，关闭窗口，弹出“导出 CAD 格式”窗口，指定存放路径，命名为“建施 001-学生公寓 1#楼”，默认文件类型为“AutoCAD2018. dwg”格式（Revit2018 可以导出的施工图类型有 2018、2013、2010、2007 四种版本，在实际项目施工

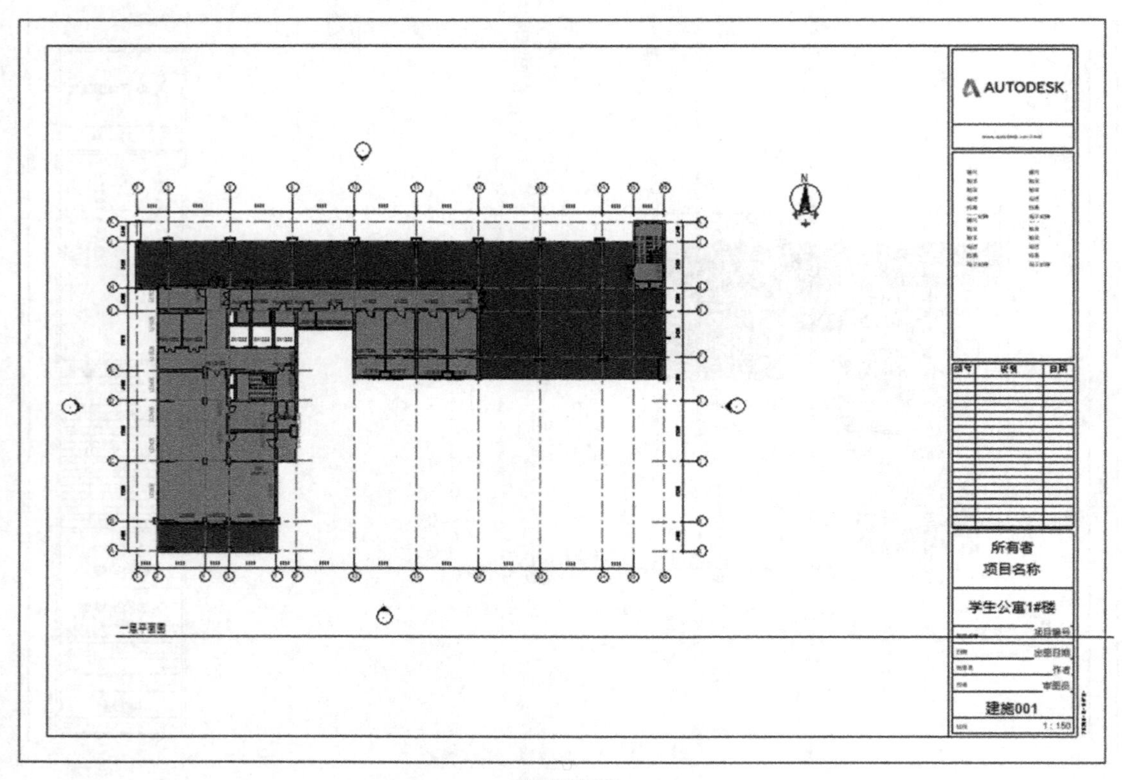

图 7-61

图传输中按需选择)，单击“确定”按钮，关闭窗口。导出窗口中“将图纸上的视图和链接作为外部参照导出”，若勾选则导出的文件采用 AutoCAD 外部参照模式。导出的 DWG 文件可以脱离 Revit 打开，可以利用 CAD 看图软件或 AutoCAD 软件进行后期的看图及编辑修改。单击“快速访问栏”中“保存”按钮，保存当前项目成果。

练 习 题

一、单项选择题

1. 门窗、卫浴等设备都是 Revit 的“族”，关于“族”类型，以下分类正确的是（　　）。

A. 系统族、内建族、可载入族　　B. 内建族、外部族

C. 内建族、可载入族　　D. 系统族、外部族

2. 可以在以下哪个视图中绘制楼板轮廓（　　）。

A. 立面视图　　B. 剖面视图

C. 楼层平面视图　　D. 详图视图

3. 模型详细程度用详细等级（LOD）划分，基础在 LOD（　　）不用表示。

A. 100　　B. 100 和 200

C. 100、200 和 300　　D. 以上均不正确

4. 在视图中单击选中一个“C1827”窗，在类型属性对话框中将窗户宽度参数由“1800”修改为

“1500”，那么在模型中（　　）。

A. 模型中所有窗户的宽度高变为“1500”

B. 模型中所有名称为“C1827”窗宽均变为“1500”

C. 该“C1827”窗的窗宽度变为“1500”，模型中其他“C1827”窗底标高不变

D. 以上都不对

5. 在视图中单击选中一个“C1527”窗，在属性栏中将底标高由“600”修改为“900”，那么在模型中以下哪个说法是正确的（　　）。

A. 模型中所有窗底标高变为“900”

B. 模型中所有名称为“C1527”底标高均变为“900”

C. 该“C1527”窗的底标高变为“900”，模型中其他“C1527”窗底标高不变

D. 以上均不对

6. 在 1F（标高为±0.000）平面图中，创建一面墙，底部限制条件为“1F”，底部偏移为“300”，顶部约束未连接，无连接高度为“4000”，该墙的顶部标高为（　　）。

A. 4.000　　B. 4.300　　C. 3.700　　D. 无法判断

7. 一块长为 7000mm 的玻璃幕墙，若想使其等分为规格相同的 6 块嵌板，且为竖向分隔，那么在幕墙的类型属性设置中正确的设置为（　　）。

A. 垂直网格布局——固定间距　　B. 水平网格布局——固定间距

C. 垂直网格布局——固定数量　　D. 水平网格布局——固定数量

8. 创建类似于“游泳圈”形状的构建集，下列哪个命令最为便捷（　　）。

A. 拉伸　　B. 放样　　C. 融合　　D. 旋转

9. 下列选项中，负责应急管理决策与模拟，提供实时的数据访问，在没有获取足够信息的情况下，做出应急响应决策属于 BIM 技术应用领域中的（　　）。

A. BIM 与设计　　B. BIM 与施工　　C. BIM 与造价　　D. BIM 与运维

10. BIM 技术可以被广泛应用于以下哪些项目阶段（　　）。

A. 方案设计、施工图设计　　B. 方案设计、性能分析

C. 设计、施工　　D. 策划、设计、施工、运维

答案：1. A；2. C；3. A；4. B；5. C；6. B；7. C；8. D；9. D；10. D

二、多项选择题

1. 下列选项关于《建筑信息模型交付标准》中建筑经济对设计信息模型的交付要求正确的是（　　）。

A. 100 级建模精细度（LOD1.0）建筑信息模型应支持投资估算

B. 200 级建模精细度（LOD2.0）建筑信息模型应支持设计概算

C. 300 级建模精细度（LOD3.0）建筑信息模型应支持运维估算

D. 400 级建模精细度（LOD4.0）建筑信息模型应支持工程量清单

E. 500 级建模精细度（LOD5.0）建筑信息模型应支持招标控制价

2. BIM 工程师职业发展方向包括（　　）。

A. BIM 与招标投标　　B. BIM 与设计

C. BIM 与施工　　D. BIM 与造价

E. BIM 与运维

3. 下列选项属于支撑施工投标的 BIM 应用的价值的是（　　）。

A. 3D 施工工况展示　　B. 4D 虚拟建造

C. 施工场地科学布置和管理　　D. 设计图审查

E. 深化设计

答案：1. AB；2. ABCDE；3. AB

参 考 文 献

[1] 本书编委会. 中国建筑施工行业信息化发展报告：2014 BIM 应用与发展 [M]. 北京：中国城市出版社，2014.
[2] 本书编委会. 中国建筑施工行业信息化发展报告：2018 大数据应用与发展 [M]. 北京：中国建材工业出版社，2018.
[3] 本书编委会. 中国建设行业施工 BIM 应用分析报告：2017 [M]. 北京：中国建筑工业出版社，2017.
[4] 林标锋，卓海旋，陈凌杰. BIM 应用：Revit 建筑案例教程 [M]. 北京：北京大学出版社，2018.
[5] 朱溢镕，焦明明. BIM 建模基础与应用：Revit 建筑 [M]. 北京：化学工业出版社，2017.
[6] 许蓁. BIM 建筑模型创建与设计 [M]. 西安：西安交通大学出版社，2017.
[7] 鲍学英. BIM 基础及实践教程 [M]. 北京：化学工业出版社，2016.
[8] 李恒，孔娟. Revit 2015 中文版基础教程 [M]. 北京：清华大学出版社，2015.

参考文献